Freie Bahn mit BT RENTAL!

| Frontstapler | Lagertechnik | Logistiksysteme | **Vermietung/Rental** | Serviceprogramme |

Maßgeschneiderte BT RENTAL Angebote bringen Sie an jedes Ihrer Ziele.

BT Rental: Ohne Eigentumsrisiko den gesamten Flottenbedarf gedeckt

Wie groß eine Staplerflotte zu sein hat und was sie können sollte, läßt sich heute kaum noch langfristig festlegen. Wechselnde Auftrags- und Konjunkturlagen sorgen für einen ständigen Wandel der Anforderungen. Die risikoreiche Investition in firmeneigene Lagertechnik ist deswegen heute nur noch selten zeitgemäß. Eine maßgeschneiderte BT RENTAL Flotte, die sich jeder Situation anpaßt, macht es Planern weitaus einfacher, Ziele kostensparend zu erreichen und Risiken zu vermeiden.

Mit einem BT RENTAL Vertrag haben Sie die Planung voll im Griff. Nutzen und bezahlen Sie nur die Technik, die Sie wirklich brauchen. Immer pünktlich zur Stelle, immer in Top-Zustand – und mit Geld-zurück-Verfügbarkeitsgarantie. Ersatzteile, Service- und Reparatureinsätze sind voll abgedeckt. Und das zu monatlichen Kosten, die Sie immer im voraus kennen.

Konzentrieren Sie sich auf Ihre Kernkompetenz, mit der Sie Ihre Kunden zufriedenstellen. Überlassen Sie den Rest BT, Ihrem Rental-Spezialisten mit dem kompletten Programm.

- **Core Fleet Rental**
  Ihre Flotte für den langfristigen Bedarf mit Rundum-Sorglos-Paket.

- **Flexible Fleet Rental**
  Die kurz- und mittelfristige Ergänzung für Ihre Flotte.

- **BT Miete**
  Schnelle Hilfe in Spitzenzeiten.

- **Payback Rental**
  Wir kaufen Ihre Flotte und Sie nutzen sie weiter.

BT Deutschland GmbH
Hauptverwaltung
Grovestraße 16 · 30853 Langenhagen
Fax: 05 11/72 62-137
E-Mail: info@bt-deutschland.com

www.bt-deutschland.com

Infoline (kostenfrei)

Handling innovation

Bluhm Systeme setzt Zeichen

| Inkjet-Klein-Codierer | Inkjet-Groß-Codierer | Laser-Codierer | Etiketten | Etikettenspender | **Etikettendruckspender** | Software |

Legi-Air 40xx
preiswertes
Einstiegsmodell

Legi-Air 5200
robustes System für
Mehrschichtbetrieb

Legi-Air Twin-Tamp
2-seitige
Kartonetikettierung

Legi-Air Linerless
für PP-Folienetiketten
ohne Trägermaterial

Legi-Air TB-2A
2-seitige Paletten-
etikettierung ohne Stopp

➤ flexibel Etiketten bedrucken ➤ positionsgenaues Spenden ➤ hohe Druckqualität ➤ sichere Lesbarkeit z.B. von Barcodes
➤ für jede Anwendung das richtige System

Seit 35 Jahren setzen wir Zeichen, wenn es um Produkt- und Verpackungskennzeichnungen geht. Unsere breite Produktpalette garantiert Ihnen Lösungen, die auf Ihre individuellen Anforderungen maßgeschneidert sind. Sprechen Sie mit uns!

Bluhm Systeme GmbH · Telefon: +49(0)2224/7708-0 · info@bluhmsysteme.com · www.bluhmsysteme.com

Heinrich Martin
Peter Römisch
Andreas Weidlich

Materialflusstechnik

Aus den Programmen Fertigungstechnik und Konstruktion

Lehrwerk Roloff/Matek Maschinenelemente
von D. Muhs, H. Wittel, M. Becker, D. Jannasch und J. Voßiek

Konstruieren, Gestalten, Entwerfen
von H. Hintzen, H. Laufenberg und U. Kurz

Technisches Zeichnen Grundkurs
von S. Labisch, C. Weber und P. Otto

Materialflusstechnik
von H. Martin, P. Römisch und A. Weidlich

Transport- und Lagerlogistik
von H. Martin

Leichtbau-Konstruktion
von B. Klein

FEM
von B. Klein

CATIA V5-Praktikum
herausgegeben von P. Köhler

Pro/Engineer-Praktikum
herausgegeben von P. Köhler

AutoCAD Zeichenkurs
von H.-G. Harnisch

vieweg

Heinrich Martin
Peter Römisch
Andreas Weidlich

Materialfluss-technik

Konstruktion und Berechnung von Transport-, Umschlag- und Lagermitteln

8., vollständig überarbeitete Auflage

Mit 142 Abbildungen

Viewegs Fachbücher der Technik

Bibliografische Information Der Deutschen Bibliothek
Die Deutsche Bibliothek verzeichnet diese Publikation in der Deutschen Nationalbibliografie;
detaillierte bibliografische Daten sind im Internet über <http://dnb.ddb.de> abrufbar.

Bis zur 5. Auflage erschien das Buch unter dem Titel Grundlagen der Fördertechnik, bis zur
7. Auflage unter dem Titel Fördertechnik von den Autoren Heinz Pfeifer, Gerald Kabisch und
Hans Lautner im selben Verlag.

1. Auflage 1977
...
6., vollständig überarbeitete und erweiterte Auflage 1995
7., verbesserte Auflage 1998
8., vollständig überarbeitete Auflage Januar 2004

Alle Rechte vorbehalten
© Friedr. Vieweg & Sohn Verlag/GWV Fachverlage GmbH, Wiesbaden, 2004

Der Vieweg Verlag ist ein Unternehmen der Springer Science+Business Media.

www.vieweg.de

Das Werk einschließlich aller seiner Teile ist urheberrechtlich geschützt.
Jede Verwertung außerhalb der engen Grenzen des Urheberrechtsgesetzes
ist ohne Zustimmung des Verlags unzulässig und strafbar. Das gilt insbesondere für Vervielfältigungen, Übersetzungen, Mikroverfilmungen und
die Einspeicherung und Verarbeitung in elektronischen Systemen.

Umschlaggestaltung: Ulrike Weigel, www.CorporateDesignGroup.de
Technische Redaktion: Hartmut Kühn von Burgsdorff, Wiesbaden
Satz: Zerosoft, Temeswar
Druck und buchbinderische Verarbeitung: Lengericher Handeldruckerei, Lengerich
Gedruckt auf säurefreiem und chlorfrei gebleichtem Papier.
Printed in Germany

ISBN 3-528-74061-2

Vorwort

Das Fachbuch „Materialflusstechnik" ist das Nachfolgebuch des 1998 zuletzt von den Autoren Kabisch, Lautner und Pfeifer erschienenen Lehrbuches „Fördertechnik". Es beschäftigt sich mit der Konstruktion und der Berechnung von Transport-, Umschlag- und Lagermitteln in systematischer Form und gibt einen vertiefenden Überblick über die Ausführungsformen der Materialflussfunktionen Fördern, Heben, Umschlagen und Lagern. Dabei wird besonders auf die Bauteile der Transportmittel eingegangen.

Das Buch wendet sich an Ingenieurstudenten der Hochschulen, insbesondere der Fachhochschulen. Auch der in der Praxis tätige Ingenieur kann sich mit diesem Buch in das Gebiet der Materialflusstechnik einarbeiten. Ebenso entnimmt der nicht unmittelbar mit der Fördertechnik befasste Betriebs-, Fertigungs- oder Planungsingenieur dem Buch Hinweise für seine Arbeit.

Die anwendungsfreundliche Darstellung der Fachinhalte und viele Hinweise zum Einsatz der Fördermittel sollen dem bisher noch nicht mit der Fördertechnik vertrauten Maschinenbauingenieur befähigen, zur Lösung seiner Materialflussaufgabe Fördermittel selbst zu gestalten oder zumindest rationell zu betreiben.

In dieser 8. Auflage wurde das am Ende des Buches befindliche Literaturverzeichnis überarbeitet und sachbezogen mit den aktualisierten DIN Normen und VDI Richtlinien bereits jedem Kapitel angefügt.

Es ist nicht Absicht der Autoren, das umfangreiche Gebiet der Fördertechnik in einem einzigen Fachbuch umfassend darzustellen, vielmehr wollen sie mit dem Buch eine repräsentative Auswahl der allgemein für den Materialfluss gebräuchlichen Fördermittel getroffen haben.

An dieser Stelle sei den einzelnen Firmen für die Bereitstellung von Bild- und Informationsmaterial und dem Verlag für seine Unterstützung gedankt.

Hinweise zur Verbesserung des Buches werden dankend entgegen genommen.

Hamburg, Dresden, Hildesheim, im Dezember 2003 *Heinrich Martin*
Peter Römisch
Andreas Weidlich

JE HÄUFIGER „VOR UND ZURÜCK",
DESTO WICHTIGER DIE WIRTSCHAFTLICHKEIT.

Namhafte Hersteller von Gabelstaplern und Gabelstaplerrollen profitieren von Vulkollan®. Denn Radbeläge aus Vulkollan® sind **hoch belastbar** und überzeugen durch beispielhafte Zuverlässigkeit.

Vulkollan® gewährleistet durch die hohe Abriebbeständigkeit besonders **lange Einsatzzeiten**. Für die Wirtschaftlichkeit bedeutet das: Wesentlich **geringere Wartungskosten** durch eine Minimierung der Werkstattzeiten.

Gleichbleibende Materialeigenschaften erhöhen die Sicherheit; geringe Radabmessungen und Belagstärken gewährleisten **weniger Platzbedarf**.

Aus diesem Grunde ist auch die Automobilindustrie sowie der Maschinen- und Apparatebau von Vulkollan® überzeugt. Weitere Schwerpunkte sind Rollenbeläge für Elektrohängebahnen, Achterbahnen oder Aufzüge.

Vulkollan® ist das stärkste Bayer Polyurethan-Elastomer am Markt und zeichnet sich durch die Kombination konkurrenzloser Vorteile aus:

HÖCHSTE MECHANISCHE BELASTBARKEIT

HÖCHSTE DYNAMISCHE TRAGFÄHIGKEIT

HERGESTELLT AUS DESMODUR® 15

Wenn auch Sie von den vielen Vorteilen von Vulkollan® profitieren möchten, informieren Sie sich bitte bei den Herstellern und Ersatzteillieferanten über Reifen aus Vulkollan®. Weitere detaillierte Informationen zu Vulkollan® finden Sie unter: www.vulkollan.de

Bayer MaterialScience AG
51368 Leverkusen
Germany

E-Mail:
peter.plate@bayermaterialscience.com

DAS HOCHLEISTUNGS-ELASTOMER

Inhaltsverzeichnis

1	**Einführung**	1
1.1	Darstellung der Materialflusstechnik	1
1.2	Strukturen der Fördertechnik	1
	1.2.1 Förder- und Lagermittel	2
	1.2.2 Fördergüter	4
	1.2.3 Förderaufgaben	5
1.3	Fördergutstrom	5
2	**Bauteile der Fördermittel**	7
2.1	Seiltriebe	7
	2.1.1 Mechanismenketten	7
	2.1.2 Seilflaschenzüge	8
	2.1.3 Drahtseile	10
	2.1.3.1 Begriffe, Aufbau, Einteilung, Einsatz	10
	2.1.3.2 Berechnung und Auswahl von Drahtseilen	11
	2.1.3.3 Seilverbindungen	14
	2.1.4 Faserseile	14
	2.1.5 Seilrollen	15
	2.1.6 Seiltrommeln	16
	2.1.7 Treibscheiben und Reibungstrommeln	19
	2.1.8 Beispiele	20
2.2	Kettentriebe	24
	2.2.1 Ketten	24
	2.2.1.1 Rundstahlketten	24
	2.2.1.2 Gelenkketten	24
	2.2.2 Kettenräder	26
	2.2.2.1 Unverzahnte Kettenräder	26
	2.2.2.2 Verzahnte Kettenräder	26
	2.2.3 Kettentrommeln	27
2.3	Fahrwerkselemente	27
	2.3.1 Laufräder	27
	2.3.1.1 Radkräfte	28
	2.3.1.2 Berechnung	30
	2.3.2 Schienen	33
	2.3.3 Beispiel	33
2.4	Bremsen	37
	2.4.1 Berechnung des Bremsmoments	37
	2.4.2 Wärmebelastung der Bremsen	39
	2.4.3 Backenbremsen	40
	2.4.4 Bandbremsen	42
	2.4.5 Scheibenbremsen	45
	2.4.6 Kegelbremsen	46
	2.4.7 Bremslüfter	46
	2.4.8 Beispiele	48
2.5	Lastaufnahmemittel	52

	2.5.1	Lasthaken		53
		2.5.1.1	Einfacher Lasthaken	53
		2.5.1.2	Doppelhaken	53
		2.5.1.3	Ösenhaken	54
		2.5.1.4	Lamellenhaken	54
	2.5.2	Schäkel		54
	2.5.3	Hakengeschirre		55
	2.5.4	Unterflaschen		55
	2.5.5	Anschlagmittel		56
	2.5.6	Zangen und Klemmen		57
		2.5.6.1	Zangen	57
		2.5.6.2	Klemmen	59
	2.5.7	Kübel		59
	2.5.8	Greifer		60
		2.5.8.1	Mehrseilgreifer	60
		2.5.8.2	Einseilgreifer	63
		2.5.8.3	Motorgreifer	64
		2.5.8.4	Ausführung der Greifer	64
	2.5.9	Lasthaftgeräte		64
	2.5.10	Beispiele		66
2.6	Bauteile für Stetigförderer			69
	2.6.1	Tragrollen und andere Tragmittel		69
	2.6.2	Förderbänder		72
	2.6.3	Antriebs- und Umlenktrommeln		73
	2.6.4	Transportketten		75
	2.6.5	Bauteile zum Schutz vor Überlast		76
2.7	Triebwerke			77
	2.7.1	Berechnungsgrundlagen		78
	2.7.2	Hubwerke		78
	2.7.3	Wippwerke		81
	2.7.4	Fahrwerke		82
	2.7.5	Drehwerke		84
	2.7.6	Reib- und formschlüssige Triebwerke		87
	2.7.7	Beispiele		87
2.8	Normen, Literatur			92

3 Serienhebezeuge 97

3.1	Flaschenzüge			97
	3.1.1	Handflaschenzüge		97
		3.1.1.1	Schraubenflaschenzug	97
		3.1.1.2	Stirnradflaschenzug	98
		3.1.1.3	Zug-Hubgeräte (Mehrzweckzüge)	100
	3.1.2	Elektroflaschenzüge (E-Züge)		100
	3.1.3	Druckluftflaschenzüge		103
3.2	Winden			104
	3.2.1	Zahnstangenwinde		104
	3.2.2	Schraubenwinde		104
	3.2.3	Seilwinden		105
3.3	Hydraulische Hebezeuge			106
3.4	Beispiele			108

		3.5	DIN-Normen	110
4	**Krane**			**111**
	4.1	Brückenkrane		111
		4.1.1	Ein- und Zweiträgerbrückenkrane	112
			4.1.1.1 Kranbrücken	112
			4.1.1.2 Laufkatzen	115
			4.1.1.3 Greiferwindwerke	117
			4.1.1.4 Kranfahrwerke	119
		4.1.2	Hängekrane	119
		4.1.3	Hängebahnen	120
		4.1.4	Stapelkrane	121
		4.1.5	Regalbediengeräte	122
		4.1.6	Sonderausführungen	123
		4.1.7	Beispiele	124
	4.2	Portalkrane		125
		4.2.1	Bockkrane	126
		4.2.2	Verladebrücken	128
		4.2.3	Beispiel	132
	4.3	Kabelkrane		135
	4.4	Drehkrane		137
		4.4.1	Allgemeine Hinweise	137
		4.4.2	Lagerung des Drehteiles	138
		4.4.3	Wippsysteme	141
		4.4.4	Unterbau	143
		4.4.5	Wichtige Bauarten von Drehkranen	144
		4.4.6	Beispiele	150
	4.5	Fahrzeugkrane		155
		4.5.1	Ladekrane für Straßenfahrzeuge	155
		4.5.2	Mobilkrane	157
		4.5.3	Autokrane	158
	4.6	DIN-Normen		159
5	**Gleislose Flurfördermittel**			**161**
	5.1	Fahrwerk und Lenkung		161
		5.1.1	Fahrwerk	161
		5.1.2	Lenkung	162
	5.2	Fahrgeräte		162
		5.2.1	Fahrgeräte ohne Hubeinrichtung	163
		5.2.2	Fahrgeräte mit Hubeinrichtung	165
	5.3	Stapelgeräte		166
		5.3.1	Gabelstapler G	167
			5.3.1.1 Bauformen	167
			5.3.1.2 Hubwerke	168
			5.3.1.3 Anbaugeräte	171
		5.3.2	Stapler mit Radunterstützung	173
		5.3.3	Schmalgangstapler	173
		5.3.4	Quergabelstapler Q	175
		5.3.5	Portalstapler E	175
	5.4	Berechnung der Flurförderung		177

		5.4.1	Fördermenge der gleislosen Flurfördermittel	177
		5.4.2	Fahrwiderstand der gleislosen Flurfördermittel	179
		5.4.3	Beispiele	179
	5.5	Normen, Richtlinien, Literatur		184
		5.5.1	DIN- und ISO-Normen	184
		5.5.2	VDI-Richtlinien	184
		5.5.3	Literatur	185

6 Stetigförderer ... 187

	6.1	Berechnungsgrundlagen		187
		6.1.1	Fördermenge	187
		6.1.2	Antriebsleistung	188
	6.2	Mechanische Stetigförderer mit Zugmittel (Bandförderer)		190
		6.2.1	Gurtbandförderer	190
		6.2.2	Stahlbandförderer	200
		6.2.3	Drahtbandförderer	202
		6.2.4	Kurvengurtförderer	205
		6.2.5	Weitere Ausführungen von Bandförderern	206
		6.2.6	Beispiele	207
	6.3	Mechanische Stetigförderer mit Zugmittel (Gliederförderer)		211
		6.3.1	Gliederbandförderer	211
		6.3.2	Trogkettenförderer	213
		6.3.3	Kratzerförderer	216
		6.3.4	Kreisförderer (Einbahn- und Zweibahnsystem)	217
		6.3.5	Becherwerke	224
			6.3.5.1 Senkrechtbecherwerke	225
			6.3.5.2 Pendelbecherwerke	229
			6.3.5.3 Wichtige Sonderausführungen	231
		6.3.6	Beispiele	231
	6.4	Mechanische Stetigförderer ohne Zugmittel		237
		6.4.1	Rollenförderer (Angetriebene Rollenbahnen)	237
			6.4.1.1 Leichte Rollenförderer	237
			6.4.1.2 Schwere Rollenförderer	240
		6.4.2	Schneckenförderer	240
		6.4.3	Schwingförderer	245
			6.4.3.1 Schüttelrutschen	245
			6.4.3.2 Schwingrinnen	246
		6.4.4	Beispiele	253
	6.5	Schwerkraftförderer		257
		6.5.1	Rutschen und Fallrohre	257
		6.5.2	Rollenbahnen (Schwerkraftrollenbahnen)	260
		6.5.3	Beispiel	265
	6.6	Strömungsförderer		266
		6.6.1	Pneumatische Förderer	266
		6.6.2	Rohrpostanlagen	272
		6.6.3	Hydraulische Förderer	274
		6.6.4	Beispiel	275
	6.7	DIN-Normen, VDI-Richtlinien, Literatur		277

7 Lagertechnik ... 281
7.1 Lagergestaltung ... 281
7.1.1 Aufgaben und Einteilung der Lager ... 281
7.1.2 Lagerorganisation ... 281
7.1.3 Technische Ausführung ... 282
7.2 Ladehilfsmittel ... 283
7.2.1 Paletten ... 283
7.2.2 Boxpaletten ... 285
7.2.3 Ladepritschen ... 286
7.2.4 Kästen ... 286
7.2.5 Klein-Behälter ... 286
7.2.6 Groß-Behälter ... 287
7.3 Freilager ... 288
7.4 Bunker ... 289
7.4.1 Bauarten der Bunker ... 289
7.4.2 Gutaufgabe und Gutabgabe ... 290
7.4.3 Bunkerhilfseinrichtungen ... 292
7.5 Gebäudelagerung ... 292
7.5.1 Bodenlagerung ... 293
7.5.2 Regallagerung ... 294
7.5.3 Verschieberegal ... 297
7.5.4 Durchlaufregal ... 298
7.5.5 Umlaufregal ... 299
7.5.6 Beispiele ... 300
7.6 DIN-Normen ... 304

Sachwortverzeichnis ... 305

1 Einführung

1.1 Darstellung der *Materialflusstechnik*

Überall dort, wo Güter über relativ kurze Entfernungen bewegt werden müssen, werden die Mittel der *Materialflusstechnik* eingesetzt. Sie beschränkt sich damit im Wesentlichen auf den innerbetrieblichen Transport sowie den Warenumschlag an den Schnittstellen des Unternehmens: dem Wareneingang und Warenausgang. Die Materialflusstechnik entspricht der Gesamtheit der Transport-, Umschlag- und Lagerprozesse. Dazu gehören sowohl die technologische und ökonomische Gestaltung der TUL-Prozesse, als auch die zu ihrer Realisierung notwendigen Maschinen und Ausrüstungen. Massenproduktion, Automation, steigende Löhne und die Forderung nach Beseitigung schwerer körperlicher Arbeit waren die Triebkräfte für die stürmische Entwicklung der Materialflusstechnik in den letzten Jahrzehnten. Die Erkenntnis, große Einsparungen durch systematische Materialflussplanung und durch Automation der Förderprozesse zu erzielen, führte zu neuen Entwicklungen. Systematische Materialflussplanung, Simulationstechnik zur Optimierung von Transportaufgaben, computergesteuerte Materialflusssysteme, Einsatz der Logistik und eine enge Verknüpfung der Förder- mit der Lagertechnik brachten erhebliche Rationalisierungseffekte.

Der externe Güterfluss ist die Beförderung Gütern mittels *Verkehrsmitteln* wie *Bahn*, *Schiff* oder *LKW* über weite Entfernungen.

1.2 Strukturen der *Fördertechnik*

Jedes materialflusstechnische Problem kann durch die Strukturträger *Förderaufgabe*, *Fördergut* und *Fördermaschine*, welche zunächst unabhängig voneinander existieren, dann aber bei der Problemlösung aufeinander einwirken, beschrieben werden. Eine Rangordnung der Strukturträger kann allgemein nicht angegeben werden, obwohl sie für eine konkrete Förderaufgabe durch die unternehmensspezifischen Randbedingungen durchaus besteht.

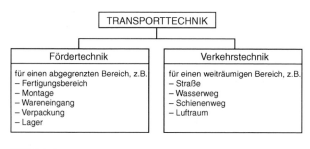

Bild 1.1-1
Gliederung der Transporttechnik

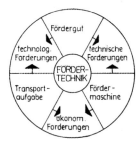

Bild 1.2-1
Abhängigkeiten der Strukturträger

Bei einer Neuinvestition wird die Fördermaschine nach den technologischen Eigenschaften des Fördergutes und nach der Transportaufgabe ausgewählt, während bei Rationalisierungsvorhaben im Rahmen intensiver Erweiterungen eine vorhandene Fördermaschine oder -anlage auch den technologischen Ablauf und damit die Transportaufgabe bestimmt.

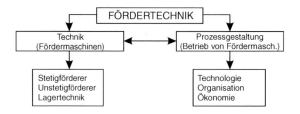

Bild 1.2-2
Gegenstand und Inhalt der *Materialflusstechnik*

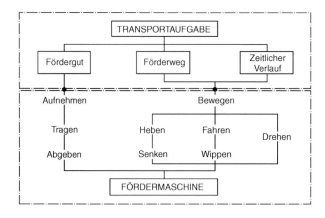

Bild 1.2-3
Zusammenhänge zwischen *Transportaufgabe* und *Fördermaschine*

1.2.1 Förder- und Lagermittel

Fördermittel werden in zwei große Gruppen gegliedert:

Stetigförderer kontinuierlich, über einen längeren Zeitraum arbeitende Förderer für Schütt- und Stückgüter

Unstetigförderer diskontinuierlich arbeitende, den Umschlag in Arbeitsspielen realisierende Fördergeräte, bei denen in der Regel einem *Lastspiel* ein *Leerspiel* folgt.

Stetigförderer arbeiten im Allgemeinen wirtschaftlicher. Bei gleichem Eigengewicht bewegen sie größere Fördermengen und benötigen dazu geringere Antriebsleistungen als Unstetigförderer. Die geringere Antriebsleistung resultiert aus den kleineren Totlasten, seltenerem Schalten der Antriebe und geringeren Massenkräften beim Anfahren und Bremsen. Für wenige Güter pro Zeiteinheit und für schwere Einzellasten werden meist Unstetigförderer eingesetzt.

Als Lagermittel dienen unterschiedliche Regalarten. Zur Bedienung von Boden- und Regallagerung werden in der Regel nur Unstetigförderer benutzt.

1.2 Strukturen der Fördertechnik

Für die Projektierung und spätere Ausführung der Fördermaschine sind die Betriebssicherheit, die Beachtung der Unfallverhütungsvorschriften und der Sicherheits- und Umweltschutzbestimmungen, der Leichtbau, einfache Pflege und Wartung, leichte Bedienbarkeit und transportgerechte Gestaltung von maßgebender Bedeutung. Darüber hinaus gelten die VDI–Richtlinien über Materialfluss und Fördertechnik, die VDMA-Blätter der Fachgemeinschaft Fördertechnik, die Unfallverhütungsvorschriften UVV über Fördermittel und die Regeln der Fédération Européenne de la Manutenation (FEM).

Besonderer Wert wird auf die Typisierung der fördertechnischen Bauelemente, wie Bremsen, Lastaufnahmemittel und Tragrollen gelegt, so weit sie nicht schon nach DIN-Normen standardisiert wurden. Auch die Durchbildung gleicher Bauteile für verschiedene Größenreihen z.B. Maschinensätze, Laufkatzen, Spann- oder Antriebsstationen zu einem *Baukastensystem* wird – wenn wirtschaftlich vertretbar – angestrebt.

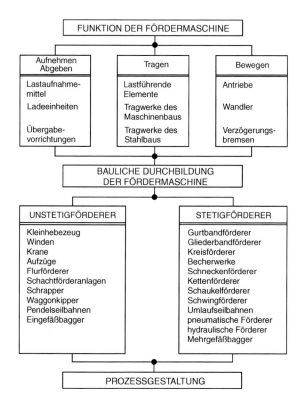

Bild 1.2-4
Struktur der Fördermaschinen

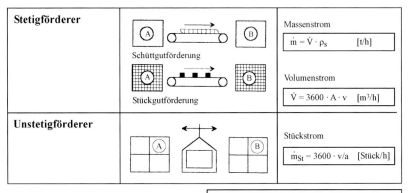

Bild 1.2-5 Fördergutstrom
v Fördergeschwindigkeit m/s
A Gutquerschnitt m²
ρ_s Schüttdichte der Bewegung t/m³
a mittlerer Abstand des Stückgutes in m
m Masse eines Stückgutes kg
$z = 1/t_s$ Spielzahl, z.B. in h^{-1}
t_s Spielzeit: Summe aus Fahr-, Be- und Entladezeiten

1.2.2 Fördergüter

Fördergüter werden nach Mengen in *Einzelgüter* (Stückgüter) und *Massengüter* (Schüttgüter) unterschieden.

Stückgüter sind stückzahlmäßig erfassbare Einzellasten, die nach ihrer Form in Schachteln, Ballen, Kisten, Maschinenteile und die nach ihren Guteigenschaften wie Abmessungen, Form, Masse, Temperaturempfindlichkeit weiter gegliedert werden. Schüttgüter sind als eine Vielzahl von Einzelgütern mit relativ kleinen Abmessungen wie Sand, Kohle, Getreide aufzufassen. Maßgebende Guteigenschaften sind die Schüttdichte, Dichte, Böschungswinkel, Körnung, Feuchtigkeitsgehalt und Sondereigenschaften wie Druckempfindlichkeit.

FÖRDERGÜTER	
Einzelgüter	Massengüter
Stückgüter – geringe Zahl – relativ große Abmessung – relativ großes Gewicht z. B. Maschinen, Kisten Paletten, Behälter, Ballen, Schachteln, Pakete, Fertigteile,	Stückgüter große Zahl an Einzelgüter z. B. Kisten, Säcke, Holz, Pakete
	Schüttgüter z. B. Getreide, Erz, Kohle, Kies, Düngemittel
	gewachsener Boden z. B. Abraum, Braunkohle
	fasrige Güter z. B. Stroh, Asbest
	schlammige Güter z. B. Tonerde, Rotschlamm

Bild 1.2-6 Fördergüter

Angaben über Dichte p, Schüttdichte ρ_s, Böschungswinkel β und Korngröße a' können den einschlägigen Tabellenwerken entnommen werden.

Neben dem Umschlag o.g. Fördergüter befassen sich ausgewählte Bereiche der Fördertechnik mit der Beförderung von *Personen* mittels Aufzügen, Fahrtreppen oder z.B. Seilbahnen.

1.2.3 Förderaufgaben

Die Förder- oder Transportaufgabe resultiert aus den technologischen und ökonomischen Forderungen und bestimmt die zeitliche und räumliche Ortsveränderung des Fördergutes. Es ist dann die Aufgabe der Fördermaschine, diese Ortsveränderung vorzunehmen. Angaben zum Fördergut, zur gewünschten Fördermenge, zur Art und Länge des Förderweges, zu baulichen und räumlichen Gegebenheiten, zu Anschaffungs- und Betriebskosten sind unverzichtbarer Bestandteil der Aufgabenstellung.

1.3 Fördergutstrom

Der Fördergutstrom, siehe auch Bild 1.2-5, gibt die je Zeiteinheit bewegte Gutmenge an. Sie wird nach DIN 1301 als

$$\boxed{\dot{V} = V/t} \qquad \textit{Volumenstrom} \qquad (1.3.1)$$

$$\boxed{\dot{m} = m/t} \qquad \textit{Massenstrom} \qquad (1.3.2)$$

definiert. Die Gutmasse m und das Gutvolumen V ergeben die Schüttdichte ρ_s

$$\boxed{\rho_s = m/V} \qquad \textit{Schüttdichte} \qquad (1.3.3)$$

Der zur Bestimmung des Gutquerschnittes A erforderliche Böschungswinkel β entspricht dem Neigungswinkel zur Waagerechten eines auf eine feste Unterlage lose aufgeschütteten Gutes. Der Böschungswinkel β_B der Bewegung ergibt sich, wenn die feste Unterlage ein Fördermittel ist.

$$\boxed{\beta_B \approx (0{,}6 \div 0{,}8)\,\beta} \qquad \textit{Böschungswinkel der Bewegung} \qquad (1.3.4)$$

2 Bauteile der Fördermittel

2.1 Seiltriebe

2.1.1 Mechanismenketten

Ein Triebwerk ist immer eine Kette einzelner Triebwerkselemente (Mechanismen). So sind auch die Seiltriebe, die im Kranbau in Hub- und Ausleger-Einziehwerken eingesetzt werden, als *Mechanismenketten* zu verstehen. Jeder Einzelmechanismus liefert in der Energiebilanz einer solchen Mechanismenkette seinen Wirkungsgrad als den Quotienten aus effektiver und indizierter Arbeit.

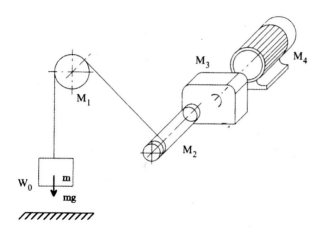

Bild 2.1-1
Einfache Mechanismenkette

Für ein Hubwerk ergeben sich für die Fälle „*Last Heben*" und „*Last Senken*", wenn die Verlustarbeit W_V des *Einzelmechanismus* in beiden Fällen gleich ist, die Wirkungsgrade

$$\eta_H = \frac{W_o}{W_o + W_v} \qquad \textit{Hubwirkungsgrad} \qquad (2.1.1)$$

$$\boxed{\eta_S = \frac{W v - W_o}{- W_o}} \qquad \textit{Senkwirkungsgrad} \qquad (2.1.2)$$

$$\boxed{\eta_S = 2 - \frac{1}{\eta_H}} \qquad \eta_S = f(\eta_H) \qquad (2.1.3)$$

Wird der Gesamt-Senkwirkungsgrad einer Mechanismenkette berechnet, dann sind immer die Einzel-Senkwirkungsgrade heranzuziehen.

$$\boxed{\eta_S = \eta_{1S}\ \eta_{2S}\ \eta_{3S}\ \eta_{4S}\ \cdots\ \eta_{iS}} \qquad \textit{Gesamtwirkungsgrad} \qquad (2.1.4)$$

Für verzweigte Mechanismenketten, so wie sie an Zwillings-Flaschenzügen (Kap. 2.1.2) anzutreffen sind, muss der Gesamtwirkungsgrad für das Heben und Senken für jeden Zweig getrennt berechnet werden.

2.1.2 Seilflaschenzüge

Flaschenzüge sind eine Kombination aus losen und festen Seilrollen, die in Verbindung mit einer Seiltrommel arbeiten. Sie werden eingesetzt, um die Kräfte im Seil und an der Trommel zu verringern. Das hat kleinere Abmessungen für das Drahtseil, die Seilrollen und den Trommeldurchmesser, aber eine größere Trommellänge und eine größere Getriebeübersetzung zur Folge.

Für den Betrieb mit konstanter Hubgeschwindigkeit gilt:

$$\boxed{\max S = \frac{(m_H - m_E)}{i\, z\, \eta_{Fz}}} \qquad \textit{maximale Seilkraft} \qquad (2.1.5)$$

$$\boxed{\eta_{Fz} = \frac{1}{z}\frac{1 - \eta_R^z}{1 - \eta_R}} \qquad \textit{Flaschenzugwirkungsgrad} \qquad (2.1.6)$$

$$\boxed{z = \frac{v_S}{v_H}} \qquad \textit{Seilübersetzung} \qquad (2.1.7)$$

Wegen des relativ hohen Wirkungsgrad η_R gilt praktisch $\eta_R \approx \eta_{R\,S}$. Damit ist Selbsthemmung für einen Flaschenzug ausgeschlossen.

Werden zwei einfache Flaschenzüge zu einer verzweigten Mechanismenkette parallel angeordnet, dann spricht man vom Zwillingsflaschenzug. Bei diesem entfällt auf Grund der gegenläufigen Bewicklung der Seiltrommel das seitliche Wandern und das Verdrehen der Last. Ungleichmäßige Seildehnungen werden von einer *Ausgleichsrolle* kompensiert. Eine *feste Ausgleichsrolle* steht praktisch still, während eine *lose Ausgleichsrolle* nur translative Bewegungen ausführt. Somit wird eine waagerechte Lage der Hakenflasche gesichert. Bei sehr großen Lasten, wie sie bei Hütten-, Werft- und Schwimmkranen anzutreffen sind, werden Zwillingsflaschenzüge mit i z = 8 und mehr Seilsträngen eingesetzt.

2.1 Seiltriebe

Beilage 2: Flaschenzüge: Seilschema, Wirkungsgrade, Geschwindigkeiten					
Einfachtrommel	Zwillingstrommel	$\eta_{Fz}\quad v_S$	η_H bei Wälzlagerung	η_H bei Gleitlagerung
		Hinweise: η_T Wirkungsgrad der Seiltrommel η_H Hubwirkungsgrad des Flaschenzuges η Wirkungsgrad einer Seilrolle (0,98 bzw. 0,96) v_U Umfangsgeschwindigkeit der Seiltrommel v_H Hubgeschwindigkeit M_T Antrieb an der Seiltrommel		
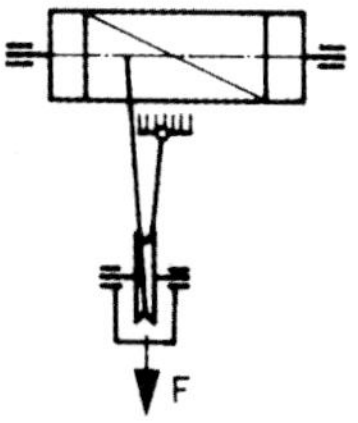	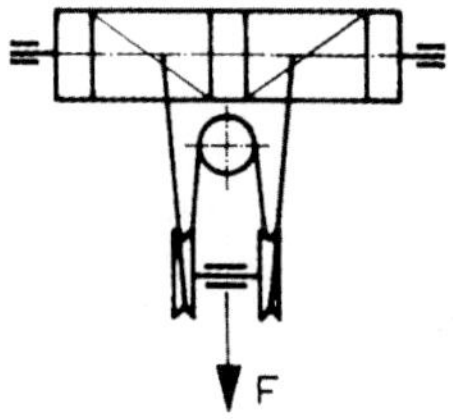	$\eta_{Fz} = \dfrac{1}{2}\dfrac{1-\eta_R^2}{1-\eta_R}$ $v_S = 2\,v_H$ $M_T = \dfrac{F\,d_T}{4\,\eta_{Fz}\,\eta_T}$	0,99	0,98
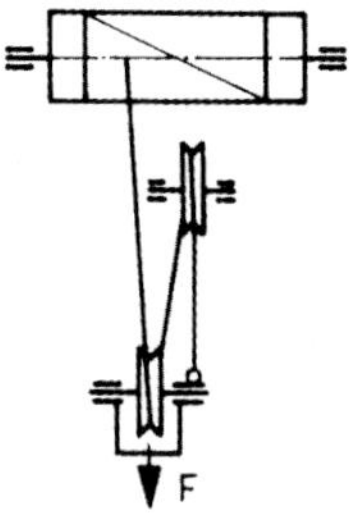	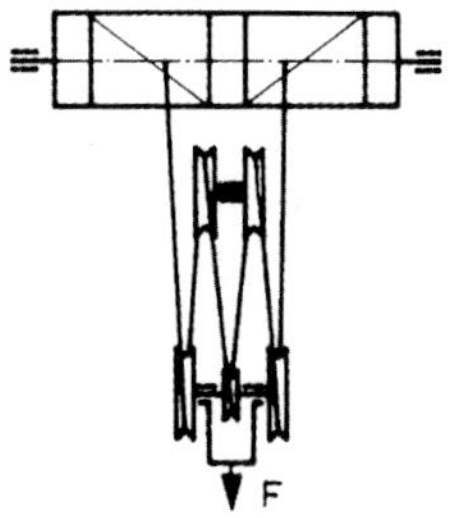	$\eta_{Fz} = \dfrac{1}{3}\dfrac{1-\eta_R^3}{1-\eta_R}$ $v_S = 3\,v_H$ $M_T = \dfrac{F\,d_T}{6\,\eta_{Fz}\,\eta_T}$	0,98	0,96
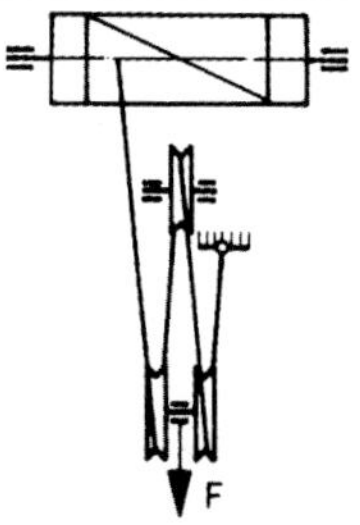	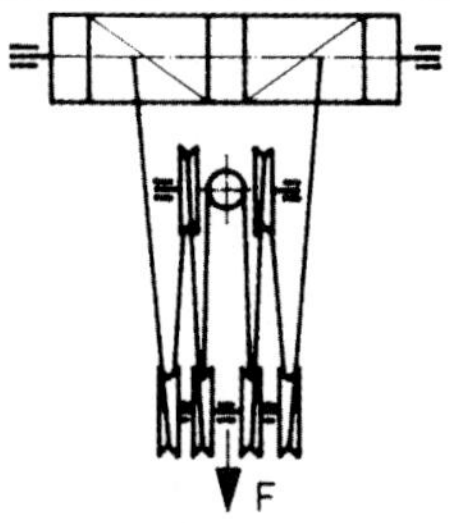	$\eta_{Fz} = \dfrac{1}{4}\dfrac{1-\eta_R^4}{1-\eta_R}$ $v_S = 4\,v_H$ $M_T = \dfrac{F\,d_T}{8\,\eta_{Fz}\,\eta_T}$	0,97	0,94

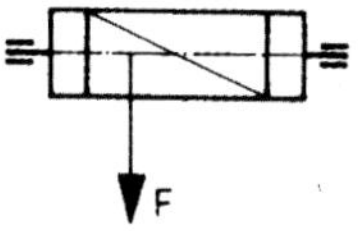

Bild 2.1-2 Seilflaschenzüge

- m_H Hub- oder Nutzlast
- m_E Eigenmasse des Lastaufnahmemittels
- i Anzahl der Mechanismenzweige
  - $i = 1$ Einfachflaschenzug
  - $i = 2$ Zwillingsflaschenzug
- z Anzahl der tragenden Seilstränge eines Flaschenzuges
- η_{Fz} Flaschenzug-Gesamtwirkungsgrad Heben
- η_R Wirkungsgrad einer Seilrolle (Seil- und Lagerreibung)
- $\eta_R = 0{,}98$ bei Wälzlagerung
- $\eta_R = 0{,}96$ bei Gleitlagerung
- η_T Wirkungsgrad der Seiltrommel
- η_{Hi} Gesamtwirkungsgrad beim Heben am Schnitt „i"
- v_S Seilgeschwindigkeit
- v_H Hubgeschwindigkeit der Last m_H
- d_T Seiltrommeldurchmesser
- M_T Antriebsmoment an der Seiltrommel

2.1.3 Drahtseile

Drahtseile sind Bauelemente, welche nur Zugkräfte übertragen. Die für eine Änderung der Zugrichtung durch Seilrollen erforderliche Biegsamkeit wird durch die Anordnung vieler dünner Einzeldrähte erreicht.

2.1.3.1 Begriffe, Aufbau, Einteilung, Einsatz

Kaltverformte, vergütete dünne Stahldrähte mit Festigkeiten

$$1570 \text{ N/mm}^2 \leq \sigma \leq 2450 \text{ N/mm}^2$$

werden auf Verseilmaschinen schraubenförmig um eine Hanf- oder *Stahlseele* zu Litzen und diese dann zum Seil geschlagen (*Litzenseile*). Wird das Seil in einem Schlagvorgang aus mehreren Lagen von Einzeldrähten hergestellt, dann entsteht das *Spiralseil*. Der konstruktive Aufbau der Seile begünstigt bei einsträngiger Aufhängung ungeführter Lasten ihr Aufdrehen, sodass in solchen Anwendungsfällen *drehungsfreie Spezialseile* eingesetzt werden müssen. Entsprechend der *Schlagrichtung* werden Drahtseile im *Gleichschlag* (Litze und Seil mit gleicher Schlagrichtung) oder im *Kreuzschlag* (entgegengesetzter Schlag) hergestellt. Der Schlag kann gemäß Bild 2.1.3-1 *rechts-* (Z) oder *linksgängig* (S) sein.

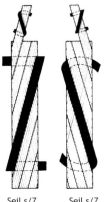
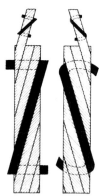

Seil s/Z Seil s/Z   Seil s/Z   Seil s/Z
Kreuzschlag, Kreuzschlag, Gleichschlag, Gleichschlag,
a) rechtsgängig) linksgängig) b) rechtsgängig) linksgängig)

Bild 2.1.3-1
Schlagarten von Litzenseilen
a) Kreuzschlag; b) Gleichschlag

Drahtseile werden durch verschiedene *Macharten* unterschieden. Die in der *Standardmachart* gefertigten Seile haben Drähte gleichen Durchmessers und in allen Litzenlagen gleiche *Schlagwinkel* (*Steigungswinkel*), damit jedoch unterschiedliche *Schlaglängen* (*Steigungshöhen*). Die Drähte benachbarter Lagen berühren sich punktförmig. Diese Seilmachart ist das Standardseil für Serienhebezeuge und Krane.

Die *Parallelmachart* hat gleiche Schlaglängen, jedoch verschiedene Drahtdurchmesser. Durch diese Machart entstehen unterschiedliche Schlagwinkel und linienförmige Berührungsstellen benachbarter Drahtlagen. Solche Seile sind relativ biegsam. Sie werden in *Filler, Seale, Warrington- und Verbundmacharten* hergestellt.

2.1 Seiltriebe

Sonderausführungen der Litzenseile sind *Kabelschlag-, Flecht- und Flachseile.* Kabelschlagseile sind dreifach verseilt und dadurch extrem biegsam. Sie werden als Anschlag-und Schiffsseile eingesetzt.

Drahtseile werden als *spannungsarme* (*drallarm*) und *drehungsarme* Seile hergestellt. Inzwischen werden auch Drahtseile mit *verdichteten* Litzen angeboten. Sie bieten hohe Widerstände gegen äußere Pressungen.

Bei einer Seilbestellung sind folgende Angaben notwendig:

Z.B.: Drahtseil 20 DIN 3055-FE-bk-1570 sZ – 60m   (DIN EN 12385-4)

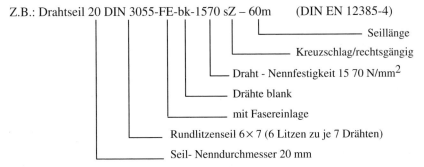

2.1.3.2 Berechnung und Auswahl von Drahtseilen

Die wesentlichsten statischen und dynamischen Einzelspannungen, welche auf einen Einzeldraht im Seilverband wirken, sind:

– Zugspannungen aus ruhender oder schwellender Zugbelastung,
– Biegespannungen aus Seilkrümmung an den Seilrollen und -trommeln,
– Zug-, Druck- und Schubspannungen an den Kontaktstellen der Seilaußendrähte mit den seilführenden Elementen, sowie zwischen den Einzeldrähten im Seilverbund auf Grund der entstehenden Querpressungen,
– Biegespannungen aus der Verseilung,
– Biegespannungen, wenn sich die Einzeldrähte punktförmig berühren,
– Schubspannungen aus den Drehmomenten, welche infolge der Zugbeanspruchung auf die schraubenlinienförmig angeordneten Drähte und Litzen entstehen,
– Schub- und Zugspannungen durch Reibungskräfte aus den Relativbewegungen der Drähte im Seilverband, die auf Grund der Seilbiegung beim Überlaufen eines seilführenden Elementes entstehen,
– Biegespannungen, welche entstehen, wenn sich die Drähte mit den darunter liegenden punktförmig berühren.

Drahtseile werden aus ökonomischen und konstruktiven Gründen im Allgemeinen so ausgelegt, dass im normalen Betrieb vereinzelte Drahtdauerbrüche auftreten dürfen. Dabei entsteht für das gesamte Drahtseil vorerst nicht die Gefahr eines Bruches, weil:

– der gebrochene Einzeldraht auf Grund der Reibung im Seilverband nach einigen wenigen Schlaglängen bereits wieder voll mitträgt,
– die vielen Einzeldrähte auf Grund der Vielfalt ihrer Beanspruchungen und dem sehr unterschiedlichen Dauerbruchverhalten nicht unmittelber nacheinander brechen werden

– und die Zunahme der Anzahl von Einzeldrahtbrüchen in der Regel unter Kontrolle gehalten werden kann.

Ein Drahtseil definieren wir also als ein Maschinenelement, welches *nicht dauerfest* ist und nach den Grundsätzen der *Betriebsfestigkeit* bemessen wird. In der DIN 15020 werden das Drahtseil und die seilführenden Elemente so dimensioniert, dass es eine hinreichend hohe Betriebsdauer erreichen wird.

$$\boxed{d_{min} = c\sqrt{S}}$$ *Seildurchmesser in mm* (2.1.3/1)

$$\boxed{D_{min} = h_1 h_2 d_{min}}$$ *Trommel- oder Rollendurchmesser* (2.1.3/2)

d_{min} Seildurchmesser in mm
S maximale Seilzugkraft in N   (vgl. Gl. 2.1.6)
c, h_1, h_2 Beiwerte nach DIN 15 020

In Abhängigkeit von

– der *Triebwerksgruppe* des Hubwerks
– der Machart des Drahtseiles
– der Draht-Nennfestigkeit

ist der *Beiwert c*, der durch Versuche und auf Grund praktischer Erfahrungen festgelegt wurde, in den Tabellen der *DIN 15020* (Bild 2.1.3-2) angegeben. Der Beiwert c ergibt sich aus:

$$\sigma = \frac{S}{A} = \frac{S\,4s}{d^2 \pi k f} \rightarrow d = \sqrt{\frac{4s}{kf\pi\sigma}} \cdot \sqrt{S} = c\sqrt{S}$$

k   Verseilfaktor – berücksichtigt die Verseilverluste
f   Füllfaktor – metall. Querschnitt/theor. Querschnitt
σ Zug- bzw. Bruchspannung eines Einzeldrahtes
s   Sicherheitszahl

Der Einfluss der *Seilzugkraft* auf die Drahtseil-Lebensdauer wird in einem *Belastungskollektiv* erfasst. Es ist zu ermitteln, in welchem Maße ein Triebwerk oder eines seiner Elemente der Höchstbeanspruchung oder aber nur einem Teil davon ausgesetzt ist. Für eine Einstufung in die Gruppen *leicht, mittel, schwer* ist ein auf die Tragfähigkeit bezogener *kubischer Mittelwert k* zu berechnen.

Der Einfluss der *Laufzeit* des Drahtseiles auf seine Lebensdauer wird mit der *Laufzeitklasse* erfasst, indem ermittelt wird, welche Zeit ein Seiltrieb in einem festgelegten Zeitraum eingeschaltet ist. Einer Einordnung nach *DIN 15020* in neun mögliche Laufzeitklassen wird die *mittlere Laufzeit je Tag (24 Stunden), bezogen auf ein Jahr*, zu Grunde gelegt.

Aus der Laufzeitklasse und dem Lastkollektiv resultiert die Triebwerkgruppe.

In den niedrigen Triebwerkgruppen, d.h. bei einer geringeren Anzahl von Biegewechseln, führt die Verwendung eines höherfesten Werkstoffes zu einem kleineren c-Wert und damit zu einem *kleineren Drahtseildurchmesser d*. Das Drahtseil wird nicht durch Dauerbrüche zerstört, vielmehr werden andere Einflüsse die Ablegereife herbeiführen. Mit zunehmender Triebwerkgruppe, wird der c-Wert in den einzelnen Nennfestigkeitsklassen größer. Damit wird auch der

Seildurchmesser größer. Ab der Seiltriebgruppe *2 m* wird eine höhere Festigkeit nicht mehr honoriert, weil mit wachsender Festigkeit auch die Kerbempfindlichkeit steigt.

Sobald also die *Dauerfestigkeit* für die Betriebsdauer eines Drahtseiles maßgebend wird (TwG. 2 m), ist der Einsatz eines höherfesten Stahls aus dieser Sicht *nicht mehr gerechtfertigt.*

Laufzeitklasse	Kurzeichen			v_{006}	v_{012}	v_{025}	v_{05}	v_1	v_2	v_3	v_4
	Mittlere Laufzeit je Tag in h, bezogen auf 1 Jahr			bis 0,125	0,126 bis 0,25	0,26 bis 0,50	0,51 bis 1,0	1,1 bis 2,0	2,1 bis 4,0	4,1 bis 8,0	8,1 bis 16,0
Lastkollektiv	Nr.	Benennung	Erklärung	Triebwerkgruppe							
	1	leicht	seiten größte Last	1 E_m	1 E_m	1 D_m	1 C_m	1 B_m	1 A_m	2_m	3_m
	2	mittel	kleine bis größte Lasten gleich oft	1 E_m	1 D_m	1 C_m	1 B_m	1 A_m	2_m	3_m	4_m
	3	schwer	fast ständig größte Last	1 D_m	1 C_m	1 B_m	1 A_m	2_m	3_m	4_m	5_m

Ist ein Arbeitsspiel > 12 min Triebwerkgruppe 1 Stufe niedriger wählbar

Triebwerkgruppen nach Laufzeitklassen und Lastkollektiven

Triebwerkgruppe	Beiwerte c in mm / $\sqrt{N}$ für Obliche Transporte, Nennfestigkeit der Drähte in N / mm² 1570	Obliche Transporte 1770	Gefährliche Transporte 1570	Gefährliche Transporte 1770	Beiwert h_1 für Trommeln	Beiwert h_1 für Rollen	Beiwert h_1 für Ausgleichrollen	Beiwert h_2 für bei Seilumlenkungszahl w	Beiwert h_2 für Trommeln und Ausgleichrollen	Beiwert h_2 für Rollen
1 E_m	—	0,067	—	—	10	11,2	10	bis 5	1,0	1,0
1 D_m	—	0,071	—	—	11,2	12,5	10			
1 C_m	—	0,075	—	—	12,5	14	12,5			
1 B_m	0,085	0,080	—	—	14	16	12,5	6 bis 9	1,0	1,12 1)
1 A_m	0,090	0,085	0,095	0,095	16	18	14			
2_m	0,095	0,095	0,106	0,106	18	20	14			
3_m	0,106	0,106	0,118	—	20	22,4	16	> 10	1,0	1,25 1)
4_m	0,118	0,118	0,132	—	22,4	25	16			

Beiwerte c und h_1 gelten für nichtdrehungsfreie Seile; bei drehungsfreien Seilen Werte ca. 10% größer — siehe DIN 15020)

1) Bei Serienhebezeugen und Greifern kann der Beiwert $h_2 = 1{,}0$ gesetzt werden.

Beiwerte c, h_1 und h_2

Bild 2.1.3-2 Kennwerte zur Seilberechnung – nach DIN 15020

2.1.3.3 Seilverbindungen

Drahtseile lassen sich nur kraftschlüssig miteinander verbinden, bzw. an Tragkonstruktionen befestigen. In Bild 2.1.3-3 sind einige wichtige Seilverbindungen zu sehen.

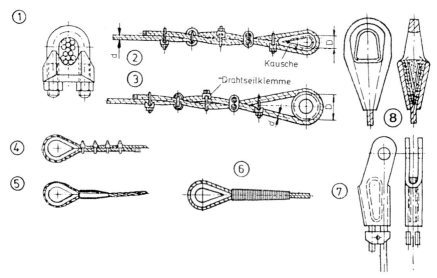

Bild 2.1.3-3 Seilverbindungen

Bei der Montage der Seilklemme (1) nach DIN 1142 ist darauf zu achten, dass der Rundstahlbügel den entlasteten Seilstrang presst. Es müssen immer drei bzw. fünf Seilklemmen eingesetzt werden (2), (3).

Die Seilkausche nach DIN 3091 verhindert ein Quetschen des Seiles an seiner Befestigung. Das freie Seilende wird auf einer Länge ($l \approx 40\ d$) kurz verspleißt (6), verpresst (5) oder mit drei bis fünf Seilklemmen (4) verklemmt.

Das Keilschloss (7) klemmt das Seil mittels eines selbsthemmenden Keils im Gehäuse fest. Die das freie Seilende haltende Seilklemme ist aus Sicherheitsgründen vorgeschrieben.

Bei der Seilbirne (8) wird der Kraftschluss durch Verguss des aufgelösten Drahtseilendes im Gehäuse hergestellt.

Die Spleißung dient der Verbindung zweier Drahtseile. Beide Seilenden werden über die Spleißlänge ($l \approx 500\ d$) aufgedreht. Die Litzen werden so gekürzt, dass sich ihre Enden etwa gleichmäßig über die Spleißlänge verteilen. Danach werden die Litzen zu einem neuen Seilverband ineinandergedreht und ihre Enden nach innen gesteckt. Auf Grund der Reibung im Seilverband tragen die Litzen nach wenigen Schlaglängen bereits wieder voll mit. Bei der Spleißverbindung tritt kaum eine örtliche Verdickung des Seiles auf, sodass der Lauf über Rollen und Trommeln möglich ist.

2.1.4 Faserseile

Faserseile bestehen aus Pflanzenfasern (z.B. Manila, Hanf, Kokos) oder aus synthetischen Fasern (z.B. Polyamid, Polyester, Polypropylen). In der Regel werden sie aus Seilgarnen als Litzen-, Kabelschlag- oder Flechtseile hergestellt. Als Seilverbindungen werden Kurzspleiße

2.1 Seiltriebe

mit Kauschen, Langspleiße, Knoten, Presshülsen oder Klemmen eingesetzt. Faserseile werden vorwiegend als Anschlag- und Flaschenzugseile eingesetzt.

Vorteile: Hochbiegsam, leicht hantier- und knotbar, keine Verletzungsgefahr, Schonung des Fördergutes.

Nachteile: Geringere Festigkeit, Verrottungsgefahr bei Pflanzenfasern.

Wartung: Hängend und trocken lagern, auf Verschleiß und Beschädigung überprüfen. Seile aus Pflanzenfasern leicht teeren.

Berechnung: Die zulässige Seilzugkraft S wird mit einer Sicherheit s = 5 ... 10 aus der Seilnennreißkraft ermittelt.

$$\boxed{S \leq \frac{\pi d^2}{4} \sigma_{z\,zul}} \qquad \textit{zulässige Seilkraft} \qquad (2.1.3/3)$$

$$\boxed{D \geq (10...15)d} \qquad \textit{Trommel-/ Rollendurchmesser} \qquad (2.1.3/4)$$

d   Seildurchmesser
$\sigma_{z\,zul}$ zulässige Seilzugspannung
$\sigma_{z\,zul}$ = 10N/mm² für Pflanzenfasern, 20 ... 50N/mm² für Chemiefasern

2.1.5 Seilrollen

Seile müssen grundsätzlich einer bestimmten Linienführung angepasst werden. Für diese Zwecke werden Seilrollen eingesetzt. Diese Führungselemente sind weitgehend standardisiert und in ihren Abmessungen den kraftübertragenden Elementen angepasst.

Seilrollen werden gegossen (aus GJL, GJS, GE), geschmiedet (aus C35V, C45V) oder geschweißt (aus S235JR, S355J2G3), wegen der geringen Reibwiderstände meist wälzgelagert, ausgeführt. Geschweißte Seilrollen finden bei großem Durchmesser und geringen Stückzahlen Verwendung. Hauptmaße und Ausführungsformen sind nach DIN 15 062 standardisiert. Seilrollen aus Kunststoff setzt man zur Schonung des Drahtseiles für kleinere Rollendurchmesser ein. Bei größeren Durchmessern erhalten die Stahlrollen Kunststoff-Rillenfutter.

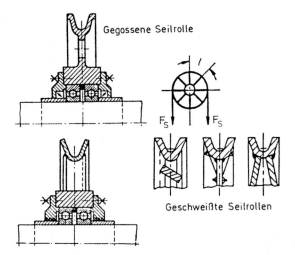

Bild 2.1.5-1
Seilrollen

Der Rollendurchmesser $D_R = D$ wird nach DIN 15020 (Gl. 2.1.3/2) berechnet. Zur Bestimmung des Beiwertes h_2 werden Seiltriebe nach ihrer Gesamtzahl der Biegewechsel klassifiziert, indem die Summe der Einzelwerte w für alle Elemente des Seiltriebes ermittelt wir.

Seilrolle mit Ablenkwinkel $\beta < 5°$	w = 0
Seiltrommel	w = 1
Seilrolle mit gleichsinnigem Biegewechsel	w = 2
Seilrolle mit Gegenbiegewechsel	w = 4

Ein Festigkeitsnachweis sollte nur für geschweißte Rollen mit Speichen erbracht werden.

$$\boxed{\sigma_b \approx \frac{1 \cdot F_s \, l}{8 \, W_b}} \qquad \textit{Biegespannung im Rollenkranz} \qquad (2.1.5/1)$$

$$\boxed{\sigma_d = \frac{2 \cdot F_s}{A}} \qquad \textit{Druckspannung in den Speichen} \qquad (2.1.5/2)$$

F_s maximale Seilzugkraft
ω Knickzahl für eine Speiche
W_b Biegewiderstandsmoment des Rollenkranzes
l   nach Bild 2.1.5-1
A   Speichenquerschnitt

2.1.6 Seiltrommeln

Seiltrommeln übernehmen den Antrieb und das Speichern bewegter Seile. Diese werden auf der Trommel in der Regel einlagig, in eingeschnittenen Rundrillen geführt, gespeichert. Für Kleinhebezeuge und Montagewinden sind auch mehrlagig bewickelte Trommeln möglich.

Es werden Guss- und Schweißkonstruktionen mit Achs- oder Wellenverlagerungen eingesetzt. Bei der Achstrommel erfolgt der Antrieb über ein an der Trommel angeflanschtes Zahnrad, bei der Wellentrommel direkt, ohne offenes Vorgelege durch die Getriebeabtriebswelle. Trommeln werden meist wälzgelagert (Pendellager) ausgeführt. Die Wellentrommel stützt sich auf einer Seite direkt auf der Getriebewelle ab. Die aus den Seilkräften resultierende Stützkraft muss vom Getriebe (Welle, Lager) als zusätzliche Belastung aufgenommen werden können. Im Interesse einer statischen Bestimmtheit der so entstehenden Dreifachlagerung (Bild 2.1.6-1) wird die Trommelkupplung, welche Drehmomente und Querkräfte zu übertragen hat, als Gelenk ausgebildet.

Die Seilbefestigung erfolgt an der Trommel kraftschlüssig. Um die Seilkraft an der Klemmverbindung zu verringern, werden zwei bis drei Sicherheitswindungen, die betriebsmäßig nicht abgewickelt werden dürfen, vorgesehen.

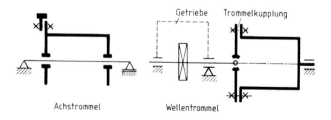

Bild 2.1.6-1
Trommellagerungen

2.1 Seiltriebe

Bordscheiben sollen bei Schlaffseil ein seitliches Herunterspringen der Seile verhindern. Der Bord wird mit einem Überstand von b ≈ 1,5 d ausgebildet. Das Seilrillenprofil ist nach DIN 15061 standardisiert.

Berechnung
Der Mindest-Seiltrommeldurchmesser, bezogen auf Seilmitte, berechnet sich nach DIN 15020 (Gl. 2.1.3/2) mit $D_T = D$.

$w = \dfrac{nH}{D_T \pi} + 2$	Windungszahl	(2.1.6/1)
$L = w\,p\,i + l_1 + l_2 + l_3$	Seiltrommellänge	(2.1.6/2)
$\sigma_{da} = \dfrac{F_s}{2 \cdot t \cdot p}$	Druckspannung an der Auflaufstelle	(2.1.6/3)
$\sigma_{ba} = \dfrac{0{,}96\,F_s}{\sqrt{D_T \cdot t^3}}$	Biegespannung an der Auflaufstelle	(2.1.6/4)
$\sigma_{bb} = 1{,}44\left(1 - \dfrac{2D_N}{3D_T}\right)\dfrac{0{,}1\,F_s}{s_w^2}$	Biegespannung in der Bordscheibe	(2.1.6/5)

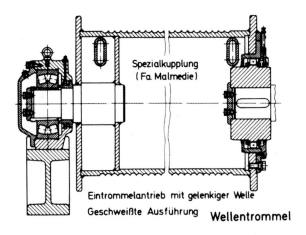

Eintrommelantrieb mit gelenkiger Welle
Geschweißte Ausführung
Wellentrommel

Bild 2.1.6-2
Wellentrommel

Zwillingstrommel, geschweißte Ausführung, mit Trommelkupplung

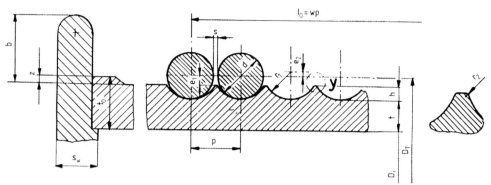

Bild 2.1.6-3 Seilrillenprofil
Rillenradius r = 0,53 d
Rillenkopfabstand e_1 = 0,125 d
Bordhöhe b = 1,5 d
Materialzugabe z = 0,004 D_T

Rillensteigung p = 1,15 d (DIN 15020)
Seillücke s = 0,15 d (DIN 15020)
Blechdicke t = 0,6 … 1,0 d
Bordscheibendicke s_w = 1,0 d

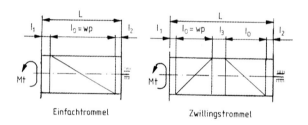

Einfachtrommel   Zwillingstrommel

Bild 2.1.6-4 Trommelabmessungen

σ_{da} Druckspannung in der Seil-Auflaufstelle
σ_{ba} Biegespannung in der Seil-Auflaufstelle
σ_{bb} Biegespannung in der Bordscheibe
D_T Trommeldurchmesser bezogen auf Mitte Seil
d Seildurchmesser
H Hubhöhe der Hakenflasche

F_s maximaler Seilzug
t Trommelmanteldicke
p Rillensteigung
D_N Nabendurchmesser
s_w Wanddicke der Bordscheibe
l_1, l_2, l_3 Konstruktionsmaße

Folgende Nachweise sind zu erbringen:

Richtwerte für zulässige Spannungen			Spannungsnachweise	
Art	S/GE	GJL		
σ_{da}	7,0 kN/cm²	5,0 kN/cm²	vorh. σ_{da}	$\leq$ zul. σ_{da}
σ_{ba}	5,0 kN/cm²	2,5 kN/cm²	vorh. σ_{ba}	$\leq$ zul. σ_{ba}
σ_{bn}	10,0 kN/cm²	5,0 kN/cm²	$\sigma_{da} + \sigma_{ba}$	$\leq$ zul. $\sigma = \sigma_s/s$
			σ_{bb}	$\leq$ zul. $\sigma_{bb} = \sigma_s/s$

Bei leichtem Betrieb können die σ-Werte um 25 % erhöht, bei schwerem Betrieb sollen sie um 20 % abgemindert werden. Als Sicherheit gegen die Streckgrenze gilt s = 2 … 3

2.1.7 Treibscheiben und Reibungstrommeln

Treibscheiben und Reibungstrommeln haben die Aufgabe, ein bewegtes Seil anzutreiben, ohne es zu speichern. Ihr Einsatz erfolgt in Aufzügen, Becherförderern, Seilbahnen, Spillwinden, Seilzuglaufkatzen und bei Seilwinden mit extrem großen Seillängen. Auf der Grundlage der Beziehung

$$\boxed{e^{\mu\beta} = \frac{F_1}{F_2}} \qquad \text{Euler-Eytelweinsche Gleichung} \qquad (2.1.7/1)$$

lässt sich die Umfangskraft an der Treibscheibe angeben.

$$\boxed{F_U = F_1 - F_2 = F_2(e^{\mu\beta} - 1) = F_1\left(1 - \frac{1}{e^{\mu\beta}}\right)} \qquad (2.1.7/2)$$

Zu beachten ist, dass β im Bogenmaß mit $\beta = 2\pi i$ mit $i = \beta°/360°$ in die Gleichungen einzusetzen ist.

Mit Hilfe der Modellvorstellungen gemäß Bild 2.1.7-1 lässt sich die Sicherheit gegen Rutschen des Zugmittels über die Treibscheibe definieren. Bei einer Vorspannkraft F_2 ist die maximal mögliche Seilkraft max F_1 durch den Reibwert μ und den Gesamtumschlingungsbogen β (AB)

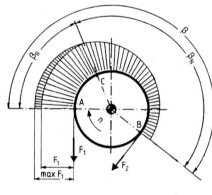

max $F_1 = F_2 e^{\mu\beta}$; $\quad F_1 = F_2 e^{\mu\beta_N}$

Bild 2.1.7-1
Berechnungsmodell

begrenzt. Wird nun aber max. F_1 nur teilweise, d.h. mit F_1 ausgenutzt, dann lässt sich eine Sicherheit s gegen Rutschen angeben.

$$\boxed{s = \frac{\max F_1}{F_1} \geq 1{,}0} \qquad \text{Sicherheit gegen Rutschen} \qquad (2.1.7/3.1)$$

So wird der Umschlingungswinkel β in den Nutzwinkel β_N (BC) und den Sicherheitswinkel β_R (CA) aufgespalten. Damit gilt dann letztlich

$$\boxed{s = \frac{e^{\mu\beta}}{e^{\mu\beta_N}} = e^{\mu(\beta - \beta_N)} = e^{\mu\beta_R}} \qquad \text{Sicherheit gegen Rutschen} \qquad (2.1.7/3.2)$$

Um die nutzbare Treibfähigkeit zu verbessern, kann man den Umschlingungswinkel β und/oder die Reibungszahl μ vergrößern.

Durch die Wahl spezieller Rillenformen wird zwischen dem Drahtseil und der Treibscheibe eine gewisse Klemmwirkung erreicht. In den Rillen ruft die senkrecht gerichtete Normalkraft F_N seitlich angreifende Auflagerkomponenten F_A, die in ihrer Summe F_N übersteigen, hervor. Dadurch wird die wirkliche Reibungszahl μ_0 in Abhängigkeit von den Komponentenwinkeln auf einen scheinbaren Reibwert μ vergrößert. Im Bild 2.1.7-2 finden Sie die in der Fördertechnik üblichen Rillenformen mit ihren Berechnungsgleichungen.

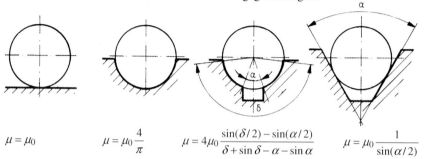

$$\mu = \mu_0 \qquad \mu = \mu_0 \frac{4}{\pi} \qquad \mu = 4\mu_0 \frac{\sin(\delta/2) - \sin(\alpha/2)}{\delta + \sin\delta - \alpha - \sin\alpha} \qquad \mu = \mu_0 \frac{1}{\sin(\alpha/2)}$$

Bild 2.1.7-2 Rillenformen

2.1.8 Beispiele

1 Hubwerk

Das abgebildete Hubwerk für eine Tragfähigkeit von 6,3 t ist zu berechnen. Hublast m_H = 6,3 t, Eigenmasse Hakenflasche m_E = 0,01 m_H, Hubhöhe H = 12,5 m, Hubgeschwindigkeit V_H = 2 m/min, Motordrehzahl n_M = 1200 min^{-1}, Wirkungsgrad-Rolle η_R = 0,98, -Getriebe η_G = 0,92, -Trommel η_T = 0,97, das Hubwerk läuft im schweren Betrieb mit einer Laufzeit von 2,3 h/Tag im Jahresdurchschnitt.

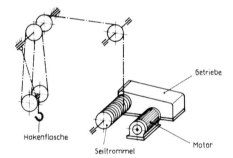

Gesucht:
1. Wirkungsgrade der Mechanismenkette
2. maximale Seilkraft
3. Ordnen Sie das Hubwerk in die entsprechende TRIEBWERKGRUPPE ein!
4. Seildurchmesser bei Nennfestigkeit der Drähte = 1770 N/mm²
5. Seilrollen- und Seiltrommelabmessungen
6. Festigkeitsnachweise für die Seiltrommel
7. Seiltrommeldrehzahl, Getriebeübersetzung
8. Kraft- und Leistungsgröße an der Motorkupplung
9. Seil-Zugkraft an der Trommel-Klemmverbindung

Lösung:
1. Flaschenzug-Wirkungsgrad:

$$\eta_{Fz} = \frac{1 - \eta_R^z}{z\,(1 - \eta_R)} = \frac{1}{4} \cdot \frac{1 - 0{,}98}{1 - 0{,}98} = 0{,}97$$

$$\eta_{Seil} = \eta_{Fz}\ \eta_R^2 = 0{,}97 \cdot 0{,}98^2 = 0{,}932$$

$$\eta_{ges} = \eta_{Seil}\ \eta_{Tr}\ \eta_G = 0{,}932 \cdot 0{,}92 \cdot 0{,}97 = 0{,}832$$

2.1 Seiltriebe

2. maximale Seilkraft:
$$\max S = \frac{(m_H + m_E)g}{i\,z\,\eta_{Seil}} = \frac{6{,}3\,t\,(1+0{,}01)\,g}{140{,}932} = F_S = 16{,}75\,kN$$

3. Triebwerkgruppe:

   Lastkollektiv „schwer" → $\quad\quad$ Triebwerkgruppe
   2,3 h/Tag → Laufzeitklasse V_2 → $\quad$ 3 m

4. Seildurchmesser:

   übliche Transporte; Drahtseil nicht drehungsfrei; 1770 N/mm² $\quad$ c = 0,106
   w = 11 $\quad\quad\quad h_{1R} = 22{,}4;\; h_{1T} = 20$
   $\quad\quad\quad\quad\quad h_{2R} = 1{,}25;\; h_{2T} = 1{,}0$

   $d = 0{,}106\sqrt{16750\,N} = 13{,}72\,mm \quad\rightarrow\quad$ gewählt $\quad$ d = 14,0 mm

5. Seilrollen- und Trommelabmessungen:

   $D_R = h_1\,h_2\,d = 22{,}4 \cdot 1{,}25 \cdot 14{,}0\,mm = 392\,mm \quad$ gewählt: $\quad D_R = 400\,mm$
   $D_T = h_1\,h_2\,d = 20 \cdot 1{,}0 \cdot 14{,}0\,mm = 280\,mm \quad$ gewählt: $\quad D_T = 625\,mm$

   $$w = \frac{H\,z}{D_T\,\pi} + 2 = \frac{12{,}5\,m\,4}{0{,}625\,m\,3{,}14} + 2 = 27{,}48 \quad\quad \text{gewählt:}\quad w = 28$$

   gewählt: $p = 16\,mm,\; l_1 = 50\,mm,\; l_2 = 30\,mm,\; t_0 = 18\,mm,\; z = 2\,mm,\; S235,$
   $\quad\quad D_N = 150\,mm,\; s_w = 12\,mm$

   $l_0 = w\,p = 28 \cdot 16\,mm = 448\,mm$
   $L = i\,l_0 + l_1 + l_2 = 1448\,mm + 50\,mm + 30\,mm = 528\,mm \quad$ gewählt: $\quad$ 530mm

6. Festigkeitsnachweise für die Seiltrommel:

   $t = t_0 - 0{,}5\,d + e_1 - z = 18\,mm - 7\,mm + 2\,mm - 2{,}5\,mm = 10{,}5\,mm$

   $$\sigma_{da} = \frac{F_s}{2\,t\,p} = \frac{16{,}75\,kN}{2 \cdot 1{,}05\,cm \cdot 1{,}6\,cm} = 4{,}99\,kN/cm^2 \quad\quad \sigma_{da} = 5{,}0\,kN/cm^2$$

   $$\sigma_{ba} = \frac{0{,}96\,F_s}{\sqrt{D_T\,t^3}} = \frac{0{,}96 \cdot 16{,}75\,kN}{\sqrt{62{,}5\,cm \cdot 1{,}05^3\,m^3}} = 1{,}89\,kN/cm^2 \quad\quad \sigma_{ba} = 1{,}9\,kN/cm^2$$

   $$\sigma_{bb} = 1{,}44\left(1 - \frac{2D_N}{3D_T}\right)\frac{0{,}1\,F_s}{s_w^2} = 1{,}44\left(1 - \frac{2150\,mm}{3625\,mm}\right)\frac{1{,}675\,kN}{1{,}2^2\,cm^2} = 1{,}41\,kN/cm^2$$

   vorh $\sigma_{da} = 5{,}0\,kN/cm^2 \quad\quad < \quad 7{,}0\,kN/cm^2\; 0{,}8 = 5{,}6\,kN/cm^2$
   vorh $\sigma_{ba} = 1{,}9\,kN/cm^2 \quad\quad < \quad 5{,}0\,kN/cm^2\; 0{,}8 = 4{,}0\,kN/cm^2$
   vorh $(\sigma_{da} + \sigma_{ba}) = 6{,}9\,kN/cm^2 \quad < \quad 23\,kN/cm^2\,/\,3 = 7{,}6\,kN/cm^2$
   vorh $\sigma_{bb} = 1{,}41\,kN/cm^2 \quad\quad < \quad 23\,kN/cm^2\,/\,3 = 7{,}6\,kN/cm^2$

7. Seiltrommeldrehzahl, Getriebeübersetzung:

   $$n_{Tr} = \frac{z\,v_H}{D_T\,\pi} = \frac{2 \cdot 2\,m/min}{0{,}625\,m \cdot 3{,}14} = 2{,}04\,min^{-1}$$

   $i_G = n_M / n_{Tr} = 1200\,min^{-1} / 2{,}04 = 588{,}8$

8. Kraft- und Leistungsgrößen an der Motorkupplung:

   $$M\,t_M = \frac{(m_H + m_E)\,g\,D_r}{i\,z\,2\,\eta_{ges}} = \frac{1{,}01 \cdot 6{,}3\,t\,g\,0{,}625\,m}{1 \cdot 4 \cdot 2 \cdot 0{,}832} = 5{,}86\,kNm$$

   $$P_M = \frac{(m_H + m_E)\,g\,v_H}{\eta_{ges}} = \frac{1{,}01 \cdot 6{,}3\,t\,g\,2\,m/min}{00832 \cdot 60\,s/min}\,2{,}5\,kW$$

9. Seil-Zugkraft an der Trommelklemmverbindung:

$$F_Z = \frac{F_S}{e^{\mu\beta}} = \frac{16{,}75 \text{ kN}}{e^{0{,}12 \cdot 2 \cdot 3{,}14 \cdot 2}} = \frac{16{,}75 \text{ kN}}{4{,}517} = 3{,}71 \text{ kN}$$

2 Aufzug

Für einen Treibscheibenaufzug mit einer Tragfähigkeit von 1200 kg sollen die technischen Hauptkennwerte ermittelt werden. Es gelten folgende Erfahrungswerte: $m_Q/m_E = 3{,}2$, $\mu_0 = 0{,}09$, unterschnittene Rundrille mit $\alpha = 34°$ und $\delta = 180°$.

Gesucht:

1. m_E und m_G, wenn die Rutschsicherheit in beiden Belastungsfällen *Volllast heben* und *leeren Fahrkorb senken* gleich groß sein soll.
2. Umschlingungswinkel ß wenn die Sicherheit gegen Rutschen des Seiles in der Rille mit $s \geq 1{,}15$ eingehalten werden muss.

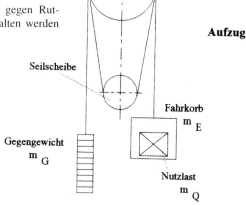

Lösung:

1. Massen für Fahrkorb- und Gegengewicht:

$$e^{\mu\beta} = \frac{m_Q + m_E}{m_G} = \frac{m_G}{m_E}$$

$$\frac{m_G}{m_E} = \sqrt{\frac{m_Q}{m_E} + 1} = \sqrt{3{,}2 + 1} = 2{,}05$$

$m_E = 500 \text{ kg} / 3{,}2 = 156{,}25 \text{ kg}$
$m_G = 500 \text{ kg} \cdot 2{,}05 / 3{,}2 = 320{,}31 \text{ kg}$

2. Umschlingungswinkel

Mit der vorgesehenen Rille wird ein scheinbarer Reibwert von

$$\mu = 4\mu_0 \frac{1 - \sin(\alpha/2)}{\pi - \sin\alpha - \alpha} = 4 \cdot 0{,}09 \frac{1 - \sin 17°}{3{,}14 - \sin 34° - 0{,}5934} = 0{,}13$$

erreicht. Die nutzbare Treibfähigkeit wurde mit $e^{\mu\beta}{}_N = 2{,}05$ ermittelt. Daraus folgt die Gesamttreibfähigkeit $e^{\mu\beta} = e^{\mu\beta}{}_N \cdot s = 2{,}05 \cdot 1{,}15 = 2{,}3574$. Es gilt

$e^{\mu\beta} = 2{,}3754 \to \mu\beta = 0{,}8574 \to \beta = 0{,}8574/0{,}13 = 6{,}595$

$\beta = 6{,}595 \cdot 180° / \pi = 378° = 180 + 198° = 378°$

3 Gnomwinde

Die in der Skizze dargestellte leichte Hubwinde (*GNOMWINDE*) mit Gegenlaufbetrieb ist zu berechnen. Das Hubseil umschlingt die beiden Reibungstrommeln mehrmals und trägt an beiden Seilenden einen Lasthaken in Verbindung mit je einem Vorspanngewicht m_E. Diese beiden Spannmassen m_E sollen die Seilvorspannkraft F_2 sichern.

Die zwei Reibungstrommeln werden über ein gemeinsames Ritzel angetrieben und sind mit vier (*oben*) und drei (*unten*) unterschnittenen Rundrillen, als Ringrille ausgebildet, versehen. Der Rillenunterschnitt beträgt $b = 0{,}5736\, d$.

2.1 Seiltriebe

Gesucht:

1. Berechnen Sie den scheinbaren Reibwert μ für die unterschnittene Rundrille, wenn μ_0 mit 0,11 angenommen wird.
2. Welcher Sicherheitswinkel β_R muss damit realisiert werden, wenn die Sicherheit gegen Rutschen s = 1,6 betragen soll? Welcher Nutzwinkel β_N stellt sich ein, wenn i_{ges} = 3,5 ausgeführt wird?
3. Wie groß ist die nutzbare Treibfähigkeit?
4. Wie groß muss m_E ausgelegt werden, damit die Winde eine Nenntragfähigkeit von 630 kg erreicht.

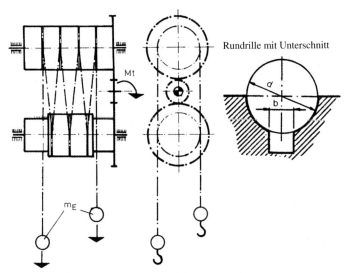

Rundrille mit Unterschnitt

Lasthaken mit Vorspanngewicht

Lösung:

1. Scheinbarer Reibwert:
   Mit der vorgesehenen Rille wird ein scheinbarer Reibwert μ erreicht.

   $\alpha = 2 \arcsin (b/d) = 2 \arcsin 0{,}5736 = 70°$

   $$\mu = 4 \mu_0 \frac{1-\sin(\alpha/2)}{\pi - \sin\alpha - \alpha} = 4 \cdot 0{,}11 \; \frac{1-\sin 35°}{3{,}14 - \sin 70° - 1{,}2217} = 0{,}192$$

2. Umschlingungswinkel
   Der erforderliche Ruhewinkel wird aus $s = e^{\mu \beta_R}$ ermittelt.

   $s = 1{,}6 = e^{\mu \beta_R} \rightarrow \mu \beta_R = 0{,}47 \rightarrow \qquad \beta_R = 2{,}45$

   $\qquad\qquad\qquad\qquad\qquad\qquad\qquad\qquad \beta_R^° = 140°$

   Der vorhandene Nutzwinkel β_N

   $\beta_{ges} = 2 \pi i = 2 \cdot 3{,}14 \cdot 3{,}5 = \qquad \beta_{ges} = 21{,}99$

   $\qquad\qquad\qquad\qquad\qquad\qquad\qquad \beta_{ges}^° = 1260°$

   $\beta_N = \beta_{ges} - \beta_R = 1260° - 140° = \qquad \beta_N = 1120°$

3. Treibfähigkeiten

   $e^{\mu \beta_N} = e^{0{,}192 \cdot 1120 \cdot 3{,}14/180} = e^{3{,}753} = 42{,}65$

4. Masse zur Vorspannung

$$F_Q = F_2 \, e^{\mu\beta_N} - F_2 = F_2 \, (e^{\mu\beta_N} - 1)$$

$$F_2 = m_2 \, g = F_Q \frac{1}{e^{\mu\beta_N}} \rightarrow m_2 = 630 \, kg / (42{,}65 - 1) = 15{,}12 \, kg$$

2.2 Kettentriebe

2.2.1 Ketten

Eine Kette setzt sich aus gelenkig aneinander gereihten Gliedern zusammen und überträgt in der Regel nur Zugkräfte. Gegenüber den Drahtseilen ergeben sich folgende wesentliche Vor- und Nachteile:

Vorteile: Kleine Umlenkradien und damit geringe Lastmomente; weniger Korrosionsempfindlich durch kleinere Oberfläche; leichte Reparaturmöglichkeit durch den Austausch einzelner Glieder.

Nachteile: Geringere Sicherheit und größeres Gewicht, kleinere Arbeitsgeschwindigkeit auf Grund größeren Verschleißes und höherer dynamischer Kräfte; geringere Elastizität.

2.2.1.1 Rundstahlketten

Rundstahlketten werden als Lastketten für Kleinhebezeuge und als Anschlagketten verwendet. Da sie raumbeweglich sind, werden sie auch in Stetigförderern als Zugorgan eingesetzt. Arbeitsgeschwindigkeit $v \leq 1{,}0 \, m/s$, Standardisierung nach DIN 762, 764, 5684. Es werden lehrenhaltige (kalibrierte) und nicht lehrenhaltige (unkalibrierte) Ketten eingesetzt. Kalibrierte Ketten sind genauer gefertigt und können über verzahnte Kettenrollen laufen. Langgliedrige Ketten sind als Förderketten, kurzgliedrige als Hubketten im Gebrauch. Sondereigenschaften, z.B. gehärtet, verzinkt, blank, sind bei der Bestellung zusätzlich auszuweisen.

Berechnung: Kettenglieder werden vor allem auf Zug und Biegung beansprucht. Der *Festigkeitsnachweis* erfolgt in der *Regel auf Zug*, wobei abgeminderte $\sigma_{z \, zul}$-Werte angesetzt werden. In der Regel werden Ketten nach der ertragbaren Kettenzugkraft ausgelegt. Dazu ist entweder die Nutzkraft direkt den DIN-Normen oder Herstellerunterlagen zu entnehmen, oder sie wird aus der Kettenbruchkraft in Verbindung mit der Bruchsicherheit berechnet. Bei langen hängenden Ketten ist der Einfluss der Ketteneigenmasse auf die Tragfähigkeit zu berücksichtigen.

Wartung: Ketten werden zur Verschleißminderung leicht gefettet. Sie sind abzulegen bei Anrissen, bzw. bei starker Abnutzung (Nenndurchmesser d um mehr als 20 % verschlissen oder Teilung t um mehr als 5 % vergrößert).

Bild 2.2-1
Rundstahlkette

2.2.1.2 Gelenkketten

Der Aufbau der Gelenkketten aus mehreren Laschen gewährt gegenüber Rundgliederketten eine größere Sicherheit und lässt höhere Arbeitsgeschwindigkeiten zu. Gelenkketten sind jedoch bei gleicher Tragfähigkeit teurer als Rundgliederketten. Einige ausgewählte Bauformen sind im Bild 2.2-2 abgebildet.

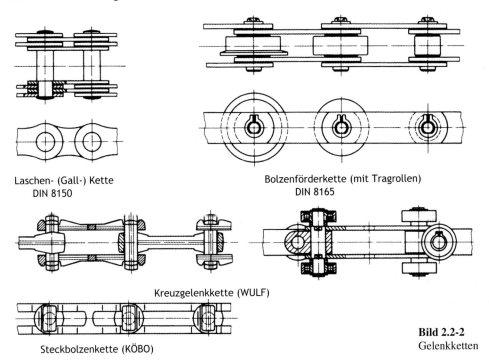

Bild 2.2-2
Gelenkketten

Laschenketten (*Gallketten*): Die Laschen werden durch Vernieten der Kettenbolzen gehalten. Damit ergeben sich eine geringe Beweglichkeit und begrenzte Arbeitsgeschwindigkeiten mit $v \leq 0{,}5$ m/s. Anwendung finden sie vor allem als Lastketten, z.B. als Hubkette in Staplern, als Wendekette im Schmiedekranen.

Bolzenketten: In die Innenlasche wird eine verschleißfeste Buchse eingepresst, die mit dem in den Außenlaschen befestigten Kettenbolzen ein Gelenk bildet. Damit ergeben sich geringer Verschleiß, gute Beweglichkeit und höhere Arbeitsgeschwindigkeiten von 3 m/s $\leq v \leq 5$ m/s (je nach Kettenteilung). Bolzenketten finden insbesondere als Förderketten in Stetigförderern Anwendung. Dort werden dann ggf. auf den Buchsen Stützrollen gelagert und die Kettenlaschen mit Mitnehmern oder Tragelementen ausgerüstet.

Rollenketten: Die Rollenkette entspricht in ihrem Aufbau der Bolzenkette. Sie hat jedoch zusätzlich auf der Buchse eine verschleißfeste Rolle gelagert. Dadurch werden der Verschleiß erheblich verringert, die Beweglichkeit und die Arbietsgeschwindigkeit mit $v \geq 40$ m/s weiter vergrößert.

Rollenketten sind deshalb auch als Antriebsketten geeignet und werden für hohe Zugkräfte auch als Zwei- und Dreifachketten angeboten.

Raumbewegliche Ketten: Die räumliche Linienführung einer Kette, z.B. die Förderkette eines Kreisförderers, wird von *Kreuzgelenk- oder Steckbolzenketten* bei kleineren Zugkräften auch von *Rundgliederketten* realisiert. Normale Ausführungen raumbeweglicher Ketten lassen Zugkräfte bis zu 50 kN bei etwa 10facher Sicherheit gegen Bruch zu.

Berechnung der Gelenkketten: Die *Lasche* einer Gelenkkette wird auf Zug und Flächenpressung (an Bolzen und Buchse), der *Bolzen* bzw. die *Buchse* auf Flächenpressung und Abscherung beansprucht. Die Kettenbruckkräfte werden meist in Abhängigkeit von der Kettengröße den DIN-Normen oder den Herstellerkatalogen entnommen und in Verbindung mit der Sicherheit gegen Bruch ($5 \geq s \geq 10$) der erforderlichen Kettenzugkraft gegenübergestellt.

Bei größeren Kettengeschwindigkeiten sollten die Massenkräfte an den Umlenkstellen Berücksichtigung finden. Die Berechnung der dynamischen Beanspruchung kann dem Schrifttum entnommen werden.

Sowohl Rundglieder- als auch Laschenketten werden aus Kunststoff hergestellt. Sie haben geringere Festigkeit, sind aber korrosionsfest und laufen leise und weitgehend ohne Schmierung.

2.2.2 Kettenräder

2.2.2.1 Unverzahnte Kettenräder

Unverzahnte Kettenräder kommen nur für Rundgliederketten in Frage. Sie werden meist nur als Umlenkrollen eingesetzt, z.T. aber auch zur kraftschlüssigen Übertragung kleinerer Umfangskräfte. Die Gestaltung der Rillen geht aus Bild 2.2-3 hervor. Als Werkstoffe sind GJL, GE oder S gebräuchlich.

$\boxed{D \leq 20\,d}$ *Kettenraddurchmesser (Teilkreisdurchmesser)*

d Nenndicke

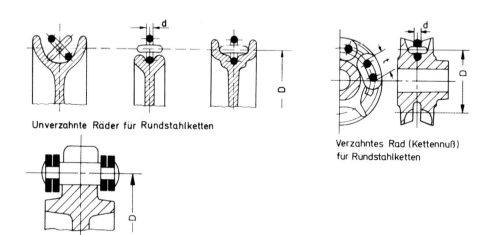

Unverzahnte Räder für Rundstahlketten

Verzahntes Rad (Kettennuß) für Rundstahlketten

Verzahntes Rad für Laschen- u. Bolzenketten

Bild 2.2-3 Kettenräder

2.2.2.2 Verzahnte Kettenräder

Verzahnte Kettenräder dienen zur formschlüssigen Übertragung größerer Umfangskräfte. Wegen des höheren Verschleißes ist auf gute Schmierung zu achten.

2.3 Fahrwerkselemente

Verzahnte Kettenräder für Rundstahlketten: Um eine gute Führung der Kette in den Zähnen des Kettenrades zu sichern, werden kalibrierte Ketten bevorzugt. Auf Grund der komplizierten Rillenform der gegossenen Kettenräder werden sie unbearbeitet eingesetzt.

$$D = \sqrt{\left(\frac{t}{\sin(\beta/z)}\right)^2 + \left(\frac{d}{\cos(\beta/z)}\right)^2} \qquad \text{\textit{Kettenraddurchmesser}} \atop \text{\textit{(Teilkreisdurchmesser)}} \qquad (2.2/1)$$

- t Kettenteilung
- d Nenndicke
- z Zähnezahl, $z_{min} = 4$
- β 90°

Für $z \geq 6$ und $d \leq 16$ mm kann das zweite Glied der Gl. 2.2/1 vernachlässigt werden.

Verzahnte Kettenräder für Gelenkketten: Die Gelenkkette soll mit ihrem Bolzen, der Buchse oder der Rolle im Zahngrund getragen werden. Die Laschen sollen keinen Kontakt zum Kettenrad haben.

$$D = \frac{t}{\sin(\beta/z)} \qquad \text{\textit{Kettenraddurchmesser}} \atop \text{\textit{(Teilkreisdurchmesser)}} \qquad (2.2/2)$$

- t Kettenteilung
- d Nenndicke
- z Zähnezahl, $z_{min} = 8$
- β 180°

Weitere Abmessungen, wie Kopf- und Fußkreisdurchmesser, Zahndicke usw. können kettentypbezogen den DIN-Normen oder den Herstellerunterlagen entnommen werden.

Kreuzgelenk- und Steckbolzenketten werden zur Umgehung sehr großer Kettensterne häufig auch an Kurvenbahnen oder Rollenbatterien umgelenkt.

Kettenräder fertigt man auch aus Kunststoff. Sie weisen dann zwar geringere Festigkeiten auf, sind aber verschleiß- und geräuscharm und erfordern bei hoher Korrosionsfestigkeit nur geringen Schmierungsaufwand.

2.2.3 Kettentrommeln

Kettentrommeln werden nur sehr selten eingesetzt und dann ausschließlich zum Antrieb und Speichern von Rundgliederketten. Aus Kostengründen werden sie mit glattem Trommelmantel oder auch mit unverzahnten Rillen gefertigt. Durchmesser analog dem der *unverzahnten Kettenrolle*; konstruktive Gestaltung ähnlich der von *Seiltrommeln*.

2.3 Fahrwerkselemente

2.3.1 Laufräder

Laufräder sind Fahrwerkselemente der Fördermittel. Sie übernehmen die Aufgaben
- Übertragung der Stützkräfte über die Schiene in das Fundament,
- Antrieb des Fördermittels.

Laufräder werden aus Stahl oder Kunststoff, bei großen Durchmessern auch aus Stahl mit Kunststoffkranz, hergestellt.

Sie erhalten Spurkränze, die wegen der unvermeidlichen Spurveränderungen der Schienen mit einem ausreichendem Spiel versehen sein müssen. Häufig verzichtet man zur Verminderung von Reibung und Verschleiß auf Spurkränze und überträgt die anfallenden Horizontalkräfte mit seitlichen Führungsrollen (Bild 2.3-1). Der Antrieb der Laufräder erfolgt entweder über ein angeflanschtes Zahnrad oder durch direkte Kupplung mit dem Abtriebswellenstumpf des Fahrantriebes. Hier entfällt dann das offene Vorgelege, jedoch treten am Fahrwerksabtrieb größere Drehmomente auf. Darum werden auch heute noch bei sehr kleinen Laufraddrehzahlen offene Vorgelege eingesetzt. Die Lagerung der Laufräder sollte im Hinblick auf kleine Fahrwiderstände in Wälzlagern erfolgen. Die Ermittlung der Lagerbeanspruchung erfolgt nach DIN 15071 auf der Grundlage der ermittelten Stütz- und Seitenführungskräfte. Bei sehr hohen Fahrgeschwindigkeiten werden die Laufräder mittels Schrauben- oder Gummifedern gelagert. Damit bei Anfahren und Bremsen die getriebenen, bzw. gebremsten Räder nicht auf der Schiene rutschen, muss das Reibverhalten zwischen Rad und Schiene nachgewiesen werden.

2.3.1.1 Radkräfte

Ist das System der Stützungen eines Fahrwerkes ein statisch bestimmtes, dann kann man die Radkräfte nach den üblichen technischen Regeln einfach berechnen. Die in der Praxis üblichen Vierfachstützungen bei Laufkatzen und auch an Kranen sind statisch unbestimmt und bedürfen für den Fall, dass das System nicht hinreichend elastisch ist, zu ihrer vereinfachten rechnerischen Behandlung gewisser Modellvorstellungen (Bild 2.3-2).

Montagnon verwendet ein Modell, welches die exzentrisch wirkende Resultierende F_m aus Eigenmassen und Nutzlast in das Zentrum des Tragwerks versetzt und das dadurch entstandene Moment in zwei rechtwinklig zueinander stehende Teilmomente, parallel zu den Symmetrieachsen, zerlegt.

$R_0 = 0{,}25\,(F_E + F_m)$	*Anteil im Zentrum*	(2.3.1)
$R_x = F_m\,e\,\cos\varphi\,/\,(2\,r)$	*Anteil x-Ebene*	(2.3.2)
$R_y = F_m\,e\,\sin\varphi\,/\,(2\,s)$	*Anteil y-Ebene*	(2.3.3)

Aus der Summe der Anteile berechnen sich die Radkräfte der Räder A ... D:

$\max R = A = R_0 + R_x + R_y$	*Radkraft „A"*	(2.3.4/1)
$\min R = C = R_0 - R_x - R_y$	*Radkraft „C"*	(2.3.4/2)

2.3 Fahrwerkselemente

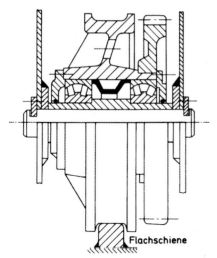

Kranlaufrad mit fester Achse – Antrieb über Vorgelege-Zahnkranz (DEMAG)

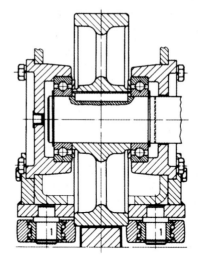

Kranlaufrad mit direktem Antrieb über Radwelle (KEMPKES) 1 seitliche Führungsrolle

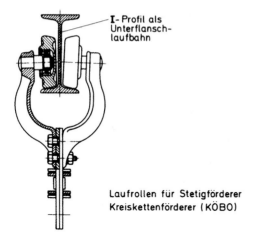

I-Profil als Unterflanschlaufbahn

Laufrollen für Stetigförderer Kreiskettenförderer (KÖBO)

Bild 2.3-1
Laufräder

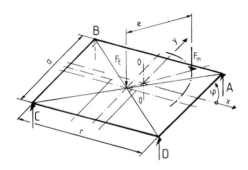

Bild 2.3-2
Radkräfte

Andree zerlegt das System in zwei in den Symmetrieachsen liegende Biegeträger. Er ermittelt die Auflagerkräfte aus der exzentrisch wirkenden Kraft des einen Trägers und belastet damit den zweiten.

$$R_{A+B} = F_m (0.5\, a + e \sin\varphi) / e \qquad \text{(2.3.5)}$$

$$R_A = R_{A+B} (0.5\, r + e \cos\varphi) / r \qquad \text{(2.3.6)}$$

$$A = \frac{F_m}{a\, r}\left(\frac{a}{2} + e \sin\varphi\right)\left(\frac{r}{2} + e \cos\varphi\right) \quad \textit{max. Radkraft} \qquad \text{(2.3.7/1)}$$

$$C = \frac{F_m}{a\, r}\left(\frac{a}{2} - e \sin\varphi\right)\left(\frac{r}{2} - e \cos\varphi\right) \quad \textit{min. Radkraft} \qquad \text{(2.3.7/2)}$$

Die Größte Radkraft entsteht bei Kranen mit drehbarem Ausleger für den Winkel φ, für welchen die Bedingung

$$\frac{dR}{d\varphi} = 0$$

erfüllt wird. Mit hinreichender Näherung findet man das Maximum, wenn man den Ausleger senkrecht auf die gegenüberliegende Diagonale dreht, z.B. für das Rad A, den Ausleger senkrecht auf B-D schwenkt (Bild 2.3-2).

2.3.1.2 Berechnung

Laufraddurchmesser Räder und Schienen sind auf *Hertz*'sche Pressung nachzuweisen. Linienberührung gilt für zylindrische Lauffläche und Schiene mit geradem Kopf, Punktberührung für keglige Lauffläche und Schiene mit gewölbtem Kopf. Die zulässige Linienpressung ergibt sich mit $p_{zul} = 20\, p_0^2 / (7\, E)$, der Ersatz-Elastizitätsmodul für Rad (E_1) und Schiene (E_2) wird mit $E = 2 E_1 E_2 / (E_1 + E_2)$ berechnet. Als Wert für die *Hertz*'sche Pressung kann 1/3 der *Brinell*härte eingesetzt werden. In der Tafel 1 (Bild 2.3-3) sind für typische Rad-Schiene-Paarungen die zulässigen Pressungswerte zusammengestellt.

In der Berechnung nach DIN 15070 werden die Einflussfaktoren auf die Tragfähigkeit eines Laufrades durch Beiwerte c_1, c_2 und c_3 erfasst. Mit diesen ergibt sich der Laufraddurchmesser.

$$D = \frac{F_R}{p_{zul}\, b\, c_2\, c_3} \qquad \textit{Raddurchmesser} \qquad \text{(2.3.8)}$$

$$F_R = \max R \qquad \textit{Radkraft Katzlaufrad} \qquad \text{(2.3.9/1)}$$

$$F_R = \frac{\min R_1 + 2 \max R_1}{3} \qquad \textit{Radkraft Kranlaufrad} \qquad \text{(2.3.9/2)}$$

p_{zul} Zulässige Pressung zwischen Rad und Schiene
$c_1, c_2, 3_3$ Beiwerte für Pressung, Fahrgeschwindigkeit und Betriebsdauer
b Wirksame Radbreite; $k - 2r_1$

2.3 Fahrwerkselemente

Zulässige Pressung – p_{zul} und Werkstoff-Beiwert c_1

Werkstoff Zugfestigkeit mindestens N/mm²		p_{zul} N/mm²	c_1
Schiene	Laufrad		
590	≤ 330	2,8	0,5
	410	3,6	0,63
	490	4,5	0,8
	590	5,6	1,00
≥ 690	≥ 740	7,0	1,25
Stahl	Kunststoff	1,0 ... 1,5	1,8 ... 0,27

Betriebsdauer-Beiwert c_3

Betriebsdauer des Fahrbetriebes (bezogen auf eine Stunde)	c_3
bis 16 %	1,25
über 16 bis 25 %	1,12
über 25 bis 40 %	1
über 40 bis 63 %	0,9
über 63 %	0,8

Der *Fahrwiderstand* auf einer ebenen Fahrbahn besteht aus dem Rollwiderstand, der Lagerreibung, der Spurkranz und Nabenstirnreibung. Aus Bild 2.3-4 ergibt sich der Fahrwiderstand für ein Rad aus $\Sigma \text{Mom}_{,0^{\circ}} = 0$.

$$F_w = \frac{R_1}{D}(2f + \mu d) \qquad \text{Fahrwiderstand} \qquad (2.3.10/1)$$

Berücksichtigt man noch die zwischen Schiene, Rad und Tragkonstruktion auftretende Reibung aus axial gerichteten Führungskräften, dann erweitert sich die Beziehung

$$F_w = R_1 \, w \, j = R_1 \, w_{ges} \qquad \text{Fahrwiderstand} \qquad (2.3.10/2)$$

Drehzahl-Beiwert c_2

Laufraddurchmesser d_1 mm	c_2 für v in m/min													
	10	12,5	16	20	25	31,5	40	50	63	80	100	125	160	200	250
200	1,09	1,06	1,03	1	0,97	0,94	0,91	0,87	0,82	0,77	0,72	0,66	–	–	–
250	1,11	1,09	1,06	1,03	1	0,97	0,94	0,91	0,87	0,82	0,77	0,72	0,66	–	–
315	1,13	1,11	1,09	1,06	1,03	1	0,97	0,94	0,91	0,87	0,82	0,77	0,72	0,66	–
400	1,14	1,13	1,11	1,09	1,06	1,03	1	0,97	0,94	0,91	0,87	0,82	0,77	0,72	0,66
500	1,15	1,14	1,13	1,11	1,09	1,06	1,03	1	0,97	0,94	0,91	0,87	0,82	0,77	0,72
630	1,17	1,15	1,14	1,13	1,11	1,09	1,06	1,03	1	0,97	0,94	0,91	0,87	0,82	0,77
710	–	1,16	1,14	1,13	1,12	1,1	1,07	1,04	1,02	0,99	0,96	0,92	0,89	0,84	,79
800	–	1,17	1,15	1,14	1,13	1,11	1,09	1,06	1,03	1	0,97	0,94	0,91	0,87	0,82
900	–	–	1,16	1,14	1,13	1,12	1,1	1,07	1,04	1,02	0,99	0,96	0,92	0,89	0,84
1000	–	–	1,15	1,14	1,13	1,11	1,09	1,06	1,03	1	0,97	0,94	0,91	0,87	
1120	–	–	–	1,16	1,14	1,13	1,12	1,1	1,07	1,04	1,02	0,99	0,96	0,92	0,89
1250	–	–	–	1,17	1,15	1,14	1,13	1,11	1,09	1,06	1,03	1	0,97	0,94	0,91

Laufrad-Drehzahl aus
dem Drehzahl-Beiwert c_2

c_2	$n_{min} \approx$
0,66	200
0,72	160
0,77	125
0,79	112
0,82	100
0,84	90
0,87	80
0,89	71
0,91	63
0,92	56
0,94	50
0,96	45
0,97	40
0,99	35,5
1	31,5
1,02	28
1,03	25
1,04	22,4
1,06	20
1,07	18
1,09	16
1,1	14
1,11	12,5
1,12	11,2
1,13	10
1,14	8
1,15	6,3
1,16	5,6
1,17	5

Ideele nutzbare Schienenkopfbreite $(k - 2 r_1)$

Kranschienen		r_1 mm	$b = k - 2 r_1$ mm
nach DIN	Kurzzeichen		
536 Teil 1	A 45	4	37
	A 55	5	45
	A 65	6	53
	A 75	8	59
	A 100	10	80
	A 120	10	100
536 Teil 2	F 100	5	90
	F 210	5	110

Bild 2.3-3 Kennwerte zur Laufradberechnung – nach DIN 15 070

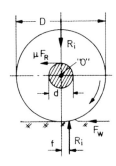

Bild 2.3-4
Lager- und Rollreibung

mit dem *Einheitsfahrwiderstand w*

$$w = \frac{2f + \mu d}{D}$$ *Einheitsfahrwiderstand* (2.3.11)

Ri maximale Radlast für das Rad „i"
D Laufraddurchmesser in cm
f Hebelarm der Rollreibung   Stahl – Stahl $f = 0,05$ cm
                              Stahl – Kunststoff $f = 0,1 ... 0,15$ cm
μ Lagerreibungszahl   Wälzlager $\mu = 0,002 ... 0,003$
                              Gleitlager $\mu = 0,05 ... 0,01$
d Lagerzapfendurchmesser in cm
j Beiwert für Seitenführungskräfte $j = 1,1 ... 1,3$
w Einheitsfahrwiderstand in N/kN oder N/N
                              Stahl – Stahl   Gleitlager $w = 20 ... 30$ N/kN
                              Stahl – Stahl   Wälzlager $w = 5 ... 10$ N/kN
                              Stahl – Kunststoff   Gleitlager $w = 25 ... 40$ N/kN
                              Stahl – Kunststoff   Wälzlager $w = 10 ... 20$ N/kN

2.3.2 Schienen

Die gebräuchlichsten Schienenarten sind:

Flachschienen aus Flachstahl, Zugfestigkeit $R_m \geq 600$ N/mm², mit abgerundeten Kanten an der Laufseite. Sie werden bei kleinen und mittleren Radkräften eingesetzt, aufgeschweißt oder -geschraubt vor allem bei Kranbahnen auf Stahltragwerken. Aufgeschweißte Flachschienen können nicht ausgetauscht werden, sodass hier verschleißfestere Materialien mit höherer Festigkeit zum Einsatz kommen. Das Flächenträgheitsmoment der Flachschiene kann dann in die Festigkeitsrechnung des Kranbahnträgers einbezogen werden.

Kranschienen nach DIN 536 werden für größere Radkräfte eingesetzt. Sie haben einen relativ breiten Fuß und können damit leicht auf dem Stahlunterbau, mit Klemmen oder durch Schweißen, montiert werden.

Bahnschienen nach DIN 5901 und 5902 werden auf Grund ihres großen Flächenträgheitsmomentes für große Radkräfte und für Schwellenfundamentierungen der Kranlaufbahnen eingesetzt. Sie werden mit Klemmverbindungen am Schwellen- oder Betonunterbau befestigt.

Unterflanschfahrbahnen aus I- oder Sonderprofilen werden bei Hängekranen, Hängebahnen und Kreisförderern eingesetzt. Die Radkraft F_R ruft hier eine zusätzliche örtliche Biegebeanspruchung im Unterflansch hervor, die sowohl quer als auch längs zur Trägerachse wirkt und für I-Profile näherungsweise mit

$$\boxed{\sigma_b' \approx 1{,}6 \frac{F_R}{h^2}} \qquad \text{\textit{Örtliche Biegespannung im Flansch längs und quer zur Trägerachse}} \qquad (2.3.12)$$

Beim Spannungsnachweis der Unterflanschfahrbahn gilt:

$$\boxed{\sigma_v = (\sigma_b + \sigma_b')^2 + \sigma_b'^2 + (\sigma_b + \sigma_b')(\sigma_b') + 3\,\tau} \qquad \text{\textit{Vergleichspannung}} \qquad (2.3.13)$$

$$\boxed{\sigma_b' \leq \sigma_{b\,zul}} \qquad \boxed{\sigma_v \leq \sigma_{v\,zul}}$$

F_R maximale Radkraft nach den Abschnitten 2.3.1.1 und 2.9.2.1
h Flanschdicke am Steg der I-Profile
σ_b Biegespannung im Querschnitt des Fahrbahnträgers

2.3.3 Beispiel

4 | Fahrwerk – Drehlaufkatze

Das Fahrwerk eines schienengebundenen Drehkrans für den Betrieb in einer Halle soll berechnet werden. Der Gesamtschwerpunkt aller Eigenmassen des drehbaren Kranoberteils einschließlich der Nutzlast bewegt sich auf einer Kreisbahn „K" mit dem Radius $e_v = 1{,}2$ m um die Drehachse 0. Ohne Nutzlast beträgt der Radius $e_L = -1{,}2$ m. Radstand (Spur) $r = 2{,}68$ m, Achsstand $a = 10$ m, Tragfähigkeit $m_Q = 10$ t, Masse des gesamten drehbaren Oberwagens $m_D = 5$ t, Masse des Unterwagens $m_u = 4{,}9$ t im Punkte „E",

Die vier Laufräder mit $D = 500$ mm ($\sigma_z = 410$ N/mm²) sollen auf einer Kranschiene A 55 ($\sigma_z = 590$ N/mm²) nach DIN 536/1 laufen. Die Fahrgeschwindigkeit beträgt 80 m/min bei ED = 40 %.

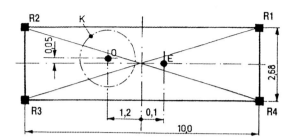

Gesucht:

1. Maximale und minimale Radkraft für das maßgebende Laufrad nach *Andree*
2. Nachweis des Laufrades nach DIN 15070

Lösung:

1. Maßgebend ist das Laufrad R_2 mit

    $\varphi = \arctan(2{,}68/10) = 15°$

    Maximale Radkraft

    $\max R_2 = \max R_{2D} + R_{2E}$

    $R_{2E} = \dfrac{m_U\,g}{a\,r}\left(\dfrac{a}{2} - u'\right)\left(\dfrac{r}{2}\right)$

    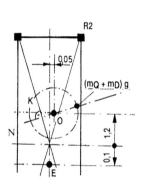

    $R_{2E} = \dfrac{4{,}9 \cdot 9{,}81}{10 \cdot 2{,}68}(5 - 0{,}1)\,1{,}34 = 11{,}78\ \text{kN}$

    $\max R_{2D} = \dfrac{(m_Q + m_D)\,g}{a\,r}(a' + e_v \sin\varphi)(r' + e_v \cos\varphi)$

    $\max R_{2D} = \dfrac{15 \cdot 9{,}81}{10 \cdot 2{,}68}(6{,}2 + 1{,}2\sin 15°)(1{,}39 + 1{,}2\cos 15°) = 91{,}12\ \text{kN}$

    $\max R_2 = 11{,}78\ \text{kN} + 91{,}12\ \text{kN} = 102{,}9\ \text{kN}$

    Minimale Radkraft

    $\min R_2 = \min R_{2D} + R_{2E}$

    $\min R_{2D} = \dfrac{m_D\,g}{a\,r}(a' - e_v \sin\varphi)(r' - e_v \cos\varphi)$

    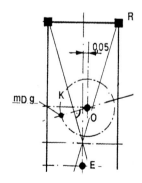

    $\min R_{2D} = \dfrac{5 \cdot 9{,}81}{10 \cdot 2{,}68}(6{,}2 - 1{,}2\sin 15°)(1{,}39 - 1{,}2\cos 15°) = 2{,}49\ \text{kN}$

    $\min R_2 = 11{,}78\ \text{kN} + 2{,}49\ \text{kN} = 14{,}27\ \text{kN}$

    äquivalente Radkraft

    $F_R = \dfrac{2\max R_1 + \min R_1}{3} = \dfrac{2 \cdot 102{,}9 + 14{,}27}{3} = 73{,}35\ \text{kN}$

2. Nachweis

    $\sigma_{\text{Schiene}} = 590\ \text{N/mm}^2;\ \sigma_{\text{Laufrad}} = 410\ \text{N/mm}^2 \quad \rightarrow\ p_{zul} = 3{,}6\ \text{N/mm}^2$

    $v = 80\ \text{m/min};\ D = 500\text{m} \quad\quad\quad\quad\quad\quad\ \rightarrow\ c_2 = 0{,}94$

2.3 Fahrwerkselemente

ED = 40 % → $c_3 = 1,0$

Kranschiene A 55 → $k - 2r_1 = 45$ mm

Aus Gleichung (2.3.8) folgt:

zul $F_R = p_{zul} \, c_2 \, c_3 \, D \, (k - 2r_1) = 3{,}6 \cdot 0{,}94 \cdot 1{,}0 \cdot 500 \cdot 45 = 76\,140$ N

zul $F_R = 76{,}14$ kN > vorh $F_R = 73{,}35$ kN Das Laufrad ist ausreichend bemessen!

Durchlaufträger: $\approx \dfrac{L}{6}$ = lose eingespannt angenommen, Punktlast durch F_H bei $\dfrac{L}{2}$ als ungünstigster Belastungsfall (Lastverteilung durch die 4 Laufräder vernachlässigt).

Vergleichsspannung im Flansch

$$\sigma_v = \sqrt{(\sigma_b + \sigma_b')^2 + \sigma_b'^2 - (\sigma_b + \sigma_b')\sigma_b'} = \sqrt{133^2 + 76^2 - 133 \cdot 76} = 115 \,\dfrac{N}{mm^2}$$

$$\sigma_v = 115 \,\dfrac{N}{mm^2} < \sigma_{v\,zul} = 160 \,\dfrac{N}{mm^2}$$

Örtliche Biegespannung senkrecht der Trägerachse im Flansch

$\sigma_b' = 76 \,\dfrac{N}{mm^2}$ (siehe oben) $\qquad\qquad \sigma_b' = 76 \,\dfrac{N}{mm^2} < \sigma_{b\,zul} = 140 \,\dfrac{N}{mm^2}$

3. *Fahrwiderstand* F_W

$$F_W = 4 \dfrac{F_R}{\dfrac{D}{2}} \left(f + \mu \dfrac{d}{2} \right) + 4 F_R \cdot 0{,}005 = 4 \dfrac{3500}{4} \left(0{,}05 + 0{,}002 \dfrac{2{,}5}{2} \right) + 4 \cdot 3500 \cdot 0{,}005 = 254 \text{ N}$$

„4": 4 Laufräder ($F_W \triangleq$ Gesamtfahrwiderstand)

Einheitsfahrwiderstand w

$w = \dfrac{F_W}{4 F_R} = \dfrac{254}{4 \cdot 3500} = 0{,}018$ $\qquad\qquad w = 18 \,\dfrac{N}{kN}$

4. *Laufraddrehzahl* $n_R = \dfrac{v_F}{D\pi} = \dfrac{30}{0{,}08 \cdot 3{,}14} = 120 \text{ min}^{-1}$

Vorgelegeübersetzung $i = \dfrac{n_z}{n_R} = \dfrac{480}{120} = 4$

n_z Ritzeldrehzahl
n_R Laufraddrehzahl

5. *Laufraddurchmesser D*

$D = \dfrac{F_R}{b \, p_{zul} \, c_2 c_3} = \dfrac{3500}{12 \cdot 4{,}3 \cdot 1{,}12 \cdot 0{,}78} = 77 \text{ mm}$ $\qquad\qquad D = 80$ mm

Beiwerte $c_2 = 0{,}78$ (siehe Bild 2.3-3).

Das unter Pkt. 1 gewählte Laufrad mit einem Durchmesser von 80 mm ist ausreichend, auf eine Korrektur kann verzichtet werden.

5 Unterflanschlaufkatze für einen Elektrozug mit Elektrofahrwerk

Hubkraft F_H = 14000 N (einschl. Eigengewichtskraft des Hub- und Fahrwerkes), Laufbahn alle 2 m abgehängt, zulässige Flächenpressung für die Laufräder p_{zul} = 4,3 N/mm² (50 % der nutzbaren Laufradbreite als tragend ansetzen), Hebelarm der rollenden Reibung f = 0,05 cm, Lagerzapfendurchmesser d = 25 mm, Lagerreibungszahl μ = 0,002, Fahrgeschwindigkeit v_F = 30 m/min, Ritzeldrehzahl n_z = 480 min^{-1}, Betriebsdauer des Fahrantriebes = 25 %, Zuschlag für die Reibung an den Spurkränzen und den Nabenstirnflächen 5 ‰ der Radkraft.

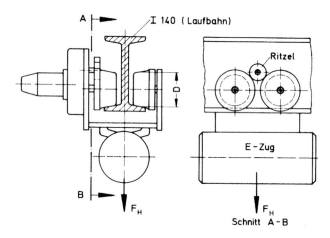

Gesucht:
1. Laufraddurchmesser D (Beiwerte c_2 vernachlässigen)
2. Spannungsnachweis im Laufbahnträger (Schub und Beiwerte φ und ψ vernachlässigen)
3. Fahrwiderstand F_w, Einheitsfahrwiderstand w hierfür
4. Laufraddrehzahl n_R, Übersetzung i des Vorgeleges für den Fahrantrieb
5. Reicht der unter Pkt. 1 gewählte Laufraddurchmesser unter Beachtung der Beiwerte c_2 aus?

Lösung:

1. *Laufraddurchmesser D*

$$D = \frac{F_R}{b\, p_{zul}\, c_2 c_3} = \frac{3500}{12 \cdot 4,3 \cdot 1 \cdot 1,12} = 60,6 \text{ mm}$$

Maximale Radkraft $F_R = \dfrac{F_H}{4} = \dfrac{14000}{4} = 3500\,\text{N}$ (4) (Laufräder)

Tragende Radbreite b = 12 mm: Flanschbreite je Seite ca. 30 mm (siehe Profiltabelle), bei ca. 5 mm Spiel zwischen Rad und Laufbahnsteg und 50 % der möglichen Breite ist tragend angesetzt.

2. Örtliche Biegespannung senkrecht und längs der Trägerachse im Flansch

$$\sigma_{b'} \approx 1,6 \frac{F_R}{h^2} = 1,6 \frac{3500}{0,86^2} = 7600 \frac{\text{N}}{\text{cm}^2}$$

Flanschdicke h am Steg des Laufbahnträgers = 8,6 mm (siehe Profiltabelle).

Biegespannung im Querschnitt des Laufbahnträgers

$$\sigma_b = \frac{M_b}{W_b} = \frac{467000}{81,9} = 5700 \frac{\text{N}}{\text{cm}^2}$$

Biegemoment $M_b \approx \dfrac{F_H L}{6} = \dfrac{14000 \cdot 200}{6} = 467000 \,\text{Ncm}$

2.4 Bremsen

Nach ihrer Funktion werden die in der Fördertechnik gebräuchlichen Bremsen in Lüft-und Betätigungsbremsen, nach ihrem Einsatz in Senk-, Verzögerungs- und Haltebremsen eingeteilt.

Senkbremsen verhindern die Überschreitung der zulässigen Senkgeschwindigkeit. Sie entziehen dem System die *potenzielle Energie* und sind demzufolge auf thermische Belastung nachzuweisen. Sie werden in Hubwerk, wenn sie nicht als „*elektrische Bremse*" ausgeführt werden, auch durch mechanische Bremsen realisiert.

Verzögerungsbremsen müssen ein Fahr- oder Drehwerk aus der Bewegung bis zum Stillstand abbremsen. Sie entziehen dem System die kinetische Energie – für ihre Bemessung sind die gewünschte Energie und die thermische Belastung maßgebend. Typische Verzögerungsbremsen sind Fahr- und Drehwerksbremsen, die sowohl als Betätigungs- als auch als Lüftbremsen ausgeführt werden.

Haltebremsen sichern stillstehende Lasten gegen den Einfluss der Schwerkraft oder anderer äußerer Kräfte (z. B. Windkräfte). Sie müssen Momente übertragen, werden also *nicht* thermisch belastet. So müssen z.B. Haltebremsen in Kranhubwerken lediglich die gehobene Last in ihrer Höhenlage fest halten.

Lüftbremsen erzeugen das Bremsmoment durch Federn oder Gewichte. Mittels Bremslüfter oder durch Hand wird die Bremse während des Betriebs offen gehalten. Betätigungsbremsen sind betriebsmäßig offen und werden manuell, elektrisch, hydraulisch oder pneumatisch betätigt.

Bremsen erfüllen *Sicherheitsfunktionen*, müssen also sehr sorgfältig ausgebildet sein und gewartet werden. Zur Erzielung geringer Bremsmomente und damit kleiner Abmessungen der Bremse werden sie in der Regel auf der schnelllaufenden Motorwelle angeordnet. Nachfolgend werden nur die *mechanischen Bremsen*, welche die Bremsenergie über Reibung in Wärmeenergie wandeln, betrachtet. Die wichtigsten Bauarten sind Backen-, Band-, Scheiben- und Kegelbremsen.

2.4.1 Berechnung des Bremsmoments

Überschlägige Berechnung. Aus dem Motorenmoment M_t (die Bremse sitzt auf der Motorwelle) ergibt sich:

$$\boxed{M_{Br} = v\, M_t\, \eta^2} \qquad \textit{Bremsmoment} \qquad (2.4.1)$$

v Sicherheitszahl; $v \approx 1{,}5 \ldots 3$, hohe Werte bei Haltebremsen
η Wirkungsgrad des Triebwerks
η^2 Die Reibung im Triebwerk hilft bremsen, der Motor wird mit stärker gewählt.

Genaue Berechnung. Bei der genauen Berechnung werden die Teilmomente, wie Lastmoment, Massenmoment usw. zu Grunde gelegt. Wegen der genauen Berechnung kann die Sicherheitszahl v kleiner gewählt werden; $v \approx 1{,}2 \ldots 1{,}5$.

Hubbremsen (Senk- und Haltebremsen für Hubwerke)

$$\boxed{M_{Br} = v\left(\frac{F_H}{i_s}\, r_T\, \frac{1}{i}\, \eta + m_H\, \frac{v_H}{t_{Br}}\, r_T\, \frac{1}{i}\, \eta + \Sigma J_{Br}\, \frac{\omega_{Br}}{t_{Br}}\, \eta \right)} \qquad \textit{Bremsmoment} \qquad (2.4.2/1)$$

1. Glied: Lastmoment, 2. und 3. Glied: Massenmomente aus der Abbremsung geradlinig bzw. drehend bewegter Massen. Die an der Seiltrommel auftretenden Momente sind auf die Bremswelle umzurechnen; gleichfalls ist der Wirkungsgrad des Triebwerkes η zu beachten – er hilft bremsen.

v	Sicherheitszahl – siehe vorn
F_H	Hubkraft
i_s	Seilübersetzung
η	Wirkungsgrad des Triebwerkes
r_T	Trommelradius
$i = n_{Br}/n_T$	Übersetzung Bremswelle/Trommelwelle
m_H	Hublast
v_H	Hubgeschwindigkeit
t_{Br}	Bremszeit
n_{Br}, n_T	Drehzahlen der Brems- bzw. Trommelwelle
ω_{Br}	Winkelgeschwindigkeit der Bremswelle

$$\boxed{J_{Br} = J_x \left(\frac{n_x}{n_{Br}}\right)^2} \quad \textit{Massenträgheitsmoment – auf Bremswelle reduziert} \qquad (2.4.2/2)$$

J_x, n_x	J bzw. n der betreffenden Welle
$J = m\, r_s^2$	Massenträgheitsmoment
m	Masse des rotierenden Teils
r_s	Trägheitsradius des rotierenden Teils

Erfahrungswerte

$$t_{Br} \approx 0{,}5 \ldots 3\,\text{s}, \quad a_{Br} = \frac{v_F}{t_{Br}} \approx 0{,}2 \ldots 1(3)\,\frac{\text{m}}{\text{s}^2}$$

Meist ist die Berechnung des Lastmoments ausreichend. Die Massenmomente werden dann durch einen Zuschlag von 10 ... 20 % zum Lastmoment berücksichtigt.

Fahrbremsen (Verzögerungsbremsen für Fahrwerke)

$$\boxed{M_{Br} = v\left(m_F \frac{v_F}{t_{Br}} r_L \frac{1}{i} \eta + \Sigma J_{Br} \frac{\omega_{Br}}{t_{Br}} \eta + F_{wi}\, r_L \frac{1}{i}\eta - F_w\, r_L \frac{1}{i}\eta\right)} \quad \textit{Bremsmoment} \qquad (2.4.3)$$

1. und 2. Glied: Massenmomente aus der Abbremsung geradlinig bzw. drehend bewegter Massen, 3. Glied: Windmoment, 4. Glied: Fahrwiderstandsmoment („ – ": hilft bremsen).

Die am Laufrad auftretenden Momente sind unter Beachtung des Wirkungsgrades des Triebwerkes η auf die Bremswelle umzurechnen.

v	Sicherheitszahl – siehe vorn
m_F	Gesamte abzubremsende translativ bewegte Masse
v_F	Fahrgeschwindigkeit
r_L	Laufradradius
$i = n_{Br}/n_L$	Übersetzung Bremswelle/Laufrad
F_{Wi}	Windkraft – aus Winddruck p_{Wi} und Windangriffsfläche A_{Wi} errechnen
F_W	Fahrwiderstand
n_L	Laufraddrehzahl

Übrige Größen siehe vorn

2.4 Bremsen

Erfahrungswerte

$$t_{Br} \approx 5...10\,s,\ a_{Br} = \frac{v_F}{t_{Br}} \approx 0{,}5...1\,\frac{m}{s^2}$$

Weiterhin ist zu überprüfen, ob beim Bremsen kein Rutschen der gebremsten Räder auftritt; der Reibschluss darf auch beim Bremsen nicht verloren gehen (sonst erhöhter Verschleiß). Meist reicht die Beachtung der Momente aus den geradlinig bewegten Massen und dem Fahrwiderstand aus. Die übrigen Momente können durch einen Zuschlag von 10 ... 20 % erfasst werden. Windmomente treten nur bei Anlagen im Freien auf.

Drehbremsen (Verzögerungsbremsen für Drehwerke)

$$\boxed{M_{Br} = v \left(\sum J_{Br} \frac{\omega_{Br}}{t_{Br}} \eta + F_{wi} \frac{1}{i} \eta - M_w \frac{1}{i} \eta \right)} \qquad \textit{Bremsmoment} \qquad (2.4.4)$$

1. Glied: Massenmoment aus der Abbremsung der drehend bewegten Massen, 2. Glied: Windmoment, 3. Glied: Drehwiderstandsmoment („ – ": hilft bremsen)

Die Umrechnung der Momente und die Beachtung von η geschieht ebenso wie bei den Hub- und Fahrbremsen.

r_{Wi} Schwerpunktsabstand der Windangriffsfläche A_{Wi} zur Drehachse
$i = n_{Br}/n_D$ Übersetzung Bremswelle/Drehteil
$M_w = \mu F \dfrac{D_L}{2}$ Drehwiderstandsmoment um die Drehachse (μ Lagerreibungszahl, F Lagerkraft, D_L Lagerreibungsdurchmesser)
n_D Drehzahl des Drehteils

Übrige Größen siehe vorn. Das Windmoment kann häufig vernachlässigt werden. Erfahrungswerte für t_{Br} und a_{Br} siehe Fahrbremsen.

2.4.2 Wärmebelastung der Bremsen

Für überschlägige Berechnungen reicht der Nachweis der spezifischen Reibleistung $P_{R'} = p\,v\,\mu$ aus.

p, v   Flächenpressung bzw. Umfangsgeschwindigkeit am Reibbelag
μ Reibungszahl Belag/Bremsscheibe

Bei der genauen Berechnung ist die thermische Überprüfung (Berechnung der Bremsleistung) durchzuführen. Zulässige Werte für p, μ und die maximale Dauertemperatur T verschiedener Reibbeläge in Bild 2.4-1.

Werkstoff	Baumwollgewebe mit Kunstharz asbestfrei, ohne metallische Einlage	Kautschukgebundenes Kunstharz asbestfrei, ohne metallische Einlage	Kautschukgebundenes Kunstharz asbestfrei, mit metallischer Einlage
Reibungszahl μ	0,4 ... 0,88	0,26 ... 0,25	0,45 ... 0,65
Zul. p in N/mm² (Flächenpressung)	0,1 ... 1,0	0,1 ... 2,0	0,1 ... 4,0
Zul. T in K (Dauertemperatur)	350	450	500

Bild 2.4-1 Kennwerte für Reibbeläge (Herstellerangaben)

Haltebremsen. Bremsleistung $P_{Br} = 0$: Keine Aufnahme kinetischer Energie. Hier reicht deshalb die Ermittlung der spezifischen Reibleistung $p\,v\,\mu$ aus.

$$p\,v\,\mu \approx 1...4 \frac{N}{mm^2} \frac{m}{s}$$

Senkbremsen

$$\boxed{P_{Br} = M_{Br}\,\omega_{Br}} \qquad \textit{Bremsleistung} \qquad (2.4.5)$$

M_{Br} Bremsmoment
J_{Br} Winkelgeschwindigkeit der Bremswelle

Der so errechnete Wert für P_{Br} gilt für ständiges Bremsen, deshalb ist auf die Minderung von P_{Br} durch die Bremszeit t_{Br} und die Spielzahl z zu achten. Der zulässige Bremswärmestrom $\phi_{Br\,zul}$ geht aus Gl. (2.4.7) hervor.

$$p\,v\,\mu \approx 0{,}5 \ldots 1{,}5 \frac{N}{mm^2} \frac{m}{s} \qquad \text{Für überschlägige Berechnungen}$$

Verzögerungsbremsen

$$\boxed{P_{Br} = \tfrac{1}{2} M_{Br}\,\omega_{Br}} \qquad \textit{Bremsleistung} \qquad (2.4.6)$$

„$\tfrac{1}{2}$" Für Fahr- und Drehbremsen – mittleres ω_{Br} zugrundegelegt (Bei Bremsbeginn $\omega = \omega_{Br}$, am Ende des Bremsvorganges $\omega = 0$)

Sonst analog den Senkbremsen

Zulässiger Bremswärmestrom. Für den Wärmedurchgang (Wärmeübertragung durch Konvektion und Leitung) gilt allgemein

$$\boxed{\phi_{Br\,zul} = k\,\Delta T} \qquad \textit{Zulässiger Bremswärmestrom} \qquad (2.4.7)$$

$$k \approx 40\sqrt{v} \text{ in } \frac{kJ}{m^2\,h\,k} \qquad \text{Wärmedurchgangszahl (Richtwert)}$$

v Umfangsgeschwindigkeit an der Bremsscheibe in m/s
A Freie Scheibenaußenfläche in m^2
ΔT Temperaturdifferenz zwischen Reibbelag und Umgebung in K

2.4.3 Backenbremsen

Die Backenbremsen werden meist als doppelt wirkende Außenbackenbremsen gebaut, damit die Bremswelle nicht auf Biegung beansprucht wird und für beide Drehrichtungen ein gleiches Bremsmoment auftritt.

Scheibendurchmesser D. Der Scheibendurchmesser der Bremsscheibe hängt von der zulässigen Flächenpressung des Reibbelags und der thermischen Beanspruchung ab. Zunächst wird der Scheibendurchmesser gewählt; anschließend erfolgt die Überprüfung der spezifischen Reibleistung $P_{R'} = p\,v\,\mu$ – zulässige Werte für $p\,v\,\mu$ siehe in Abschnitt 2.4.2.

Bei thermisch stark belasteten Bremsen kann noch die Bremsleistung P_{Br} ermittelt werden und anschließend mit dem zulässigen Bremswärmestrom $\phi_{Br\,zul}$ verglichen werden – Gln. (2.4.5) bis (2.4.7).

2.4 Bremsen

Kräfte an der Bremse. Die folgenden Formeln ergeben sich aus Bild 2.4-2

$F_{N1} = F_{N2} \triangleq F_N$ Backenkraft (Normalkraft)

$F_{N1} = F_{N2} \triangleq F_N$ Bremskraft (Umfangskraft)

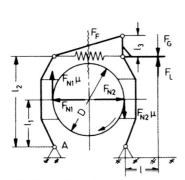

Kräfte an Doppelbackenbremsen

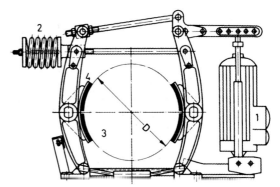

Mit außenliegender Bremsfeder und Eldrogerät

Scheiben-durchm. D in mm	Scheiben-breite B in mm	Backenbreite b_B in mm	Lüftweg s_L je Backe in mm
200	75	70	1
250	95	90	1,25
315	118	110	1,25
400	150	140	1,6
500	190	180	1,6
630	236	225	2,0
710	265	255	2,0

Bremsscheibenabmessungen (DIN 15435)

1 Eldrogerät,
2 Bremsfeder,
3 Bremsscheibe,
4 Bremsbacke mit Reibbelag

Bild 2.4-2
Kräfte an der Bremse

$$i = \frac{l_2}{l_1} \frac{l}{l_3} = \frac{h_L}{2 s_L}$$ *Gestängeübersetzung*   (2.4.8)

$$F_N = \frac{M_{Br}}{\mu D} = F_G i$$ *Backenkraft* (Bremsen durch Bremsgewichtskraft F_G)   (2.4.9)

$$F_N = \frac{M_{Br}}{\mu D} = F_F \frac{l_2}{l_1}$$ *Backenkraft* (Bremsen durch Federkraft F_F bei außen liegender Bremsfeder (Bild 2.4-2))   (2.4.10)

$$p = \frac{F_N}{l_B b_B}$$ *Flächenpressung an den Bremsbacken*   (2.4.11)

$$W_L = 2 F_N s_L$$ *Lüftarbeit des Bremslüfters*   (2.4.12)

$$F_L = \frac{W_L}{h_L}$$ *Lüftkraft am Lüftgerät*   (2.4.13)

l bis l_3 Hebellängen der Bremshebel (Bild 2.4-2)
hL   Lüfthub am Lüftgerät
SL   Lüftweg einer Bremsbacke (Bild 2.4-2)

Die Backenkraft F_N ergibt sich aus Σ Mom. „A" = 0, wobei $FN = \frac{1}{2} \frac{F_U}{\mu} = \frac{1}{2} \frac{2M_{Br}}{\mu D} = \frac{M_{Br}}{\mu D}$ ist;

„$\frac{1}{2}$"   2 Bremsbacken, Eigengewicht der Bremshebel vernachlässigt
μ Reibungszahl Reibbelag/Bremsscheibe (Bild 2.4-1)
F_G Gewichtskraft
F_F Federkraft
l_B Bremsbackenlänge $l_B \approx 0{,}6\,D$
b_B Bremsbackenbreite (Bild 2.4-2)

Die Lüftarbeit WL des Bremslüfters kann aus der Lüftkraft FN und dem Lüftweg SL an dem Bremsbelag ermittelt werden;

„2"   2 Bremsbacken - bei Gl. (2.4.12)

Aufbau. Wegen des geringeren Baugewichts werden Doppelbackenbremsen mit Bremsfedern gegenüber den Ausführungen mit Bremsgewichten bevorzugt. Bei den Bremsen mit Bremsfedern sind die folgenden beiden Bauweisen gebräuchlich:

Doppelbackenbremsen mit außen liegender Bremsfeder. Die Bremskraft wird durch die meist direkt auf die Bremshebel wirkende Bremsfeder aufgebracht. Das Lüften geschieht durch ein über ein Hebelsystem mit der Übersetzung i wirkendes Lüftgerät. Die Übersetzung ermöglicht relativ kleine Lüftkräfte der Bremslüftgeräte.

Doppelbackenbremsen mit Bremsfedern im Lüftgerät. Die Bremsfeder wird bei dieser Bauart direkt im Lüftgerät eingebaut (z.B. beim Motordrücker (Bild 2.4-6)).

Für die Konstruktion sind die folgenden Punkte besonders zu beachten:
– Einsatz von Normbremsen im Baukastensystem.
– Veränderliche Übersetzung i – z.B. kann durch Änderung der Hebellängen eine bestimmte Bremsengröße dem jeweils geforderten Bremsmoment in gewissen Grenzen angepasst werden.
– Gleichmäßiges Lüften der Bremsbacken durch Anschläge oder Stellschrauben
– Bei großen Scheibendurchmessern sind die Bremsbacken zur besseren Anpassung an die Scheiben gelenkig zu lagern.
– Auf einfaches Nachstellen und Auswechseln der Bremsbacken achten – Einsatz von Vorrichtungen, die selbsttätig den Verschleiß des Bremsbelages ausgleichen.

2.4.4 Bandbremsen

Die Bandbremsen wurden weitgehend von der Doppelbackenbremse verdrängt. Ihre Bremswirkung wird durch ein mit einem Reibbelag versehenes, um die Bremsscheibe geschlungenes biegsames Bremsband erreicht. Die Bandbremsen zeichnen sich durch einen einfachen Aufbau und hohe Bremsmomente bei starker Biegebeanspruchung der Bremswellen aus. Wichtige Ausführungen: *Einfache und Summenbandbremse*

Aufbau. Bei der einfachen Bandbremse hängt das Bremsmoment von der Drehrichtung ab; sie ist deshalb nicht als Fahrbremse geeignet. Die Summenbandbremse ergibt für beide Drehrichtungen gleiche Bremsmomente: $F_1 + F_2 = F_2 + F_1$. Die Bremskräfte werden meist durch Gewichte erzeugt, das Lüften geschieht durch ein Lüftgerät oder auch von Hand.

2.4 Bremsen

Für die Konstruktion ist besonders zu beachten:

- Befestigung des Bremsbandes am Festpunkt und am Bremshebel durch Ösen- und Gabelschrauben
- Die Gabelschrauben sind nachstellbar, um den Ausgleich des Reibbelagverschleißes zu ermöglichen.

Ein um das Bremsband gelegter Flachstahlbügel mit Stellschrauben Gewähr leistet das gleichmäßige Lüften des Bremsbandes.

Berechnung

Kräfte

$$\frac{F_1}{F_2} \leq e^{\mu\alpha} \qquad \text{Eytelweinsche Gleichung} \qquad (2.4.14)$$

$$F_U = F_1 - F_2 = \frac{2 M_{Br}}{D} \qquad \text{Umfangskraft} \qquad (2.4.15)$$

F_1 Maximale Bandkraft
F_2 Minimale Bandkraft
μ Reibungszahl zwischen Bremsbelag und Scheibe (Bild 2.4-1)
α Umschlingungswinkel

Bremsscheibendurchmesser. Die Auswahl des Scheibendurchmessers erfolgt wie bei der Doppelbackenbremse; die Flächenpressung p am Bremsbelag kann nach Bild 2.4-3 wie folgt berechnet werden.

$$\text{Flachenpressung} \quad p = \frac{dF_N}{dA} = \frac{F d\varphi}{\frac{D}{2} d\varphi b_B} = \frac{2F}{D b_B}$$

Für $F = F_{max} \hat{=} F_1$ setzen, b_B Bandbreite, Winkel $d\varphi = \frac{\text{Bogen}}{\text{Radius}}$, D Scheibendurchmesser

$$p = \frac{2F_1}{D b_B} \qquad \text{Flächenpressung am Belag} \qquad (2.4.16)$$

Bremslüfter. Beim Lüften des Bremsbandes über den ganzen Umfang ergibt sich eine Verlängerung des Umfanges von: $\Delta U = (D + 2 S_L) \pi - D\pi$

Ebenso kann der Lüftweg h_0 am Anlenkpunkt des Bandes berechnet werden (Bild 2.4-3).

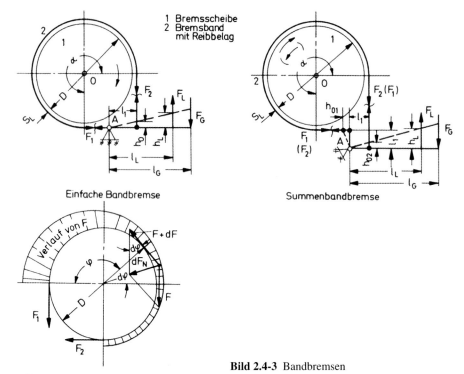

Bild 2.4-3 Bandbremsen

Aus F_U, μ und α ergeben sich nach den Gln. (2.4.14) und (2.4.15) die Bandkräfte F_1 und F_2. Aus Σ Mom. um den Anlenkpunkt des Bremshebels „A" = 0 und den Hebellängen l_L und l_G kann die erforderliche Gewichtskraft F_G und die hierfür notwendige Lüftkraft F_L ermittelt werden (Bild 2.4-3).

Lüftweg bei der einfachen Bandbremse

$$h_0 = [(D + 2s_L)\pi - D\pi]\frac{\alpha}{2\pi}; \text{ hieraus ergibt sich } h_0 \text{ zu:}$$

$$\boxed{h_0 = s_L \cdot \alpha} \qquad \textit{Lüftweg am Anlenkpunkt} \qquad (2.4.17)$$

Lüftweg bei der Summenbandbremse

$h_{01} + h_{02} = 2 h_0 = s_L \alpha$; hieraus ergibt sich h_0 zu:

$$\boxed{h_0 = \frac{s_L \cdot \alpha}{2}} \qquad \textit{Lüftweg an den Anlenkpunkten} \qquad (2.4.18)$$

Aus dem Lüftweg h_0 am Anlenkpunkt des Bandes und den Hebellängen l_1 und l_L kann der Lüfthub h_L am Lüftgerät berechnet werden (Aufgabe 6).

$$\boxed{W_L = F_L\, h_L} \qquad \textit{Lüftarbeit} \qquad (2.4.19)$$

F_L Lüftkraft am Lüftgerät
h_L Lüfthub am Lüftgerät

2.4.5 Scheibenbremsen

Aufbau. Die Anpresskraft F_N wird häufig durch Tellerfedern aufgebracht, da hohe Anpresskräfte bei nur kleinen Wegen erforderlich werden. Das Lüften der Bremsbacken geschieht deshalb meist durch in die Bremszangen eingebaute Druckzylinder, die von einem getrennt aufgestellten Hydraulikaggregat gespeist werden; Öldruck $p \approx 30 \ldots 60$ bar.

Die Bremsscheiben werden häufig mit Innenbelüftung ausgeführt, wobei im hohlen Scheibeninnenraum Radialschaufeln angebracht werden, die die Luft an der Nabe ansaugen und nach außen wegblasen. Diese Scheibenart ergibt deshalb eine intensive Kühlung.

Bild 2.4-4
Scheibenbremse
(DEMAG CRANES & COMPONENTS)

Vorteile. Geringes Massenträgheitsmoment der Bremsscheibe; sehr gute Wärmeabfuhr. Wegen der guten Wärmeabfuhr werden die Scheibenbremsen vor allem als Senk- oder Verzögerungsbremsen eingesetzt.

Berechnung

$$\boxed{M_{Br} = 2F_N \mu \frac{D_m}{2}} \qquad \textit{Bremsmoment} \qquad (2.4.20)$$

„2" zwei Reibflächen
F_N Backenkraft
μ Reibungszahl zwischen Bremsscheibe/Bremsbelag (Bild 2.4-1)
D_m Mittlerer Reibdurchmesser

Wärmebelastung siehe Abschnitt 2.4.2.

Freie Scheibenaußenfläche $A \approx 4 \frac{\pi D^2}{4}$

„4" Mit innerer Kühlung

$$\boxed{W_L = 2 F_N s_L} \qquad \textit{Lüftarbeit des Bremslüfters} \qquad (2.4.21)$$

s_L Lüftweg einer Bremsbacke

2.4.6 Kegelbremsen

Die Kegelbremsen nehmen bei kleinen Abmessungen hohe Bremsmomente auf, da schon eine geringe Andruckkraft F größere Backenkräfte F_N ergibt. Da bei den Kegelbremsen die Bremsbacken innen angeordnet sind, können sie thermisch nur geringer belastet werden; sie sind deshalb nur bedingt als Senk- oder Verzögerungsbremsen geeignet. Die Andruckkraft F wird durch Federn erzeugt; das Lüften erfolgt meist durch den Verschiebeanker des Antriebsmotors (Abschnitt 2.4.7).

$$M_{Br} = F_N \mu \frac{D_m}{2} = \frac{F}{\sin \alpha} \mu \frac{D_m}{2} \qquad \textit{Bremsmoment} \qquad (2.4.22)$$

$$W_L = F_N \, s_L \qquad \textit{Lüftarbeit des Bremslüfters} \qquad (2.4.23)$$

F_N Backenkraft (Bild 2.4-5)
μ Reibungszahl Bremsscheibe/Bremsbelag (Bild 2.4-1)
D_m Mittlerer Reibdurchmesser
F Andruckkraft (Bild 2.4-5)
α Kegelwinkel (Bild 2.4-5)

Der Kegelwinkel α ist wegen einwandreiem Lüften (Selbsthemmung) $\geq 30°$ zu wählen: $\mu_{max} \approx 0{,}5 \triangleq \tan \rho$, ergibt Reibungswinkel $\rho \approx 27°$.

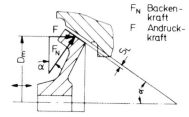

Bild 2.4-5 Kegelbremse

2.4.7 Bremslüfter

Aus Sicherheitsgründen werden in der Fördertechnik weit gehend *Lüftbremsen* verwendet. Die Bremsen sind somit ständig durch Federn oder Gewichte geschlossen und werden nur während des Arbeitsspieles durch die Bremslüfter gelöst. *Bei Stromausfall bleiben die Bremsen geschlossen.*

Die Bremslüftgeräte werden aus den Herstellungslisten nach folgenden Daten ausgewählt: Lüftarbeit W_L, Lüfthub h_L, Lüftkraft F_L, Schalthäufigkeit und Relative Einschaltdauer ED (Abschnitt 2.7.1). Die wichtigsten Lüftgeräte sind:

Magnetbremslüfter. Magnetbremslüfter arbeiten nach dem elektromagnetischen Prinzip mit Gleich- oder Drehstrom. Zur Dämpfung der starken Arbeitsstöße sind Luftdämpfungskolben gebräuchlich.

Verschiebeankerbremsmotor. Er stellt eine ideale Verbindung von Antriebsmotor, Bremse und Lüftgerät dar und arbeitet nach dem elektromagnetischen Prinzip; Anwendung z.B. in Elektrozügen (Bild 3.1-2). Im Ausschaltzustand wird die Kegelbremse durch die Bremsfeder geschlossen gehalten. Beim Einschalten wird der Läufer des Motors in den Ständer gezogen und damit gleichzeitig die Bremse gelüftet. Auch hier ergeben sich, wie beim Magnetbremslüfter, sehr kurze Einfall- und Öffnungszeiten der Bremsen.

Motordrücker. Der Motordrücker (Bild 2.4-6) arbeitet nach dem elektromotorischen Prinzip. Der Elektromotor treibt das Fliehkraftlenkersystem an, das die Fliehkraft in eine Hubkraft umwandelt, die den Lüfterstößel betätigt. Nach dem Ausschalten des Motors drückt die Bremsfeder den Stößel nach unten und schließt damit wieder die Bremse. Durch den Einbau der Bremsfeder in das Lüftgerät ergibt sich eine einfache Bremsenkonstruktion.

Vorteile. Beliebige Einbaulage und sanftes Arbeiten; hohe Einschaltdauer und große Schalthäufigkeit.

2.4 Bremsen

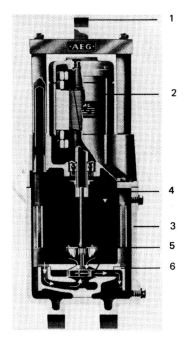 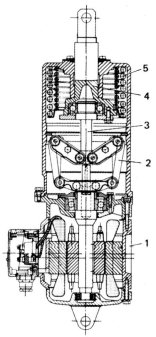

Eldrogerät (AEG)

1 Drucklasche, 2 Drehstrom-Asynchronmotor, 3 Kolbenstange, 4 Zylinder, 5 Pumpenrad, 6 Kolben

Motordrücker (SSW)

1 Motor, 2 Fliehkraftlenkersystem, 3 Schubachse, 4 Stößel, 5 Bremsfeder

Bild 2.4-6 Bremslüftgeräte

Eldrogerät (AEG). Das Eldrogerät (Bild 2.4-6) arbeitet nach dem elektrohydraulischen Prinzip. Nach dem Einschalten des Elektromotors erzeugt die im Hubkolben eingebaute Kreiselpumpe unterhalb des Hubkolbens einen Überdruck und drückt damit über die Druckstangen den Lüfterstößel nach oben: Lüften der Bremse. Nach dem Ausschalten geht der Kolben durch die Kraft der Bremsfeder und durch sein Eigengewicht wieder in seine Ausgangslage zurück.

Vorteile: Stoßfreies Arbeiten;
konstante Hubkraft – unabhängig von der Kolbenstellung;
keine Überlastung und kein Nachstellen wegen des Reibbelagverschleißes;
hohe Einschaltdauer und große Schalthäufigkeit.

Weiterhin werden noch häufig *Drucköl-* und *Spindellüftgeräte* eingesetzt.

Die meisten Lüftgeräte werden auch in Sonderausführungen (z.B. mit einstellbarer Lüftzeit und Lüftkraft) hergestellt – Einzelheiten sind aus Herstellerkatalogen zu ersehen.

Bremslüfter werden in der Fördertechnik auch zur Bewegung von Weichen und Stelleinrichtungen für Stetigförderer sowie zur Betätigung von Klappen an Schüttgutbunkern und für Taktantriebe verwendet.

2.4.8 Beispiele

6 **Doppelbackenbremse (als Haltebremse für ein Hubwerk)**

Hublast m_H = 12,5 t, Hubgeschwindigkeit der Last v_H = 12,5 m/min, Zwillingsflaschenzug mit 4 Seilen, Seiltrommeldurchmesser D_T = 315 mm, Bremswellendrehzahl n_{Br} = 970 min^{-1}, Gesamtwirkungsgrad η = 0,85, Nachlaufumdrehungen der Bremswelle n' = 5, Massenträgheitsmoment der Bremswelle J_{Br} = 0,6 kg m^2, Hubnennleistung P_N = 30 kW, Reibungszahl des Bremsbelages μ_{Br} = 0,35, Lüftweg einer Bremsbacke s_L = 0,15 cm, L_1 = 180 mm, L_2 = 360 mm, L_3 = 60 mm, L = 180 mm, Bremsscheibendurchmesser D = 315 mm

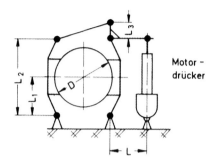

Gesucht:

1. Bremsmoment M_{Br} mit Sicherheitszahl ν = 2,5 (überschlägige Berechnung)
2. Bremsmoment M_{Br} mit Sicherheitszahl ν = 1,5 (genaue Berechnung)
3. Spezifische Reibleistung $P'_R = p\,v\,\mu$
4. Erforderliche Lüftarbeit W_L, Lüftkraft F_L und Lüfthub h_L des Motordrückers

Lösung:

1. *Bremsmoment* M_{Br} nach Gl. (2.4.1)

   $M_{Br} = \nu\,M_t\,\eta^2 = 2{,}5 \cdot 295 \cdot 0{,}85^2 = 530\,\text{Nm}$

   Drehmoment an der Bremswelle $M_t = \dfrac{P_N}{\omega_{Br}} = \dfrac{30000}{102} = 295\,\text{Nm}$

   Winkelgeschwindigkeit der Bremswelle $\omega_{Br} = 2\pi\,n_{Br} = 2 \cdot 3{,}14 \cdot 970 = 6100\,\text{min}^{-1}$, $\omega_{Br} = 102\,\text{s}^{-1}$

2. *Bremsmoment* M_{Br} nach Gl. (2.4.2)

   $$M_{Br} = \left(\nu\,\frac{F_H}{i_s}\,r_T\,\frac{1}{i}\,\eta + m_H\,\frac{v_H}{t_{Br}}\,r_T\,\frac{1}{i}\,\eta + \Sigma\,J_{Br}\,\frac{\omega_{Br}}{t_{Br}}\,\eta\right)$$

   $$M_{Br} = 1{,}5\left(\frac{125000}{2}\,0{,}16 \cdot \frac{1}{38{,}5}\,0{,}85 + 12500\,\frac{0{,}208}{0{,}6}\,0{,}16\,\frac{1}{38{,}5}\,0{,}85 + 0{,}6\,\frac{102}{0{,}6} \cdot 0{,}85\right) = 484\,\text{Nm}$$

   Seilübersetzung i_s = 2 (Zwill. Zug mit z = 4 Seilen und damit Seilgeschwindigkeit $v_s = 2\,v_H$)

   Übersetzung Bremswelle/Trommelwelle $i = \dfrac{n_{Br}}{n_T} = \dfrac{970}{25{,}2} = 38{,}5$

   Trommeldrehzahl $n_T = \dfrac{v_s}{D_T\,\pi} = \dfrac{i_s\,v_H}{D_T\,\pi} = \dfrac{2 \cdot 12{,}5}{0{,}315 \cdot 3{,}14} = 25{,}2\,\text{min}^{-1}$

   Bremszeit t_{Br} aus den Nachlaufumdrehungen der Bremswelle n' berechnen:

   $t_{Br} = \dfrac{2n'}{n_{Br}} = \dfrac{2 \cdot 5}{16{,}2} = 0{,}6\,\text{s}$

   $n_{Br} = 970\,\text{min}^{-1} \triangleq 16{,}2\,\text{s}^{-1}$, „2": Gleichmäßige Verzögerung beim Bremsvorgang angenommen.

   Die Umrechnung der Drehmassen auf die Bremswelle entfällt, da bereits das Trägheitsmoment der Bremswelle J_{Br} angegeben ist.

   Für die weitere Berechnung wurde ein Bremsmoment M_{Br} = 500 Nm zugrundegelegt.

3. Nach Bild 2.4-2 ergibt sich für den Scheibendurchmesser D = 315 mm eine Bremsbelagbreite b_B von 110 mm.

Backenkraft F_N nach Gl. (2.4.10)

$$F_N = \frac{M_{Br}}{D\mu} = \frac{500}{0{,}315 \cdot 0{,}35} = 4500 \text{ N}$$

Umfangsgeschwindigkeit v an der Bremsscheibe: $v = D\pi n = 0{,}315 \cdot 3{,}14 \cdot 16{,}2 = 16 \frac{m}{s}$

Flächenpressung am Reibbelag p nach Gl. (2.4.11)

$$p = \frac{F_N}{L_B b_B} = \frac{4500}{189 \cdot 110} = 0{,}22 \frac{N}{mm^2}$$

Backenlänge $L_B \approx 0{,}6 \, D = 0{,}6 \cdot 315 = 189$ mm

$$p \cdot v \cdot \mu = 0{,}22 \cdot 16 \cdot 0{,}35 = 1{,}23 \frac{N}{mm^2} \frac{m}{s}$$

4. *Lüftarbeit* W_L nach Gl. (2.4.12)

$W_L = 2 \, F_N \, s_L = 2 \cdot 4500 \cdot 0{,}0015 = 13{,}5$ Nm

Lüfthub h_L nach Gl. (2.4.8)

$h_L = i \cdot 2 \cdot S_L = 6 \cdot 2 \cdot 0{,}15 = 1{,}8$ cm

Übersetzung i nach Gl. (2.4.8)

$$i = \frac{L_2}{L_1} \cdot \frac{L}{L_3} = \frac{360}{180} \cdot \frac{180}{60} = 6$$

Lüftkraft F_L nach Gl. (2.4.13)

$$F_L = \frac{W_L}{h_L} = \frac{13{,}5}{0{,}018} = 750 \text{ N}$$

7 Scheibenbremse (als Fahrbremse für ein Kranfahrwerk)

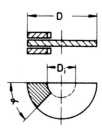

Je Kranseite eine Bremse, Gesamte Fahrmasse m_F = 30 t, Einheitsfahrwiderstand w = 10 ‰, Fahrgeschwindigkeit v_F = 125 m/min, Bremsverzögerung a_{Br} = – 0,6 ms^{-2}, Laufraddurchmesser D_L = 320 mm, Bremsscheibendurchmesser D = 250 mm, α = 45°, D_L = 180 mm, Bremswellendrehzahl n_{Br} = 1470 min^{-1}, Wirkungsgrad des Antriebes η = 0,8, Reibungszahl des Bremsbelages μ = 0,4, Bremsscheibe mit innerer Kühlung, Raumtemperatur T_1 = 300 K, Bremszahl z = 30 h^{-1}.

Gesucht:

1. Bremsmoment M_{Br} aus den Teilmomenten mit einer Sicherheitszahl ν = 1,2 (Drehmassen vernachlässigen)
2. Andruckkraft F_N der Bremsbacken, spez. Reibleistung $P'_R = p \, v \, \mu$
3. Maximale Temperatur der Bremsscheibe
4. Bremsweg des Kranes

Lösung:

1. *Bremsmoment* M_{Br} nach Gl. (2.4.3), (Drehmassen vernachlässigen)

$$M_{Br} = \nu \left(m_F \frac{v_F}{t_{Br}} r_L \frac{1}{i} \eta - F_W r_L \frac{1}{i} \eta \right)$$

$$M_{Br} = 1{,}2 \left(15000 \cdot 0{,}6 \cdot 0{,}16 \frac{1}{11{,}9} 0{,}8 - 1500 \cdot 0{,}16 \frac{1}{11{,}9} 0{,}8 \right) = 97\,\text{Nm}$$

Keine Windlast. Die Hälfte von M_F angesetzt (je Seite eine Bremse).

$$\frac{v_F}{t_{Br}} = a_{Br} = 0{,}6 \frac{m}{s^2}, \quad \text{Übersetzung } i = \frac{n_{Br}}{n_L} = \frac{1470}{124} = 11{,}9$$

Laufraddrehzahl $n_L = \dfrac{v_F}{D_L \pi} = \dfrac{125}{0{,}32 \cdot 3{,}14} = 124\,\text{min}^{-1}$

Fahrwiderstand F_W nach Gl. (2.3.10/2)

$F_W = F \cdot w = 150000 \cdot 0{,}01 = 1500\,\text{N}$ (je Seite)

2. *Backenkraft* F_N nach Gl. (2.4.16)

$$F_N = \frac{M_{Br}}{D_m \mu} = \frac{97}{0{,}215 \cdot 0{,}4} = 1130\,\text{N}$$

Mittlerer Bremsscheibendruchmesser $D_m = \dfrac{D + D_i}{2} = \dfrac{25 + 18}{2} = 21{,}5\,\text{cm}$

Flächenpressung am Belag $p = \dfrac{F_N}{A} = \dfrac{1130}{29{,}5} = 38{,}3 \dfrac{N}{cm^2}$

Reibfläche $A = \dfrac{\pi}{4}(D^2 - D_i^2) \dfrac{1}{8} = \dfrac{3{,}14}{4}(25^2 - 18^2) \dfrac{1}{8} = 29{,}5\,\text{cm}^2$

„$\frac{1}{8}$": $\alpha = 45°$, siehe Aufgabenskizze

Mittlere Umfangsgeschwindigkeit am Belag: $v_M = \pi D_m n_{Br} = 3{,}14 \cdot 0{,}215 \cdot 24{,}5 = 16{,}6 \dfrac{m}{s}$

$n_{Br} \triangleq 1470\,\text{min}^{-1} \triangleq 24{,}5\,\text{s}^{-1}$

Spez. Reibleistung $P'_R = p\, v_m\, \mu = 0{,}38 \cdot 16{,}6 \cdot 0{,}4 = 2{,}5 \dfrac{N}{mm^2} \dfrac{m}{2}$

Der Wert für $p\, v_m\, \mu$ liegt sehr hoch; er kann jedoch wegen der guten Wärmeabfuhr noch zugelassen werden (siehe Pkt. 3).

3. *Bremsleistung bei ständigem Bremsen* P_{Br} nach Gl. (2.4.6)

$$n_{Br} = \tfrac{1}{2} M_{Br}\, \omega_{Br} = \tfrac{1}{2} \cdot 97 \cdot 154 = 7500\,\dfrac{Nm}{s}$$

Winkelgeschwindigkeit der Bremswelle $\omega_{Br} = 2\pi n_{Br} = 2 \cdot 3{,}14 \cdot 24{,}5 = 154\,\text{s}^{-1}$

Bremszeit $t_{Br} = \dfrac{v_F}{a_{Br}} = \dfrac{2{,}08}{0{,}6} = 3{,}5\,\text{s}$; bei $z = 30$ Bremsungen je h: $30 \cdot 3{,}5 = 105\,\text{s}$

effektive Bremszeit je h Betriebszeit

2.4 Bremsen

Effektive Bremsleistung $P'_{Br} = \frac{105}{3600} P_{Br} = \frac{105}{3600} 7500 = 218 \frac{Nm}{s}$

$218 \frac{Nm}{s} \triangleq 218 \frac{J}{s} \triangleq 0{,}218 \frac{kJ}{s} \triangleq 790 \frac{kJ}{h}$; $P'_{Br} = 790 \frac{kJ}{h}$

Zulässiger Bremswärmestrom $\Phi_{Br\,zul}$ nach Gl. (2.4.7)

$\Phi_{Br\,zul} = k\,A\,\Delta T$ hieraus $\Delta T = \frac{\Phi_{Br\,zul}}{k\,A} = \frac{785}{163 \cdot 0{,}1} = 48\,K$

$P'_{Br} = \Phi_{Br\,zul}$ gesetzt

Wärmedurchgangszahl $k \approx 40\sqrt{v_m} \approx 40\sqrt{16{,}6} \approx 163 \frac{kJ}{m^2\,h\,K}$

Für v wird v_m in m/s gesetzt

Scheibenfläche $A \approx 0{,}5 \cdot 4 \cdot \frac{\pi D^2}{4} \approx 0{,}5 \cdot 4 \cdot \frac{3{,}14 \cdot 0{,}25^2}{4} \approx 0{,}1\,m^2$

„0,5": Wegen der Nabe (Schlechte Wärmeabfuhr) nur 50 % der Gesamtfläche angesetzt
„4": Scheibe mit innerer Kühlung

Maximale Bremsscheibentemperatur $T_2 = T_1 + \Delta T = 300 + 48 = 348\,K$.

4. Bremsweg $s_{Br} = \frac{1}{2} v_F t_{Br} = \frac{1}{2} \cdot 2{,}08 \cdot 3{,}5 = 3{,}64\,m$

8 Summenbandbremse für einen Bauaufzug

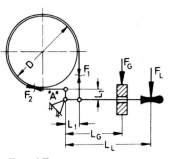

Motornennleistung $P_N = 1{,}5\,kW$, Bremswellendrehzahl $n_{Br} = 480\,min^{-1}$, Wirkungsgrad des Triebwerkes $\eta = 0{,}8$, Bremsscheibendurchmesser $D = 250\,mm$, Reibungszahl des Bremsbelages $\mu = 0{,}3$, $L_1 = 50\,mm$, $L_G = 300\,mm$, Sicherheitszahl $v = 2{,}5$, Lüftkraft $F_L = 100\,N$, Lüftweg des Bremsbandes $s_L = 2\,mm$, Bremsbandbreite $b_B = 70\,mm$

Gesucht:

1. Bremsmoment M_{Br} (nach überschlägiger Berechnung), Bandkräfte F_1 und F_2
2. Spez. Reibleistung $P'_R = p\,v\,\mu$
3. Erforderliche Bremsgewichtskraft F_G, Hebellänge l_L
4. Lüfthub h_L und Lüftarbeit W_L

Lösung:

1. *Bremsmoment* M_{Br} nach Gl. (2.4.1)

   $M_{Br} = v\,M_1\,\eta^2 = 2{,}5 \cdot 30 \cdot 0{,}82 = 48\,Nm$

   Motornennmoment $M_t = \frac{P_N}{\omega_{Br}} = \frac{1500}{50} = 30\,Nm$

   Winkelgeschwindigkeit der Bremswelle $\omega_{Br} = 2\pi n_{Br} = 2 \cdot 3{,}14 \cdot 8 = 50\,s^{-1}$
   $n_{Br} = 480\,min^{-1} \triangleq 8\,s^{-1}$

   Bandkräfte F_1 und F_2 nach Gl. (2.4.14) und (2.4.15).

   $\frac{F_1}{F_2} = e^{\mu\alpha} = e^{0{,}3 \cdot 4{,}71} = 4{,}1$, $\alpha = 270° \triangleq \frac{3}{2}\pi = 4{,}71$

Umfangskraft $F_U = F_1 - F_2 = \dfrac{2M_{Br}}{D} = \dfrac{2 \cdot 48}{0,25} = 385\,\text{Nm}$

Hieraus ergibt sich:

$F_1 = F_2 e^{\mu\alpha} = (F_1 - F_U) e^{\mu\alpha} = F_1 e^{\mu\alpha} + F_U e^{\mu\alpha}$ und hieraus:

$F_1 = F_U \dfrac{e^{\mu\alpha}}{e^{\mu\alpha} - 1} = 385 \dfrac{4,1}{4,1 - 1} = 509\,\text{N}$

$F_2 = F_1 - F_U = 509 - 385 = 124\,\text{N}$

2. *Spez. Reibleistung* $P'_R = p\,v\,\mu = 0,06 \cdot 6,3 \cdot 0,3 = 0,11 \dfrac{\text{N}}{\text{mm}^2} \dfrac{\text{m}}{\text{s}}$

Flächenpressung am Belag p

$p = \dfrac{2F_1}{D b_B} = \dfrac{2 \cdot 509}{250 \cdot 70} = 0,06 \dfrac{\text{N}}{\text{mm}^2}$

Umfangsgeschwindigkeit am Belag v

$v = \pi D n_{Br} = 3,14 \cdot 0,25 \cdot 480 = 376\,\dfrac{\text{m}}{\text{min}} \,\hat{=}\, 6,3\,\dfrac{\text{m}}{\text{s}}$

3. Aus Σ Mom. „A" = 0 ergibt sich:

Bremsgewichtskraft $F_G = \dfrac{l_1}{L_G}(F_1 + F_2) = \dfrac{50}{300}(509 + 124) = 105\,\text{N}$

Hebellänge $l_L = \dfrac{F_G}{F_L} l_G = \dfrac{105}{100} 300 = 315\,\text{mm}$

4. Lüftweg h_0 am Anlenkpunkt:

$h_0 = \dfrac{s_L \alpha}{2} = \dfrac{2 \cdot 4,71}{2} = 4,71\,\text{mm}$ (Umschlingungswinkel α siehe Pkt. 1)

Lüfthub $h_L = h_0 \dfrac{L_L}{L_1} = 4,71 \dfrac{315}{50} = 30\,\text{mm}$

Lüftarbeit $W_L = F_L h_L = 100 \cdot 3 = 300\,\text{N cm}$

2.5 Lastaufnahmemittel

Jede Förderanlage hat mindestens ein Bauteil, welches der Lastaufnahme dient. So werden z.B. Lasthaken in Hebezeugen, Becher in Becherförderern und Greifer in Schüttgutkranen eingesetzt. Für die Auswahl eines Lastaufnahmemittels (LAM) sind maßgebend:
- Grad der Mechanisierung der Lastaufnahme- und Lastabgabe
- Zeit der Lastaufnahme bzw. -abgabe
- Betriebs- und Unfallsicherheit
- Eigenmasse
- Schonung des Fördergutes.

Die Vielfalt der Fördergüter und der Fördergeräte bedingt eine Vielzahl von LAM. In der DIN 15002 werden die LAM in *LAM für Stückgüter*, in *LAM für Schüttgüter* und in *Anschlagmittel* unterteilt. Die wichtigsten Lastaufnahmemittel sollen im Folgenden kurz besprochen werden.

2.5.1 Lasthaken

Lasthaken dienen zur Aufnahme von Lasten mit Anschlagmitteln. Ihr Schaft ist zur Befestigung in der Hakentraverse mittels einer Hakenmutter mit Gewinde versehen. Rundgewinde wird auf Grund günstigerer Kerbwirkungen bevorzugt.

Lasthaken werden in der Regel aus alterungsbeständigem Stahl A St 41, durch Schmieden mit nachfolgender Warmbehandlung hergestellt.

Die Hakengröße wird nach der geforderten Tragfähigkeit und der Triebwerkgruppe (vgl. Abschnitt 2.1.1) der DIN-Norm direkt entnommen.

Nocken dienen zur Sicherung der Anschlagseile. Die Zugfestigkeit für A St 41 liegt bei 400 ... 500 N/mm². Bei Sicherheiten von 5 ... 10 gelten zulässige Spannungen von 80 N/mm² bei kleineren, bis 40 N/mm² bei größeren Tragfähigkeiten. Der *Schaftquerschnitt* ist als Zugstab, der *Haken* als stark gekrümmter Träger zu behandeln.

Zur Bestimmung der Spannungen im stark gekrümmten Teil des Lasthakens kann das *GRASHOFsche Berechnungsmodell* herangezogen werden.

Mit den im Bild 2.5-1 getroffenen Definitionen kann die Normalspannung zu

$$\sigma = \frac{F}{A} - \frac{M_b}{rA} + \frac{M_b}{I'} y \frac{r}{r-y} \quad \text{Normalspannung im gekrümmten Träger} \quad (2.5.1)$$

mit

$$I' = \int y^2 \frac{r}{r-y} dA \quad \text{scheinbares Trägheitsmoment} \quad (2.5.2)$$

berechnet werden.

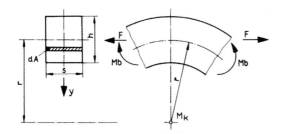

Bild 2.5-1
Definitionen zur Gl. 2.5.1

2.5.1.1 Einfacher Lasthaken

Die Abmessungen einfacher Lasthaken (Bild 2.5-2) sind nach DIN 15 401 für Traglasten von 0,063 ... 320 t festgelegt.

2.5.1.2 Doppelhaken

Der Doppelhaken (Bild 2.5-2) nach DIN 15402 hat zwei symmetrisch angeordnete Haken und wird für Traglasten von 0,5 ... 500 t angeboten.

2.5.1.3 Ösenhaken

Der Ösenhaken (Bild 2.5-2) nach DIN 7541 hat am Schaft eine Öse für den Anschluss von Lastketten o.ä. Er wird für kleinere Traglasten von 0,8 ... 40 t, z.B. in Kettenzügen eingesetzt.

2.5.1.4 Lamellenhaken

Haken, welche starken Erwärmungen ausgesetzt sind, werden bei Traglasten ab 20 t als Lamellenhaken (Bild 2.5-2) ausgebildet. Fünf bis sieben nebeneinander liegende Lamellen sich durch Laschen oder Bolzen miteinander verbunden. Dadurch wird das Brechen des gesamten Hakens fast ausgeschlossen. Beim Versagen einer einzelnen Lamelle trägt der verbleibende Querschnitt die Last bis zum Abschluss des Lastspiels.

Eine gelenkig angeordnete Maulschale sichert eine annähernd gleichmäßige Lasteintragung in die Lamellen.

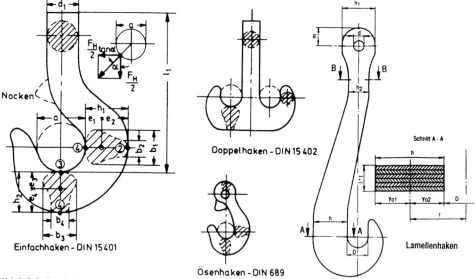

Bild 2.5-2 Lasthaken

2.5.2 Schäkel

Schäkel (Bild 2.5-3) haben für die Aufnahme der Last geschlossene Ösen. Auf Grund dieser geschlossenen Form können sie höher beansprucht werden. Das Anbinden der Last wird jedoch dadurch erschwert, weil das Anschlagmittel durch die Öse hindurchgeführt werden muss.

Geschlossene Schäkel, eingesetzt für kleinere Traglasten, werden als Schmiedeteile ausgeführt. Ihre Berechnung wird durch die statische Unbestimmtheit erschwert. Näherungsweise werden folgende Spannungsnachweise geführt (vgl. Bild 2.5-3):

im Schaft: Zugspannung durch F_H
im Schenkel: Zugspannung durch $F_H / 2 \cos \alpha$
in der Traverse: Biegebeanspruchung mit Biegemomenten

2.5 Lastaufnahmemittel

$Mb \approx F_H \, l / 6$ in Traversenmitte
$Mb \approx F_H \, i / 12$ im gekrümmten Teil

Auch genauere Berechnungsmodelle lassen sich heute relativ einfach computergestützt realisieren.

Gelenkige Schäkel werden für Traglasten ≥ 100 t eingesetzt. Wegen ihrer statischen Bestimmtheit sind die Spannungen in den Schäkelelementen einfach nach den üblichen technischen Regeln zu bestimmen.

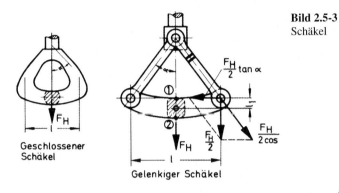

Bild 2.5-3
Schäkel

2.5.3 Hakengeschirre

Hakengeschirre (Bild 2.5-4) werden dort eingesetzt, wo der Haken bei einsträngiger Aufhängung unmittelbar am Hubseil angebracht ist. Die Befestigung des Seils am Belastungsgewicht wird durch eine geeignete Seilverbindung (vgl. Abschnitt 2.1.3.3), z.B. ein Keilschloss, realisiert. Um eine größere Beweglichkeit des Hakens zu erreichen, wird häufig noch eine Rundstahlkette zwischen Belastungsgewicht und Haken angeordnet. Ösenhaken lassen sich leicht an der Rundstahlzwischenkette befestigen. Abweiser sollen das ungewollte Festhaken des Geschirrs beim Heben verhindern. Das im Belastungsgewicht angeordnete Axialrillenkugellager erlaubt das Drehen des Hakens auch unter Last. Hakengeschirre werden in Baukranen, im Hafenstückgutumschlag usw. eingesetzt.

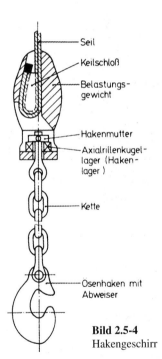

Bild 2.5-4
Hakengeschirr

2.5.4 Unterflaschen

Bei mehrsträngiger Aufhängung einer Hublast muss das Seil oder die Kette durch ein Verbindungsglied mit dem Lasthaken verbunden werden – einer Hakenflasche. Je nach Anzahl der tragenden Stränge werden ein- oder mehrrollige Unterflaschen (Hakenflaschen nach Bild 2.5-5) eingesetzt.

Berechnung:

- Seile bzw. Ketten werden nach den Regeln in den Abschnitten 2.1 bzw. 2.2 ausgelegt.
- Das Axial-Hakenlager ist nach der statischen Tragzahl auszulegen.
- Die Hakentraverse (Bild 2.5-6) wird auf Biegebeanspruchung in den Querschnitten I–I und II–II nachgewiesen. Es gilt

$$Mb_1 = F\left[\frac{1}{4} - \frac{2(r_2^3 - r_1^3)}{3(r_2^2 - r_1^2)}\right] \qquad \textit{Biegemoment im Querschnitt I–I} \qquad (2.5.3)$$

$$M_{II} = \frac{F}{4}(L - a) \qquad \textit{Biegemoment im Querschnitt II-II} \qquad (2.5.4)$$

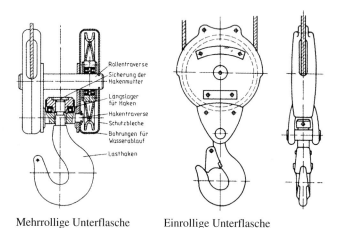

Mehrrollige Unterflasche   Einrollige Unterflasche

Bild 2.5-5 Unterflaschen

2.5.5 Anschlagmittel

Zur Verbindung der Last mit dem eigentlichen Lastaufnahmemittel dienen Anschlagmittel. Bei ihrem Einsatz ist zu beachten, dass die Tragfähigkeit u.a. auch vom realisierten Spreizwinkel abhängt.

Ketten und Seile werden endlos, mit Haken, Bügeln oder Ösen für das Einhängen im Lasthaken versehen, eingesetzt. Es kommen nichtlehrenhaltige Rundgliederketten sowie Stahl-, Hanf- oder Kunststoffseile zur Anwendung. Zum Schutz des Fördergutes und der Anschlagmittel werden bei Bedarf Kantenschoner aus Gummi, Holz o.a. zwischen der Last und dem Anschlagmittel eingelegt.

Bänder zum Anschlagen von Lasten bestehen aus Stahlseilen oder Stahlgeflechten. Eine Gummi- oder Kunststoffumhüllung vermindert örtliche Pressungen, schont das Fördergut und das Band. Sie dient gleichfalls als Schutz des Bandes vor Korrosion. Hebebänder werden auch ausschließlich aus synthetischen Fasern hergestellt (DIN EN 1492-1), Traglasten bis $m_H = 5$ t). Bänder werden endlos oder mit Ösen bzw. Bügeln ausgeführt und zum Umschlag von hochwertigen und empfindlichen Fördergütern eingesetzt.

2.5 Lastaufnahmemittel

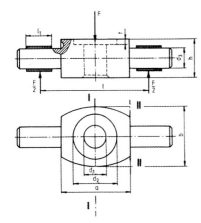

Bild 2.5-6 Hakentraverse Berechnungsmodell

Traversen sind Tragbalken, die zum Umschlag von sperrigen Lasten oder von mehreren Einzellasten, auch zum Verteilen von Schwerlasten auf mehrere Hubwerke, eingesetzt werden. Sie sollen bei geringer Eigenmasse hohe Tragfähigkeit aufweisen und werden mit den erforderlichen Haken, Schäkeln usw. ausgerüstet.

2.5.6 Zangen und Klemmen

Zangen und Klemmen sind Lastaufnahmemittel, welche das Fördergut kraft- oder formschlüssig aufnehmen. In der Regel sind sie einem speziellen Stückgut angepasst, d.h. sie sind kaum universell einsetzbar.

2.5.6.1 Zangen

Zangen, meist als kraftschlüssige LAM ausgeführt, ersparen das Zeit raubende Anbinden der Lasten. Gesteuerte Zangen werden vom Kranführer bedient, sodass ein Anschläger nicht mehr benötigt wird.

Bei der konstruktiven Gestaltung der Zange muss die Anpresskraft so groß gewählt werden, wie es der *Haltesicherheitsnachweis* erfordert. Mit hinreichend großen Schließkräften, erzeugt durch eine Verstärkung der Gewichtskräfte über Hebel, ist diese Forderung grundsätzlich zu erfüllen, jedoch sind die Fördergüter oft gegen Druckkräfte nicht hinreichend widerstandsfähig. Aus diesem Grunde muss die Schließkraft so klein wie möglich gehalten werden, ohne dabei gegen berechtigte Regeln der technischen Sicherheit zu verstoßen.

Eine relativ genaue Vorausbestimmung der Kräfte im LAM und der Schließkraft ist darum oft notwendig. Ein Berechnungsmodell, welches auch die Zangeneigenmasse bei der Bestimmung der Schließkraft berücksichtigt, ist in Bild 2.5-7 angegeben.

Mit den üblichen *Regeln der Technischen Mechanik* wird die Kraft aus der wirksamen Eigenmasse aller Bauelemente einer Zangenhälfte mit $0,5\ F_E$ in ihrer Wirkungslinie mit der Strebenkraft F_{St} zu einer neuen Resultierenden F_{R1} zusammengefasst und die Anpresskraft F_{H2} ermittelt. Die Tragfähigkeit m_Q ist als Vielfaches der Zangeneigenmasse m_E, mit $m_Q = n\ m_E$ definiert. Die Abhängigkeit der Schließkraft F_{H2} vom Massenverhältnis n wird deutlich. Mit den Mitteln der analytischen Geometrie der Ebene lässt sich dieses Berechnungsmodell, insbesondere wenn es für die computergestützte Dimensionierung (vgl. 3.2) aufbereitet werden soll, leicht analytisch beschreiben.

$$F_{St} = \frac{F_E (n+1)}{2 \cos \alpha} \quad \text{Strebenkraft} \quad (2.5.5)$$

$$\tan \varepsilon_{ni} = \tan \varepsilon_0 \left[\frac{n}{n+1} \right] \quad \text{Anstieg von } F_{R1} \quad (2.5.6)$$

$$F_{R1} = 0,5 F_E \sqrt{4n^2 + 6n + 3} \quad \text{Resultierende } F_{R1} \quad (2.5.7)$$

$$x_{Pn} = \left[1 + \frac{1}{n} \right] \left(x_E + \frac{y_E}{\tan \varepsilon_0} \right) \quad \text{x-Koordinate von } P_n \quad (2.5.8)$$

$$\tan \varrho = n \frac{F_E}{2 F_{H2}} = \frac{y_D}{|x_D| + |x_{Pn}|} \quad \text{Reibungswinkel} \quad (2.5.9)$$

$$F_{H2} = \frac{n F_E}{2 \tan \varrho} \quad \text{Schließkraft } F_{H2} \quad (2.5.10)$$

Mit $F_E/F_Q = 1/n = 0$, d.h. $F_E (n + 1) = F_Q$, geht das Modell in den Fall über, in welchem die Zangeneigenmasse vernachlässigt wird.

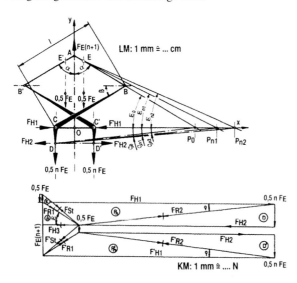

Bild 2.5-7
Berechnungsmodell für eine Hebelzange

Der Haltesicherheitsnachweis ist mit

$$F_{H2}\, \mu\, z \geq F_Q\, s \quad \text{Haltesicherheitsnachweis} \quad (2.5.11)$$

zu erbringen.

- F_Q Hubkraft
- F_E Gewichtskraft der Zange
- μ Reibungsbeiwert
- z Zahl der Kraftschlusspaarungen

2.5 Lastaufnahmemittel

s   Sicherheitszahl, s > 2 wählen
n   Verhältnis Tragfähigkeit / Eigenmasse des L AM
F_{H2} Anpresskraft

2.5.6.2 Klemmen

Nach der Art der Erzeugung der Anpresskraft kennt man Schraub-, Keil-, Exzenter- und Rollenklemmen. Sie arbeiten, Schraubklemmen ausgenommen, nach dem Prinzip der Selbstverstärkung bzw. Selbsthemmung. Auch Hebel- und Zahnradübersetzungen werden zur Erzeugung der Normalkraft eingesetzt. In Bild 2.5-8 werden die am häufigsten eingesetzten Klemmen gezeigt.

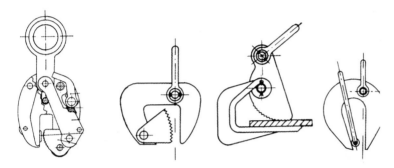

Bild 2.5-8 Klemmen
a)   Exzenterklemme mit Hebelverstärkung
b)   selbsthemmende Exzenterklemme
c)   Exzenterklemme horizontal
d)   Rollenklemme selbsthemmend

2.5.7 Kübel

Zum Transport von Schüttgütern werden auch heute teilweise noch Kübel eingesetzt. Sie ermöglichen keine selbsttätige Gutaufnahme und werden meist von oben beschickt. Die Entleerung kann selbsttätig durch Kippen oder über eine Bodenöffnung erfolgen.

Aufbau und Wirkungsweise einiger typischer Bauarten werden in Bild 2.5-9 verdeutlicht. Der *Kippkübel* (Bild 2.5-9) ist so aufgebaut, dass er im gefüllten Zustand zum Kippen neigt. Wird der Riegel von Hand oder durch Anlauf gegen einen Anschlag geöffnet, dann kippt er um seinen Drehpunkt und entleert sich. Der leere Kübel richtet sich dann auf Grund der veränderten Lage des Schwerpunktes wieder auf und verriegelt selbsttätig.

Bei der *Bodenentleerung* (Bild 2.5-9) wird ein im Boden angeordneter Verschluss geöffnet. Das geschieht durch das Aufsetzen an einer dafür bestimmten Stelle, z.B. über einem Bunker (Aufsetzentleerung), oder an beliebiger Stelle mittels eines Drehverschlusses. Der Drehschieber kann manuell oder durch das Anlaufen gegen einen Anschlag geöffnet werden.

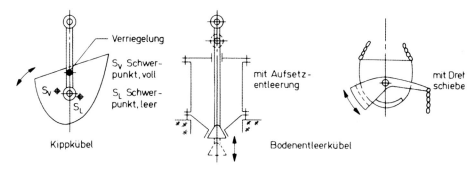

Bild 2.5-9 Kübel

2.5.8 Greifer

Der Greifer ist das am meisten verwandte Lastaufnahmemittel für Schüttgüter. Alle Greiferbewegungen einschließlich der Schüttgutaufnahme und -abgabe können vom Kranführer gesteuert werden. Greiferkrane können auch im vollautomatischen Betrieb laufen.

Die Fördermenge eines Greifers hängt von seinem Fassungsvermögen (Tragfähigkeit) und der Arbeitsgeschwindigkeit ab. Die Greifereigenmasse kann auf Grund ihres Einflusses auf die Grabfähigkeit des LAM nur bedingt gesenkt werden. In der Regel gilt $m_Q/m_E \approx 1$. Auch die Arbeitsgeschwindigkeit kann wegen der Massenkräfte und der Antriebsleistung nur in Grenzen erhöht werden. Um große Umschlagleistungen zu erzielen, werden Greiferkrane über kurze Wege zur Gutaufnahme eingesetzt und der Weitertransport des Fördergutes über mittlere und lange Förderstrecken einem Stetigförderer (Abschnitt 6.2.1) übertragen. Wegen der Verschiedenheit der Fördergüter, die großen Unterschiede in ihrer Dichte, Korngröße und ihrem Grabwiderstand, gibt es viele Greiferbauarten in den vielfältigsten Ausführungsformen.

Wichtige Ausführungen sind der Seilgreifer, als *Ein- oder Mehrseilgreifer*, mit Seiltrieb zum Öffnen und Schließen des Greifers und der Motorgreifer. Dieser hat, direkt am Greifer angebracht, einen eigenen Antrieb zum Öffnen und Schließen der Greiferschaufeln.

2.5.8.1 Mehrseilgreifer

Der *Stangengreifer* ist wohl die wichtigste Bauart unter den Greifertypen. Seine Wirkungsweise geht aus Bild 2.5-10 hervor.

Das Hubseil bewirkt das *Schließen und Heben* des Greifers. Dieser wird im geöffneten Zustand auf dem Schüttgut abgesetzt. Das Einziehen des Hubseils bewirkt, dass die untere Traverse nach oben bewegt und der Greifer damit geschlossen wird. Ist das *Halteseil* hinreichend schlaff, dann gräbt sich der Greifer in das Schüttgut ein. Sind die Greiferschaufeln geschlossen, geht der Schließvorgang zwangsläufig in eine Hubbewegung über. Die Halteseile werden nur lose mitgeführt, der gefüllte Greifer hängt im Hubseil.

Dem *Entleeren und Senken* dient das *Halteseil*. Wird das *Halteseil* eines hängenden Greifers angezogen, bzw. das *Hubseil* nachgelassen, dann übernimmt das Halteseil das Tragen des Greifers. Auf Grund ihrer Gewichtskraft senkt sich die untere Traverse ab, der Greifer öffnet sich und entleert. Werden beide Seile nachgelassen, senkt sich der Greifer.

Das *Hubwerk* eines Greiferkranes (vgl. Abschnitt 4.1.1) benötigt damit immer zwei Seiltrommeln, deren Bewegungen aufeinander abgestimmt sein müssen. Häufig werden Zwillingszüge

2.5 Lastaufnahmemittel

eingesetzt, um dem Verdrehen des freihängenden Greifers entgegenzuwirken. Der zwischen den beiden Traversen angeordnete Flaschenzug erhöht die Grabfähigkeit, aber auch die Schließzeit. Je nach Fördergut und Beschaffenheit wird die Seilübersetzung $i_s = 2 \ldots 6$ gewählt.

Die *Kräfte im Stangengreifer* werden exemplarisch in Bild 2.5-10 veranschaulicht. Wegen der Symmetrie wird nur eine Greiferhälfte untersucht. Der Seilführungsplan zeigt, dass in der unteren Traverse vier, in der oberen Traverse zwei Seilrollen angeordnet sind; der Greifer wird mit zwei Zwillingszügen betrieben.

Während des Füllens (Schließen) ergeben sich im *Stangengreifer* größere Kräfte als beim Heben. Darum wird dieser Vorgang analysiert. Es wird angenommen, dass sich das Füllgewicht linear mit dem Öffnungswinkel der Greiferschalen ändert. Die tatsächlich vorhandene parabolische Abhängigkeit wird vernachlässigt. Für die Kräfteermittlung nach Bild 2.5-10 gilt:

$$F_O = F_S (z - 1) + F_{OT} \qquad \text{Kraft an der oberen Traverse} \qquad (2.5.12)$$

Damit kann im Gelenkpunkt an der oberen Traverse das Krafteck mit F_O, F_{ST} und F_{HO} bestimmt werden.

Die Schalen- und Füllgewichtskraft F_{G1} bzw. F_{G2} werden zu je 50 % dem Punkten A und B zugeordnet.

$$F_{G1} = 0{,}5 \, (F_{GF} + F_{GS}) \qquad \text{Gewichtskraft bei „A"} \qquad (2.5.13)$$

$$F_{vB} = F_S Z - (F_{G1} + F_{UT}) \qquad \text{Vertikalkraft am Punkt „B"} \qquad (2.5.14)$$

Im Punkt „A" ergibt sich die Resultierende F_{R1} aus F_{ST} und F_{R1}. Mit der Momentenbedingung $\Sigma M \, „C" = 0$ kann F_{HU}, die Horizontalkraft an der unteren Traverse bestimmt werden.

$$F_{HU} = (F_{R1} \, l_3 + F_{vB} \, l_1)(1/l_2) \qquad \text{Horizontalkraft bei „B"} \qquad (2.5.15)$$

Die Kräfte F_{HU} und F_{vB} ergeben die resultierende Kraft F_{R2}. Der Schnittpunkt der Wirkungslinien von F_{R1} und F_{R2} legt in Verbindung mit dem Punkt „C" die Wirkungslinie und im Kräfteplan die Größe von F_W fest.

F_S Hubseilkraft (aus Eigen- plus Füllgewicht ermittelt; 50 % bei Zwillingsseilzug)
z Flaschenzugübersetzung für eine Greiferhälfte
F_{OT} Gewichtskraft der halben oberen Traverse
F_{UT} Gewichtskraft der halben unteren Traverse
F_{GF} Kraft aus Füllgewicht einer Greiferschale
F_S Kraft aus Eigengewicht einer Greiferschale
$l_1 \ldots l_3$ Längen nach Bild 2.5-10

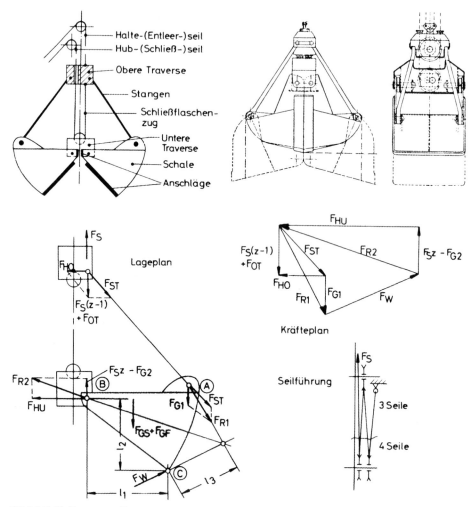

Bild 2.5-10 Stangengreifer

In der Regel werden die beiden Grenzlagen (völlig geöffnet bzw. geschlossen) sowie eine oder zwei Zwischenlagen untersucht. In Bild 2.5-11 sind die Lage- und Kräftepläne für drei Greiferschalenstellungen angegeben. Die aus diesen Untersuchungen ermittelten maximalen Einzelkräfte werden einer Bemessung der Bauteile zu Grunde gelegt.

Der *Trimmgreifer* eignet sich wegen seiner großen Greifweite sehr gut zur Aufnahme von Schüttgutresten an relativ unzugänglichen Stellen, z.B. auf dem Schiffsboden oder in einem Wagon. Beim Trimmgreifer wird der Schließseilflaschenzug in der Regel horizontal angeordnet. Im Gegensatz zum Stangengreifer nimmt die Schließkraft während des Greifens zu.

Der *Mehrschalengreifer*, oft auch als *Polypgreifer* bezeichnet, ist ein Stangengreifer mit mehr als zwei (bis zu Acht) Schalen. Diese am Umfang eines Kreises angeordneten relativ schmalen Segmentschalen erlauben auch die Aufnahme sperriger Güter, wie z.B. Schrott oder Stahlspäne und den Einsatz zum Graben gewachsener Böden (Grabgreifer).

2.5 Lastaufnahmemittel

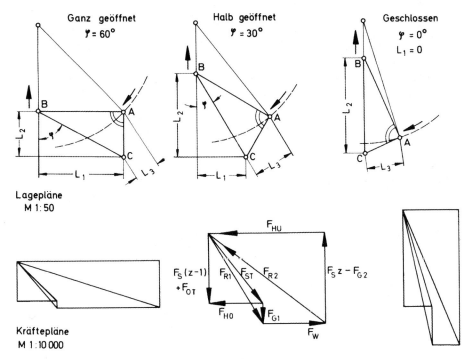

Bild 2.5-11 Kräfte- und Lageplan am Stangengreifer

2.5.8.2 Einseilgreifer

Der *Einseilgreifer* wird nur mit einem Seil oder Seilpaar betrieben. Damit kann er in Verbindung mit einem *normalen Hubwerk* eingesetzt werden. Die Fördermenge ist auf Grund größerer Umschlagzeiten geringer als bei Zweiseilgreifern. Darum wird er nur dort eingesetzt, wo gelegentlich Schüttguttransporte realisiert werden müssen. Der Grundaufbau des Einseilgreifers gleicht dem des Mehrseilgreifers. Der Öffnungsmechanismus ersetzt das Halteseil. Es werden häufig die folgenden beiden Systeme eingesetzt:

Bei der *Reißleinenentleerung* justiert eine Sperre den Abstand zwischen oberer und unterer Traverse. Wird diese Sperre von Hand entriegelt, dann öffnet sich auf Grund des Eigengewichtes der Greifer und entleert sich. Setzt man dann den geöffneten Greifer auf dem Schüttgut ab, schließt sich der Riegel und der Greifer kann durch Anziehen des Hubseils geschlossen und gehoben werden.

Die Wirkungsweise der *Aufsetzentleerung* geht aus Bild 2.5-12 hervor. Wird der gefüllte Greifer an der Entleerungsstelle abgesetzt und das Hubseil um den Schließhub weiter nachgelassen, dann wickelt sich das Greiferseil auf eine Federtrommel auf und eine Verriegelung rastet in die Kette ein. Beim anschließenden Hubvorgang öffnet sich der Greifer. Dabei wird das Greiferseil wieder von der Federtrommel abgewickelt. In dieser Lage der Verriegelung wird der offene Greifer auf dem Fördergut abgesetzt und die Verriegelung durch Nachlassen des Hubseils gelöst. Wird das Hubseil nun wieder Angezogen, dann schließen sich die Greiferschalen und der Schließvorgang geht später in einen Hubvorgang über.

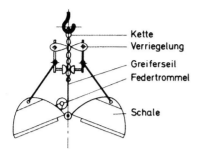

Bild 2.5-12
Einseilgreifer mit Aufsetzentleerung

2.5.8.3 Motorgreifer

Streng genommen ist der *Motorgreifer* ein Einseilgreifer, da auch er nur ein einfaches Hubwerk benötigt. Ein im Greifer eingebauter Antrieb übernimmt das Öffnen und Schließen der Greiferschaufeln. Die Energieversorgung wird über ein Kabel, das durch eine Federtrommel immer straff gehalten wird, vorgenommen. Ein Elektromotor treibt über ein Getriebe und einen Seiltrieb, ggf. auch einen Spindeltrieb die Greiferschalen an. Beim elektrohydraulischen Antrieb werden die Greiferschalen über kurze Hebelarme durch einen doppelt wirkenden Hubzylinder betätigt. Das Antriebsaggregat, welches Motor, Pumpe, Ölbehälter und Steuerung zu einem Baublock vereinigt, ist mit einem Überdruckventil ausgestattet. So wird mit einfachen Mitteln ein ausreichender Schutz gegen Überlastung Gewähr leistet.

Diese Antriebe erlauben keine solch großen Nutzlasten und Arbeitsgeschwindigkeiten, wie dies beim Zweiseilgreifer möglich ist.

Bei Fördergeräten mit zentraler hydraulischer oder pneumatischer Energieversorgung kann der Zylinder des Greifers direkt über eine flexible Schlauchleitung mit dem Medium (Öl oder Luft) versorgt werden.

2.5.8.4 Ausführung der Greifer

– Zum Schutz gegen Verschleiß sollen die Seile in der oberen Traverse durch Seilbuchsen oder Leitwalzen aus gehärtetem Stahl geführt werden.
– Das Halteseil nimmt nur kurzzeitig die gesamte Hublast auf und soll darum mit (0,5 ... 0,75 max F_S bemessen werden.
– Auf Grund des hohen Verschleißes sind auswechselbare Greiferschneiden aus verschleißfestem Material vorzuziehen.
– Die Schalen sind aus St 37 oder St 52 herzustellen.
– Für die Gelenkpunkte werden Gleit- oder Wälzlager verwendet. Gleitlager mit gehärteten Bolzen in Buchsen aus hochwertigem Material.
– Der stoßartige Betrieb fordert eine Nachschmierung.
– Zahnsegmente an den Gelenkpunkten „B" (Bild 2.5-10) sollen den Gleichlauf der Greiferschalen sichern.

2.5.9 Lasthaftgeräte

Lasthaftgeräte nehmen die Last selbsttätig, ohne Formschluss auf. Sie ermöglichen eine einfache, schnelle und fernbediente Aufnahme und Abgabe der Last, stellen aber spezielle Forderungen an das aufzunehmende Gut.

2.5 Lastaufnahmemittel

Vakuumheber und *Hebemagnete* (Bild 2.5-13) sind die typischen Vertreter dieses LAM-Typs. Wegen ihrer verminderten Haltesicherheit und der daraus resultierenden Gefahr eines Lastabsturzes müssen die sicherheitstechnischen Bestimmungen beim Umgang mit diesen LAM besonders konsequent eingehalten werden. Dennoch lösen Lasthaftgeräte im zunehmenden Maße formschlüssige Lastaufnahmemittel ab.

In der Stahlindustrie und auf Lagerplätzen zum Transport von Stahlblöcken, Schrott (ferromagnetische Stoffe) o.a. werden *Lastmagnete* eingesetzt. Aus Sicherheitsgründen wird häufig eine Pufferbatterie für den zeitweiligen Erhalt der Stromversorgung bei Netzausfall zwischengeschaltet.

Als *Ausführungsformen* findet man Rundmagnete, Flachmagnete für Profilmaterialien, mehrpolige Magnete für Güter mit unregelmäßiger Oberfläche und Magnete mit Greifarmen für lose Materialien, z.B. Stahlspäne.

Der *Aufbau* der Magnete sichert, dass ihr magnetischer Rückschluss grundsätzlich nur über die ferromagnetische Last erfolgt. Das wird gesichert, indem die Spule schützende Abdeckung aus unmagnetischem Werkstoff, z.B. Manganstahl, ausgeführt wird. Die Stromzuführung erfolgt in der Regel über eine Federkabeltrommel. Bei kleineren Traglasten werden auch Permanentmagnete mit einer speziellen Lastlöseeinrichtung eingesetzt.

Wichtige technische Daten:

Fördergüter:	ferromagnetische, mit einem Mangangehalt > 8 %
Energieversorgung:	meist mit Gleichstrom 100 ... 500 V
Eigenmasse:	ca. 10... 15 % der Tragfähigkeit
Leistungsaufnahme:	0,4 ... 0,6 kW/t$_{Traglast}$
Tragfähigkeit:	bis ca. 30 t

Die Lastaufnahme mittels *Vakuumlasthaftgerät* wird durch den Unterdruck im Saugteller gesichert.

$$\boxed{F = A\,(p_a - p_i)} \qquad \textit{Tragkraft eines Saugtellers} \qquad (2.5.16)$$

A wirksame Saugtellerfläche
p_a atmosphärischer Druck
P_i Druck im Saugteller (Unterdruck $p_i < p_a$)

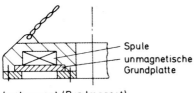
Lastmagnet (Rundmagnet)

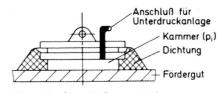
Saugteller (Anschluß an zentrale Unterdruckanlage)

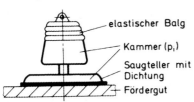
Saugteller (Erzeugung des Unterdrucks durch Volumenvergrößerung)

Bild 2.5-13
Lasthaftgeräte

Der Unterdruck im Saugteller kann sowohl durch eine Volumenvergrößerung als auch durch eine zentrale Vakuumanlage erzeugt werden. Wegen der realisierbaren Druckdifferenz müssen die Tragfähigkeiten dieser LAM auf kleine und mittlere Lasten beschränkt bleiben. Ordnet man an einem LAM mehrere Saugteller an, dann vergrößert man damit seine Tragfähigkeit (bis 20 t) und die Haltesicherheit.

Durch eine *Volumenvergrößerung* des mit dem Saugteller verbundenen Saugraumes kann mit dem Anheben der Last das für die Haftung erforderliche Vakuum ohne Zuführung weiterer Fremdenergie erzeugt werden (Bild 2.5-13). Für sehr kleine Lasten werden auch einfache *Gummisaugnäpfe* verwendet.

Wird eine *zentrale Vakuumanlage*, bestehend aus Elektromotor, Zellenverdichter, Vakuumspeicher, Ventilen und Steuerung, eingesetzt, dann ist die Zuführung von elektrischer Energie (wie beim Elt-Magnet) erforderlich.

2.5.10 Beispiele

9 Lamellenhaken für einen Gießkran

Ein Lamellenhaken nach Bild 2.5-2 aus C 35 für einen Gießkran ist in seinem Querschnitt A – A nachzuweisen. Die Kran-Tragfähigkeit beträgt $m_Q = 100$ t, die Eigenmasse eines Lamellenhakens $m_E = 2{,}0$ t. Das Hubwerk ist in der Triebwerkgruppe 2_m eingeordnet. Massenkräfte von 25 % sind zu berücksichtigen; die Sicherheit des Hakens gegen die Streckgrenze soll $s = 3{,}0$ betragen. Für die geometrischen Verhältnisse am Haken gilt $h = 500$ mm, $i\ t = 6 \cdot 30 = 180$ mm, $r = 400$ mm, $D = 300$ mm.

Gesucht:

1. Last am Lamellenhaken
2. vorhandene Spannungen im Querschnitt A – A
3. Sicherheitsnachweis

Lösung:

1. Hakenkraft

    $F_H = (0{,}5\ m_Q + m_E)\ 1{,}2\ g = (0{,}5 \cdot 100 + 2{,}0)\ 1{,}25 \cdot 9{,}81 = 637{,}65$ kN

2. Spannungen im Querschnitt A – A

    Für einen rechteckigen Querschnitt folgt aus Gl. 2.5.2

    $$I' = b\left(r \ln \frac{2r+h}{2r-h} - h\right) = 18\left(40 \ln \frac{2 \cdot 40 + 50}{2 \cdot 40 - 50} - 50\right) = 155{,}76\ \text{cm}^2$$

    Geht die resultierende Kraft durch den Krümmungsmittelpunkt, dann gilt $F/A = Mb/r\ A$. Es muss also nur der 3. Term der Gl. 2.5.1 mit $r = 0{,}5\ (D + h)$ durch

    $Mb = -Fr = -637{,}65\ (15 + 0{,}5 \cdot 50) = 25506$ kN cm

    Berücksichtigung finden. Damit werden die Spannungen im *äußeren Faserrand* mit $y_{II} = +25$ cm

    $$\sigma_a = \frac{-25506}{40 \cdot 155{,}76}\ \frac{25}{40+25} = -1{,}574\ \text{kN/cm}^2$$

    Die Spannungen *am Innenrand* mit $y_{II} = -25$ cm

    $$\sigma_i = \frac{-25506}{40 \cdot 155{,}76}\ \frac{-25}{40-25} = 6{,}823\ \text{kN/cm}^2$$

2.5 Lastaufnahmemittel

3. **Sicherheitsnachweis**

Der gewählte Werkstoff C 35 hat eine Streckgrenze von σ_s = 294 N/mm². Für den Einsatz in einem Gießkran wird eine Erwärmung auf 300 °C vorausgesetzt und die *Warmstreckgrenze* mit 216 N/mm² bei einer Sicherheit gegen Fließen von s = 3 angewandt.

$$\text{vorh s} \frac{\sigma_s}{\text{vorh}\,\sigma_i} = \frac{216}{68{,}23} = 3{,}17 > 3{,}0$$

Der Querschnitt A – A ist ausreichend bemessen!

Zusatzbemerkungen:
- Der Nachweis im Querschnitt B – B, mit $h_2 \approx h_1 - d$, erfolgt in gleicher Weise, wobei die Nennspannungen eines Zugstabes zu Grunde gelegt werden.
- Die Nennspannungen im Querschnitt C – C sollen nach der Theorie der Augenstäbe oder der eines Ringträgers ermittelt werden.
- In den Querschnitten des gekrümmten Stabes, zwischen A – A und D – D, treten außer den Biegespannungen auch Schubspannungen von beachtlicher Größe auf. Darum soll der Sicherheitsnachweis dort mit der Vergleichsspannung geführt werden.

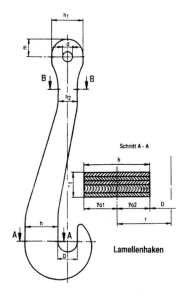

Lamellenhaken

10 Blockzange

Für eine Blockzange nach Bild 2.5-7 soll der Lastaufnahme-Sicherheitsnachweis geführt werden.

Gegeben:

$\alpha = 60°$, $\beta = 30°$, $l = 1040$ mm, $x_C = 250$ mm, $x_D = 250$ mm, $y_D = 160$ mm

Die Eigenmasse einer Zangenhälfte liegt bei $X_E = 100$ mm; die Zangenbelastung F_Q wird als Vielfaches n der Zangeneigenmasse m_E angenommen. Für die profilierten Klemmbacken kann ein Reibwert $\mu_0 = 0{,}25$ angesetzt werden.

Gesucht:
1. Analytische Beschreibung der Zangengeometrie
2. Analytische Beschreibung der Zangenkräfte
3. Haltesicherheitsnachweis für Stahl auf Stahl

Lösung:
1. Zangengeometrie

   Gerade CB: $y = \frac{1}{3}\sqrt{3}x + \frac{25}{3}\sqrt{3}$ (1)

   Punkt *B*: $y_B = l \sin\beta = 104 \cdot 0{,}5 = 52$

   Damit und aus (*l*) folgt:

   $$x_B = \frac{y_B - x_C \tan\beta}{\tan\beta} = \frac{52 - 25\sqrt{3}/3}{\sqrt{3}/3} = 65{,}066 = 976/15$$

   Punkt *B*:   B [65,066; 52]

Gerade AB: $\quad y = -\dfrac{1}{3}\sqrt{3}\,x + \dfrac{976}{45}\sqrt{3} + 52 \quad$ (2)

Punkt C: $\quad$ B [-25; 0]

Punkt D: $\quad$ D [-25; -16]

Mit $x = x_A = 0$ in Gl. (2) folgt:

$$y_A = \dfrac{976}{45}\sqrt{3} + 52 = 89{,}566$$

Punkt A: $\quad$ A [0; 89,566]

Mit $x = x_E = 10$ in Gl. (2) folgt:

$$y_E = -\dfrac{10}{3}\sqrt{3} + \dfrac{976}{45}\sqrt{3} + 52 = 83{,}8$$

Punkt E: $\quad$ E [10; 83,8]

2. Zangenkräfte

$$F_{St} = \dfrac{F_E(n+1)}{2\cos\alpha} = F_E(n+1) \quad (3)$$

$$F_{H3} = 0{,}5\,F_E(n+1)\sqrt{3} \quad (4)$$

$$\tan\varepsilon_n = \dfrac{F_E n}{2 F_{H3}} = \dfrac{1}{3}\sqrt{3}\left(\dfrac{n}{n+1}\right) \quad (5)$$

$$F_{R1} = 0{,}5\,F_E\sqrt{4n^2 + 6n + 3} \quad (6)$$

Damit kann für die Zangengeometrie mit der Punkt-Richtungsgleichung noch die Gerade EP_n angegeben werden:

Gerade EP_n: $\quad y = \dfrac{1}{3}\sqrt{3}\left(\dfrac{n}{n+1}\right)x + \dfrac{10}{3}\sqrt{3} + 83{,}8 \quad$ (7)

$$x_{Pn} = 10 + 145{,}14\left(1 + \dfrac{1}{n}\right) \quad (8)$$

Aus Gl. 2.5.9 folgt:

$$\tan\varrho = \dfrac{n F_E}{2 F_{H2}} = \dfrac{|y_D|}{|x_D| + |x_{Pn}|} \quad (9)$$

$$\tan\varrho = \dfrac{1}{\dfrac{25}{16} + \dfrac{10}{16} + \dfrac{145{,}14}{16}\left(1 + \dfrac{1}{n}\right)}$$

$$\tan\varrho = \dfrac{1}{11{,}25875 + 9{,}07125/n} \quad (10)$$

$$F_{H2} = \dfrac{n F_E}{2\tan\varrho} = F_E(5{,}6294\,n + 4{,}5356) \quad (11)$$

3. Haltesicherheitsnachweis

$$s_{vorh} = \dfrac{\mu_o}{\tan\varrho} = \mu_o(11{,}25875 + 9{,}07125/n)$$

$$s_{vorh} = 2{,}815 + 2{,}268/n \quad (12)$$

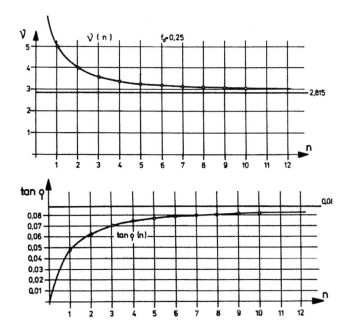

2.6 Bauteile für Stetigförderer

Dieser Abschnitt enthält eine begrenzte Auswahl typischer Bauteile, die für mehrere der in Kapitel 6 behandelten Stetigförderer in Betracht kommen, aber auch für weitere fördertechnische Lösungen interessant sein können. Die kurzgefasste Darstellung beschränkt sich auf die Bauteilcharakteristik im Wesentlichen und einige Anwendungshinweise. Zu konstruktiver Gestaltung und Berechnung werden nur einige Hinweise gegeben.

2.6.1 Tragrollen und andere Tragmittel

Tragrollen kommen bei Bandförderern als Tragmittel des Bandes (Abschnitt 6.2), bei Rollenförderern und Rollenbahnen (Abschnitte 6.4.1 und 6.5.2) und an Koppelstellen des Förderstromes als Trag- und Transportmittel des zu transportierenden Stückgutes zum Einsatz.

Technische Daten. Die in der Fördertechnik allgemein angewandten Tragrollen sind in DIN 15207 festgelegt. Zu den in Bild 2.6-1 auszugsweise dargestellten Tragrollen-Programmen sei bemerkt:
Durchmesser $D = 60 ... 160$ mm gelten allgemein für mittleren und schweren Betrieb,
  $D = 20 ... 60$ mm für leichten Betrieb.

Sehr kurze Rollen (Länge L < D) werden auch als *Scheibenrollen* bezeichnet.

Die hier mit aufgeführten Leichtlaufrollen größerer Länge sind Tragrollen für spezielle Aufgaben: Sie dienen zum Transport bahnförmiger Güter, z.B. von Papier- oder Stoffbahnen in der Papier- bzw. Textilindustrie. Deren Kenntnis soll das Gesichtsfeld über die in der Fördertechnik allgemein bekannten Tragrollen hinaus erweitern.

Durchmesser D mm	Länge L mm	Bemerkungen zum Rollenmantel
Tragrollen (Auszug aus Programm ROS-Rollentechnik)		
20	25 ... 400	Hart-PVC
32	25 ... 900	
40	25 ... 1250	
50		
40	100 ... 1600	Präzisionsstahlrohr, verzinkt
50		
60		
80		
108	160 ... 5000	Stahlrohr
133		
159		
52 ... 73	160 ... 1250	Stahlrohr, PVC-beschichtet, verschied. Farben
82 ... 116	160 ... 4000	

Durchmesser D mm	Länge L mm	Bemerkungen zum Rollenmantel
FE-Leichtlaufrollen (Auszug aus Programm C. FREUDENBERG)		
60	... 2000	Faserverbundrohr, im Wickelverfahren hergestellt, Oberfläche wahlweise: Lackiert, Polyurethan, Gummi Metall, Al_2O_3, GFK, CFK, unbeschichtet
80		
100	... 2500	
110	... 3000	
120		
160		
180		
200		

Bild 2.6-1 Technische Daten gebräuchlicher Tragrollen (Auswahl)

Die Berechnung der Tragrollen bezieht sich auf den Rollenmantel und die Achse (Biegespannung, Durchbiegung, Schiefstellung am Lager) sowie die Wälzlager, bei denen allgemein von einer dynamischen Kennzahl $f_L = 2,5 ... 3,5$ und einer nominellen Lebensdauer $L_h \geq 20000h$ auszugehen ist (erweiterte Lebensdauerberechnung nach DIN ISO 281).

Für leichten Betrieb kommen Tragrollen auch mit Kunststoff- oder Leichtmetallmantel zum Einsatz; sie zeichnen sich dann durch besonders geringe Eigenlast und Korrosionsfreiheit aus.

Bei Stückguttransport werden beim Bandförderer im Ober- und Untertrum gerade Tragrollen verwendet. Bei geringer Belastung und nicht allzu großen Förderlängen sind auch *Gleitbahnen* gebräuchlich. Diese weisen zwar höhere Reibungswiderstände auf, vermeiden jedoch den Banddurchhang. Gelegentlich werden auch Bänder über *Luftfilme* abgetragen. Für Schüttguttransport sind Muldenrollen im Obertrum vorzusehen, da sie einen größeren Gutquerschnitt bei sicherem Transport ermöglichen (siehe auch Bild 6.2-4). Sonderausführungen sind *Biegsame Rollen* oder *Gemuldete Schleifbahnen* (Bild 2.6-2).

An den Gutaufgabestellen werden die Tragrollen im Obertrum mit kleinerer Teilung angebracht und häufig mit elastischem Material überzogen (*Polsterrollen*).

Bei den *Scheibenrollen* werden mehrere schmale Rollen auf der feststehenden Achse angebracht. Sie sind leichter als normale Tragrollen und nehmen auch nur geringere Lasten auf.

2.6 Bauteile für Stetigförderer

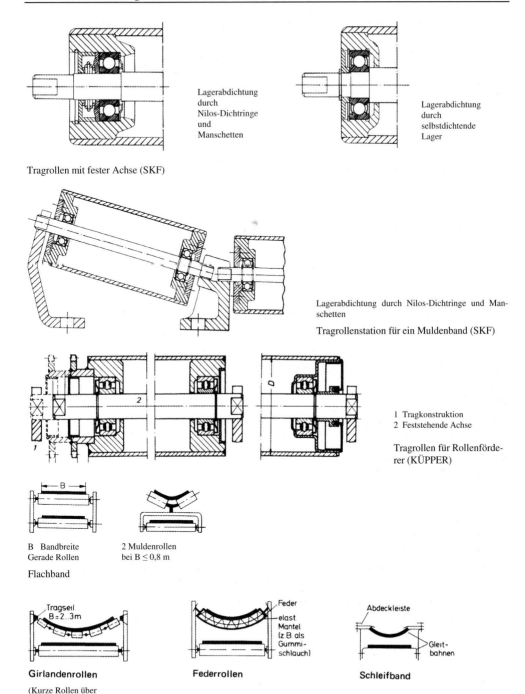

Bild 2.6-2 Tragrollen und andere Tragsysteme für Stetigförderer

Bei längeren Bändern werden für den Geradlauf spezielle Lenkstationen im Abstand von 30 ... 50m eingebaut. Tragrollenabstand bei Bandförderern: 1,0 ... 1,5m im Obertrum, 2,5 ...4,0m im Untertrum. Bei sehr langen Bändern wird der Tragrollenabstand der jeweiligen Bandzugkraft angepasst.

Tragrollen für Rollenförderer erhalten oft Kettenräder für den Antrieb (Bild 2.6-2, siehe auch Leichte Rollenförderer Abschnitt 6.4.1.1).

2.6.2 Förderbänder

Bänder kommen als Trag- und Zugmittel bei Bandförderern (Gurtbänder, Stahlbänder, Drahtbänder, Abschnitt 6.2) und als Zugmittel bei manchen Becherwerken (Abschnitt 6.3.5) in Betracht.

Folgende Ausführungen beziehen sich ausschließlich auf *Gurtbänder*, deren grundsätzliche Funktion und Einsatzbedingungen aus Abschnitt 6.2.1 hervorgehen (einschlägige DIN-Normen zu Gurtbändern siehe Abschnitt 6.7). Zu Stahl- und Drahtbändern wird auf die Abschnitte 6.2.2 bzw. 6.2.3 verwiesen.

Zum Schutz der Bandeinlagen werden Trag- und Laufschichten sowie dünne Zwischenschichten aus Gummi bzw. Kunststoff vorgesehen. Bei stark schleißendem Material sind die Tragschichten besonders dick auszuführen.

Die Schichten und Einlagen werden durch Vulkanisieren oder Kleben verbunden. Das Verbinden von Einzel- oder Endstücken erfolgt analog, wobei durch treppenförmiges Abstufen an den Stoßstellen nur geringe Festigkeitsverluste ohne Querschnittverdickung auftreten.

Kunststoffbänder werden überwiegend bei kleiner bis mittlerer Belastung im Inneneinsatz verwendet.

Für die Steilförderung werden die sonst glatten Tragschichten mit Leisten oder Höckern versehen; Steigungswinkel bis 60° sind so möglich. Für Steil- bis Senkrechttransport von Schüttgut werden *Wellkantenbänder* (wellenförmig hochgezogene Seitenteile und Zwischenstege) verwendet.

Die Einlagen bestehen, je nach Verwendungszweck, aus Textilmaterial oder Stahlseilen (Bild 2.6-3).

1 Einlage
2 Zwischenschicht, ca. 0,5 mm dick
3 Seitenschicht
4 Tragschicht, 1 ... 10 mm dick
5 Laufschicht, 1 ... 2mm dick

Bandaufbau der Gummibänder

1 Tragschicht, Dicke $d_T = d_L + (1 ... 10 \text{ mm})$
2 Gummizwischenschicht
3 Stahllitzenseil (bis 10mm ø)
4 metallbindende Zwischenschicht
5 Laufschicht, Dicke $d_L = 0,7 \, d_{SK} \geq 4\text{mm}$, d_{SK} siehe Gl. 6.2.4

Bild 2.6-3 Gurtbänder für Stetigförderer

Bänder mit Textileinlage

Textileinlagen bestehen aus Chemiefasern: Reyon (R), Polyamid (P), Polyester (E) usw. Die Bruchfestigkeit k_z einer Einlage wird je mm Einlagenbreite für das fertige Band angegeben, z.B. RP 125/50: Reyon-/Polyamideinlage mit einer Bruchfestigkeit k_z von 125N/mm für die Längs- und 50N/mm für die Querfäden; Werte für k_z siehe Bild 6.2-4. Die Bruchdehnung der Einlagen liegt bei 10%.

Es kommen ein- und mehrlagige Bänder zum Einsatz. Die Zahl der Einlagen ist abhängig von der geforderten Zugkraft des Bandes (Berechnung nach Herstellerangaben). Gebräuchliche Einlagenzahlen sind z = 1 ... 4 (8).

Bänder mit Stahlseileinlage

Die hochfesten Litzenseile (bis 10 mm Durchmesser) werden durch eine metallbindende Zwischenschicht mit der Trag- und Laufschicht des Bandes verbunden. Die Bruchfestigkeit k_z liegt zwischen 1000 und 6000N/mm. Die Seile sollen in einer Teilung von mindestens dem zweifachen Seildurchmesser angeordnet sein.

Stahlseileinlagen ermöglichen die Übertragung sehr hoher Zugkräfte bei geringer Dehnung (Bruchdehnung ca. 2%). Die Anwendung erfolgt bei besonders schwer belasteten und langen Bändern.

Zur Berechnung der Einlagen- bzw. Drahtseilzahl siehe Abschnitt 6.2.1.

2.6.3 Antriebs- und Umlenktrommeln

Antriebs- und Umlenktrommeln dienen bei Bandförderern (Abschnitt 6.2) und Bandbecherwerken (Abschnitt 6.3.5) dem Antrieb und der Umlenkung des Bandes. Sie haben herausragenden Einfluss auf den Bandlauf. Während bei Stahl- und Drahtbändern zylindrische Trommeln genügen (siehe Abschnitte 6.2.2 und 6.2.3), erfordern Gurtbänder zum stabilen Lauf einen leicht balligen oder abschnittsweise konischen Trommelmantel (siehe Abschnitt 6.2.1).

Antriebskonzepte Als Bandantrieb stehen zu Auswahl:

Konzept 1: Antriebsstation, jeweils aufgebaut aus Motor, Getriebe, Kupplung, Antriebstrommel; gegebenenfalls mit Rücklaufsperre

Konzept 2: Trommelmotor als Komplettlösung (alle erforderlichen Elemente sind integriert).

Konzept 1 ermöglicht flexiblere Antriebsgestaltung hinsichtlich Trommeldurchmesser, Fördergeschwindigkeit und Leistungsanpassung an den tatsächlichen Bedarf. Konzept 2 stellt eine sehr raumsparende und wartungsarme Lösung dar, die überall dort vorteilhaft ist, wo die Förderaufgabe mit den festliegenden Daten der handelsüblich angebotenen Trommelmotore realisiert werden kann. Trommelmotore werden von verschiedenen Firmen in relativ fein abgestuften Größenreihen angeboten.

Bild 2.6-4 zeigt einen Trommelmotor im Schnitt mit der Bezeichnung ausgewählter Bauteile; daraus ist die Funktion erkennbar. Trommelmotore dieser Firma werden im Durchmesserbereich D = 100 ... 620mm und mit Vierkant-Achsenden zum verdrehsicheren Einbau angeboten. Trommelmotore und Umlenktrommeln werden sowohl einzeln zum individuellen Einbau als auch bereits mit vormontierten Stehlagern komplettiert angeboten (Bild 2.6-5).

Technische Daten der Trommelmotore und Umlenktrommeln dieser Firma:

Trommeldurchmesser D = 60 ... 800mm, bis 620mm Durchmesser Vierkant-Achsenden, ab 630mm mit Stehlagern, in denen die Achse verdrehsicher gelagert ist.
Fördergeschwindigkeit v = 0,09 ... 4,4m/s, abhängig von der Antriebsleistung
Antriebsleistung P = 0,03 ... 132kW (0,03 ... 8kW mit 0,09 ... 0,47m/s bei D = 60mm bis 22 ... 132kW mit 1,25 ... 4,4m/s bei D = 800mm).

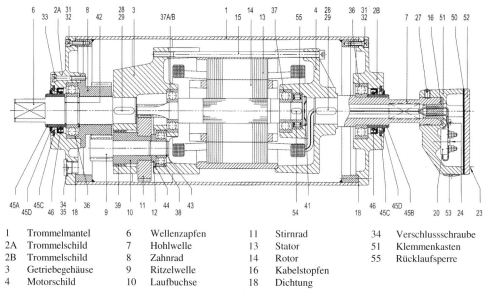

1	Trommelmantel	6	Wellenzapfen	11	Stirnrad	34 Verschlussschraube
2A	Trommelschild	7	Hohlwelle	13	Stator	51 Klemmenkasten
2B	Trommelschild	8	Zahnrad	14	Rotor	55 Rücklaufsperre
3	Getriebegehäuse	9	Ritzelwelle	16	Kabelstopfen	
4	Motorschild	10	Laufbuchse	18	Dichtung	

Bild 2.6-4 Trommelmotor (VAN DER GRAAF)

Trommelmotore sind meist ölgekühlt, staubdicht und strahlwassersicher, mit Drehstrom-Kurzschlussmotor, Planeten- (bei kleinem Durchmesser) oder Stirnradgetriebe ausgerüstet.

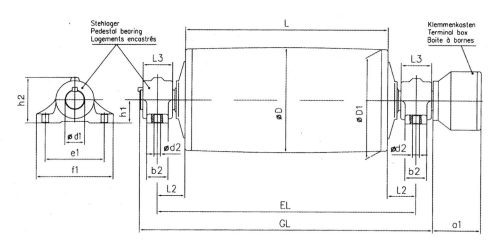

Bild 2.6-5 Trommelmotor mit Stehlagern (LAT Antriebstechnik)

Ohne hier auf die konstruktive Gestaltung der Trommeln näher einzugehen, werden für Stahlbandförderer in Bild 2.6-6 zwei typische Trommellösungen gezeigt (siehe dazu auch Abschnitt 6.2.2):
– Eine „Antriebs- bzw. „Umlenktrommel" für spurleistengeführte Stahlbänder, die aus mehreren auf der Antriebswelle bzw. Umlenkachse angeordneten Scheiben gebildet wird (bis

Bandbreiten etwa 500mm genügt eine Scheibe, wenn das Band bereits in Antriebs- bzw. Umlenknähe durch Gleitbahnen oder Tragrollen horizontal sicher geführt wird)
– eine Umlenktrommel für Stahlbänder ohne Spurleisten; die gleichzeitig als Spanntrommel dient; zum hinreichend stabilen Bandlauf muss diese exakt zylindrisch gefertigt und exakt rechtwinklig zur Förderache ausgerichtet sein.

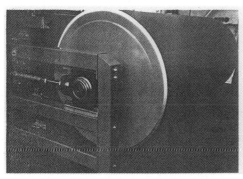 

Umlenktrommel für Stahlband ohne Spurleisten   Antriebs-/Umlenkscheiben für Stahlband mit Spurleisten

Bild 2.6-6 Umlenktrommel und Antriebs-/Umlenkscheiben für Stahlbänder (SANDVIK)

Konstruktive Gestaltung und Berechnung von Bandtrommeln siehe VDI 3622.

2.6.4 Transportketten

Als Transportketten sollen hier solche Ketten anzusehen sein, die dem zu transportierenden Stückgut als Trag- und Zugmittel dienen. Diese Ketten finden demzufolge Anwendung bei den entsprechenden Gliederbandförderern (Abschnitt 6.3.1).

Aus dem industriellen Bedarf wurde eine große Anzahl spezieller Transportketten – oft in firmenspezifischer Gestaltung – entwickelt, die für unterschiedlichste Fördergüter und Einsatzbedingungen geeignet sind. Neben klassischen Stahlketten finden immer mehr Kunststoff- und Verbundketten besonders Anwendung bei Nassbetrieb (z.B. zum Kasten- und Flaschentransport in der Getränkeindustrie), hohen Hygiene- und Reinheitsanforderungen (Lebensmittelindustrie, Pharmazie) oder bei aggressiver Umgebung (z.B. in Molkereien und chemischer Industrie).

Aus der Vielzahl gebräuchlicher Transportketten seien hier lediglich beispielhaft die Scharnierbandketten genannt, die vorwiegend aus nichtrostendem Stahl, aber auch aus hochfesten Kunststoffen hergestellt und oft in der Getränkeindustrie angewandt werden. Sie sind in DIN 8153 genormt.

Bild 2.6-7 zeigt die Scharnierbandkette Form S nach dieser Norm. Wichtigste Einsatzparameter: Teilung $p = 38{,}1$mm und Plattendicke $s = 3{,}35$mm, gültig für alle Breiten $l = 82{,}6 ... 190{,}5$mm. Für die Gleitbahn ist die lichte Weite mit $f = 43{,}5$mm festgelegt.

Scharnierbandketten finden ein- und mehrbahnig und auch in kurvengängiger Ausführung Anwendung, wodurch vielfältige Transportlösungen möglich sind, z.B. zum Flaschen- und Kastentransport in der Getränkeindustrie (Bilder 2.6-8 und 2.6-9).

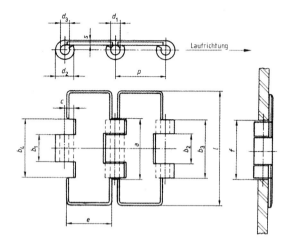

ISO-Nr.	p	f min.	s max.	l ± 0,5
C 13 S				82,6
C 16 S				101,6
C 18 S	38,1	43,5	3,35	114,3
C 24 S				152,4
C 30 S				190,5

Bild 2.6-7
Scharnierbandkette
(Auszug aus DIN 8153)

Es kommen auch Scharnierbandketten mit Reibbelag zur Anwendung, wenn dies die Reibpaarung Gutauflagefläche/ Kettenplatte erfordert. Das in Bild 2.6-9 dargestellte Anwendungsbeispiel zeigt einen Kastenförderer, bei dem die Kästen auf dem Reibbelag der mittig geführten Kette stehen (die weiter außen angebrachten, etwas tiefer liegenden Gleitleisten dienen lediglich der Stabilisierung des Gutstromes).

Bild 2.6-8
Scharnierbandkette zum Flaschentransport in der Getränkeindustrie
(KRONES)

2.6.5 Bauteile zum Schutz vor Überlast

Sowohl beim einzelnen Förderer als auch der ganzen Materialfluss-Anlage sind stets Arbeitsschutz, Umweltschutz und technische Sicherheit zu gewährleisten. Dazu gehört ganz besonders der Schutz der technischen Einrichtungen vor Überlast.

Typische Bauelemente hierzu sind *Überlastkupplungen* und *Rücklaufsperren*.

Überlastkupplungen Diese sind zwischen Antriebsmotor und Zugmittel (Band, Transportkette usw.) vorzusehen, wenn eine Überlastung des Förderers (trotz elektrischem Motorschutz) technisch nicht ausgeschlossen werden kann. Den Überlastschutz können z. B. Rutschkupplungen übernehmen, die bei Überschreiten der zulässigen Belastungsobergrenze ansprechen. Die beispielsweise in Bild 2.6-10 dargestellte Rutschnabe ist als relativ einfache Überlastsicherung in dargestellter Ausführung überall dort einsetzbar, wo der Antrieb auch eine Kettenradstufe enthält.

2.7 Triebwerke

Scharnierbandkette mit Reibbelag   Kastenförderer in der Getränkeindustrie

Bild 2.6-9 Reibbelag-Scharnierbandkette mit Anwendungsbeispiel (REXNORD)

Rutschnabe für lasthaltenden, reibschlüssigen Überlastschutz für Momente 2 ... 50 000Nm;
Gekennzeichnet durch:
einfache Momenteneinstellung,
hohe Verschleißfestigkeit infolge hochwertiger Reibmaterialien

Bild 2.6-10
ROBA-Rutschnabe (MAYR)

Rücklaufsperren. Zum Schutz vor unbeabsichtigtem Rücklauf aufwärts fördernder Laststränge von Bandförderern, Senkrechtbecherwerken, Gliederbandförderern, z.B. infolge Stromausfall oder Bruch von Antriebselementen, kommen Rücklaufsperren zum Einsatz. Sie verhindern das ab einer hinreichend großen Steigung selbsttätige Rücklaufen beladener Laststränge (die Gutmasse wirkt als Antrieb, Analogie: Talförderbänder, Abschnitt 6.2.1), was besonders bei größeren Bandanlagen und hohen Becherwerken folgenreich wäre (Überschüttung, Verstopfung, Zerstörung). Als Rücklaufsicherungen eignen sich besonders Rollengesperre.

2.7 Triebwerke

Die Zusammenfassung aller Last- und Antriebselemente zu einer Baueinheit für eine bestimmte Arbeitsbewegung eines Fördermittels bezeichnet man als Maschinensatz, z.B. des Fahrwerk mit Motor, Bremse, Getriebe und Laufrädern. In diesem Zusammenhang können nur die wichtigsten Maschinensätze, die allgemein Verwendung finden, kurz behandelt werden.

2.7.1 Berechnungsgrundlagen

Die folgenden Grundformeln werden später bei den einzelnen Maschinensätzen entsprechend abgewandelt.

Unter **Volllastbeharrungsleistung** P_V vesteht man die bei Volllast im stationären Betrieb erforderliche Antriebsleistung (z.B. das Heben einer Hublast mit konstanter Hubgeschwindigkeit).

Die **Beschleunigungsleistung** P_B entspricht dem Leistungsanteil, der erforderlich ist, um die Massen aus der Ruhe bis zum stationären Betriebszustand zu beschleunigen. Dabei ist jeweils der meist am Beginn der Anlaufzeit maximal auftretende Wert von P_B zu Grunde zu legen.

$$P_B = mav + M_B \omega \quad \text{Beschleunigungsleistung}$$

Das 1. Glied dieser Gleichung entspricht der Beschleunigungsleistung für geradlinig, das 2. Glied der Beschleunigungsleistung für drehend bewegte Massen.

- m translatorisch zu beschleunigende Massen
- a translative Beschleunigung $a = \dfrac{dv}{dt}$
- v Geschwindigkeit
- t_A Anlaufzeit
- M_B Beschleunigungsmoment für rotierende Massen (Berechnung siehe Abschnitt 2.4)
- ω Winkelgeschwindigkeit

Die **Anlaufleistung** P_A ist die zum Anlauf erforderliche Leistung. Sie setzt sich aus der Volllastbeharrungs- und der Beschleunigungsleistung zusammen.

$$P_A = P_V + P_B$$

Die **Nennleistung** P_N ist die auf dem Typenschild des Antriebsmotors angegebene Leistung.

Dimensionierung der Antriebselemente: Die höchsten Belastungen treten beim Anlaufen bzw. beim Bremsen der Fördermittel auf. Dies ist vor allem für Unstetigförderer, deren einzelne Maschinensätze häufigen Schaltungen unterliegen, von Bedeutung und wirkt sich natürlich dort negativ auf deren Lebensdauer aus.

Bei Stetigförderern, die allgemein selten geschaltet werden, kann bei der Dimensionierung der Antriebselemente von der Volllastbeharrungsleistung ausgegangen werden; jedoch sind hier die Dauerfestigkeitswerte bzw. die Werte für ruhende oder schwellende Beanspruchung zu Grunde zu legen.

2.7.2 Hubwerke

Aufbau: Hubwerke können als selbstständige Fördermittel oder auch als *Baugruppen größerer Fördermittel* vorkommen. Zu den erstgenannten gehören z.B. Flaschenzüge und Winden (Abschnitt 3.1) zur zweiten Gruppe, z.B. die Hubwerke von Brückenkranen (Abschnitt 4.1). Nach dem Antriebssystem ergeben sich die folgenden beiden Grundbauarten für Hubwerke, die als Bauteile größerer Föderanlagen anzusehen sind.

Mechanische Hubwerke sind Seil- oder Kettenwinden sowie Treibscheiben, die meist von einem Elektromotor angetrieben werden.

Bei *hydraulischen oder pneumatischen Hubwerken* erfolgt der Hubantrieb direkt durch Druckzylinder oder indirekt über Druckmotore, wobei die Druckmotore wiederum normale Seil- oder Kettentrommeln antreiben.

2.7 Triebwerke

Nur einfache mechanische Hubwerke mit Seil- oder Kettenwinden sollen hier kurz besprochen werden; der grundsätzliche konstruktive Aufbau geht aus Bild 2.7-1 hervor.

Alle Last- und Antriebselemente sitzen auf einem gemeinsamen Unterbau, dem Laufkatzrahmen. Er wird meist aus gekanteten Blechen und Profilmaterial zusammengeschweißt, wobei wegen geringer Eigenlast auf leichte Bauweise zu achten ist. Das auf den Laufkatzrahmen montierte Hubwerk wird durch ein Fahrwerk (Katzfahrwerk) zu fahrbaren Hubwinde. Diese Baueinheit, bestehend aus dem Laufkatzrahmen mit den darauf angebrachten Hub- und Fahrwerken, wird als Laufkatze bezeichnet. Die grundsätzlichen Laufkatzbauarten gehen gleichfalls aus Bild 2.7-1 hervor, die, unter besonderer Beachtung der Hubwerke, im Folgenden kurz beschrieben werden:

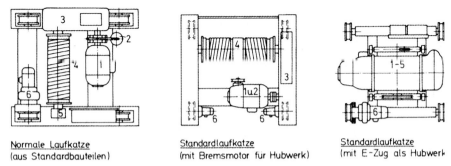

Normale Laufkatze (aus Standardbauteilen) Standardlaufkatze (mit Bremsmotor für Hubwerk) Standardlaufkatze (mit E-Zug als Hubwerk)

1 Motor, 2 Bremse, 3 Getriebe, 4 Seiltrommel, 5 Endschalter, 6 Fahrantrieb für Laufkatze

Bild 2.7-1 Hubwerke-Laufkatzen (DEMAG CRANES & COMPONENTS)

Hubwerke aus Standardbauteilen: Die Seiltrommel dieser Hubwerke ist meist eine Wellentrommel; dadurch ergibt sich ein einfacher Platz sparender Aufbau ohne offene Vorgelege (Bild 2.1.6-2). Wegen der durch die relativ kleinen Hubgeschwindigkeiten bedingten niedrigen Trommeldrehzahlen ist zwischen Antriebsmotor und Seiltrommel ein Getriebe einzuschalten (Bild 2.1.6-1). Um die Drehzahlen der Seiltrommeln zu erhöhen, werden Flaschenzüge eingesetzt. Daraus resultieren kleinere Lastmomente an der Seiltrommel, die die Abmessungen (außer der Trommellänge) des gesamten Hubwerkes verringern. Weiterhin werden Seil- und Rollendurchmesser geringer. Das seitliche Wandern und Verdrehen der Unterflaschen wird beim Einsatz von Zwillingsflaschenzügen vermieden. Die Übersetzungen der Getriebe bewegen sich in weiten Grenzen und liegen allgemein zwischen 5 ... 100, manchmal auch noch höher. Wenn möglich, sind, wegen geringer Baukosten, einfache Stirnradgetriebe vorzusehen. An die Getriebe der Unstetigförderer, zu denen auch die Hubwerksgetriebe gehören, werden folgende Anforderungen gestellt:

– ständiges Arbeiten im Aussetzbetrieb,
– häufiges Anlaufen und Abbremsen der bewegten Massen,
– Änderung der Drehrichtung und Belastung sowie Anlauf unter Last.

Diese Fakten sind vor allem bei der Auslegung der Verzahnung, der Wellen und der Lager zu beachten. Bei Hubwerksgetrieben mit auf der Abtriebswelle aufgesetzten Seiltrommeln (Bild 2.1.6-1) ist noch die zusätzliche Belastung der Getriebelager an der Abtriebswelle durch die Seilkräfte zu berücksichtigen.

Diese allgemeinen Hinweise gelten auch für die Getriebe der übrigen Maschinensätze. Zwischen Motor und Getriebe sitzt die Haltebremse, die hier (Bild 2.7-1) als Doppelbakkenbremse ausgeführt ist (Abschnitt 2.4.3). In die Bremsscheibe wird zur Dämpfung der Laststöße häufig eine elastische Kupplung eingebaut; die Senkbremsung erfolgt meist elektrisch durch eine spezielle Senkbremsschaltung des Hubmotors.

Der Endschalter begrenzt den Hubweg nach oben, sodass die Unterflasche bei der Hubbewegung nicht gegen die obere Ausgleichrolle bzw. den Laufkatzrahmen schlägt und damit Beschädigungen dieser Bauteile vermieden werden.

Vereinfachte Hubwerke aus Standardbauteilen: Der zunehmende Einsatz von Normmaschinensätzen, z.B. bei Standardkranen, führte zu einfacheren Hubwerksbauarten. So werden damit oft Getriebebremsmotore – häufig in Aufsteckbauweise – verwendet, die sonst übliche Doppelbackenbremse und das gesondert aufgestellte Getriebe entfallen. Bild 2.7-1 zeigt ein solches Hubwerk mit Bremsmotor, bei dem das Normgetriebe im Laufkatzrahmen eingebaut ist.

Elektrozüge als Hubwerke: Die heute üblichen Standardbrückenkrane haben als Hubwerke fast ausschließlich Elektrozüge (Abschnitt 3.1.2), die alle für ein Hubwerk erforderlichen Antriebs- und Lastelemente enthalten. Hierdurch ergibt sich ein sehr einfacher Aufbau für den Laufkatzrahmen (Bild 2.7-1).

Da Elektrozüge mit sehr hohen Traglasten ausgeführt werden (bis ca. 80t), haben Standardkrane mit Elektrozügen als Hubwerke ein weites Anwendungsgebiet gefunden. Die wesentlichen Vorteile der Laufkatzen mit Elektrozügen als Hubwerke sind:

– sehr gedrängte, einfache und besonders leichte Bauweise;
– günstige Preise und kurze Lieferzeiten, da Elektrozüge heute in großen Stückzahlen gefertigt werden (sie sind das am meisten verwendete Serienhebezeug).

Spezialhubwerke, wie z.B. Mehrseilgreiferwinden, siehe Abschnitt 4.1.1.3.

Berechnung

$$P_V = \frac{F_H v_H}{\eta}$$ *Volllastbeharrungsleistung* (2.7.1)

$$P_B = m_H \frac{v_H}{t_A} \frac{v_H}{\eta} + \frac{M_B \omega_{Mot}}{\eta}$$ *Beschleunigungsleistung* (2.7.2)

$$i = \frac{n_{Mot}}{n_T}$$ *Übersetzung* (2.7.3)

F_H	Hubkraft am Lastaufnahmemittel
v_H	Hubgeschwindigkeit der Last
t_A	Anlaufzeit $t_A \approx 0{,}5 \ldots 5$ s
$\eta = \eta_{FZ}\, \eta_T\, \eta_{Getr}$	Gesamtwirkungsgrad (η_{FZ} Wirkungsgrad des Flaschenzuges, η_T Wirkungsgrad der Trommel, η_{Getr} Wirkungsgrad des Getriebes; $\eta \approx 0{,}8 \ldots 0{,}9$)
m_H	Hublast
M_B	Beschleunigungsmoment auf die Motorwelle bezogen; Berechnung Abschnitt 2.4.1
ω_{Mot}	Winkelgeschwindigkeit der Motorwelle
n_{Mot} und n_T	Drehzahlen der Motor- bzw. der Trommelwelle

Bei großer Hublast ist die Eigenlast der Unterflasche zu beachten. Der genaue Nachweis der Beschleunigungsleistung P_B ist nur bei sehr hohen Hubgeschwindigkeiten V_H und relativ kleinen Anlaufzeiten t_A durchzuführen. Im Allgemeinen wird die Beschleunigungsleistung P_B durch einen 10 ... 20 %igen Zuschlag zur Volllastbeharrungsleistung P_V berücksichtigt.

2.7.3 Wippwerke

Wippwerke dienen zum Wippen (Einziehen unter Last) von Kranauslegern (z.B. bei Drehkranen) oder Stetigförderern (z.B. bei Muldenbändern, die Schüttgut auf Halde fördern). Die Ausbildung der verschiedenen Wippsysteme kann Abschnitt 4.4.3 entnommen werden. Gegenüber dem Hubwerk, bei dem die Last senkrecht gehoben wird, beschreibt der Schwerpunkt des Auslegers beim Wippen einen Kreisbogen um seinen Anlenkpunkt. Dadurch ändert sich bei gleicher Last die erforderliche Wippkraft bzw. das für die Wippbewegung erforderliche Wippmoment. Die Last selbst soll sich beim Wippen in der Regel horizontal bewegen. Damit muss für ihre Bewegung keine Hubarbeit verrichtet werden.

Mechanische Wippwerke werden mit Seilwinden, Zahnstangen- oder Spindelantrieben ausgerüstet. Beim Einsatz von Seilwinden muss gesichert sein, dass zum Ausleger nur Zugkräfte übertragen werden müssen. Zahnstangen, welche gelenkig am Ausleger befestigt werden, treiben über ein Zahnritzel an; beim Spindelwippwerk über eine Gewindespindel.

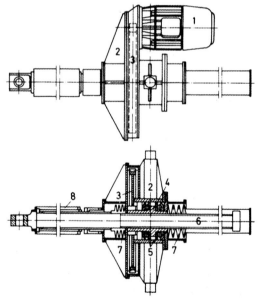

1 Verschiebeläufermotor; 2 Gehäuse mit Drehzapfen; 3 Stirnradvorgelege; 4 Spindelmutter; 5 Scheibenkugellager; 6 Spindel; 7 Tellerfedern; 8 Teleskop-Schutzrohre

Bild 2.7-2 Spindelwippwerk
(DEMAG CRANES & COMPONENTS)

Für *hydraulische Wippwerke* werden meist doppeltbeaufschlagte Druckzylinder zur Ausführung der Wippbewegung verwendet. Hydraulische Wippwerke kommen vor allem bei Fahrzeugkranen zum Einsatz.

Aus Bild 2.7-2 geht der Aufbau und die Wirkungsweise eines Spindelwippwerkes hervor.

Der Elektrobremsmotor treibt über ein Vorgelege die Spindelmutter an. Dabei bewegt die am Ausleger befestigte Spindel den Ausleger, je nach Drehrichtung nach innen (Einziehen) oder nach außen (Auslegen). Die Bremse des Bremsmotors hält den Ausleger in jeder gewünschten Stellung fest. Die hohen Druckkräfte der Spindel werden durch die beiden Axiallager aufgenommen.

Berechnung: Die Wippkraft (Seilzug, Zahnstangenkraft, Spindelkraft usw.) kann aus einer Momentengleichung um den Anlenkpunkt des Auslegers ermittelt werden. Aus der gewünschten Wippgeschwindigkeit wird die erforderliche Geschwindigkeit des Wippseiles, der Zahnstange oder der Gewindespindel berechnet. Hieraus lässt sich mit der Wippkraft die Volllastbeharrungsleistung P_V festlegen. Da sich während des Wippens die Wippkraft und die Wippgeschwindigkeit des Seiles, der Zahnstange oder der Gewindespindel ändert, ist die Ermittlung von P_V für mehrere Stellungen des Auslegers durchzuführen und der jeweilige Maximalwert über die Auslegung des Antriebsmotors zu Grunde zu legen (Aufgabe 18).

Weil es sich beim Wippen im Wesentlichen um eine Hubbewegung handelt, sind die einzelnen Leistungsanteile wie beim Hubwerk zu ermitteln; meist reicht auch wegen der geringen Arbeitsgeschwindigkeit der Nachweis der Volllastbeharrungsleistung P_V aus.

2.7.4 Fahrwerke

Die Fahrwerke übertragen die für das Fahren einer Förderanlage erforderlichen Kräfte auf die Fahrbahn. Nach der Art der Fahrbahn unterscheidet man Schienenfahrwerke (z.B. für Brückenkrane), *schienenlose Fahrwerke* (z.B. für Gabelstapler) und Raupenfahrwerke (z.B. für Bagger). In diesem Zusammenhang sollen nur die Schienenfahrwerke betrachtet werden, die im Kranbau gebräuchlich sind.

Aufbau: Die Fahrwerke bestehen in der Regel aus den Laufrädern, dem Getriebe, dem Antriebsmotor und der Bremse; als Antriebssystem wird häufig ein Getriebebremsmotor in Aufsteckbauweise verwendet. In Bild 2.7-3 ist z.B. ein Krannormfahrwerk in Aufsteckausführung dargestellt.

Das Laufrad wird hierbei direkt angetrieben (vgl. hierzu Bild 2.3-1). Das Stützmoment des Maschinensatzes wird durch eine Gummifeder, die einer elastischen Drehmomentstütze entspricht, abgefangen, wodurch gleichzeitig die Drehmomentstöße gedämpft werden. Diese Drehmomentstütze übernimmt gleichzeitig die Funktion der sonst üblichen elastischen Kupplung. Der Antriebsmotor ist als Verschiebeankerbremsmotor (Abschnitt 2.4.7) ausgebildet, sodass die sonst zwischen Motor und Getriebe eingebaute Bremse entfällt. Die Aufnahme der Seitenkräfte erfolgt durch die beiderseits der Laufschiene am Fahrwerk angeordneten Stütz- und Führungsrollen.

Bei Kranfahrwerken werden meist an jeder Seite getrennte Antriebe verwendet, um auf die langen Wellen verzichten zu können. Noch schwieriger ist bei Portalkränen der zentrale Fahrantrieb, da die Wellen nicht nur über große Längen geführt, sondern auch umgelenkt werden müssen. Hier kommen deshalb ausschließlich Einzel-Fahrantriebe in Frage. Die Fahrwerke für Kranlaufkatzen besitzen wegen ihrer kleineren Spurweiten in der Regel einen Zentralantrieb, wobei je Seite mindestens ein Laufrad anzutreiben ist (Bild 2.7-3).

Beim Mehrmotorenantrieb ist der Gleichlauf zu sichern (Abschnitt 4.2.2), damit sich beim Fahren die Kranbrücke nicht schräg stellt.

2.7 Triebwerke

Die Bremsen der Fahrwerke sind so zu bemessen, dass sie Fahrbewegung nicht allzu stark verzögern, aber mit Sicherheit das Fahrwerk im Stillstand fest halten. So werden bei größeren Anlagen häufig Bremsen mit veränderlichem Bremsmoment, so genannte Regelbremsen, verwendet.

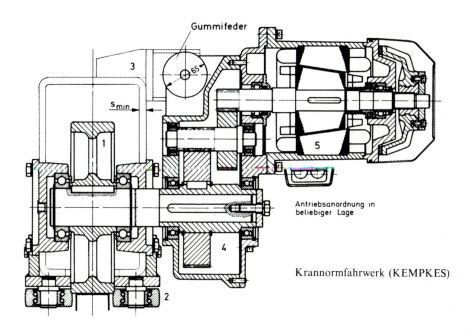

Krannormfahrwerk (KEMPKES)

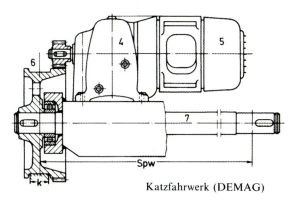

Katzfahrwerk (DEMAG)

1 Laufrad, ohne Spurkranz, direkt angetrieben
2 Seitliche Führungsrollen
3 Kopfträger
4 Getriebe
5 Bremsmotor
6 Laufrad, mit Spurkranz, über Vorgelege angetrieben
7 Antriebswelle für das 2. Laufrad
Spw Spurweite

Bild 2.7-3 Fahrwerke

Berechnung:

$$P_V = \frac{F_W v_F}{\eta} + \frac{A_{Wi} p_{Wi} v_F}{\eta} \qquad \text{\textit{Volllastbeharrungsleistung}} \qquad (2.7.4)$$

$$P_B = m_F \frac{v_F}{t_A} \frac{v_F}{\eta} + \frac{M_B \omega_{Mot}}{\eta} \qquad \text{\textit{Beschleunigungsleistung}} \qquad (2.7.5)$$

$$i = \frac{n_{Mot}}{n_L} \qquad \text{\textit{Übersetzung}} \qquad (2.7.6)$$

F_W	Fahrwiderstand (Abschnitt 2.3.1)		t_A	Anlaufzeit; $t_A \approx 2 \ldots 15s$, kleine Werte für t_A bei Katzfahrwerken und sonstigen leichten Anlagen
v_F	Fahrgeschwindigkeit			
η	Wirkungsgrad des Antriebs; $\eta \approx 0{,}8 \ldots 0{,}9$			
A_{Wi}	Windangriffsfläche			
p_{Wi}	Winddruck; normal $p_{Wi} \approx 300 \ldots 500 \frac{N}{m^2}$		n_L	Drehzahl des Laufrades
m_F	Fahrlast		$M_B, \omega_{Mot}, n_{Mot}$	siehe Hubwerke

In Gleichung (2.7.4) ergibt sich das 1. Glied aus der Roll- und Lagerreibung, das 2. Glied aus der Windleistung – *sie ist nur bei Anlagen im Freien von Bedeutung*. Steigt der Winddruck p_{Wi} über etwa 500 N/m² an, dann ist die Anlage aus Sicherheitsgründen stillzulegen. Wegen der meist großen Fahrlasten m_F ist die Beschleunigungsleistung P_B stets nachzuweisen. Der Leistungsanteil der Beschleunigungsleistung P_B aus den drehend bewegten Massen ist relativ gering und kann meist vernachlässigt werden; er kann auch durch einen Zuschlag von 10 ... 20 % zu den geradlinig zu beschleunigenden Massen erfasst werden. Die Kraftübertragung zwischen Schiene und Laufrad erfolgt reibschlüssig. Deshalb ist nachzuprüfen, ob das Laufrad auch beim Anlauf im ungünstigsten Fall (bei geringster Radbelastung) nicht durchrutscht, da sonst ein zu hoher Verschleiß und ein Schiefstellen des Kranes zu befürchten ist. Tritt beim Anlaufen – nach der Rechnung – Rutschen auf, ist die Zahl der angetriebenen Laufräder zu erhöhen (vgl. Abschnitt 2.3.1).

2.7.5 Drehwerke

Die Drehwerke ermöglichen Dreh- oder Schwenkbewegungen. Bei den Drehkranen (Abschnitt 4.4) drehen sie die meist um eine senkrechte Achse drehbaren Kran-Oberteile, an denen die Ausleger befestigt sind. Bei den Stetigförderern werden Drehwerke nur selten benötigt. Hier dienen sie z.B. für das Schwenken eines Bandförderers (Abschnitt 6.2.1), der Stückgüter auf einen Lkw befördert.

Das Haupteinsatzgebiet der Drehwerke liegt also im Kranbau.

Aufbau: Die Lagerung des drehbaren Oberteiles von Drehkranen erfolgt in den meisten Fällen über Spezialwälzlager wie Kugel- oder Rollendrehverbindungen, die sowohl Vertikal- und Horizontalkräfte als auch Momente aufnehmen können. Die Momentaufnahme ist nur bei mehrreihigen Ausführungen oder Sonderrollenlagern möglich.

Die Auslegung dieser Lager kann Herstellerkatalogen entnommen werden. Die Normalausführungen nehmen etwa bis 5000 (30 000) kN als Axialkraft und bis 12 000 (50 000) kNm als

2.7 Triebwerke

Momente bei Lagerdurchmessern von etwa 4 (5) m auf. Die in Klammern angegebenen Werte gelten für Rollendrehverbindungen, die normal angegebenen Werte für Kugeldrehverbindungen.

Nur noch selten wird die Abstützung des Drehteiles über Laufräder auf einem Schienenring vorgenommen (Einzelheiten Abschnitt 4.4.2).

Bei den mechanischen Triebwerken treibt ein auf die Abtriebswelle des Getriebes gesetztes Ritzel den am Drehteil befestigten Zahnkranz der Drehverbindung an. Das Drehwerk selbst sitzt dann auf dem feststehenden Unterteil. Um billige Stirnradgetriebe verwenden zu können, wird das gesamte Drehwerk senkrecht montiert (Bild 2.7-4). Im Übrigen werden im Drehwerk Motor, Bremse und Getriebe wie bei den anderen Maschinensätzen zusammengefasst. Der konstruktive Aufbau eines Drehwerkes geht aus Bild 2.7-4 hervor. Insbesondere ist auf die exakte Lagerung der Abtriebswelle zu achten, da dort wegen der geringen Drehzahlen sehr hohe Kräfte und Momente auftreten. Auch hier werden häufig Getriebebremsmotore verwendet. Für den Antrieb der über Laufräder auf Schienenringe gelagerten Drehteile werden normale Fahrwerke eingesetzt, die einen Teil der Laufräder antreiben. Die Laufräder bewegen sich jedoch – im Gegensatz zu den Kranfahrwerken – auf einer Kreisbahn. Die Seitenkräfte können durch waagrechte Druckrollen, die sich am Schienenring abstützen, oder einen Königszapfen aufgenommen werden.

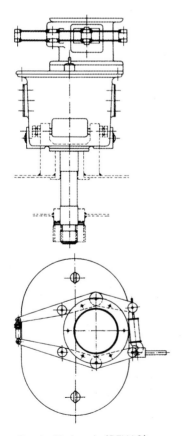

Standarddrehwerk (DEMAG)

Lagerung des Drehteils

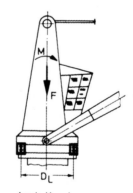

durch Kugeldrehverbindung

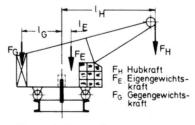

F_H Hubkraft
F_E Eigengewichtskraft
F_G Gegengewichtskraft

über Laufrollen auf Schienenring

Bild 2.7-4 Drehwerke

Bei den hydraulischen Drehwerken, die vor allem bei Fahrzeugkranen zur Anwendung gelangen, werden in ihrer Drehrichtung umsteuerbare Hydraulikmotoren oder Hydraulikzylinder mit entsprechender Übersetzung verwendet. Hydraulikzylinder gestatten normalerweise nur die Ausführung von Schwenkbewegungen.

Berechnung:

$$P_V = \frac{M_W \, \omega_D}{\eta} + \frac{M_{Wi} \, \omega_D}{\eta}$$ *Volllastbeharrungsleistung* (bei Kugel- oder Rollendrehverbindungen) (2.7.7)

$$P_V = \frac{F_W \, v_D}{\eta} + \frac{M_{Wi} \, \omega_D}{\eta}$$ *Volllastbeharrungsleistung* (bei Laufrädern auf Schienenring) (2.7.8)

$$P_B = \frac{M_B \, \omega_D}{\eta}$$ *Beschleunigungsleistung* (2.7.9)

$$i = \frac{n_{Mot}}{n_D}$$ *Übersetzung* (2.7.10)

$M_W = \mu F \dfrac{D_L}{2}$ Drehwiderstandsmoment um die Drehachse

μ Lagerreibungszahl, $\mu \approx 0{,}005 \ldots 0{,}01$ Kugel oder Rollendrehverbindungen
F Lagerkraft
D_L Lagerreibungsdurchmesser
ω_D Winkelgeschwindigkeit des Drehteiles
η Wirkungsgrad des Antriebs; $\eta \approx 0{,}6 \ldots 0{,}8$; die relativ niedrigen Werte ergeben sich durch die meist große Übersetzung
n_D Drehzahl des Drehteils, $n_D \approx 1 \ldots 5 \, \text{min}^{-1}$

$M_{Wi} = p_{Wi} \, A_{Wi} \, r_{Wi}$ Windmoment

p_{Wi} A_{Wi} siehe Fahrwerke
r_{Wi} Schwerpunktsbstand der Windangriffsfläche A_{Wi} zur Drehachse
F_W Fahrwiderstand (Abschnitt 2.3.1)
v_D Umfangsgeschwindigkeit des Drehteiles am Schienenring, $v_D \triangleq$ der Umfangsgeschwindigkeit v_U der Laufrollen

$M_B = \Sigma J \, \alpha = (m_H l_H^2 + m_E l_E^2 + m_G l_G^2) \dfrac{\omega_D}{t_A}$ Beschleunigungsmoment

m_H, l_H, m_E, l_E, m_G und l_G siehe Bild 2.7-4
Die Ermittlung der Massenträgheitsmomente J geschieht analog Abschnitt 2.4.1

Wegen der großen Massen und Abstände der Eigen- und Gegenlasten können die Drehmassen des Maschinensatzes häufig vernachlässigt werden; man kommt deshalb ohne Massenreduktion auf die Antriebswelle aus.

n_{Mot} Motordrehzahl

Anlaufzeit t_A etwa wie bei den Fahrwerken wählen

In Gln. (2.7.7) und (2.7.8) ist die Windleistung nur bei Anlagen im Freien zu berücksichtigen. Häufig kann sie vernachlässigt werden, da der Abstand r_{Wi} oft sehr klein ist.

Bei der Beschleunigungsleistung P_B (Gl. 2.7.9) sind nur Drehmassen zu berücksichtigen.

2.7.6 Reib- und formschlüssige Triebwerke

Maschinensätze mit kraft- oder formschlüsigem Antrieb werden hauptsächlich in Stetigförderern eingesetzt, wobei es sich dort in der Regel um Hülltriebe handelt.

Reibschlüssige Triebe übertragen mit Hilfe einer Treibscheibe oder Reibungstrommel die Umfangskraft kraftschlüssig auf das Zugmittel; Treibscheiben für Seile oder Ketten (z.B. Treibscheibenaufzüge), Reibungstrommeln für Bänder (z.B. Gurtbandförderer). Hierbei soll $F_1/F_2 \leq e^{\mu\alpha}$ sein (vgl. hierzu auch Abschnitt 2.1.7). Wird $\dfrac{F_1}{F_2} > e^{\mu\alpha}$, rutscht das Zugmittel durch.

Dieser Betriebszustand ist wegen des damit verbundenen starken Verschleißes und der Erwärmung des Zugmittels und des Treibteiles sowie aus Sicherheitsgründen unbedingt zu vermeiden. Zur Abhilfe sind die Reibungszahl μ und der Umschlingungswinkel α zu erhöhen (Abschnitt 2.1.7). Zur Erhöhung der Reibungszahl μ kann auf die Antriebstrommeln von Bandförderern ein Reibbelag aufgeklebt werden.

Die Treibscheiben und Treibtrommeln werden durch normale Antriebsaggregate (z.T. mit Bremse – z.B. bei Seilaufzügen) angetrieben. Auch hier hat sich für kleinere und mittlere Leistungen der Getriebemotor, häufig als Aufsteckeinheit oder als Trommelmotor, durchgesetzt. Beim Trommelmotor wird der Motor und das Getriebe direkt in die Antriebstrommel eingebaut, sodass besonders kompakte und Platz sparende Antriebsaggregate entstehen.

Formschlüssige Triebe übertragen die Umfangskraft formschlüssig vom Antriebsrad auf die Kette (Kette $\triangleq$ Zugmittel). Endlose Ketten werden vor allem bei Gliederförderern (Abschnitt 6.2), endliche Ketten bei Hebezeugen (Abschnitt 3.1) verwendet. Hinweise über die Ausbildung der Antriebsräder, die von der Kettenart abhängen sowie die Auslegung der jeweiligen Ketten gehen aus Abschnitt 2.2 hervor. Auch hier sitzt vor dem formschlüssigen Antrieb ein normales Antriebsaggregat.

Gegenüber den kraftschlüssigen Trieben ergeben sich kleinere Umlenkradien (die Kette ist beweglicher als ein Band oder Seil), jedoch größere Stöße und Arbeitsgeräusche. Auch müssen im Gegensatz zum reibschlüssigen Trieb geringere Arbeitsgeschwindigkeiten gewählt werden.

2.7.7 Beispiele

11 Hubwerk für einen Brückenkran

Die Seiltrommel sitzt auf der einen Seite direkt auf der Abtriebswelle des Getriebes (Wellentrommel), Hublast m_H = 32 t, Zwillingsflaschenzug mit Seilübersetzung i_S = 4, Triebwerkgruppe 3_m, Volllastbeharrungsleistung P_V = 65 kW, Motordrehzahl n_{Mot} = 720 min^{-1}, Rollenwirkungsgrad η_R = 0,98, Trommel- und Getriebewirkungsgrad je 0,96, Anlaufzeit t_A = 3 s, Massenträgheitsmoment der Motorwelle J_M = 5 kg m^2, Massenträgheitsmoment der Trommelwelle J_T = 100 kg m^2.

Gesucht:

1. Seildurchmesser d (Seil nach DIN 3055) unter Beachtung des Rollenwirkungsgrades η_R, Trommeldurchmesser D

2. Zulässige Hubgeschwindigkeit v_H im Volllastbeharrungszustand
3. Getriebeübersetzung i_{Getr}.
4. Verhältnis der Anlauf- zur NennleistungVolllastbeharrungsleistung Volllastbeharrungsleistung P_V setzen)

Lösung:

1. *Seildurchmesser* d nach Gl. (2.13.1)

   $$d = c\sqrt{F_s} = 0{,}106\sqrt{42800} = 21{,}9 \text{ mm} \qquad \text{gewählt d = 22 mm – DIN 3055}$$

   Maximale Seilkraft F_S nach Gl. (2.1.6)

   $$F_S \triangleq F_{Sz} = F_H \frac{1-\eta_R}{1-\eta_R^z} = 320 \frac{1-0{,}98}{1-0{,}98^8} = 42{,}6 \text{ kN}$$

   Hubkraft F_H = 320 kN (aus Hublast m_H = 32 t)

   Seilzahl an der die Hublast hängt $i \cdot z = 8$ (Zwill. Zug mit Seilübersetzung $z = i_S = 4$ – siehe Abschnitt 2.1.2).

   Beiwert c = 0,106 - nach Bild 2.13-1

   Trommeldurchmesser D

   $D = h_1 h_2 d = 20 \cdot 1 \cdot 22 = 440$ mm

   Beiwerte $h_1 = 20$ und $h_2 = 1$

2. *Hubgeschwindigkeit* v_H

   $$v_H = \frac{P_V \eta}{F_H} = \frac{65000 \cdot 0{,}88}{320000} = 0{,}18 \frac{m}{s} \triangleq 10{,}8 \frac{m}{min}$$

   Volllastbeharrungsleistung P_V = 65 kW $\triangleq$ 65 000 W $\triangleq$ 65 000 $\frac{Nm}{s}$

   Hubkraft F_H = 320 000 N

   Wirkungsgrad $\eta = \eta_{FZ}\, \eta_T\, \gamma_{Getr} = 0{,}96 \cdot 0{,}96 \cdot 0{,}96 = 0{,}88$

   Wirkungsgrad des Flaschenzuges η_{FZ} nach Gl. (2.1.7).

   $$\eta_{FZ} = \frac{1}{z} \cdot \frac{1-\eta_R^z}{1-\eta_R} = \frac{1}{4} \cdot \frac{1-0{,}98^4}{1-0{,}98} = 0{,}96$$

   Zwill. Zug mit Seilübersetzung $i_S = 4$: Seilzahl $z = 4'$; $i = 2$

3. *Übersetzung* i_{Getr}

   $$i_{Detr} = \frac{n_{Mot}}{n_T} = \frac{720}{31{,}3} = 23$$

   Da die Seiltrommel direkt mit der Getriebeabtriebswelle gekoppelt ist (Wellentrommel) liegt die gesamte Übersetzung im Getriebe.

   Trommeldrehzahl $n_T = \dfrac{v_S}{D\pi} = \dfrac{43{,}3}{0{,}44 \cdot 3{,}14} = 31{,}3 \text{ min}^{-1}$

   Seilgeschwindigkeit v_S

   $$v_S = z\, v_H = 4 \cdot 10{,}8 = 43{,}3 \frac{m}{min}$$

2.7 Triebwerke

4. *Nennleistung* P_N Volllastbeharrungsleistung $P_V = 65$ kW

   Anlaufleistung $P_A = P_V + P_B = 65 + 11{,}5 = 76{,}5$ kW

   Beschleunigungsleistung P_B

   $$P_B = m_H \frac{v_H}{t_A} \frac{v_H}{\eta} + \frac{M_B \, \omega_{Mot}}{\eta} = 32000 \frac{0{,}18}{3} \frac{0{,}18}{0{,}88} + \frac{130 \cdot 75{,}3}{0{,}88} = 11\,500 \frac{\text{kg m}^2}{\text{s}^2}$$

   Hublast $m_H = 32\,000$ kg, Hubgeschwindigkeit $v_H = 0{,}18 \, \frac{\text{m}}{\text{s}}$

   Beschleunigungsmoment M_B

   $$M_B = J_M \frac{\omega_{Mot}}{t_A} + J_T \left(\frac{n_T}{n_{Mot}}\right)^2 \frac{\omega_{Mot}}{t_A} = 5 \frac{75{,}3}{3} + 100 \left(\frac{31{,}3}{720}\right)^2 \frac{75{,}3}{3} = 130 \frac{\text{kg m}^2}{\text{s}^2}$$

   Winkelgeschwindigkeit der Motorwelle $\omega_{Mot} = 2\pi \, n_{Mot} = 2 \cdot 3{,}14 \cdot 12 = 75{,}3 \, \text{s}^{-1}$

   Drehzahl der Trommelwelle n_T

   Motordrehzahl $n_{Mot} = 720 \, \text{min}^{-1} \,\hat{=}\, 12\,\text{s}^{-1}$

   Damit ergibt sich $\frac{P_A}{P_N} = \frac{76{,}5}{65} = 1{,}18$

12 | Fahrwerk einer Verladebrücke

Brückenlast $m_{KR} = 40$ t, Hublast $m_H = 8$ t, Eigenlast der Laufkatze $m_{KA} = 4$ t, L = 20 m, $L_1 = 5$ m, S = 5 m, $p_{zul} = 5{,}6$ N/mm² für Rad/Schiene, nutzbarer Schienenkopf b = 55 mm.
Je Brückenseite ein Fahrwerk mit zwei getriebenen Rädern. Einheitsfahrwiderstand w = 10 N/kN, Fahrgeschwindigkeit $v_F = 80$ m/min, Wirkungsgrad des Antriebs $\eta = 0{,}8$, Windangriffsfläche $A_{Wi} = 50$ m², Winddruck $p_{Wi} = 250$ N/m², Reibungszahl Rad/Schiene $\eta = 0{,}16$, Betriebsdauer für das Brückenfahrwerk 40 %.

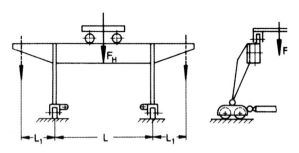

Gesucht:

1. Raddurchmesser D der Brückenlaufräder
2. Volllastbeharrungsleistung P_V
3. Anlaufzeit t_A bei $P_A/P_N = 1{,}5$ und $P_V = P_N$
4. Nachweis der getriebenen Räder

Lösung:

1. *maximale Radkraft*

$$\max R = \frac{F_{KR}}{8} + \frac{F_{KA} + F_H}{2LS}(L + L_1)\left(\frac{S}{2}\right)$$

$$\max R = \frac{40\,g}{8} + \frac{(4+8)\,g}{2 \cdot 20 \cdot 5}(20 + 5)\left(\frac{5}{2}\right) = 87{,}5 \text{ kN}$$

$$\min R = \frac{40\,g}{8} - \frac{(4+8)\,g}{2 \cdot 20 \cdot 5} \cdot 5 \cdot \frac{5}{2} = 42{,}5 \text{ kN}$$

Vgl. Abschnitt 2.3.1.1; Die Brückenlast verteilt sich gleichmäßig auf die acht Räder. Die Radkräfte aus der Nutz- und Katzlast berechnet man für die beiden extremen Katzstellungen – Laufkatze bei L_1. Nach Gl. 2.3 (9.2) ermittelt sich die rechnerische Radkraft R.

R = 1/3 (2 max R + min R)

R = 1/3 (2 · 87,5 + 42,5) = 72,5 kN

Raddurchmesser D nach Gl. (2.3.8)

$$D = \frac{R}{p_{zul} b\, c_2\, c_3} = \frac{75500}{5{,}6 \cdot 55 \cdot 1 \cdot 1} = 235{,}4 \text{ mm} \qquad \text{gewählt } D = 315 \text{ mm}$$

Der Drehzahl-Beiwert wurde zunächst mit $c_2 = 1$ angesetzt. Unter Berücksichtigung dieses Beiwertes $c_2 = 0{,}87$ (für D = 315 mm nach Bild 2.3-3) kann eine Korrekturrechnung durchgeführt werden.

$$D = \frac{R}{p_{zul} b\, c_2\, c_3} = \frac{75500}{5{,}6 \cdot 55 \cdot 0{,}87 \cdot 1} = 282 \text{ mm} \qquad \text{gewählt } D = 315 \text{ mm}$$

2. *Vollastbeharrungsleistung* P_V nach Gl. (2.7.4)

$$P_V = \frac{F_W\, v_F}{\eta} + \frac{A_{Wi}\, p_{Wi}\, v_F}{\eta} = \frac{5200 \cdot 1{,}33}{0{,}8} + \frac{50 \cdot 250 \cdot 1{,}33}{0{,}8} = 29\,400\, \frac{\text{Nm}}{\text{s}} \triangleq 29{,}4 \text{ kW}$$

$P_V = 14{,}7$ kW je Seite

Fahrwiderstand F_W nach Gl. (2.3.10)

$F_W = w\, \Sigma F_R = 0{,}01 \cdot 520 = 5{,}2$ kN

$\Sigma F_R = F_{KR} + F_H + F_{KA} = 400 + 80 + 40 = 520$ kN ($\Sigma F_R \triangleq \Sigma$ Radkräfte)

Fahrgeschwindigkeit $v_F = 80\, \dfrac{\text{m}}{\text{min}}$

3. *Anlaufzeit* t_A nach Gl. (2.7.5)

$$t_A = \frac{m_F\, v_F\, v_F}{P_B\, \eta} = \frac{52\,000 \cdot 80 \cdot 1{,}33}{14\,700 \cdot 0{,}8 \cdot 60} = 7{,}8 \text{ s}$$

Rotierende Massen vernachlässigt

Fahrmasse $m_F = m_{KR} + m_H + m_{KA} = 40\,000 + 8000 + 4000 = 52\,000$ kg

Beschleunigungsleistung $P_B = P_A - P_V = 1{,}5\, P_V - P_V = 0{,}5\, P_V = 14\,700\, \dfrac{\text{Nm}}{\text{s}}$; $\qquad P_B = 14{,}7$ kW

Nennleistung $P_N = P_V$

Nennleistung $P_N = \dfrac{P_A}{1{,}5} = \dfrac{1{,}5 P_V}{1{,}5} = P_V \qquad\qquad P_N = 14{,}7$ kW je Seite

2.7 Triebwerke

4. Für die Mindestzahl der anzutreibenden Laufräder ist der Anlaufzustand bei ungünstigster Laststellung zu beachten. Die durch die Reibung an einem Laufrad im ungünstigsten Belastungsfall (bei der minimalen Radkraft) übertragbare Kraft ergibt sich zu:

$F_{RE} = F_R \mu = 42{,}5 \cdot 0{,}16 = 6{,}8 \text{ kN}$

Aus der Anlaufleistung P_A je Triebwerk kann der Fahrwiderstand im Anlaufzustand berechnet werden, wobei noch mit dem Wirkungsgrad η multipliziert werden kann (maßgebend ist der Fahrwiderstand an der Schiene).

Anlaufleistung an der Schiene $P'_A = 1{,}5\, P_V\, \eta = 1{,}5 \cdot 14{,}7 \cdot 0{,}8 = 17{,}6 \text{ kW} \triangleq 17\,600\, \dfrac{\text{Nm}}{\text{s}}$

Fahrwiderstand im Anlauf $F_{WA} = \dfrac{P'_A}{v_F} = \dfrac{17\,600}{1{,}33} = 13\,200\, \text{N}$

Zahl der anzutreibenden Räder je Seite $z = \dfrac{F_{WA}}{F_{RE}} = \dfrac{13{,}2}{6{,}8} = 1{,}94$ $\qquad z = 1{,}94 < 2$

13 Drehwerk für einen Stapelkran

Hubkraft $F_H = 20$ kN, Eigenlast des Mastes $m_M = 2$ t, L = 1,3 m, Mastdrehzahl $n_D = 8\text{ min}^{-1}$, Anlaufzeit $t_A = 2{,}5$ s, Lagerdurchmesser der Kugeldrehverbindung $D_L = 1{,}2$ m, Reibungszahl im Lager $\mu = 0{,}01$, Wirkungsgrad des Antriebes $\eta = 0{,}75$, als rotierende Massen soll die Hublast m_H mit einem 10 %-igen Zuschlag angesetzt werden, Zahnkranzdurchmesser $D_Z = 1000$ mm, Ritzeldurchmesser $d_{01} = 70$ mm.

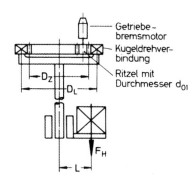

Gesucht:

1. Maximale Vertikalkraft F_V und Lastmoment M_L der Kugeldrehverbindung im stationären Betriebszustand
2. Volllastbeharrungsleistung P_V
3. Anlaufleistung P_A, Nennleistung P_N (Motor beim Anlauf 60 % überlastbar)
4. Drehzahl des Getriebemotors an seiner Abtriebswelle (am Ritzel)

Lösung:

1. *Maximale Vertikalkraft* $F_V = F_H + F_M = 20 + 20 = 40$ kN

   F_M: Eigengewichtskraft des Mastes

   Maximales Lastmoment $M_L = F_H\, L = 20 \cdot 1{,}3 = 26$ kNm

2. *Volllastbeharrungsleistung* P_V nach Gl. (2.6.7)

   $P_V = \dfrac{M_W\, \omega_D}{\eta} = \dfrac{240 \cdot 0{,}84}{0{,}75} = 270\, \dfrac{\text{Nm}}{\text{s}} \triangleq 0{,}27 \text{ kW}$

   Die Windleistung entfällt (Anlage nicht im Freien)

   Drehwiderstandsmoment $M_W = \mu F\, \dfrac{D_L}{2} = 0{,}01 \cdot 40\,000 \cdot 0{,}6 = 240$ Nm

   Maximale Lagerkraft $F \triangleq F_V = 40$ kN

   Winkelgeschwindigkeit des Mastes $\omega_D = 2\pi\, n_D = 2 \cdot 3{,}14 \cdot 8 = 50{,}2\text{ min}^{-1}$

$\omega_D = 50{,}2 \text{ min}^{-1} \triangleq 0{,}84 \text{ s}^{-1}$

3. *Beschleunigungsleistung* P_B nach Gl. (2.7.9)

$$P_B = \frac{M_B \omega_D}{\eta} = \frac{1240 \cdot 0{,}84}{0{,}75} = 1390 \frac{\text{Nm}}{\text{s}} \triangleq 1{,}39 \text{ kW}$$

Beschleunigungsmoment $M_B = 1{,}1 \, \Sigma \, J \, \alpha = 1{,}1 \, m_H \, L^2 \, \frac{\omega_D}{t_A}$

$M_B = 1{,}1 \cdot 2000 \cdot 1{,}3^2 \cdot \frac{0{,}84}{2{,}5} = 1240 \text{ Nm}$

„1,1": Zuschlag (siehe Aufgabenstellung), Massenträgheitsmoment $J = m_H L^2$

Winkelbeschleunigung $\alpha = \frac{\omega_D}{t_A}$

Anlaufleistung $P_A = P_V + P_B = 0{,}27 + 1{,}39 = 1{,}66 \text{ kW}$

Nennleistung $P_N = \frac{P_A}{1{,}6} \geq P_V; \quad P_N = \frac{1{,}66}{1{,}6} = 1{,}04 \text{ kW} > P_V = 0{,}27 \text{ kW}$

„1,6": Motor im Anlaufzustand 60 % überlastbar

4. Übersetzung des Vorgeleges $i_V = \frac{D_Z}{d_{01}} = \frac{1000}{70} = 14{,}3$

Abtriebsdrehzahl des Getriebemotors $n_2 = n_D \, i_V = 8 \cdot 14{,}3 = 114 \text{ min}^{-1}$

2.8 Normen, Literatur

DIN-Normen

Eine Auswahl wichtiger DIN-Normen, gegliedert nach den im Inhaltsverzeichnis angegebenen Abschnitten, soll zur weiteren Vertiefung dienen und dem Benutzer durch Detaillierung wichtige Informationen liefern. Weitere Normen sind in den Normenverzeichnisse und DIN-Taschenbücher (Berlin: Beuth) zu finden. Hinzu kommen noch die VDI-Richtlinien über Materialfluss und Fördertechnik, die VDMA-Blätter der Fachgemeinschaft Fördertechnik und die Unfallverhütungsvorschriften UVV über Fördermittel sowie die Regeln der FEM – Federation Europeenne de la Manutation. Immer mehr an Bedeutung erlangt die internationale Normung, wie z.B. die Europäische Norm DIN EN, sowie die ISO – International Organization for Standardization – mit Sitz in Genf.

DIN-Normen
Zu Abschnitt 2.1. Seiltriebe

DIN	1142	01.82	Drahtseilklemmen für Seil-Endverbindungen
DIN EN	10264-1	06.02	Stahldrähte für Drahtseile
DIN	3052 - 3054	03.72	Spiralseile
DIN EN	12385-4	03.03	Drahtseile aus Stahldrähten – Rundlitzenseil 6*7
DIN EN	12385-4	03.03	Drahtseile aus Stahldrähten – Rundlitzenseil 6*19 Filler
DIN EN	12385-4	03.03	Drahtseile aus Stahldrähten – Rundlitzenseil 6*19 Seale
DIN EN	12385-4	03.03	Drahtseile aus Stahldrähten – Rundlitzenseil 6*19 Warrington

2.8 Normen, Literatur

DIN	3088	05.89	Anschlagseile zum Befestigen von Lasten an Lasthaken
DIN	3091	12.88	Kauschen für Drahtseile
DIN EN	13411-4	05.02	Drahtseil-Vergüsse in Seilhülsen – Metallische Vergüsse – Sicherheitstechnische Anforderung und Prüfung
DIN	3093	12.88	Pressklemmen aus Al-Knetlegierungen
DIN	15020	02.74	Grundsätze für Seiltriebe; Berechnung und Ausführung, Überwachung im Gebrauch
DIN	15061	08.77	Rillenprofile für Seilrollen und Seiltrommeln
DIN	15062	07.82	Seilrollen; Übersicht, Nabenabmessungen
DIN	15063	12.77	Seilrollen; Technische Lieferbedingungen
DIN	83313	10.63	Seilhülsen
DIN EN	81-1	05.00	Sicherheitsregeln für die Konstruktion und den Einbau von Aufzügen

Zu Abschnitt 2.2. Kettentriebe

DIN	685 T1	11.81	Geprüfte Rundstahlketten; Anforderungen, Begriffe, Prüfung, Benutzung
DIN	762 u. 764	09.92	Rundstahlketten für Stetigförderer
DIN	5684	05.84	Rundstahlketten für Hebezeuge; Güteklasse 5, 6 und 8, lehrenhaltig, geprüft
DIN	5699	02.94	Rundstahlketten für Becherwerke, Kettenbügel
DIN	8150	03.84	Gallketten
DIN	8164	08.99	Buchsenketten
DIN	8165	03.92	Förderketten mit Vollbolzen
DIN	8166	03.92	Rollen für Förderketten mit Vollbolzen
DIN	8167	03.86	Förderketten mit Vollbolzen; Befestigungslaschen
DIN	8168	03.86	Förderketten mit Hohlbolzen
DIN	8169	09.99	Rollen für Förderketten mit Vollbolzen und Hohlbolzen für Stetigförderer
DIN	8175/76	02.80	Buchsenförderketten
DIN ISO	10823	06.01	Rollenketten; Kettenräder; Auswahl von Kettentrieben

Zu Abschnitt 2.3. Fahrwerkselemente

DIN	536-1	09.91	Kranschienen; Maße, statische Werte, Stahlsorten für Kranschienen mit Fußflansch Form A
DIN	5901/02	11.95	Bahnschienen
DIN	15070/71	12.77	Laufräder für Krane; Berechnungsgrundlagen für Räder und Lager
DIN	15072	12.77	Laufflächenprofile der Kranlaufräder und Zuordnung der Kranschienen zum Laufraddurchmesser
DIN	15073 ... 81	12.77	Laufräder für Krane; Übersicht, Ausführungen
DIN	15082	12.77	Zahnkränze und Scherbuchsen für Kranlaufräder
DIN	15083	12.77	Radreifen für Kranlaufräder; bearbeitet
DIN	15085	12.77	Kranlaufräder; technische Lieferbedingungen

Zu Abschnitt 2.4. Bremsen

DIN	15431	04.80	Bremsscheiben für Doppelbackenbremsen; Hauptmaße

DIN	15435	04.92	Doppelbackenbremsen; Anschlußmaße, Bremsbacken, Bremsbeläge
DIN EN 81-1		05.00	Sicherheitsregeln für die Konstruktion und den Einbau von Aufzügen

Zu Abschnitt 2.5. Lastaufnahmemittel

DIN	695 T1	07.86	Rundstahlketten; Hakenketten, Ringketten
DIN	3088	05.89	Anschlagseile zum Befestigen von Lasten an Lasthaken
DIN	5688	07.86	Anschlagketten; Hakenketten, Ringketten; Güteklasse 5, 6 und 8
DIN	7541	03.84	Anschlagmittel; Ösenhaken mit großer Öse; Güteklasse 5
DIN	15002/3	04.80	Hebezeuge, Lastaufnahmeeinrichtungen, Lasten und Kräfte, Begriffe
DIN	15400	06.90	Lasthaken für Hebezeuge; Mechanische Eigenschaften, Tragfähigkeiten, vorhandene Spannungen und Werkstoffe
DIN	15401	11.82	Einfachhaken; Rohlinge, Fertigteile
DIN	15402	11.82	Doppelhaken; Rohlinge, Fertigteile
DIN	15404	12.89	Lasthaken für Hebezeuge; Technische Lieferbedingungen für geschmiedete Lasthaken und Lamellenhaken
DIN	15405	03.70	Lasthaken für Hebezeuge; Überwachung im Gebrauch von geschmiedeten Lasthaken und Lamellenhaken
DIN	15408/9	07.82	Unterflaschen; Übersicht
DIN	15410	07.82	Unterflaschen für E-Züge; einrollig und zweirollig
DIN	15411	08.83	Unterflaschen; Lasthaken-Aufhängungen für E-Züge und Krane
DIN	15412	08.83	Unterflaschen; Traversen für Krane
DIN	15413	08.83	Unterflaschen; Lasthakenmuttern für Krane
DIN	15414	08.83	Unterflaschen; Sicherungsstücke für Krane
DIN	15418/21/22	07.82	Unterflaschen für Krane; mit Rillenkugel- und Zylinderrollenlager
DIN	15429	07.78	Lastaufnahmeeinrichtungen; Überwachung im Gebrauch
DIN EN 1492-1		11.94	Hebebänder aus synthetischen Fasern; sicherheitstechnische Anforderungen und Prüfungen / 11.1994

Zu Abschnitt 2.6. Stütz-, Zug- und Tragmittel für Stetigförderer

DIN	22102	04.91	Fördergurte mit Textileinlagen
DIN	22131	11.88	Fördergurte mit Stahlseileinlagen

Zu Abschnitt 2.7. Triebwerke

DIN	15020-1	02.74	Hebezeuge; Grundsätze für Seiltriebe, Berechnung und Ausführung
DIN	15024	10.68	Spurmittenmaße für Zweischienenkatzen
DIN	15053	02.76	Getriebe für Krane; Hauptangaben
DIN	15058	08.74	Achshalter für Hebezeuge
DIN	15450	06.78	Gelenkwellen zum Antrieb von Laufsätzen
DIN	42681	01.97	Oberflächengekühlte Drehstrommotore mit Schleifringläufer für Aussetzbetrieb

2.8 Normen, Literatur

Bücher

[1] Arnold, D.: Materialflusslehre; 2. Aufl. Braunschweig/Wiesbaden: Verlag Vieweg, 1998
[2] Aumund, H.: Hebe- und Förderanlagen; 5. Aufl. Berlin: Springer-Verlag, 1969
[3] Bahke, E.: Transportsysteme heute und morgen; Mainz: Krausskopf-Verlag, 1973
[4] Bahke, E.: Materialflusssysteme Bd. 1-Bd. 3, Mainz: Krausskopf-Verlag, 1974 - 1976
[5] Berg, D. von: Krane und Kranbahnen; 2.Aufl. Stuttgart: Teubner Verlag, 1989
[6] Böttcher, S.: Fördertechnik; Mainz: Krausskopf-Verlag, 1969
[7] Dubbel: Taschenbuch für den Maschinenbau; 20. Aufl. Berlin: Springer-Verlag, 2001
[8] Ernst ,E.: Die Hebezeuge Bd. I und II; 8. Aufl. Braunschweig/Wiesbaden: Vieweg-Verlag, 1973
[9] Haussmann, G.: Automatisierte Läger; Mainz: Krausskopf-Verlag, 1972
[10] Hütte: Des Ingenieurs Handbuch Bd. I, IIA und IIB; Berlin: Verlag Ernst und Sohn, 1971
[11] Jünemann, R.: Materialfluss und Logistik; Berlin: Springer-Verlag, 1989
[12] Koether, R.: Technische Logistik; 2. Aufl. München/Wien: Hanser- Verlag, 2001
[13] Martin, H.: Praxiswissen Materialflussplanung; Braunschweig/Wiesbaden: Vieweg-Verlag, 1999
[14] Martin, H.: Transport- und Lagerlogistik; 4. Aufl. Braunschweig/Wiesbaden: Vieweg-Verlag, 2002
[15] Meyercordt, W.: Flurförderer-Fibel; Krausskopf-Verlag, Mainz: Krausskopf-Verlag, 1972
[16] Reitor, G.: Fördertechnik; München: Hanser-Verlag, 1979
[17] Scheffler, M., Feyrer, K., Matthias, K.: Fördermaschinen I; Braunschweig/Wiesbaden: Vieweg-Verlag, 1998
[18] Scheffler, M.: Grundlagen der Fördertechnik – Elemente und Triebwerke; 7. Aufl. Braunschweig/Wiesbaden: Vieweg-Verlag, 1987
[19] VDI-Handbuch Materialfluss und Fördertechnik; Düsseldorf: VDI-Verlag
[20] Weimar, H.: Hochregallager; Mainz: Krausskopf-Verlag, 1973
[21] Zillich, E.: Fördertechnik Bd. I bis III; Düsseldorf: Werner-Verlag, 1971 - 1973

Zeitschriften

[a] *DHF: Förder-, Lager- und Transporttechnik, Logistik, Automation:* Ludwigsburg: A.G.T.-Verlag
[b] *Fördern und Heben:* Krausskopf-Verlag, Mainz.
[c] *Der Stahlbau:* Verlag Ernst und Sohn, Berlin.
[d] *Konstruktion:* Springer-Verlag, Berlin.
[e] *Maschinenmarkt:* Vogel-Verlag, Würzburg.

3 Serienhebezeuge

Im Anschluss werden nur einige besonders wichtige Serienausführungen von Kleinhebezeugen für das Heben oder Ziehen von Lasten kurz besprochen. Sie werden, gestuft nach ihrer Hub- bzw. Zugkraft, nach DIN- oder Werksnormen, in Baureihen hergestellt und sind damit kurzfristig und preiswert lieferbar. Häufig werden Serienhebezeuge auch als Bauteile für größere Fördermittel verwendet. Ein typisches Beispiel hierfür ist der Einbau des Serienhebezeuges „Elektrozug" als Hubwerk für einen Standardbrückenkran.

3.1 Flaschenzüge

Die Flaschenzüge, die sowohl als ortsfeste wie auch als fahrbare Geräte gebaut werden, dienen zum Heben von Lasten. Bei relativ seltenem Einsatz wie z.B. bei Montagearbeiten werden sie mit Handantrieb, sonst allgemein mit Motorantrieb ausgerüstet.

Bei den fahrbaren Ausführungen werden die Flaschenzüge an Laufkatzen befestigt, die auf den Unterflanschen von I-Trägern oder auch in Sonderprofilen laufen.

Handlaufkatzen erhalten Roll- oder Haspelfahrwerke, *Motorlaufkatzen* meist einen elektrischen Fahrantrieb (siehe hierzu Abschnitt 3.1.2 – Fahrwerke für Elektrozüge).

3.1.1 Handflaschenzüge

Die Handflaschenzüge besitzen ausschließlich Handantrieb und werden vor allem bei Montagearbeiten eingesetzt.

3.1.1.1 Schraubenflaschenzug

Aufbau: Das Kettenrad, welches mit dem Schneckenrad meist aus einem Gussstück besteht (Bild 3.1-1), wird von Hand durch das Haspelrad angetrieben. Der durch die Last auf die Schnecke ausgeübte Axialschub drückt den mit der Schnecke fest verbundenen Reibkegel in seinen Sitz. Dieser Sitz ist im Gehäuse lose gelagert und wird durch die Sperrklinken am Drehen im Senksinn gehindert. Die hier eingebaute Kegelbremse entspricht einer Lastdruckbremse, bei der sich das Bremsmoment selbsttätig der Last anpasst. Dadurch wird ein optimaler Verschleiß erzielt. Die selbsttätige Anpassung der Bremsmomente der Lastdruckbremse an die jeweilige Hublast geschieht durch die proportionale Abhängigkeit der Axialkraft der Schnecke, sie entspricht der Andruckkraft an der Kegelbremse, von der Hublast. Die Sperrklinken und die geschlossene Lastdruckbremse halten bei Unterbrechung der Antriebskraft die Hublast in Schwebe. Beim Heben der Last dreht sich der Sitz unter der Sperrklinke durch; beim Senken wird durch einen Gegenzug an der Haspelkette der Reibkegel am feststehenden Sitz im Senksinn durchgedreht. Deshalb darf die Sicherheit der Bremse nicht zu hoch gewählt werden, da sonst das Senken nur schwer möglich ist.

Als Lastketten kommen Rundstahl- oder Gelenkketten zur Anwendung. Da die Lastketten nur kleine Umlenkradien benötigen, werden die Lastmomente und dadurch letztlich auch die Abmessungen der Schraubenflaschenzüge relativ gering. Bei kleineren Hublasten wird der Lasthaken direkt an der Lastkette angebracht – z.B. als Ösenhaken; bei größeren Lasten kommen mehrsträngige Ausführungen mit Unternaschen in Frage. Lastketten werden häufig in Kettenkästen gespeichert.

– Hublast bis 20 t/Hubhöhe bis 10 m

Berechnung

Die Dimensionierung der Lastketten und Kettenräder kann nach den Hinweisen in Abschnitt 2.2.1 vorgenommen werden.

$$\boxed{i = \frac{M_L}{M_F \eta} = \frac{F_H D_K}{F_{HA} D_{HA} \eta}} \qquad \text{Übersetzung} \qquad (3.1.1)$$

M_L Lastmoment
M_F Kraftmoment
F_H Hubkraft
F_{HA} Handkraft
D_K Kettenraddurchmesser
D_{HA} Haspelraddurchmesser
$\eta = \eta_K \eta_S$ Wirkungsgrad $\eta \approx 0{,}6 \ldots 0{,}7$
η_K Wirkungsgrad des Kettentriebes, $\eta_K \approx 0{,}8 \ldots 0{,}9$
$\eta_S = \dfrac{\tan \gamma_0}{\tan(\gamma_0 + \rho)}$ Schneckenwirkungsgrad

Die Schnecke ist meist zweigängig mit dem Steigungswinkel $\gamma_0 \approx 20°$ und dem Reibungswinkel $\rho \approx 2 \ldots 5°$ nur grob bearbeitet.

Die Gleichung für den Schneckenwirkungsgrad η_S entspricht der „Schraubenformel", die Übersetzung i beim Schraubenflaschenzug der Übersetzung im Schneckengetriebe.
Werkstoffe: Schnecke aus Stahl, Schneckenrad aus GJL – auf leichte Schmierung achten.

3.1.1.2 Stirnradflaschenzug

Aufbau: Die erzielbaren Hubkräfte und Hubhöhen entsprechen etwa denen des Schraubenflaschenzuges. Der Wirkungsgrad η liegt etwas höher; $\eta \approx 0{,}74 \ldots 0{,}85$ (kein Schneckentrieb). Durch die Anwendung von Planetengetrieben ergeben sich besonders kleine Abmessungen und eine sehr kompakte Bauweise (Bild 3.1-1). Bei größeren Übersetzungen können auch zwei Planetensätze hintereinander gesetzt oder eine zusätzliche Stirnradstufe vorgeschaltet werden.

Das Haspelrad treibt beim Heben reibschlüssig das innere Sonnenrad 1 des Planetengetriebes an. Der Reibschluss wird dadurch erzeugt, dass das Haspelrad durch sein Innengewinde auf dem Gewinde der Antriebswelle mit dem Sonnenrad 1 nach rechts wandert und die Reibbeläge gegeneinander drückt. Das Sonnenrad 1 bewegt über die Planetenräder 2 den Steg S und das mit dem Steg festverbundene Kettenrad. Das mit einer Innenverzahnung versehene Außensonnenrad 3 ist im Gehäuse befestigt und steht damit immer still.

Das Sperrrad, welches beim Heben mitläuft, dreht unter den Sperrklinken durch; die Sperrklinken halten gleichzeitig bei Unterbrechung der Zugkraft am Haspelrad die Hublast in Schwebe. Durch den Gegenzug am Haspelrad wird der Reibschluss zwischen dem Haspelrad und der oberen Antriebswelle mit dem Sonnenrad 1 so weit aufgehoben, dass sich die Hublast senkt; das Haspelrad wandert hierbei auf dem Gewinde der inneren Antriebswelle nach links. Die Senkgeschwindigkeit hängt somit nur von der Drehzahl ab, mit der das Haspelrad im Senksinne durchgedreht wird.

3.1 Flaschenzüge

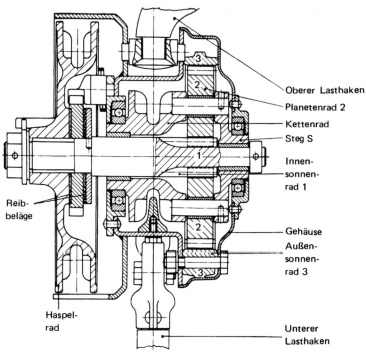

Stirnradflaschenzug (WILHELMI)

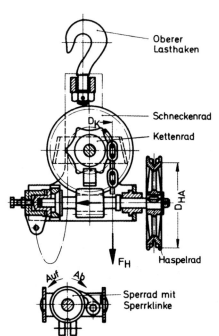

Schraubenflaschenzug (nach Dubbel)

Bild 3.1-1
Handflaschenzüge

Berechnung: Zur Dimensionierung der Ketten und Kettenräder siehe Abschnitt 2.2. Für die Drehzahlen in Planetengetrieben gilt allgemein:

$n_1 - n_3 \, i_{1-3} = n_S \, (1 - i_{1-3})$

$n_3 = 0$ ≔≔≔≔ Das mit Innenverzahnung ausgerüstete Sonnenrad 3 ist am Gehäuse befestigt

$i_{1-3} = \left(-\dfrac{z_2}{z_1}\right)\left(+\dfrac{z_3}{z_2}\right) = -\dfrac{z_3}{z_1}$
+ gleichsinnige Drehrichtung
− gegensinnige Drehrichtung

Damit wird:

$$\boxed{\,i = \dfrac{n_1}{n_S} = 1 + \dfrac{z_3}{z_1} = \dfrac{M_L}{M_F \eta} = \dfrac{F_H \, D_K}{F_{HA} \, D_{HA} \, \eta}\,} \qquad \text{Übersetzung} \qquad (3.1.2)$$

n Drehzahl
z Zähnezahl
1 Innensonnenrad, 2 Planetenräder, 3 Außensonnenrad
S Steg
Übrige Größen siehe Schraubenflaschenzug

3.1.1.3 Zug-Hubgeräte (Mehrzweckzüge)

Diese Geräte, bevorzugt zum Ziehen und Spannen verwendet, werden durch einen Ratschenhebel an Stelle der sonst üblichen Haspelräder angetrieben.

Die durch den Ratschenhebel aufgebrachte Handkraft wird über ein Stirnradvorgelege auf die Zugkette übertragen und durch die Übersetzung im Vorgelege verstärkt. Teilweise sind als Lastmittel auch Drahtseile anstatt der allgemein üblichen Lastketten in Gebrauch.

Die Zug-Hubgeräte werden mit einer Lastdruckbremse, meist in Form eines Klemmgesperres, und einem Knebelrad, das ein rasches Durchziehen der Lastkette bzw. des Lastseiles in unbelastetem Zustand ermöglicht, versehen. Sie sind sehr klein und weisen deshalb ein sehr geringes Eigengewicht auf.

Maximale Zugkräfte werden bis ca. 50 kN, bei einem Eigengewicht von nur ca. 30 kg, bezeugt.

3.1.2 Elektroflaschenzüge (E-Züge)

Die E-Züge stellen praktisch komplette Hubwerke dar. Sie werden ortsfest als so genannte Fußzüge (Elektrowinden) und fahrbar meist mit einem Elektrofahrwerk ausgeführt. Überall dort, wo es sich nicht nur um gelegentlichen Einsatz handelt, sind die E-Züge den Handflaschenzügen vorzuziehen.

Sie sind das am weitesten verbreitete Serienhebezeug und wegen der Herstellung großer Stückzahlen relativ preiswert und auch kurzfristig lieferbar.

Aufbau: *Besonders wichtige Punkte der Konstruktion sind:*

− Geringes Eigengewicht und Raum sparende Bauweise
− Hohe Betriebssicherheit und wartungsarme Ausführung
− Die Bauarten der einzelnen Firmen weisen heute kaum noch wesentliche Unterschiede auf.

3.1 Flaschenzüge

Aus Bild 3.1-2 geht der Aufbau eines E-Zuges, der Fa. Demag Cranes & Components, hervor. Er wird als Seilzug in 1-, 2-, 3- und 4-strängiger Bauart für Hublasten bis 80 t und Hubgeschwindigkeiten bis 24 m/min gebaut. Der Drehstrommotor, der einem Verschiebeankerbremsmotor mit Käfigläufer entspricht, treibt über ein Stirnradgetriebe die Seiltrommel an – aus Gründen der Platzersparnis sitzt der E-Motor teilweise in der Seiltrommel. Beim Einschalten des Motors wird die durch eine zylindrische Schraubenfeder angedrückte Kegelbremse gelüftet; das Prinzip des Verschiebeankerbremsmotors ist in Abschnitt 2.4.7 beschrieben. Zwischen Motor und Getriebe sitzt eine dreh- und axialelastische Kupplung, die die Aufnahme der axialen Wellenverlagerung übernimmt. Der Seilspanner sorgt für die einwandfreie Führung des Hubseiles in den Rillen der Seiltrommel. Er ist als Ring ausgebildet und greift mit seinem Innengewinde in die Trommelrillen ein, wobei er bei einer Trommelumdrehung um eine Rillenbreite verschoben wird. Durch eine entsprechende Führung wird der Ring gleichzeitig an der Drehung gehindert. Für die Begrenzung der Hubbewegung ist ein Endschalterlineal mit verstellbaren Betätigungsnocken eingebaut.

Bei Verwendung von Lamellen- oder Scheibenbremsen braucht der Anker des E-Motors nicht verschiebbar ausgebildet zu werden (einfacher, bessere Wärmeabfuhr an der Bremse).

Durch den Anbau eines Zwischengetriebes mit einem zusätzlichen Verschiebeankerbremsmotor kann der E-Zug auch mit Feinhub, z.B. für Montagearbeiten, ausgerüstet werden (Bild 3.1-2). Auch polumschaltbare Motore kommen hierfür zum Einsatz.

Bei kleineren Hublasten bis ca. 5 t werden oft Elektrokettenzüge verwendet, die wegen der geringen Lastmomente, welche sich durch die relativ kleinen Umlenkradien der Ketten gegenüber denjenigen von Seilen ergeben, in ihren Abmessungen besonders klein gehalten werden können.

Fahrwerke für E-Züge ermöglichen das Verfahren des E-Zuges, der damit einer kompletten Laufkatze mit eigenem Hub- und Fahrwerk entspricht. Die im Anschluss angegebenen Möglichkeiten der verschiedenen Fahrwerkbauarten gehen aus Bild 3.1-2 hervor.

Die Bedienung dieser Laufkatzen erfolgt durch *Mitgehen* (vom Flur gesteuert), durch *Mitfahren* (mit Führerstandlaufkatzen – Führerstand an Laufkatze befestigt) oder durch *Zielsteuerungen* (die Laufkatze fährt hierbei durch entsprechende Steuerungen selbsttätig zum Zielort).

Bei den **Einschienenlaufkatzen** läuft das Fahrwerk z.B. auf dem Unterflansch eines I-Profils. Die Stromzuführung kann über Schleppkabel oder Kleinschleifleitungen vorgenommen werden. Einschienenlaufkatzen werden in normaler und kurzer Bauhöhe, die eine besonders gute Nutzung der Raumhöhe ermöglicht, gefertigt.

Rollfahrwerk: Die Fahrbewegung beim Rollfahrwerk erfolgt von Hand durch Drücken gegen die Last. Dieses einfache und preiswerte Fahrwerk kommt für kurze Förderwege und geringe Hublasten bis ca. 2 t bei nur gelegentlichem Einsatz in Frage.

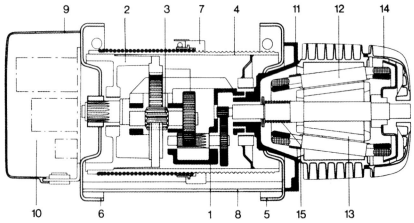

1	Getriebegehäuse	7	Seilführung
2	Trommellagerschild	8	Verbindungsprofil
3	Getrieberäder u. Ritzel	9	Apparatehaube
4	Seiltrommel	10	Raum für elektr. Geräte
5	Fußflansch Motorseite		(Notgrenzschalter,
6	Fußflansch Getriebeseite		Klemmenleiste usw.)
11	Lagerschild		
12	Ständer mit Wicklung		
13	Verschiebeläufer mit Bremsscheibe		
14	Bremsschild		
15	Bremsfeder		

E-Seilzug, Modell PL

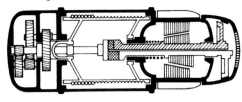 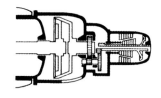

Schematische Darstellung des Elektrozuges
Modell P

Zwischengetriebe mit zusätzlichem Verschiebeankerbremsmotor für Feinhub

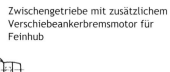

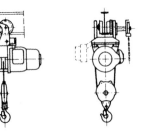 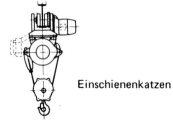

Einschienenkatzen

Rollfahrwerk   Haspelfahrwerk   Elektrofahrwerk

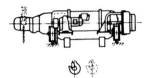 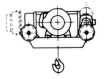

Zweischienenkatze
mit Elektrofahrwerk (Haspelfahrwerk strichliert angegeben)

Bild 3.1-2 E-Zug und Fahrwerk für E-Züge (DEMAG CRANES & COMPONENTS)

Haspelfahrwerk: Das Haspelfahrwerk wird von Hand über das Haspelrad und das Vorgelege bewegt. Durch die Übersetzung im Vorgelege können auch schwere Lasten bewegt und gleichzeitig genau eingefahren werden. Der Einsatz dieser Fahrwerke ist wegen der geringen Fahrgeschwindigkeiten nur bei kurzen Förderwegen zu empfehlen.

Elektrofahrwerk: Der Antrieb der Elektrofahrwerke erfolgt durch einen Elektrogetriebebremsmotor über ein Vorgelege. Elektrofahrwerke werden bei mittleren und langen Wegen sowie bei häufigem Einsatz benötigt: z.B. Hängebahnen (Abschnitt 4.1.3). Die üblichen Fahrgeschwindigkeiten betragen etwa bis 40 m/min.

Zweischienenlaufkatzen dienen in der Regel als Standardlaufkatzen für Standard-Zweiträgerkrane mit normalisierten Spurweiten. Als Fahrwerke kommen, je nach den oben beschriebenen Anforderungen, Haspel- oder meistens Elektrofahrwerke in Frage.

Berechnung: Die Auswahl der E-Züge erfolgt direkt nach den Herstellerlisten. Neben der gewünschten maximalen Traglast spielen die Betriebsbedingungen bei der Bestimmung der Baugröße eine wesentliche Rolle. In dem Begriff „Betriebsbedingungen" sind die Belastungsart (3 Gruppen: leicht, mittel, schwer) und die tägliche Laufzeit (Σ Zeiten nur für Heben und Senken) nach den „Berechnungsregeln für Serienhebezeuge" der FEM zusammengefasst. Nach Wahl der Belastungsart und der Laufzeit kann aus Tabellen der Herstellerlisten die FEM-Gruppe (6 Gruppen) und aus der FEM-Gruppe und der maximalen Traglast die Baureihe abgelesen werden. Jede Baureihe wird mit verschiedenen Hubgeschwindigkeiten und Hubhöhen ausgeführt, sodass auch hier eine gewisse Anpassung an die gewünschten Daten möglich ist. Sonderwünsche. z.B. mit Feinhub, mit Sondermotoren usw., können berücksichtigt werden. Die so ausgewählten E-Züge garantieren eine optimale Lebensdauer für alle Bauteile.

Aus den Herstellerlisten geht für die jeweilige Baugröße des E-Zuges auch das dazu passende Fahrwerk hervor. Dieses kann – mit Einschränkungen – durch Spuränderungen dem jeweiligen I-Profil angepasst werden. Bei E-Fahrwerken stehen je Fahrwerk mehrere Fahrgeschwindigkeiten zur Wahl.

3.1.3 Druckluftflaschenzüge

Der Hubantrieb der Druckluftflaschenzüge erfolgt durch meist in Flügelzellenbauweise ausgeführte Druckluftmotore. Der Druckluftmotor treibt hierbei über ein Getriebe das Kettenrad, das die Lastkette bewegt an. Druckluftflaschenzüge werden fast ausschließlich als Kettenzüge hergestellt.

Bei den fahrbaren Druckluftflaschenzügen, die wegen der kleinen Fahrwege meist mit Roll- oder Haspelfahrwerken ausgestattet werden, Kann die Luftzufuhr zu dem Druckluftmotor über Schleppdruckluftschläuche – analog den Schleppkabeln – vorgenommen werden.

Der Druckluftantrieb ermöglicht eine einfache und robuste Bauweise bei leichter Regelbarkeit der Hubgeschwindigkeit durch einfache Drosselventile und bietet hohe Sicherheit in explosionsgefährdeten Räumen. Als nachteilig sind die höheren Betriebskosten und die Lärmbelästigung zu nennen.

– Traglast bis 2 (50) t

Für kleine Hubhöhen werden auch normale Druckluftzylinder, z.T. auch mit Seil- oder Kettentrieben kombiniert, verwendet.

3.2 Winden

Winden, die ebenfalls zur Gruppe der Serienhebezeuge gehören, dienen zum Heben oder Ziehen von Lasten, wobei beim Heben meist nur relativ kleine Hubhöhen erreicht werden. Es gibt auch hier sowohl ortsfeste als auch verfahrbare Geräte mit Hand- oder Motorantrieb.

3.2.1 Zahnstangenwinde

Aufbau: Bei der Stahlwinde treibt die Handkurbel über ein Stirnradvorgelege die Zahnstange an. Sie ist mit der Grundplatte fest verbunden, sodass beim Drehen der Kurbel das Ganze Gehäuse gehoben wird. Die Lastaufnahme geschieht durch den Gehäusekopf oder die untere Pratze. Zur leichteren Handhabung ist auf ein besonders geringes Eigengewicht zu achten. Deshalb werden alle beanspruchten Bauteile aus hochwertigen Werkstoffen, z.B. aus Stahl mit höherer Festigkeit, gefertigt. Ein Klinkengesperre hält die Last in Schwebe.

Häufig werden auch Ausführungen mit Klemmgesperre mit feststehendem Gehäuse und hochgehenden Zahnstangen sowie mit Ratschen statt Handkurbeln hergestellt.

– Hublast bis 20 t/Hubhöhe bis 400 mm

Zahnstangenwinden kommen vorwiegend bei Montagearbeiten zum Einsatz; außerdem sind sie gebräuchlich als Wagenwinden und zum Anheben von Schwerlasten, z.B. Container.

Berechnung

$$\boxed{i = \frac{M_L}{M_F\,\eta} = \frac{F_H\,r_{01}}{F_{HA}\,r_{HA}\,\eta}} \qquad \textit{Übersetzung} \qquad (3.2.1)$$

M_L Lastmoment
M_F Kraftmoment
η Wirkungsgrad; η je Zahnstufe mit Lagerung $\approx 0{,}92$
F_H Hubkraft
r_{01} Teilkreisradius des in die Zahnstange eingreifenden Ritzels
r_{HA} Handkurbelradius, $r_{HA} \approx 250 \ldots 300$ mm
F_{HA} Handkraft, F_{HA} bis ca. 250 N

Folgende Bauteile sind außerdem nachzurechnen:
– Zähne auf Biegung und Flankenpressung
– Zahnstange auf Druck und Knickung sowie Biegung (bei Lastaufnahme durch die untere Pratze)
– Vorgelegewellen auf Biegung und Torsion, maßgebend ist die Vergleichsspannung σ_v
– Lager auf Flächenpressung

Die zulässigen Festigkeitswerte für die Werkstoffe können wegen der geringen Betriebszeit relativ hoch gewählt werden; gegenüber der Streckgrenze der jeweiligen Baumaterialien sind kleinere Sicherheitswerte anzusetzen.

3.2.2 Schraubenwinde

Bei der Schraubenwinde wird eine Gewindespindel durch Drehen von Hand mit Hilfe eines Hebels oder einer Ratsche in der mit dem feststehenden Windengehäuse festverbundenen Mutter vertikal bewegt. Wegen der Selbsthemmung im Gewinde kann auf ein Sperrwerk verzichtet werden, der Wirkungsgrad muss daher jedoch mit $\eta_H < 0{,}5$ ausgeführt werden. Durch die hohe

Spindelübersetzung und den geringen Bauaufwand sind diese Winden besonders leicht. Der Zusammenhang von Hubkraft und Drehmoment sowie der Wirkungsgrad wird mit Hilfe der „Schraubenformeln" errechnet. Die Gewindespindel ist im gehobenen Zustand auf Biegung, Druck und Torsion (maßgebend ist die Vergleichsspannung) sowie auf Knicken beansprucht. Bei der Spindelmutter ist die Flächenpressung im Gewinde nachzuweisen, da es sich um eine Bewegungsmutter handelt.

– Traglast bis 25 t/Hubhöhe bis 300 mm

Das Anwendungsgebiet der Schraubenwinden gleicht annähernd dem von Zahnstangenwinden.

3.2.3 Seilwinden

Die **Trommelwinde** ist meist eine ortsfeste Seilwinde, bei der das Seil (Seile nach DIN 3055 oder auch besonders biegsame Kabelseile) auf einer glatten Trommel in mehreren Lagen aufgewickelt wird. Sie wird mit Hand- oder Motorantrieb versehen und dient vor allem als Montagehilfsmittel in Form von Wand-, Flur- oder Fahrzeugwinden mit Zugkräften bis ca. 50 kN. Bei der Fahrzeugwinde erfolgt der Antrieb in der Regel durch den Fahrzeugmotor.

Seilwinden mit Motorantrieb für nicht allzu große Lastwege werden meist durch E-Züge, in Form von Fußzügen, ersetzt. Aus Bild 3.2-1 geht der schematische Aufbau einer Hand-Trommelwinde hervor, die ein umschaltbares Vorgelege besitzt – bei hoher Seilkraft wird die große Übersetzung eingeschaltet; Übersetzungsverhältnisse siehe Bild 3.2-1. Alle Triebwerksteile sind wegen der Unfallsicherheit, des Witterungsschutzes und um eine möglichst glatte äußere Form zu erhalten, in einem geschlossenen Gehäuse untergebracht.

Das Klemmgesperre sperrt bei Stillstand der beiden Antriebskurbeln und hält die Zugkraft auch ohne Antrieb weiter aufrecht. Zum raschen Abziehen des nicht belasteten Seiles kann das Antriebsritzel 1 in Leerlaufstellung gebracht werden.

$$\boxed{i = \frac{M_L}{M_F \eta} = \frac{n_{HA}}{n_T} = \frac{F_S \, r_T}{F_{HA} \, r_{HA} \, \eta}} \quad \text{Übersetzung} \qquad (3.2.2)$$

M_L, M_F, F_{HA}, r_{HA} siehe Zahnstangenwinde
r_T Seiltrommelradius
n_T Seiltrommeldrehzahl
n_{HA} Handkurbeldrehzahl, $n_{HA} \approx 25 \text{ min}^{-1}$ bei r_{HA} von 400 ... 500 mm
F_S Seil-(Hub-)kraft
η Wirkungsgrad des Antriebes; $\eta \approx 0{,}75 \ldots 0{,}85$, je nach der Zahl der Getriebestufen

Aus der Übersetzung $i = \dfrac{n_{HA}}{n_T} = \dfrac{v_{HA}}{r_{HA}} \dfrac{r_T}{v_S}$ ergibt sich:

$$\boxed{v_S = \frac{v_{HA} \, r_T}{i \, r_{HA}} = 2 \, r_T \, \pi \, n_T} \quad \text{Seil-(Last-) Geschwindigkeit} \qquad (3.2.3)$$

Spillwinden sind für das Verholen und Rangieren von Schiffen und Wagen gebräuchlich. Das Zugseil wird in mehreren Lagen um den Spillkopf geschlungen, sodass sich durch die Handkraft F_2 im ablaufenden Seil eine starke Zugkraft F_1 im auflaufenden Seil ergibt. Die Spillwinde arbeitet somit nach dem System einer Treibscheibe, wobei der Antriebsmotor die Umfangskraft $F_U = F_1 - F_2$ aufbringt; Berechnung noch Abschnitt 2.1.7.

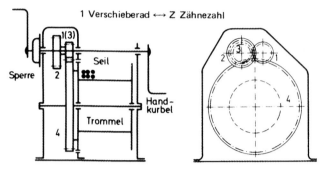

Kleine Übersetzung: $i = \dfrac{Z_4}{Z_1}$ (hohes v_S, kleines F_S)

Große Übersetzung: $i = \dfrac{Z_2}{Z_1}\dfrac{Z_4}{Z_3}$ (hohes F_S, kleines v_S)

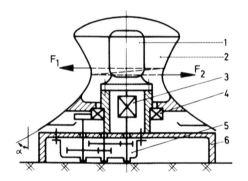

1 Antriebsmotor
2 Spilltrommel
3 Kupplung
4 Kugeldrehverbindung mit Zahnkranz
5 Getriebe
6 Fußplattte

Spillwinde   **Bild 3-2-1** Seilwinden

Maximale Seilgeschwindigkeit v_S ca. 30 m/min; sie ist durch das Abziehen des Seiles von Hand begrenzt.

Bei selbsttätigen Aufwickeln, bei Einsatz von Wickelhaspeln beträgt die Seillänge bis 500m; sonst allgemein bis 100m. Maximale Zugkraft F_1 bis 50 kN können übertragen werden.

Wichtig ist, dass der Schrägungswinkel α des Spillkopfes größer ist als der Reibungswinkel ρ zwischen Seil und Spillkopf, damit das Seil immer gegen den kleinsten Durchmesser des Spillkopfes rutscht. Der Antriebsmotor sitzt oft im Spillkopf, wodurch eine gedrängte Bauweise erzielt und keine Fundamentgrube erforderlich wird (Bild 3.2-1).

3.3 Hydraulische Hebezeuge

Die hydraulischen Hebezeuge sind für sehr hohe Hublasten geeignet. Sie benötigen keine Bremsen, da Drucköl inkompressibel ist. Ihre Hub- bzw. Senkgeschwindigkeit ist leicht und feinfühlig regelbar. Als eigentliches Hubelement dienen die Kolben von Hydraulikzylindern.

Auf Grund der aufgezeigten Vorteile werden die hydraulischen Hebezeuge häufig den mechanischen Hubgeräten vorgezogen.

3.3 Hydraulische Hebezeuge

Hydraulische Hebeböcke bestehen einmal aus dem Hubzylinder mit seinem Hubkolben und zum anderen aus dem direkt angesetzten bzw. auch getrennt aufgestellten Pumpenaggregat, das normalerweise einer Kolbenpumpe mit Hand- oder Motorantrieb entspricht. Zum Absenken der Last wird das Ablassventil geöffnet, sodass das Drucköl aus dem Hubzylinder wieder in den Sammelbehälter zurückfließt.

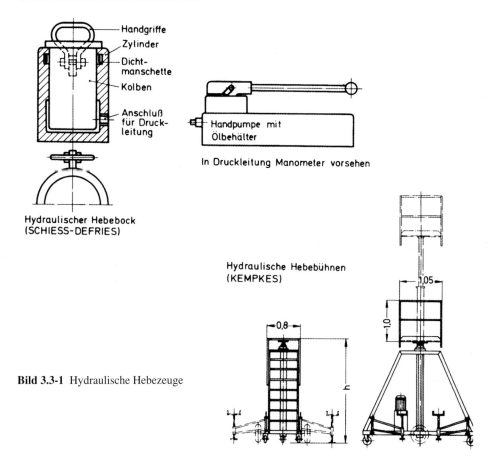

Bild 3.3-1 Hydraulische Hebezeuge

Die hydraulischen Hebeböcke haben, gemessen an ihrer Hubkraft, nur sehr geringe Abmessungen und ein sehr kleines Eigengewicht.

Sie werden als Montagehebezeuge im Maschinen-, Brücken- und Hochbau sowie als Druckgeräte für Rieht- und Pressarbeiten eingesetzt.

Der grundsätzliche Aufbau eines Hebebockes mit Handbetrieb geht aus Bild 3.3-1 hervor. Hublast bis 1000 t; Hubhöhe bis 500 mm; Öldruck bis 500 bar;

Hydraulische Hebebühnen werden allgemein als Arbeits- und Verladebühnen verwendet.

Bei den nur für kleinere Hubhöhen geeigneten *Hubtischen* werden die Tischplatten meist über Scherenarme geführt und durch einen Hubzylinder angehoben. Für größere Hubhöhen sind *Hebebühnen* zu verwenden, die wegen ihrer größeren Hubhöhe teleskopartig wirkende Hubzylinder benötigen. Hubtische und Hebebühnen werden sowohl ortsfest als auch fahrbar hergestellt. Hierfür sind in DIN 15 120 Berechnungsgrundsätze und der Standsicherheitsnachweis festgelegt.

Bild 3.3-1 zeigt eine fahrbare Hebebühne mit Teleskopzylinder und Motorantrieb für Montagearbeiten; ihre maximale Hubhöhe liegt etwa bei 16 m.

Besonders wichtig bei der Konstruktion solcher Hebebühnen:

– Sicherung des Bedienungspersonals durch Geländer – Unfallschutz
– Erhöhung der Standsicherheit bei fahrbaren Bühnen mit großer Hubhöhe durch ausklappbare und verstellbare Stützen.

3.4 Beispiele

14 Schraubenflaschenzug mit Haspelfahrwerk

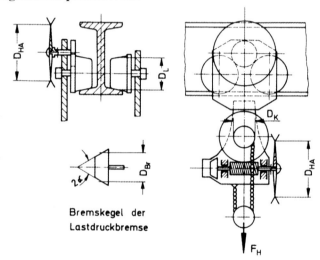

Bremskegel der Lastdruckbremse

Hubkraft F_H = 32 000 N, Lastkette nach DIN 5684, Schneckensteigungswinkel $\gamma_0 = 20°$ und Reibungswinkel $\rho = 4°$, Teilkreisdurchmesser des Schneckenrades d_{02} = 215 mm, Wirkungsgrad des Kettentriebes einschl. der Lagerung η_K = 0,85, Handkraft für Lastheben am Haspelrad F_{HA} = 250 N, Haspelraddurchmesser D_{HA} = 500 mm, Geschwindigkeit der Haspelkette V_{HA} = 20 m/min, mittlerer Bremskegeldurchmesser D_{Br} = 50 mm, Reibungszahl der Bremse $\mu = 0,2$, Kegelwinkel der Bremse $\alpha = 30°$, Haspelfahrwerk mit Einheitsfahrwiderstand $w = 15$ ‰, Wirkungsgrad des Fahrantriebes $\eta = 0,7$, Laufraddurchmesser D_L = 125 mm.

Gesucht:

1. Abmessungen der Lastkette, Kettenraddurchmesser D_K bei einer Zähnezahl $z = 7$.
2. Übersetzung i des Flaschenzuges, Hubgeschwindigkeit V_H der Last.
3. Maximales Bremsmoment M_{Br} durch die Last, Sicherheit v der Bremse hierfür.
4. Erforderliche Handkraft F'_{HA} für das Lastsenken bei Volllast.
5. Erforderliche Handkraft an der Haspelkette des Fahrwerkes F_{HA} bei einer Fahrgeschwindigkeit v_F von 5 m/min; Vorgelegeübersetzung i_V hierfür (jeweils bei Volllast.).

Lösung:

1. Rundstahlkette nach DIN 5684 Güteklasse 5, jeder Kettenstrang mit $\frac{F_H}{2}$ = 16 000 N auf Zug belastet. Nach Bild 2.2-1 ergeben sich für Handantrieb die folgenden

   Abmessungen:
   Nenndicke d = 9 mm, Teilung t = 27 mm, Außenbreite b = 30,4 mm

   Kettenraddurchmesser D_K nach Gl. (2.2.1), bei
   d < 16mm und z > 6,

3.4 Beispiele

$$D_k = \frac{t}{\sin\frac{90°}{z}} = \frac{27}{\sin 12{,}9°} = 122 \text{ mm}$$

2. *Übersetzung* i des Flaschenzuges nach Gl. (3.1.1)

$$i = \frac{\frac{F_H}{2} D_k}{F_{HA} D_{HA} \eta} = \frac{16\,000 \cdot 122}{250 \cdot 500 \cdot 0{,}7} = 22{,}3$$

Die Übersetzung i des Flaschenzuges entspricht der Übersetzung im Schneckengetriebe.

Wirkungsgrad $\eta = \eta_k \, \eta_s = \eta_k \dfrac{\tan \gamma_0}{\tan(\gamma_0 + \rho)} = 0{,}85 \dfrac{0{,}364}{0{,}445} = 0{,}70$

Drehzahl der Schneckenwelle $n_{sw} = \dfrac{v_{HA}}{D_{HA} \pi} = \dfrac{20}{0{,}5 \cdot 3{,}14} = 12{,}7 \text{ min}^{-1}$

Drehzahl des Kettenrades $n_k = \dfrac{n_{sw}}{i} = \dfrac{12{,}7}{22{,}3} = 0{,}57 \text{ min}^{-1}$

Hubgeschwindigkeit der Last $v_H = \dfrac{1}{2} n_k \pi D_k = \dfrac{1}{2} \cdot 0{,}57 \cdot 3{,}14 \cdot 0{,}122 = 0{,}11 \dfrac{\text{m}}{\text{min}}$

3. *Bremsmoment* M_{Br} der Lastdruckbremse (Kegelbremse)

$$M_{Br} = \frac{F_a}{\sin \alpha} \mu \frac{D_{Br}}{2} = \frac{6350}{0{,}5} 0{,}2 \frac{5}{2} = 6350 \text{ N cm} \qquad\qquad M_{Br} = 63{,}5 \text{ Nm}$$

Axialkraft $F_a = \dfrac{F_H}{2} \dfrac{D_K}{d_{02}} \eta = 16\,000 \dfrac{122}{215} 0{,}7 = 6350 \text{ N}$

Die Axialkraft F_a der Schnecke entspricht der Andruckkraft an der Bremse; weiterhin entspricht die Axialkraft F_a der Schnecke auch der Umfangskraft am Schneckenrad. Hieraus kann F_a berechnet werden, wobei noch der Wirkungsgrad η die Bremswirkung vermindert.

Sicherheit der Bremse $\nu = \dfrac{M_{Br}}{\dfrac{M_L \eta}{i}} = \dfrac{63{,}5}{\dfrac{976 \cdot 0{,}7}{22{,}3}} = 2{,}06$

Lastmoment $M_L = \dfrac{F_H}{2} \dfrac{D_K}{2} = 16\,000 \cdot 6{,}1 = 97\,000 \text{ Ncm} \triangleq 976 \text{ Nm}$

Das Lastmoment M_L ist unter Beachtung des Wirkungsgrades η und der Übersetzung i des Schneckengetriebes auf die Brems-(Schnecken-)Welle umzurechnen.

4. Beim Senken der Last ist nur die Differenz zwischen Brems- und Lastmoment aufzubringen, da das Lastmoment die Senkbewegung unterstützt. Auch hier ist das Lastmoment unter Beachtung der Übersetzung i und des Wirkungsgrades auf die Bremswelle umzurechnen.

Handkraft für das Senken: $F'_{HA} = \dfrac{M_{Br} - \dfrac{M_L \eta}{i}}{\dfrac{D_{HA}}{2}} = \dfrac{65{,}5 - \dfrac{976 \cdot 0{,}7}{22{,}3}}{0{,}25} = 139 \text{ N}$

5. *Volllastbeharrungleistung* P_V nach Gl. (2.7.4)

$$PV = \frac{F_W v_F}{\eta} = \frac{480 \cdot 0{,}083}{0{,}7} = 57 \frac{\text{Nm}}{\text{s}} \triangleq 57 \text{ W}$$

Fahrwiderstand Fw nach Gl. (2.3.10)

$F_w = w \, \Sigma \, F_R = w \, F_H = 0{,}015 \cdot 32\,000 = 480 N$

Jetzt kann die *Handkraft an der Haspelkette des Fahrwerkes* F_{HA} berechnet werden

$$F_{HA} = \frac{P_v}{v_{HA}} = \frac{57}{0{,}33} = 172 \frac{Nm\,s}{s\,m} = 172\,N$$

Vorgelegeübersetzung $i_v = \dfrac{n_{HA}}{n_L} = \dfrac{12{,}7}{12{,}7} = 1{,}0$

Drehzahl der Haspelradwelle $n_{HA} = 12{,}7\,\text{min}^{-1}$; siehe Pkt. 2 – $n_{HA} \triangleq n_{SW}$

Laufraddrehzahl $n_L = \dfrac{v_F}{D_L \, \pi} = \dfrac{5}{0{,}125 \cdot 3{,}14} = 12{,}7\,\text{min}^{-1}$

3.5 DIN-Normen

DIN	7355	12.70	Serienhebezeuge; Stahlwinden
DIN	15100	02.67	Serienhebezeuge; Benennungen
DIN	84154	01.94	Spillköpfe und zugehörige Seilhaken

Literatur siehe Kapitel 2.8.

automatisieren

_ Seit über 125 Jahren ist R. STAHL innovativ und leistungsstark. Als Hersteller von Seil- und Kettenzügen sowie vollautomatischer Kran- und Förderanlagen ist R. STAHL weltweit eine der führenden Marken und besitzt heute den Ruf hoher technologischer Kompetenz, höchster Qualität und großer Zuverlässigkeit.

heben _ fördern

Ihre Fragen beantworten wir gerne.
R. STAHL Fördertechnik GmbH, 74653 Künzelsau
+49 7940 128-0 oder www.stahl.de

4 Krane

Die Krane sind neben den Flurfördermitteln die wichtigste Gruppe der Unstetigförderer für die unstetige räumliche Förderung innerhalb eines begrenzten Arbeitsbereiches. Wegen der mannigfaltigen Ausführungen können in diesem Zusammenhang nur die wichtigsten Bauarten kurz besprochen werden. Die Einteilung erfolgt nach der konstruktiven Gestaltung. Nach Abschnitt 1.4 ergibt sich die Fördermenge m für Stückgüter wie folgt:

$$\dot{m} = mz \qquad \text{Fördermenge (Massenstrom)} \qquad (4.1)$$

$$z = \frac{1}{t_s} \qquad \text{Spielzahl} \qquad (4.2)$$

m Masse des Fördergutes
t_S Spielzeit; sie enthält die Belade-, Entlade- und Fahrzeit

Die Fahrzeit kann überschlägig aus den mittleren Fahrwegen und Fahrgeschwindigkeiten bestimmt werden. Dasselbe gilt auch für die Hub- und Drehzeit.

4.1 Brückenkrane

Die Brückenkran ist die am weitesten verbreitete Kranform für den Umschlag von Stückgütern in Werkstätten, Montagehallen und Lagern; der Schüttgutumschlag geschieht im Greiferbetrieb.

Die beiden *Kopfträger*, in denen die Laufräder des Kranfahrwerkes gelagert sind, laufen auf den meist hoch verlegten Kranbahnen. Die *Brückenträger*, die die Laufkatze tragen, stützen sich an beiden Enden auf den Kopfträgern ab.

Die Arbeitsfläche des Brückenkranes entspricht einem Rechteck, wobei dieses Rechteck stets kleiner ist als die durch die Kranlaufräder begrenzte Unterstützungsfläche. Durch eine gedrängte Bauweise ist dafür zu sorgen, dass der Abstand des Lastaufnahmemittels zu den Seiten- und Stirnwänden der Halle möglichst klein bleibt (Anfahrmaß für die Laufkatze bzw. für den Kran). Zur Wartung der Maschinensätze sind Steigleitern und Laufstege vorzusehen, die wegen des Unfallschutzes mit Bügeln und Geländern gesichert werden müssen.

Beim Anfahren und Bremsen dürfen die Katz- und Kranlaufräder nicht durchrutschen. Das Ecken und Verklemmen der Kranbrücke beim Fahren ruft aus den Stößen resultierende Massenkräfte hervor. Dieser Erscheinung kann durch gut ausgerichtete Kranbahnen, geringe Abweichungen der Laufraddurchmesser und paralleler Lage der Laufradwellen in den Kopfträgern erfolgreich entgegengewirkt werden.

Bei Anlagen, welche im Freien arbeiten, sind wegen der Windlasten stärkere Fahrantriebe sowie Sicherungen gegen Windabtrieb erforderlich.

Die Traglasten und Arbeitsgeschwindigkeiten der Krane mit Motorantrieb sind in DIN 15 021 und 15 022 festgelegt.

- *Traglast 2 ... 250 (500) t;*
- *Katzfahrgeschwindigkeit 16 ...63 m/min;*
- *Kranfahrgeschwindigkeit 25 ... 160 m/min;*
- *Hubgeschwindigkeit 0,8 ... 40 m/min;*
- *Hubhöhe 5 ... 50 m;*

Zwischenwerte sind nach den Normzahlen abzustufen. Hohe Arbeitsspielzahlen über längere Wege erfordern größere Arbeitsgeschwindigkeiten. Im Interesse der Antriebsleistung und der Massenkräfte sollen die Arbeits-, insbesondere die Hubgeschwindigkeiten den Traglasten angepasst werden.

Dem Vorteil der Bodenfreiheit eines Brückenkranes stehen relativ große Totlasten und die Unfallgefahr beim Lasttransport über Personen hinweg entgegen.

4.1.1 Ein- und Zweiträgerbrückenkrane

4.1.1.1 Kranbrücken

Die Kranbrücken in Ein- oder Zweiträgerbauart werden meist als geschweißte Vollwandträger ausgebildet. Die Einträgerbauweise wird heute auch bei größeren Traglasten und Spannweiten, meist als Kastenträger, eingesetzt. Sie sind leichter und in ihrer Herstellung einfacher.

Die aus abgekanteten oder gewalzten Profilen und Blechen zusammengeschweißten Kopfträger werden mittels HV-Schrauben mit den Brückenträgern verbunden, wobei die Brückenlast möglichst über Auflageflächen in den Kopfträger übertragen werden soll.

Kranradstand $l_R \approx l/6 ... l/8$

l Kranspannweite, kleinere Werte für l_R sind wegen einwandfreier Führung zu vermeiden

Die grundsätzliche Aufbau von Ein- und Zweiträgerbrückenkranen sowie einige wichtige Brückenprofile in Vollwandbauweise gehen aus den Bildern 4.1-1 bis 4.1-3 hervor.

Als **Walzprofile** werden meist I-Profile gewählt; sie sind nur für kleinere Traglasten bis ca. 12,5 t und Spannweiten bis ca. 12m geeignet.

Mit **Stegblechträgern** lassen sich größere Traglasten und Spannweiten erreichen. Einige wichtige Anhaltswerte für die Auslegung der Stegblechträger sind:
- *Trägerhöhe $H K l/15$; Trägerendhöhe (dem Biegemomentenverlauf angepasst) $H_0 \approx 0,5 H$;*
- *Stegblechdicke $s \approx 6 ... 12$ mm; Gurtplattendicke $s_0 \approx (1 ... 2) s$; Aussteifungen gegen Beulen sind etwa im Abstand H vorzusehen.*

Kastenträger sind für größere Traglasten und Spannweiten besonders gut geeignet, da die geschlossene Form eine hohe Verwindungssteifheit Gewähr leistet.

Kastenhöhe H und Endhöhe H_0 wie beim Stegblechträger.

Kastenbreite $B \approx (0,5 ... 1) H$ – kleine Werte bei Zweiträgerbrücken; besonders hohe Werte bei Einträgerbrücken, die durch die Hublast noch zusätzlich auf Torsion beansprucht werden (z.B. beim Einsatz von Winkellaufkatzen – Bild 4.1-2 und 4.1-3). Aussteifungen (Querschotten) gegen Beulung etwa alle $l/10$; bei größeren Trägerquerschnitten zur Gewichtsersparnis Schotten innen aussparen: die Mindestbreite der Schotten beträgt dann B/4.

- Blechdicke des Kastens $s \leq H/100 \approx 6 ... 16$ mm.

4.1 Brückenkrane

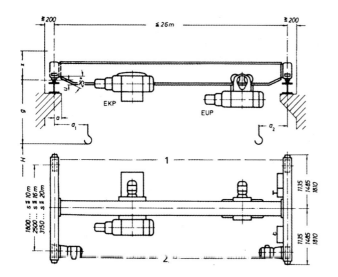

Standard-Einträgerbrückenkran, Typ EKKE

Mit E-Zug-Einschienenlaufkatze auf Untergurt. Haupt- und Kopfträger in Kastenbauweise. Steuerung vom Flur über Druckknopfschalter. 1 Stromzuführung zur Laufkatze. 2 Wahlweise verfahrbare Steuerleitung längs des Hauptträgers. Maße in mm. Traglasten bis 10 t, Spannweiten bis 26 m.

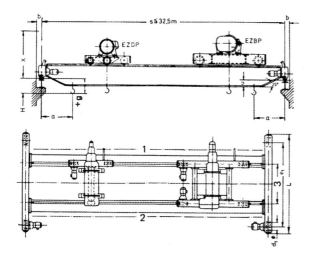

Standard-Zweiträgerbrükkenkran, Typ ZKKE

Mit E-Zug-Zweischienenlaufkatze auf Obergurt. Haupt- und Kopfträger in Kastenbauweise. Steuerung siehe Standard-Einträgerbrückenkran. 3 Spurweite der Laufkatze. Traglasten bis 32t, Spannweiten bis 32,5 m.

Bild 4.1-1
Ein- und Zweiträgerbrückenkrane (DEMAG CRANES & COMPONENTS)

Zur weiteren Aussteifung sind Seitenbleche mit längs aufgeschweißten Walzprofilen vorzusehen.

Für Standardbrücken werden z. T. Walzprofil- und Kastenträger kombiniert. Bei Winkellaufkatzen mit schrägstehenden oberen Laufrädern ist zu beachten, dass die Radkraft dieser Räder senkrecht auf die Schiene wirkt, damit an den Laufrädern keine Seitenkräfte auftreten. Nach diesem Gesichtspunkt ist der Winkel α zu wählen (vgl. Bild 4.1-3 und Aufgabe 16).

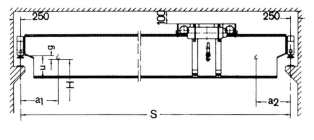

Standard-Einträgerbrückenkran, Typ ESKE

Mit E-Zug-Winkellaufkatze. Haupt- und Kopfträger in Kastenbauweise. Steuerung vom Flur (fest an Laufkatze) oder von Führerkabine an Hauptträger oder Laufkatze. Traglasten bis 10 t, Spannweiten bis 40 m.

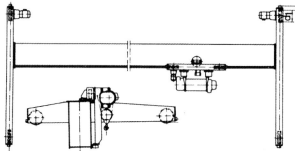

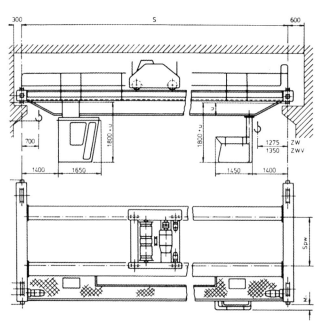

Standard-Zweiträgerbrükkenkran, Typ ZKKW

Mit Zweischienen-Windwerkslaufkatze auf Obergurt. Haupt- und Kopfträger in Kastenbauweise. Steuerung wahlweise vom Flur oder von offener bzw. verglaster Führerkabine an Kranbrücke.
Traglasten bis 50 t, Spannweiten bis 30 m.

Bild 4.1-2
Ein- und Zweiträger-Standard-Brückenkrane
(DEMAG CRANES & COMPONENTS)

4.1 Brückenkrane

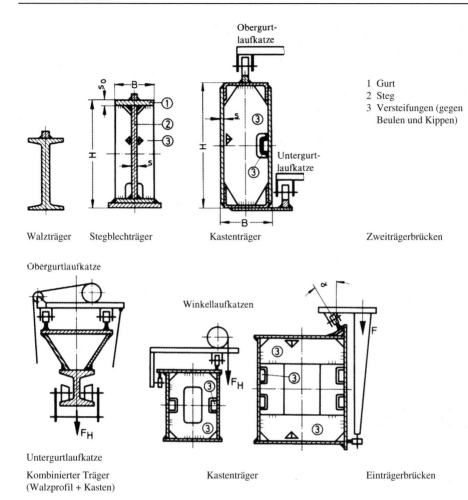

Bild 4.1-3 Wichtige Bauformen von Brückenträgern

4.1.1.2 Laufkatzen

Der Laufkatzrahmen wird aus abgekanteten oder gewalzten Profilen sowie aus Blechen zusammengeschweißt. Zur Dimensionierung der Profile werden die Lasten der Hub- und Fahrwerke auf die einzelnen Profile verteilt und die gewählten Profile anschließend auf Biegung nachgerechnet. Eine genaue Spannungsermittlung ist wegen der statischen Unbestimmtheit des Systems nur schwer möglich. Der Nachweis auf Durchbiegung kann wegen der kurzen Spannweite entfallen.

Für die Konstruktion der Laufkatzen ist besonders wichtig:

- Wegen geringer Anfahrmaße auf gedrängte Bauweise achten.
- Die einzelnen Bauteile der Laufkatze sind räumlich so anzuordnen, dass die Radkräfte etwa gleich sind.
- Die einzelnen Verschleißteile sollen leicht austauschbar sein.
- Maßnahmen zur Beschränkung des Lastpendelns sind vorzusehen.

Die wichtigsten Bauarten der Laufkatzen sind:

Einschienenlaufkatzen laufen auf Einträgerbrücken; man findet sie häufig in Form von Unterflanschlaufkatzen. In der Regel bestehen sie aus E-Zügen mit Elektrofahrwerken (Bild 2.7-1 und 3.1-2).

Zweischienenlaufkatzen kommen bei Zweiträgerbrücken zum Einsatz, sind für kleine und mittlere Hublasten standardisiert und besitzen ebenfalls E-Züge als Hubwerke. Bei großen Hublasten wird das Hubwerk aus Standardbauteilen (Seiltrommel, Getriebe, Bremse usw.) aufgebaut.

Bei besonders großen Hublasten wird oft auf dem Laufkatzrahmen ein zusätzliches Hilfshubwerk angeordnet, das kleinere Hublasten wirtschaftlicher heben kann als das große Haupthubwerk. Bauarten von Zweischienlaufkatzen siehe Bilder 2.6-1 und 4.1-1.

Die Winkellaufkatze umfasst den Brückenträger und nimmt die Hublast außerhalb der Stützfläche auf, siehe Bild 4.1-3.

Bei der **Führerstandlaufkatze** hängt die Kabine direkt an der Laufkatze. Diese Laufkatzen sind z.B. bei Kranen mit großer Spannweite oder bei E-Zügen mit Elektrofahrwerk für Hängebahnen in Gebrauch.

Drehlaufkatzen erweitern den Arbeitsbereich der Laufkatze unterhalb der Kranbrücke, indem die Katze mit einem drehbaren Ausleger ausgerüstet wird.

Bei der **Seilzuglaufkatze** wird das Hub- und Fahrwerk von der Laufkatze räumlich getrennt aufgestellt (sie werden deshalb auch als Ferntrieblaufkatzen bezeichnet). Die Unterschiede zu den normalen Laufkatzen sind:

– Besonders leichte Bauweise
– Wegfall der beweglichen Stromzuführung
– Höherer Fahrwiderstand durch die Reibung des Hubseiles beim Katzfahren.

Die Hub- und Fahrseile sind nach den folgenden Hinweisen auszulegen (siehe auch Bild 4.1-4):

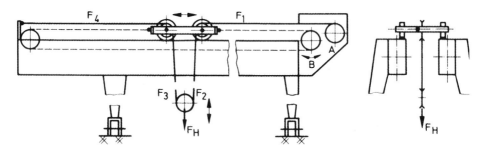

A Hubwinde, B Fahrwinde, – Hubseil, – Fahrseil
Maschinensätze (Winden) als Gegenlast (Erhöhungen der Standsicherheit)

Bild 4.1-4 Seilzuglaufkatze für einen Bockkran mit Kragbrücke

Hubseil: Maßgebend für die Seildimensionierung ist die maximale Seilkraft F_1 ($F_1 > F_4$). $F_1 \ldots F_4$ ergibt sich aus der Hubkraft F_H und dem Wirkungsgrad η_R der Seilrollen.

Fahrseil: Maßgebend für die Berechnung der Fahrseile ist der Fahrwiderstand

4.1 Brückenkrane

$F_W = w\, F_H + (F_1 - F_4)$.

w Einheitsfahrwiderstand (Abschnitt 2.3.1)
$(F_1 - F_4)$ Anteil des Fahrwiderstandes, der durch die Reibung des Hubseiles beim Katzfahren entsteht

Seilzuglaufkatzen sind bei Kranen mit sehr großen Spannweiten und mit Kragbrücken gebräuchlich.

4.1.1.3 Greiferwindwerke

Greiferwindwerke für Mehrseilgreifer erfordern Hubwerke mit zwei Seiltrommeln, und zwar je eine Hub- und Haltetrommel (siehe Abschnitt 2.5.8). Die Steuerung der beiden Trommeln erfolgt meist über einen einzigen Schalthebel, der als Kombinationssteuerschalter eine einfache und sichere Bedienung ermöglicht.

Bei den **Einmotoren-Greiferwinden** (Bild 4.1-5) treibt ein einziger Motor die Hub- und Haltetrommel an, wobei die Hubrommel stets mit dem Antriebsmotor verbunden bleibt. Die Haltetrommel wird, je nach Greiferbewegung, zu- oder abgeschaltet. Hierdurch sind einfache, preisgünstige Windwerksformen möglich, die jedoch nur kleinere Fördermengen und eine geringere Betriebssicherheit aufweisen. Die Schaltkupplung und die Bremse sind in ihrer Arbeitsweise genau aufeinander abzustimmen, da sonst die Gefahr des Greiferabsturzes besteht.

Der Einsatz dieser Windwerksbauart ist vor allem bei der dieselmechanischen Kraftübertragung von Vorteil, da hier in der Regel nur ein Antriebsmotor zur Verfügung steht.

Zweimotoren-Greiferwinden besitzen zwei Antriebsmotore und weisen daher einen höheren Bauaufwand als die Einmotorenbauarten auf. Sie sind für große Fördermengen bei gleichzeitig hoher Betriebssicherheit (keine Gefahr des Greiferabsturzes) gut geeignet.

Bei der *Zweimotoren-Greiferwinde mit zwei getrennten Hubwerken* werden zwei getrennte, in ihrem Aufbau jedoch gleich ausgeführte normale Hubwerke mit Seiltrommeln als Windwerke symmetrisch auf dem gemeinsamen Laufkatzrahmen angeordnet.

Die Steuerung der beiden Hubwerke erfolgt rein elektrisch, z.B. über einen Greifer-Differential-Endschalter. Diese Schalter ermöglichen das Steuern der beiden Motore (Hub-und Haltemotor) durch einen einzigen Schalter, sodass Fehlschaltungen ausgeschlossen sind. Weiterhin Gewähr leisten diese Spezialschalter durch die Möglichkeit des gleichzeitigen Arbeitens beider Antriebsmotore die Überlagerung der verschiedenen Greiferbewegungen und die stets annähernd gleiche Auslastung der beiden Antriebsmotore. Hierdurch werden einmal besonders kurze Spielzeiten erzielt und zum anderen braucht jeder Motor nur mit ca. 60 % der Volllast-Hubleistung ausgelegt zu werden. Diese Windenart hat sich bei Elektroantrieb weit gehend durchgesetzt.

Die *Zweimotoren-Greiferwinde mit Planetengetriebe* ermöglicht auch die Überlagerung der verschiedenen Greiferbewegungen, wobei auf die oben genannten Spezialschalter und eine besondere elektrische Steuerung verzichtet werden kann.

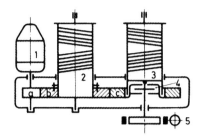

1 Bremsmotor
2 Hubtrommel
3 Haltetrommel
4 Schaltkupplung
5 Bremse
a, b, c Zahnräder

Bremse zu: Haltetrommel fest (Kupplung auf)
Kupplung zu: Haltetrommel über Kupplung von Zahnrad b angetrieben (Bremse auf)

Bewegungsschema

Greiferbewegung	Motor	Hubtrommel	Haltetrommel	Kupplung	Bremse	Kraftfluss
Schließen	Heben	Heben	Stillstand	auf	zu	1-a-b-2
Öffnen	Senken	Senken	Stillstand	auf	zu	1-a-b-2
Heben	Heben	Heben	Heben	zu	auf	1-a-b $<$ 2 / c-4-3
Senken	Senken	Senken	Senken	zu	auf	1-a-b $<$ 2 / c-4-3

Einmotoren-Greiferwinde mit Kupplung

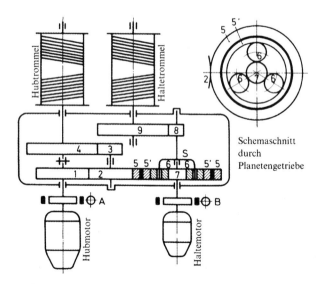

Schemaschnitt durch Planetengetriebe

Z Zähnezahlen
S Steg des Planetengetriebes
1 – 9 Zahnräder, Rad 5/5'
mit Außen- (5) und Innenverzahnung (5')
A Hubbremse
B Haltebremse

Zweimotoren - Greiferwinde mit Planetengetriebe

Bild 4.1-5   Greiferwindwerke für Mahrseilgreifer

4.1.1.4 Kranfahrwerke

Die normalen Kranbrücken laufen auf insgesamt vier Laufrädern, wobei in jedem Kopfträger zwei Räder angeordnet werden. Bei schweren Kranen werden jeweils zwei Laufräder in einem Fahrschemel zusammengefasst, sodass sich der Kran auf mindestens acht Laufrädern abstützt. Bedingt durch die größeren Spannweiten der Kranbrücken sitzt häufig an jedem Kopfträger ein Fahrwerk (Bild 4.1-1).

Beim Handantrieb und kleinerer Spannweite der Kranbrücke sitzt das Haspelrad an dem einen Kopfträger und treibt über ein Vorgelege das Kranlaufrad an. Durch eine an der Kranbrücke gelagerte Welle kann die Antriebskraft auch auf ein Laufrad des zweiten Kopfträgers übertragen werden. Am Fahrbahnende der Kranbahn werden zur Vermeidung des Kranabsturzes feste Anschläge angebracht; dies gilt auch für die Fahrbahnen der Laufkatzen auf der Kranbrücke. Zur Dämpfung der Anfahrstöße werden an den beiden Enden der Kopfträger Puffer, meist aus Gummi, vorgesehen. Bei Handantrieb oder Motorantrieb mit geringen Fahrgeschwindigkeiten (Fahrgeschwindigkeit $V_F \leq 40$ m/min) kann auf die Puffer verzichtet werden. Die Sicherheitsendschalter am Ende der Kranfahrbahn schalten bei schnellfahrenden Kranen die Fahrantriebe bereits vor Erreichen der Fahrbahnanschläge ab, sodass der Kran nicht mit voller Fahrgeschwindigkeit auf die Endanschläge der Fahrbahn auftrifft. Weitere Einzelheiten sowie die Berechnung der Kranfahrwerke siehe Abschnitt 2.7.4.

4.1.2 Hängekrane

Die Kranbrücke der Hängekrane hängt an kurzen Kopfträgern, die auf den Unterflanschen der an den Deckenträgern abgehängten Kranschienen laufen (Bild 4.1-6).

Wegen der hohen Belastung der Unterflansche der Kranschienen, insbesondere durch die zusätzliche örtliche Biegebeanspruchung (Abschnitt 2.3.2), wurden hierfür Spezialprofile aus hochwertigem Werkstoff und mit besonders dicken Flanschen entwickelt. Die Abhängung der Kranschienen an den Deckenträgern erfolgt normalerweise über mit Klemmverbindungen versehene Zuganker, sodass ein leichtes seitliches Pendeln der Kranschienen ermöglicht wird. Die Kranbrücke der Hängekrane, meist als Stegblech- oder Kastenträger in Ein- und Zweiträgerbauweise, nimmt die Laufkatze mit ihrem Elektrofahrwerk auf, welche auf dem Unterflansch einer an der Unterseite des Brückenträgers angeschweißten Laufschiene verfährt (Bild 4.1-6).

Der Fahrantrieb von Laufkatze und Kran erfolgt entweder durch normale Standard-Elektrofahrwerke (Abschnitt 3.1.2) oder durch Reibradantriebe. Beim Reibradantrieb treibt ein Getriebebremsmotor ein aus Gummi oder Kunststoff bestehendes Reibrad an, das durch Druckfedern an die Unterseite der Laufschienen gedrückt wird. Als Hubwerke für Hängekrane werden meist normale E-Züge (Abschnitt 3.1.2) verwendet. Die Bedienung geschieht ausschließlich von Hand, und zwar vom Flur oder z.T. auch von einer Kabine aus.

Bei großen Spannweiten wird der Brückenträger über zusätzliche Unterflanschfahrwerke, die häufig mit einem Fahrantrieb ausgerüstet werden, mehrfach abgehängt. Auch diese Fahrwerke laufen auf den sonst üblichen abgehängten Kranschienen, die an allen Zwischenabhängestellen vorzusehen sind.

Wichtige Merkmale und Daten: Große Spannweiten durch Mehrfachabhängung; gute Führungseigenschaften – kein Verklemmen der Kranbrücke; leicht gekrümmte Fahrwege möglich;

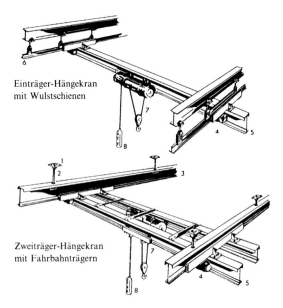

1 Kugelpfanne zur Befestigung an Stahl oder Betonkonstruktion
2 Hängestange mit Kugelkopf
3 Fahrbahnträger
4 Kopfträger mit Fahrgestellen und Reibradfahrantrieb
5 Kranträger
6 Wulstschiene an I-Obergurt
7 Hängekatze mit Fahrgestellen und Reibradfahrantrieb
8 Druckknopftaster für Steuerung

Bild 4.1-6 Hängekrane (DEMAG CRANES & COMPONENTS)

Überfahrten zu benachbarten Kranbrücken oder Hängebahnen (Abschnitt 4.1.3) möglich; hoher Standardisierungsgrad; preiswert; kurzfristig lieferbar; begrenzte Traglasten; zusätzliche Belastung der Hallentragkonstruktion; kleine Arbeitsgeschwindigkeiten.
– Spannweite 5 ... 30 m, bei Zwischenabhängungen bis 100 m; Traglast bis 10 t; Kranfahrgeschwindigkeit bis 40 m/min.

4.1.3 Hängebahnen

Bei der Hängebahn (Bild 4.1-7) läuft eine Einschienenlaufkatze z.B. mit Elektrofahrwerk direkt auf der Kranschiene (Kranschienen siehe Hängekrane – Abschnitt 4.1.2). Bei kurzen Fahrwegen kann die Laufkatze durch Drücken an der Last fortbewegt werden; hierfür kommen Rollfahrwerke (Bild 3.1-2) in Frage. Bei längeren Fahrwegen werden Elektrofahrantriebe (normal oder mit Reibrad) verwendet.

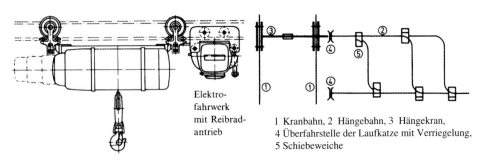

1 Kranbahn, 2 Hängebahn, 3 Hängekran,
4 Überfahrstelle der Laufkatze mit Verriegelung,
5 Schiebeweiche

Einschienen-Hängelaufkatze   Hängekran-Hängebahnsystem (Draufsicht)

Bild 4.1-7 Hängebahnsysteme (DEMAG CRANES & COMPONENTS)

4.1 Brückenkrane

Die Stromzuführung geschieht meist über Kleinschleifleitungen, die auch in gekrümmten Stücken für Kurvenstrecken geliefert werden. Die Hängebahnen gestatten eine große Freizügigkeit in der Streckenführung:

- Kurvenstrecken mit relativ kleinen Radien; r ≥ ca. 1,2 m
- Überwindung von leichten Steigungen und geringem Gefalle
- Ausbau von Ringbahnen und Abzweigungen durch den Einbau von Weichen
- Kombination von Hängebahnen mit Hängekranen (Bild 4.1-7)

Sehr oft werden die Schleifleitungen auch direkt an der Laufbahn befestigt und die Laufkatzen als einfache Laufwerke mit E-Fahrantrieb, jedoch ohne Hubeinrichtung, ausgeführt. Es sind Traglasten bis ca. 8 t möglich. Die Arbeitsgeschwindigkeiten entsprechen denen der Hängekrane.

4.1.4 Stapelkrane

Den Impuls zur Entwicklung der Stapelkrane (Bild 4.1-8) gab die moderne Lagertechnik, da bei den dort üblichen großen Stapelhöhen und engen Gängen der Einsatz normaler Gabelstapler ungeeignet ist. Die Stapelkrane stellen die Kombination eines Brückenkranes mit der Hubeinrichtung eines Gabelstaplers (Abschnitt 5.3.1.2) dar. Die Kranbrücke wird meist in Zweiträger-Bauweise, häufig als Hängebrücke, und die Laufkatze als Untergurtlaufkatze ausgeführt. Die Aufbauten der Laufkatze liegen dann zwischen den beiden Brückenträgern, wodurch sich eine besonders geringe Bauhöhe, die ja als Lagerhöhe verloren geht, von Kranbrücke und Laufkatze ergibt. Der Mast ist fest mit der über eine Drehverbindung in dem Laufkatzrahmen gelagerten Drehscheibe verbunden. Seine Drehung erfolgt über das auf dem Laufkatzrahmen sitzende Drehwerk, dessen Antriebsritzel in den Zahnkranz der Drehverbindung eingreift.

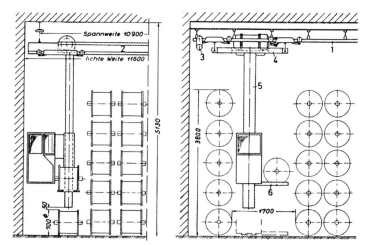

1 Kranfahrbahn, 2 Kranbrücke (2 Trägersystem), 3 Kranfahrwerk, 4 Laufkatze mit Fahr-, Dreh- und Hubwerk, 5 Drehbarer Mast, 6 Hubschlitten mit Lastgabeln und Kabine

Hubschlitten durch E-Zug betätigt. Mast oben an Drehscheibe befestigt. Drehscheibe über Kugeldrehverbindung in Laufkatze gelagert.

Bild 4.1-8 Stapelkran in Hängekranbauweise (SIEMENS DEMATIC)

In Sonderfällen wird der Mast teleskopartig gestaltet, damit bei gehobener Stellung des Hubschlittens die Durchfahrt im Lagergang freibleibt. Der am Mast über Rollen gelagerte Hubschlitten wird meist durch einen auf der Laufkatze angebrachten E-Zug vertikal bewegt. Als Lastaufnahmemittel kommen in der Regel am Hubschlitten fest angebrachte Gabeln (starre Gabeln) in Frage.

Das Ein- und Auslagern der Paletten wird durch die Kombination der Kranbewegungen vorgenommen: Hubbewegung des Hubschlittens, Mastdrehen, Katz- und Kranfahren.

Wichtige Merkmale und Daten: Bessere Ausnutzung des Lagerraumes, größere Stapelhöhe, kleinere Gangbreiten; keine Umsetzungen (wie beim Regalbediengerät) erforderlich; Handsteuerung, selten Automatiksteuerung;

– Hubhöhe bis 10 (20) m, Traglast 0,5 ... 10 (20) t, Mindestgangbreite ca. 1,4m (ohne Kabine), ca. 1,7 m mit (Kabine), Arbeitsgeschwindigkeiten wie Hängekrane.

4.1.5 Regalbediengeräte

Grundlage für die Entwicklung der in Regallagern für Umschlag- und Kommissionier-arbeiten verwendeten Regalbediengeräte waren Stapelkrane und Flurfördermittel. Die Hauptunterschiede gegenüber dem Stapelkran sind das Fehlen der Kranbrücke und das ausschließliche Arbeiten im Lagergang. Grundsätzlich unterscheidet man folgende zwei Bauarten:

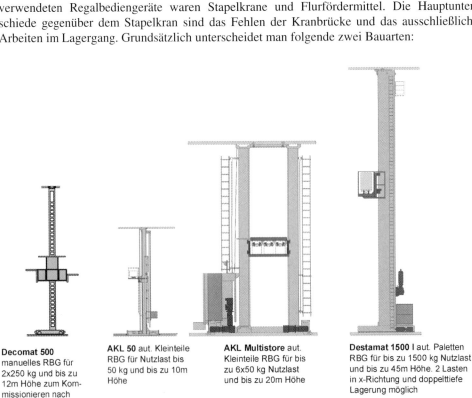

Decomat 500
manuelles RBG für 2x250 kg und bis zu 12m Höhe zum Kommissionieren nach dem Prinzip Ware zum Mann

AKL 50 aut. Kleinteile RBG für Nutzlast bis 50 kg und bis zu 10m Höhe

AKL Multistore aut. Kleinteile RBG für bis zu 6x50 kg Nutzlast und bis zu 20m Höhe

Destamat 1500 l aut. Paletten RBG für bis zu 1500 kg Nutzlast und bis zu 45m Höhe. 2 Lasten in x-Richtung und doppelttiefe Lagerung möglich

Bild 4.1-9 Regalbediengeräte (SIEMENS DEMATIC)

Bei der *stehenden Bauart* stützt sich der Hubmast mit seinem vertikal beweglichen Hubschlitten über die im Bodenträger gelagerten Laufräder auf der meist in Gangmitte angebrachten Fahrschiene ab (Bild 4.1-9). Laufräder und Fahrschienen sind so auszubilden, dass neben den Vertikalkräften auch geringere Seitenkräfte (Führungskräfte und Kräfte aus nichtmittigem Lastangriff beim Ein- und Auslagern) aufgenommen werden können. Oft werden auch zwei Fahrschienen verwendet, wobei je eine Schiene an jeder Gangseite neben den Regalfüßen am Boden befestigt wird. Bei dieser Abstützung werden zwei durch kurze Träger miteinander verbundene Bodenträger erforderlich, die die Last des Mastes aufnehmen.

Einsatz und technische Daten: Regalbediengeräte werden für das Umschlagen von Einheitsladungen in Regallagern, insbesondere auch bei sehr großen Regalhöhen, eingesetzt. Im Allgemeinen wird aus folgenden Gründen die *stehende Bauart* bevorzugt:

- Schienen am Boden können genauer verlegt werden als Schienen auf Regalen.
- Kräfte und Erschütterungen aus den Fahrbewegungen gehen nicht über die Regale.
- Traglast 0,1 ... 2,5 (30) t – hohe Werte z.B. für Containerstapelung
- Hubhöhe 40 (50) m; Hubgeschwindigkeit bis 90 m/min
- Fahrgeschwindigkeit bis 240 m/min
- Regallänge bis 100 (150) m; Mindestgangbreite ca. 1,4 m
- Wichtige Berechnungshinweise über Tragwerke, Triebwerke und Spielzeiten für Regalbediengeräte gehen auch aus den entsprechenden FEM-Regeln hervor.

4.1.6 Sonderausführungen

Aus der Vielzahl der Sonderausführungen von Brückenkranen sollen im Anschluss einige wichtige Bauarten genannt werden; Einzelheiten hierzu gehen aus dem in Abschnitt 8.2 angeführten Schrifttum hervor.

Bei den **Konsol-(Wandlauf-)Kranen** stützt sich die Kranbrücke einseitig über die an der Hallenlängswand vertikal übereinander angeordneten Laufschienen ab; sie entspricht damit einer Kragbrücke. Die Laufräder des unteren Kopfträgers nehmen Vertikal- und Horizontalkräfte, die des oberen Kopfträgers nur Horizontalkräfte auf. Die horizontalen Radkräfte verursachen hohe Biegemomente in den Gebäudestützen, sodass die Traglasten und Ausladungen begrenzt sind.

- Traglast bis 10 t / Ausladung bis 10 m

Beim **Rundlaufbrückenkran** wird das eine Brückenende ohne Kopfträger direkt über ein Lager abgestützt; der am anderen Brückenende befestigte Kopfträger fährt dann auf einer kreisbahnförmig angeordneten Fahrschiene; das Arbeitsfeld entspricht einer Kreisfläche.

Auch normale Brückenkrane mit zwei Kopfträgern, die beide auf den kreisförmigen Fahrschienenlaufen, werden hierzu häufig verwendet.

Beim **Gelenkbrückenkran** wird der Hauptträger gelenkig und in Grenzen gleitend an beiden mit sehr kurzem Achsabstand und seitlichen Führungsrollen versehenen Kopfträgern angebracht. Der Hauptträger kann sich somit sehr weit schräg stellen.

Eigentlich würde der Fahrantrieb an einem Kopfträger ausreichen. Zur Vermeidung der hierdurch bedingten Schrägstellung des Hauptträgers wird jedoch meistens an jedem Kopfträger ein Fahrwerk angebracht.

Diese Krane weisen in etwa die technischen Daten normaler Hängekrane auf (Abschnitt 4.1.2).

Als **Schmiedekrane** verwendete Brückenkrane besitzen gefederte und mit Dreheinrichtungen versehene Lastaufnahmemittel, die einmal die beim Schmieden auftretenden Stöße dämpfen und zum anderen das Drehen der Schmiedestücke ermöglichen.

Die im Anschluss angeführten Sonderbauarten von Brückenkranen sind vor allem in Hochofen-, Stahl- und Walzwerken im Einsatz.

Gießkrane eignen sich zum Transport und zum Kippen von Gießpfannen und benötigen damit zwei Hubwerke.

Bei leichten Ausführungen werden beide Aufgaben von einer gemeinsamen Laufkatze mit Haupt- und Hilfshubwerk übernommen; bei schweren Ausführungen durch zwei getrennte, jedoch auf der gleichen Brücke fahrende Laufkatzen.

– Traglast bis 500 t

Stripperkrane werden für das Trennen der Kokillen von den abgekühlten Blöcken und den anschließenden Block- und Kokillentransport benötigt.

Die Stripperzange als Lastaufnahmemittel umschließt die Kokille von außen. Ein in der Zange eingebauter vertikal beweglicher Stempel drückt anschließend den Block aus der Kokille heraus. Der Transport von Kokille und Block kann ebenfalls mit Hilfe der Stripperzange vorgenommen werden.

Chargierkrane werden zum Beschicken von Schmelzöfen verwendet. Die Laufkatze – mit Drehscheibe – trägt einen drehbaren und teleskopartig vertikal beweglichen Mast, an dessen unterem Ende über einen Kragträger die Beschickungsmulde befestigt ist. Die Mulde ist über am unteren Mastende eingebaute Wipp- und Drehwerke zusätzlich wipp- und schwenkbar, wodurch eine einwandfreie Beschickung des Ofens ermöglicht wird.

Häufig werden diese Fördermittel auch ohne Kranbrücke und flurfahrend ausgeführt; man spricht dann von Chargiermaschinen.

4.1.7 Beispiele

| 15 | **Zweiträger-Brückenkran** |

Spannweite $L = 16$ m, Anfahrmaß der Laufkatze $L_{a\ min} = 0{,}8$ m, Abstand der Brückenträger $L_W = 1{,}4$ m, Kranradstand $L_R = 2{,}5$ m, Traglast $m_H = 10$ t, Eigenlast der Laufkatze (mit E-Zug als Hubwerk) $m_{KA} = 1{,}2$ t, Metergewicht eines Brückenträgers $m_L = 200$ kg/m, Kran- und Laufkatzschienen als Flachschienen mit 30 (für Laufkatze) bzw. 45mm (für Kran) Nutzbreite, zulässige Flächenpressung der Kran- und Katzlaufräder $P_{zul} = 5$ N/mm², Kranfahrgeschwindigkeit $v_{KR} = 63$ m/min, Kranbremszeit $t_{Br} = 5$ s.

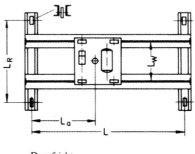

Draufsicht

Hubwerk: Nennleistung $P_N = 8$ kW, Anlaufzeit $t_A = 0{,}5$ s, Zuschlag für rotierende Massen 20 % – zu den linear bewegten Massen, Wirkungsgrad des Antriebes $\eta = 0{,}8$

4.2 Portalkrane

Gesucht:

1. Laufraddurchmesser D für Laufkatze und Kran (Beiwerte c_2 und c_3 vernachlässigen).
2. Hubgeschwindigkeit v_H bei Volllast, Verhältnis der Anlaufleistung zur Nennleistung $\dfrac{P_A}{P_N}$ für das Hubwerk (Nennleistung P_N mit 80 % der Vollastbeharrungsleistung P_V ausgelegt).

Lösung:

1. Katzlaufräder

   Radkraft $F_R = \dfrac{F_H + F_{KA}}{4} = \dfrac{100 + 12}{4} = 28$ kN

   Katzlaufräder gleichmäßig belastet, 4 Laufräder
   Raddurchmesser

   $D = \dfrac{F_R}{p_{zul} \, b \, c_2 \, c_3} = \dfrac{28\,000}{5 \cdot 30 \cdot 1 \cdot 1} = 186$ mm   gewählt $D_{KA} = 200$ mm

   Kranlaufräder
   Die maximale Radkraft liegt vor, wenn die Laufkatze bei $L_{a\,min}$ steht, insgesamt 4 Kranlaufräder

   Radkraft $F_R = \dfrac{1}{2}\left[(F_H + F_{KA})\dfrac{L - L_a}{L} + \dfrac{F_{KR}}{2}\right] = \dfrac{1}{2}\left(112 \dfrac{15{,}2}{16} + \dfrac{64}{2}\right) = 69$ kN

   Je Kopfträger 2 Laufräder, Gesamte Brückenlast $m_{Br} = 2\,m_L\,L = 2 \cdot 0{,}2 \cdot 16 = 6{,}4$ t
   Analog den Katzlaufrädern, vereinfacht mit der maximalen Radkraft gerechnet.

   $D = \dfrac{F_R}{p_{zul} \, b \, c_2 \, c_3} = \dfrac{69\,000}{5 \cdot 45 \cdot 1 \cdot 1} = 307$ mm   gewählt $D_{KR} = 315$ mm

2. Hubgeschwindigkeit v_H

   $v_H = \dfrac{P_V \, \eta}{F_H} = \dfrac{10\,000 \cdot 0{,}8}{100\,000} = 0{,}08 \,\dfrac{m}{s}$ $\qquad v_H = 4{,}8 \,\dfrac{m}{min}$

   Volllastbeharrungsleistung $P_V = \dfrac{P_N}{0{,}8} = \dfrac{8}{0{,}8} = 10$ kW

   Eigenlast der Unterflasche vernachlässigt (keine Angaben)
   Beschleunigungsleistung P_B

   $P_B = 1{,}2 \, m_H \, \dfrac{v_H}{t_A} \, \dfrac{v_H}{\eta} = 1{,}2 \cdot 10\,000 \, \dfrac{0{,}08}{0{,}5} \, \dfrac{0{,}08}{0{,}8} = 192 \,\dfrac{Nm}{s} \,\hat{=}\, 192$ W $\qquad P_B = 0{,}192$ kW

   „1,2": Zuschlag für rotierende Massen
   Anlaufleistung $P_A = P_V + P_B \approx 10{,}2$ kW

   $\dfrac{P_A}{P_N} = \dfrac{10{,}2}{8} = 1{,}28$

4.2 Portalkrane

Die Brücke, der meist im Freien arbeitenden Portalkrane, stützt sich über zwei Portalstützen auf den ebenerdig liegenden Kranschienen ab. Wird die Brücke einseitig auf einer hoch liegenden Kranbahn geführt, spricht man von *Halbportalkranen*.

Gegenüber den Brückenkranen sind einfache ebenerdige Kranbahnen möglich, jedoch wird der Bauaufwand durch die zusätzlichen Portalstützen größer. Die Portalkrane sind damit bei langen Fahrwegen und bei nicht allzu häufigem Brückenfahren den Brückenkranen überlegen.

Die wichtigsten Bauarten der Portalkrane sind Bockkrane und Verladebrücken (wegen ihres ähnlichen Aufbaus oft nur schwer gegeneinander abzugrenzen).

4.2.1 Bockkrane

Bockkrane kommen beim Stückgutumschlag zum Einsatz. Sie sind für größte Traglasten und Hubhöhen geeignet.

Aufbau: Die Kranbrücken werden meist in Vollwandbauweise im Ein oder Zweiträger-system hergestellt; bei kleineren Traglasten und Spannweiten aus Walzprofilen, sonst als Stegblech- oder Kastenträger. Im Gegensatz zum Brückenkran ist eine Verlängerung der Brücke über die Stützen hinaus möglich – Brücken mit ein- oder zweiseitigen Kragteilen. Kragbrücken können z.B. Gleisanlagen auch mit ihren Außenseiten überspannen und ermöglichen durch ihre kleineren Spannweiten zwischen den Stützen bei gleicher Gesamtlänge und Traglast schwächere Brückenprofile als Brückenkrane. Bockkrane mit kleineren Spannweiten erhalten zwei feste Stützen; bei mittleren und größeren Spannweiten wird die eine Stütze als Pendelstütze gelenkig am Brückenträger angeschlossen; sie nimmt nur Vertikalkräfte auf und kann deshalb schwächer ausgelegt werden. Hierdurch ergeben sich bessere statische Verhältnisse, und der Ausgleich von Längenänderungen (z.B. durch Wärmeeinfluss, Schienenungenauigkeiten usw.) ist Gewähr leistet. Einträgerbrücken können mit einfachen Stützen versehen werden, so weit dies die Laufkatzbauart zulässt (z.B. bei Winkellaufkatzen). Zweiträgerbrücken erhalten zweibeinige, portalartig ausgebildete Stützen, damit die Laufkatzen mit der Last zwischen den Stützen hindurchfahren können. Bockkrane mit Kragbrücken werden häufig mit Seilzuglaufkatzen ausgerüstet (Bild 4.1-4), da hier einmal durch die geringe Eigenlast der Laufkatze und zum anderen durch die Verwendung der Hub- und Fahrwinde als Gegenlast die Standsicherheit günstig beeinflusst wird.

Kranfahrwerke siehe Verladebrücken (Abschnitt 4.2.2).

Die Stromzuführung zum Tragwerk erfolgt wegen der oft langen Brückenfahrwege entweder über Schleifleitungen, die seitlich entlang der einen Kranschiene in einem Kanal mit beweglicher Abdeckung untergebracht werden, oder über eine Kabeltrommel. Träger der Stromzuführung zu den Laufkatzen sind Schleifleitungen oder Schleppkabel (Abschnitt 2.7.4).

Berechnung der Hauptbauteile wie Kranbrücken, Stützen, Laufkatzen, Kranfahrwerke usw. analog den Brückenkranen (Abschnitt 4.1).

Besonders zu beachten ist der Wind- und Witterungseinfluss bei Auslegung der Tragkonstruktionen, der Kranfahrwerke, der Führerkabinen und aller Maschinensätze sowie die Überprüfung der Standsicherheit bei Brücken mit Kragteilen auch quer zur Kranfahrrichtung. Bei besonders langen Kragteilen wird die Anbringung einer Gegenlast an geeigneter Stelle erforderlich. Weiterhin sind die Tragwerke gegen Windabtrieb zu schützen; z.B. durch den Einbau von Schienenzangen an den Kranfahrwerken (Abschnitt 2.8.4).

Ortsfeste Bockkrane werden über die mit angeschweißten Fußplatten versehenen Stützen fest auf einem Betonfundament verankert. Diese Bauart nennt man

Überladekran. Er wird zum Stückgutumschlag bei kleineren Fördermengen auf Werk-und Bahnhöfen benutzt. Die zu be- oder entladenden Wagen werden dabei unter die Kranbrücke gefahren, die 1 bis 2 Gleise oder eine Straßenbreite überbrückt und meist ohne Kragteile ausgeführt wird.

4.2 Portalkrane

Überladekrane werden allgemein mit Einträgerbrücken und Einschienenlaufkatzen – in Form von E-Zügen mit Elektrofahrwerken – ausgerüstet. Bei nur seltener Benutzung kann das Laufkatzfahrwerk auch als Haspelfahrwerk ausgeführt werden; die Bedienung erfolgt vom Flur aus.

- Traglast bis 20 t, für Containerumschlag bis 40 t; Spannweite bis 10 m;
- Torhöhe bis 8 m; Hub- und Fahrgeschwindigkeiten vgl. Abschnitt 3.1.2 „E-Züge"

Bewegliche Bockkrane, vollelektrisch betrieben, verwendet man zur Verladung von Schwergut; als Reparatur- bzw. Schwermontagekrane dienen sie in Kraftwerken, im Brücken- und Schiffsbau sowie in den meisten Industriezweigen.

Die größten Anlagen werden im Schiffsbau (*Werftkrane* – Bild 4.2-1), bedingt durch die Sektionsbauweise, benötigt. Bei sehr hohen Traglasten werden mindestens zwei Hubwerke auf einer oder auch auf getrennten Laufkatzen vorgesehen, die auf dem gemeinsamen Brückenträger fahren.

Auf Grund der größeren Abmessungen erfolgt die Bedienung fast immer von den an den Laufkatzen befestigten Kabinen (Führerstandlaufkatzen) aus.

- Traglast 5 ... 300 (1500) t; Spannweite 10 ... 60 (100) m

Arbeitsgeschwindigkeiten vgl. Verladebrücken (Abschnitt 4.2.2). Die in Klammern angegebenen Werte sind Extremwerte, die z. B. bei Werftkranen üblich sind.

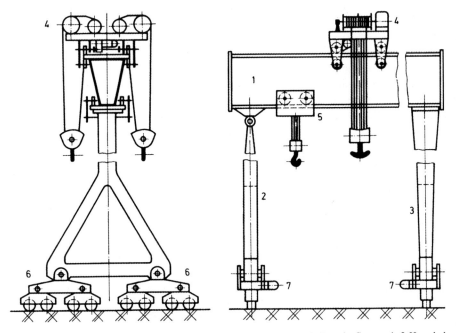

1 Einträgerbrücke (Trapezquerschnitt), 2 Pendelstütze, 3 Feste Stütze, 4 Hauptlaufkatze mit 2 Haupthubwerken und Katzfahrwerk, 5 Hilfslaufkatze mit Hilfshubwerk und Katzfahrwerk, 6 Fahrschemel, 7 Kranfahrwerk
Die Hubwerke können getrennt oder gemeinsam (bei sehr hohen Traglasten) arbeiten. Je Ecke sind 2 pendelnd abgestützte Fahrschemel mit je 2 Laufrädern vorgesehen: Insgesamt 8 Laufräder. Antrieb von 2 Laufrädern (1 Fahrschemel) je Ecke meist ausreichend.

Bild 4.2-1 Schwerlast-Bockkran (Werftkran)

4.2.2 Verladebrücken

Verladebrücken sind Portalkrane mit mittleren bis sehr großen Spannweiten, die vorwiegend für den Schüttgutumschlag auf Großumschlagplätzen eingesetzt werden und größte Fördermengen bewältigen können. Im Stückgutbetrieb sind sie vor allem beim Containerumschlag gebräuchlich, wobei als Lastaufnahmemittel hydraulisch fernbetätigte Greifrahmen (Spreader) eingesetzt werden (Abschnitt 7.2.7).

Die Brücken, im Ein- oder Zweiträgersystem, werden für mittlere und größere Spannweiten in Vollwandbauweise, bei sehr großen Spannweiten häufig in Fachwerkbauweise erstellt; sie erhalten meist zweiseitige Kragteile.

Die baulichen und wirtschaftlichen Faktoren sind in jedem Anwendungsfall unterschiedlich, sodass die verschiedenen Ausführungsformen hinsichtlich ihrer Beschaffungs- und Betriebskosten zu untersuchen sind. Generell gilt:

> *Möglichst hohe Arbeitsgeschwindigkeiten bei möglichst geringen Traglasten*

- Traglast 3 ... 50 t; Hubgeschwindigkeit 20 ... 100 m/min – je nach Hubhöhe
- Katzfahrgeschwindigkeit 60 ... 300 m/min – je nach Fahrweg
- Brückenfahrgeschwindigkeit 10 ... 63 m/min – je nach Fahrweg
- Drehkran-Fahrgeschwindigkeit 40 ... 200 m/min – je nach Fahrweg
- Drehkrandrehzahl 3 ... 5 min^{-1}
- Spannweite bis 120 m; Fördermenge 50 ... 1000 t/h

Die wichtigsen Bauarten werden nachfolgend kurz beschrieben.

Verladebrücken mit Laufkatzen für Haken- oder Greiferbetrieb sind gebräuchlich bei kurzen und mittleren Spannweiten (Bild 4.2-2). Bei Einträgerbrücken kommen Unterflansch- oder Winkellaufkatzen, bei Zweiträgerbrücken Zweischienenlaufkatzen (meist als Untergurtlaufkatzen zur Einsparung von Bauhöhe) zum Einsatz. Bei Kragbrücken mit Unterflansch- oder Zweischienenlaufkatzen sind die Stützen portalartig auszubilden, um die freie Durchfahrt der Laufkatzen zu ermöglichen.

Diese Bauart der Verladebrücken hat den Nachteil, dass nur die unter der Laufkatzfahrbahn liegende Linie bestrichen werden kann und häufiges Brückenfahren erforderlich wird. Um diesen Nachteil auszugleichen, setzt man auch Drehlaufkatzen mit 4 ... 6 m Ausladung ein, die jedoch schwerer sind und die Anlagen verteuern.

Verladebrücken mit Drehkranen sind für mittlere Spannweiten geeignete Bauarten (Bild 4.2-2). Ein Drehkran fährt auf dem Obergurt der Ein- oder Zweiträgerbrücke. Dadurch entsteht eine rechteckige Arbeitsfläche – ohne die Brücke zu verfahren.

Diese Art von Verladebrücken ist durch einfache und niedrige Stützen gekennzeichnet; der Raum zwischen den Brückenträgern bei der Zweiträgerbauweise braucht nicht frei zu bleiben. Verladebrücken mit Drehkranen sind teurer und schwerer als die Laufkatzbrücken, und die Fahrgeschwindigkeit der Drehkrane ist wegen ihrer größeren Masse geringer als die von Laufkatzen. Die Bedienung aller Arbeitsbewegungen wird aus der Kabine des Drehkranes vorgenommen.

- Ausladung der Drehkrane 5 ... 20 m

Verladebrücken mit Stetigförderer sich besonders für den Schüttgutumschlag bei sehr großen Spannweiten (Bild 4.2-2) geeignet.

Die Gutaufnahme erfolgt durch den auf dem Obergurt laufenden Greiferdrehkran oder teilweise auch über Saugförderer (Abschnitt 6.6.1), die das Fördergut über einen Zwischenbunker (am Brückenende) auf den in der Brücke eingebauten Stetigförderer übergeben. Dieser fördert das Schüttgut längs der Brücke und ermöglicht bei entsprechender Auslegung die Abgabe an jeder Zwischenstelle – z.B. über einen horizontal verfahrbaren und in der Drehrichtung umkehrbaren Bandförderer mit Teleskopabgaberohren an beiden Enden (Bild 4.2-2).

Diese Brücken erfordern einen sehr hohen Bauaufwand, sind jedoch für die größten Fördermengen, bei stetigem Gutstrom und sehr großen Spannweiten, gut geeignet.

In Sonderfällen werden Verladebrücken mit Wipp-, Verschiebe- und Schwenkbrücken ausgerüstet.

Konstruktive Einzelheiten: Im Anschluss sind einige wichtige, vom normalen Kranbau abweichende Details kurz angeführt.

Brücken: Verladebrücken mit einem auf dem Obergurt laufenden Drehkran oder Winkellaufkatzen haben den einfachsten Aufbau. Sie werden bei mittleren und teilweise auch bei großen Spannweiten als Einträgerbrücken in Kastenbauweise erstellt, da dann einfache und niedrige Stützen möglich sind.

Bei Verwendung von Unterflansch- oder Zweischienenlaufkatzen sind die Stützen portalartig auszuführen.

Wipp-, Verschiebe- und Schwenkbrücken haben einen höheren Bauaufwand. Die Wippbrücken mit einziehbarem Kragausleger (Bild 4.2-3) erhalten am Drehpunkt des Auslegers eine turmartig erhöhte Stütze (Pylon), an deren oberen Teil die Umlenkrollen für die zum Einziehen des Kragteiles erforderlichen Seile gelagert sind. Die dazu notwendige Seilwinde sitzt meist über der anderen, normal ausgebildeten Stütze auf der eigentlichen Brücke.

Brückenfahrwerke: Die Stützen übertragen die Kräfte auf die beiden tief liegenden Kranfahrwerksträger, in denen die Kranlaufräder so wie im Kopfträger einer Kranbrücke gelagert sind. Werden diese Träger durch ein Zugband ersetzt, dann geht die Kraft über jedes Stützenteil direkt in den darunter liegenden Fahrschemel. Auf Grund der großen Stützkräfte werden die Laufräder paarweise im Schemel angeordnet, sodass sich die Brücke auf mindestens acht Laufrädern abstützt (Bild 4.2-2). Bei leichteren Anlagen reicht der Antrieb eines Fahrschemels je Seite aus; bei schwereren Anlagen werden in der Regel vier Einzelantriebe eingesetzt.

Auf Grund der großen Spannweiten und der Mehrfachantriebe ist besonders auf den Gleichlauf der Brücke zu achten. Ein Schräglauf tritt vor allem durch die ungleiche Motorbelastung und Bremswirkung auf. Um das zu verhindern, werden alle Motore über eine „Elektrische Welle" miteinander gekoppelt und zusätzlich auch noch Gleichlaufeinrichtungen angebracht. Sie ermitteln die Abweichung von der parallelen Lage der beiden Fahrwerksträger über die Messung von Strecken, Winkeln oder Kräften und geben die entsprechenden Steuerimpulse an den jeweiligen Fahrantrieb. Verladebrücken mit Eckantrieb werden oft nur über die oben beschriebenen Gleichlaufeinrichtungen gesteuert. Bei Schwenkbrücken reicht wegen der möglichen Brückenschrägstellung eine einfache Handsteuerung aus.

Sonderkonstruktionen. Hierbei handelt es sich um Einzweckgeräte für den Stück- und Schüttgutumschlag; zwei wichtige Ausführungen sind im Anschluss beschrieben.

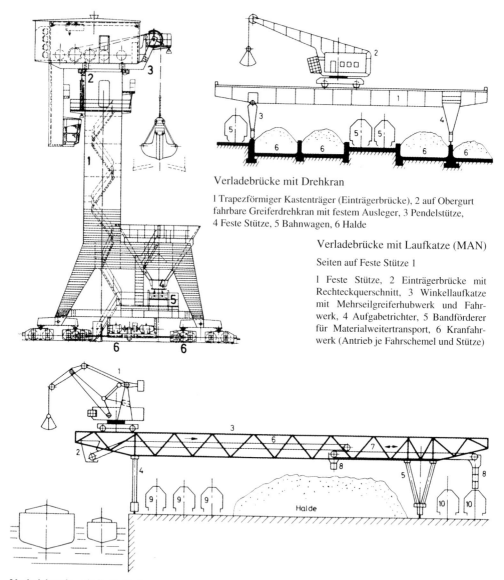

Verladebrücke mit Drehkran

1 Trapezförmiger Kastenträger (Einträgerbrücke), 2 auf Obergurt fahrbare Greiferdrehkran mit festem Ausleger, 3 Pendelstütze, 4 Feste Stütze, 5 Bahnwagen, 6 Halde

Verladebrücke mit Laufkatze (MAN)

Seiten auf Feste Stütze 1

1 Feste Stütze, 2 Einträgerbrücke mit Rechteckquerschnitt, 3 Winkellaufkatze mit Mehrseilgreiferhubwerk und Fahrwerk, 4 Aufgabetrichter, 5 Bandförderer für Materialweitertransport, 6 Kranfahrwerk (Antrieb je Fahrschemel und Stütze)

Verladebrücke mit Stetigförderer

1 auf Obergurt fahrender Wippdrehkran (Doppellenkerwippsystem) mit Mehrseilgreifer u. Spindelwippwerk (Auslegereigenlastausgleich durch Gegenlast an Schwinge), 2 Aufgabetrichter, 3 Fachwerkbrücke (z.B. aus 2 parallelen durch Querverbände verbundenen Rohrträgern), 4 Pendelstütze, 5 Feste Stütze, 6 Fester Bandförderer, 7 horizontal verfahrbarer und in der Drehrichtung umkehrbarer Bandförderer, 8 Abgaberohre (z.B. Teleskoprohre, an verfahrbarem Bandförderer befestigt), 9, 10 Bahnwagen

Arbeitsmöglichkeiten:

1. Schiff → Schiff durch Wippdrehkran, 2. Schiff → Bahnwagen 9 durch Wippdrehkran, 3. Bahnwagen 9 → Schiff durch Wippdrehkran, 4. Schiff → Halde durch Wippdrehkran und Bandförderer 6 und 7, 5. Schiff → Bahnwagen 10 durch Wippdrehkran und Bandförderer 6 und 7, 6. Halde → Bahnwagen 9 durch Wippdrehkran, 7. Bahnwagen 9 → Halde durch Wippdrehkran

Bild 4.2-2 Bauarten von Verladebrücken

4.2 Portalkrane

Schiffsentlader (Bild 4.2-3) sind Verladebrücken mit kurzen Spannweiten und wasserseitig langen Kragbrücken, die als Verschiebe- oder Wippbrücken ausgebildet werden. Die Laufkatzen sind wegen der großen Ausladung häufig als Seilzuglaufkatzen ausgeführt. Für den Containerumschlag (Stückgut) kommen Spreader und für die Schüttgutaufnahme Greifer zur Anwendung.

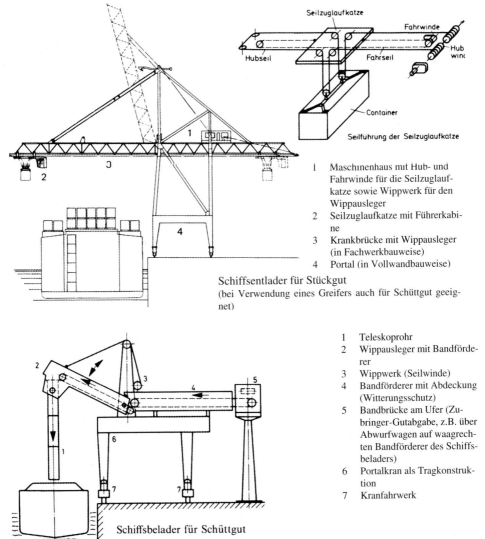

1 Maschinenhaus mit Hub- und Fahrwinde für die Seilzuglaufkatze sowie Wippwerk für den Wippausleger
2 Seilzuglaufkatze mit Führerkabine
3 Krankbrücke mit Wippausleger (in Fachwerkbauweise)
4 Portal (in Vollwandbauweise)

Schiffsentlader für Stückgut
(bei Verwendung eines Greifers auch für Schüttgut geeignet)

1 Teleskoprohr
2 Wippausleger mit Bandförderer
3 Wippwerk (Seilwinde)
4 Bandförderer mit Abdeckung (Witterungsschutz)
5 Bandbrücke am Ufer (Zubringer-Gutabgabe, z.B. über Abwurfwagen auf waagrechten Bandförderer des Schiffsbeladers)
6 Portalkran als Tragkonstruktion
7 Kranfahrwerk

Schiffsbelader für Schüttgut

Bild 4.2-3 Schiffsbe- und -entlader

Die Container werden an Land durch Flurfördermittel (Abschnitte 5.2 und 5.3) und die Schüttgüter mit Hilfe von Stetigförderern (z.B. Bandförderer) zu den Lagerplätzen weitergefördert.

Schiffsbelader dienen zur Schiffsbeladung von Lagerplätzen aus. Bei der Schüttgutbeladung erfolgt die Gutaufgabe von dem an Land laufenden Bandförderer auf einen in der kurzen

Brücke eingebauten Stetigförderer, der das Fördergut bis zum wasserseitigen Brückenende transportiert (Bild 4.2-3). Von dort wird es senkrecht abwärts in den Schiffsladeraum gefördert. Je nach Art des Fördergutes kommen hierfür vertikal bewegliche Rohre (Fallrohre), Rutschen oder Wendelrutschen sowie Becherwerke in Frage (Abschnitte 6.5.1 und 6.3.5). Durch seitliches Schwenken der Rutschen kann das Fördergut über geringere Längen auf dem Schiffsboden verteilt werden, ohne die Brücke dabei zu verfahren.

4.2.3 Beispiel

16 Einträger-Verladebrücke mit Winkellaufkatze für Greiferbetrieb

Tragwerk: $L = 20$ m, $L_1 = 7$ m, $L_2 = 0{,}6$ m, $h = 8$ m, $H = 1{,}2$ m, $B = 0{,}8$ m, Blechstärke des Brückenträgers $s = 10$ mm, Metergewicht des Brückenträgers aus S235 $m_L = 500$ kg/m, Hubklasse H3. Brückenfahrwerk: Fahrgeschwindigkeit $v_{KR} = 31{,}5$ m/min, Anlaufzeit $t_A = 5$s, Bremszeit $t_{Br} = 3$s, Winddruck $p_{Wi} = 400$ (bei Betrieb) bzw. 1200 N/m² (außer Betrieb-Sturm), Wirkungsgrad des Antriebes $\eta = 0{,}8$, zulässiges Verhältnis von Anlauf- zu Nennleistung zul $(P_A/P_N) = 1{,}6$, Einheitsfahrwiderstand $w = 10$ ‰, $L_R = 4{,}6$ m, Eigenlast einer Stütze mit Fahrwerk einschl. Bodenträger $m_{St} = 4$ t, je Seite 1 Fahrwerk.

Greiferlaufkatze: Winkellaufkatze, Eigenlast der Laufkatze $m_{KA} = 5$ t, Hublast (einschl. Greifereigenlast) $m_H = 8$ t, Fahrgeschwindigkeit $v_{KA} = 125$ m/min, Bremszeit $t_{Br} = 3$ s, Zweimotoren-Greiferwinde mit Planetengetriebe nach Bild 4.1-5 für Mehrseilgreifer mit je 2 Hub- und Halteseilen (Zwillingszüge), Seile nach DIN 3055, Triebwerkgruppe 3 m, Motordrehzahlen des Hub- und Haltemotors $n_{Mot} = 720$ min^{-1}, Wirkungsgrad der Greiferwinde einschl. der Flaschenzüge $\eta = 0{,}8$, Hubgeschwindigkeit $v_H = 25$ m/min.

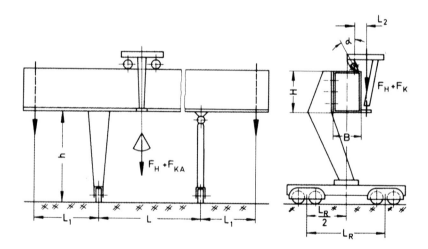

Gesucht:

1. Maximale Radkräfte F_R der Laufkatzlaufräder und Winkel a (die Radkräfte der schrägstehenden oberen Laufräder sollen ⊥ zur Laufschiene stehen).
2. Nennleistung P_N der Kranfahrwerke.
3. Standsicherheit v_S während des Betriebes; Standsicherheit v_S, wenn die Anlage „außer Betrieb" ist (Sturm).
4. Seil- und Trommeldurchmesser sowie Trommeldrehzahlen für die Hub- und Haltetrommel, Nennleistung P_N für Hub- und Haltemotor.

4.2 Portalkrane

Lösung:

1.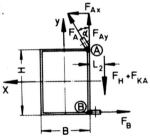

   Unteres Laufrad

   $\Sigma \text{Mom} \ \textcircled{A} = 0; \ F_B = \dfrac{(F_H + F_{KA})L_2}{H} = \dfrac{(80+50)0{,}6}{1{,}2} = 65 \text{ kN}$

   Die maximale Radkraft $F_{RU} \triangleq F_B$
   (nur ein laufrad)

   Obere Laufräder

   $\Sigma F_y = 0, \ F_{Ay} = F_H + F_{KA} = 80 + 50 = 130 \text{ kN}$

   $F_{Ax} \triangleq F_B = 65 \text{ kN}$

   Aus F_{Ax} und F_{Ay}, ergibt sich F_A zu:

   $F_A = \sqrt{F_{Ay}^2 + F_{Ax}^2} = \sqrt{130^2 + 65^2} = 146 \text{ kN}$

   Die Obere Radkraft $F_{RO} \triangleq \dfrac{F_A}{2} = 73 \text{ kN}$ (2 Laufräder)

   Winkel α aus $\tan\alpha = \dfrac{F_{Ax}}{F_{Ay}} = \dfrac{65}{130} \ 0{,}5 \rightarrow \alpha = 26{,}5°$

2. Volllastbeharrungsleistung P_V nach Gl. (2.6.4)

   $P_V = \dfrac{F_w v_F}{\eta} + \dfrac{A_{wi} p_{wi} v_F}{\eta} = \dfrac{3800 \cdot 0{,}53}{0{,}8} + \dfrac{40{,}8 \cdot 400 \cdot 0{,}53}{0{,}8} = 13320 \dfrac{\text{Nm}}{\text{s}}$ $P_V = 13{,}32 \text{ kW}$

   Fahrwiderstand F_W nach Gl. (2.3.3)

   $F_W = w \ \Sigma F_R = 0{,}01 \cdot 380000 = 3800 \text{ N}$

   $\Sigma F_R = F_H + F_{KA} + F_{KR} + 2 F_{St} = 80 + 50 + 170 + 2 \cdot 40 = 380 \text{ kN}$

   Gewichtskraft der Kranbrücke $F_{KR} = m_L \ g \ (L + 2 L_1) = 0{,}5 \cdot 10 \cdot 34 = 170 \text{ kN}$

   Beschleunigungsleistung P_B nach Gl. (2.6.5), (rotierende Massen vernachlässigt)

   $P_B = m_F \dfrac{v_F}{t_A} \dfrac{v_F}{\eta} = 38000 \dfrac{0{,}53}{5} \dfrac{0{,}53}{0{,}8} = 2660 \dfrac{\text{Nm}}{\text{s}}$ $P_B = 2{,}66 \text{ kW}$

   Fahrlast $m_F = m_H + m_{KA} + m_{KR} + 2 m_{St} = 5 + 8 + 17 + 2 \cdot 4 = 38 \text{ t}$

   Anlaufleistung $P_A = P_V + P_B = 13{,}32 + 2{,}66 = 15{,}98 \text{ kW}$

   Nennleistung P_N

   $P_N = P_V = 13{,}32 \text{ kW}$ (maßgebend) gewählt $P_N = 7 \text{ kW}$ (je Fahrwerk)

   $P_N = \dfrac{P_A}{1{,}6} = \dfrac{15{,}98}{1{,}6} = 10 \text{ kW}$

3. Kran im Betriebszustand

   Die Standsicherheit v_S ist in Kran- und Laufkatzfahrrichtung, jeweils bei der ungünstigsten Belastung, zu überprüfen.

   In Kranfahrrichtung

   Wind- und Bremskräfte beachten.

   Standsicherheit $v_S = \dfrac{\Sigma M_{stand}}{\Sigma M_{kipp}} = \dfrac{743}{193} = 3{,}85$

$$\Sigma M_{stand} = (F_H = F_{KA})\left[\frac{L_R}{2} - \left(\frac{B}{2} + L_2\right)\right] + F_{KR}\frac{L_R}{2} + 2F_{St}\frac{L_R}{2} = 130 \cdot 1{,}3 + 170 \cdot 2{,}3$$
$$+ 2 \cdot 40 \cdot 2{,}3 = 743 \, kNm$$

$$\Sigma M_{kipp} = A_{wi}p_{wi}\left(h + \frac{H}{2}\right) + (m_H + m_{KA})\frac{v_{KR}}{t_{Br}}(h+H) + m_{KR}\frac{v_{KR}}{t_{Br}}\left(h + \frac{H}{2}\right) + 2\, m_{St}\frac{v_{KR}}{t_{Br}}\frac{h}{2}$$

$$\Sigma M_{kipp} = 40{,}8 \cdot 0{,}4 \cdot 8{,}6 + 13\,000\frac{0{,}53}{3} 9{,}2 \cdot 10^{-3} + 17\,000\frac{0{,}53}{3} 8{,}6 \cdot 10^{-3} + 2 \cdot 4000\frac{0{,}53}{3} 4 \cdot 10^{-3}$$
$$= 193 \, kNm$$

In Laufkatzrichtung

Ungünstigste Laststellung: Laufkatze bei L_1; Bremskräfte beachten

Standsicherheit $v_s = \dfrac{\Sigma M_{stand}}{\Sigma M_{kipp}} = \dfrac{2500}{994} = 2{,}51$

$$\Sigma M_{stand} = F_{KR}\frac{L}{2} + F_{St}L = 170 \cdot 10 + 40 \cdot 20 = 2500 \, kNm$$

$$\Sigma M_{kipp} = (F_H + F_{KA})L_1 + (m_H + m_{KA})\frac{v_{KA}}{t_{Br}}(h+H) = 130 \cdot 7 + 13\,000\frac{2{,}1}{3} 9{,}2 \cdot 10^{-3} = 994 \, kNm$$

Kran außer Betrieb

Hubkraft $F_H = 0$. Nur Standsicherheit in Kranfahrrichtung von Bedeutung (mit hoher Windlast- $p_{Wi} = 1200$ N/m²). Kran in Ruhe: Keine Massenkräfte.

Standsicherheit $v_s = \dfrac{\Sigma M_{stand}}{\Sigma M_{kipp}} = \dfrac{639}{450} = 1{,}42$

$$\Sigma M_{stand} = F_{KA}\left[\frac{L_2}{2} - \left(\frac{B}{2} + L_2\right)\right] + F_{KR}\frac{L_R}{2} + 2F_{St}\frac{L_R}{2} = 50 \cdot 1{,}3 + 170 \cdot 2{,}3 + 2 \cdot 40 \cdot 2{,}3 = 639 \, kNm$$

$$\Sigma M_{kipp} = A_{wi}p_{wi}\left(h + \frac{H}{2}\right) = 40{,}8 \cdot 1{,}2 \cdot 9{,}2 = 450 \, kNm$$

4. Maximale Seilkraft $F_s = \dfrac{F_H}{2} = 40$ kN (Zwill. Zug; 2 Seile)

Hubseil

Seildurchmesser d

$d = c\sqrt{F_s} = 0{,}106\sqrt{40\,000} = 21{,}2$ mm gewählt $d = 22$ mm

Trommeldurchmesser D (nach Bild 2.1-1)

$D = h_1 h_2 d = 20 \cdot 1 \cdot 22 = 440$ mm – gewählt $D = 485$ mm

Beiwerte c, h_1 und h_2

Halteseil

Analog Hubseil, maximale Seilkraft 75 % der Hubseilkraft: $F_S = 30$ kN

Seildurchmesser $d = c\sqrt{F_s} = 0{,}106\sqrt{30\,000} = 18{,}3$ mm; gewählt $d = 22$ mm

Seil- und Trommeldurchmesser von Hub- und Haltetrommel gleich groß gewählt $D = 485$ mm

Trommeldrehzahl $n_T = \dfrac{v_H}{\pi D} = \dfrac{25}{3{,}14 \cdot 0{,}485} = 16{,}4\,\text{min}^{-1}$

Hubmotor

Nennleistung P_N Volllastbeharrungsleistung P_V

$P_N \triangleq P_V = \dfrac{F_H\, v_H}{\eta} = \dfrac{80000 \cdot 0{,}33}{0{,}8} = 33000\, \dfrac{\text{Nm}}{\text{s}}$ $P_N = 33\,\text{kW}$

Haltemotor

Mit ca. 50 % der Hubmotorleistung auslegen $P_N = 17\,\text{kW}$

4.3 Kabelkrane

Aufbau: Beim Kabelkran (Bild 4.3-1) wird die Kranbrücke durch ein Tragseil ersetzt, auf dem eine Seilzuglaufkatze fährt. Das Tragseil wird zwischen zwei Stützen (Türmen) abgespannt, wobei in einem Turm die Winden für das Hub- und Fahrseil untergebracht sind (Maschinenturm). Für unterschiedliche Arbeitsfelder sind folgende wichtige Bauarten gebräuchlich:

Kabelkran
– mit feststehenden Türmen – Linienförmiges Arbeitsfeld
– mit schwenkbaren Türmen – Rechteckiges Arbeitsfeld mit kleiner Breite
– mit je einem festen und fahrbaren Turm – Kreissegment bzw. Kreis als Arbeitsfeld
– mit zwei fahrbaren Türmen – Rechteckiges Arbeitsfeld.

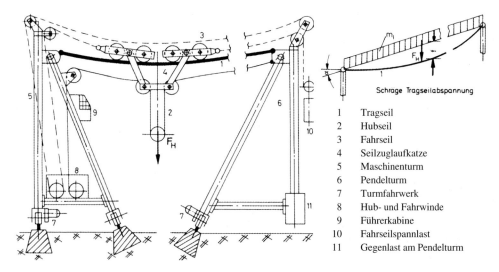

1 Tragseil
2 Hubseil
3 Fahrseil
4 Seilzuglaufkatze
5 Maschinenturm
6 Pendelturm
7 Turmfahrwerk
8 Hub- und Fahrwinde
9 Führerkabine
10 Fahrseilspannlast
11 Gegenlast am Pendelturm

Bild 4.3-1 Kabelkran mit 2 fahrbaren Türmen

Als Tragseile kommen, wegen ihrer guten Witterungsbeständigkeit, verschlossene Seile (Abschnitt 2.1.1) in Frage. Die Fahr- und Hubseile sind normale Litzenseile. Das Fahrseil wird durch ein Gewicht gespannt und über eine Treibscheibe oder eine Treibtrommel in beiden

Richtungen bewegt – Seilführung siehe Bild 4.3-1. Das Hubseil ist an einem Turm befestigt und läuft über Umlenkrollen an der Seilzuglaufkatze und am Maschinenturm zur Hubwinde. Die Fahr- und Hubseile werden etwa alle 50 m über am Tragseil befestigte Seilträger oderreiter abgestützt, die z.B. durch seitliche Abklappung die freie Durchfahrt der Seilzuglaufkatze ermöglichen. Die Seilträger Gewähr leisten einen nur geringen Durchhang der Hub- und Fahrseile, das Heben des nichtbelasteten Lastaufnahmemittels und verhindern einen zu starken Seilausschlag beim Anfahren und Bremsen.

Die in Schwingen gelagerten Laufräder der Seilzuglaufkatze ermöglichen das gleichmäßige Abtragen der Hublast auf dem Tragseil. Am Fachwerkgerüst der Seilzuglaufkatze sitzen unterhalb der Tragrollen die Umlenkrollen für das Hubseil. Bei hohen Traglasten kann zwischen diesen Rollen und dem Lastaufnahmemittel ein Flaschenzug eingebaut werden.

Die Türme werden wegen der meist großen Höhe und der Windbelastung in Fachwerkbauweise ausgeführt. Bei den fahrbaren Ausführungen hat der Maschinenturm an jeder Stütze Fahrwerke, der zweite Turm wird oft als Pendelturm gebaut (Einsparung einer Fahrbahn und der entsprechenden Fahrwerke, Spannen des Tragseiles). Die Schrägstütze des Maschinenturmes ist so weit schräg zu stellen, dass die Radkräfte möglichst senkrecht zu den auf Betonfundamenten liegenden Schienen wirken. Der Fahrantrieb der Türme erfolgt entweder über normale Fahrwerke oder auch am Ende der Fahrbahn angebrachte Seilwinden, die die Türme über die Fahrbahn ziehen. Bei der Auslegung der Türme und Fahrwerke ist besonders auf die Windkräfte (Kippen) und die Sicherung gegen Windabtrieb (z.B. durch Schienenzangen) zu achten.

Die Bedienung wird meistens von der am Maschinenturm angebrachten Kabine aus vorgenommen, wobei bei längeren Spannweiten der Kranführer über ein Stellbild jederzeit die genaue Lage der Seilzuglaufkatze, des Lastaufnahmemittels und die Stellung der beiden Türme zueinander verfolgen kann. Die Abweichung der Türme von der Mittelstellung bei Parallelfahrt soll höchstens ± 3 % betragen. Teilweise werden auch Führerstandlaufkatzen und Fernbedienung, über Funk, eingesetzt. Als Lastaufnahmemittel kommen – je nach Einsatz – Haken, Greifer, Zangen oder Kübel in Frage.

Sonderausführungen sind *Portalkabelkrane* (mit leichter Brücke) und *Hellingkabelkrane* (mehrere Kabelkrane parallel an portalartigen Türmen).

Einsatz und technische Daten: Kabelkrane werden zur Arbeit auf großen Lagerplätzen, für den Materialtransport auf Großbaustellen – insbesondere in unwegsamem Gelände – und als Transportmittel zur Überquerung von Schluchten und Flüssen eingesetzt.

– Spannweite 150 ... 1000 m; Traglast 2 ... 20 t, bei kurzen Spannweiten ... 200 t;
– Hubhöhe 10...200 m, hohe Werte zum Überqueren von Schluchten; Turmhöhe ... 25 m;
– Hubgeschwindigkeit 30 ... 125 m/min; Katzfahrgeschwindigkeit 80 ... 450 m/min;
– Turmfahrgeschwindigkeit 8 ... 25 m/min; Tragseil-Durchhang $f_{max} \approx 1/25 ... 1/30$

Der wesentliche Vorteil des Kabelkranes ist der geringe technische Aufwand zur Überbrückung sehr großer Spannweiten; nachteilig sind aber vor allem die starken Lastschwankungen in vertikaler Richtung durch die hohe Elastizität des Tragseiles.

Berechnung

Das Tragseil ist auf Zug mit etwa 4-facher Sicherheit nachzurechnen.

$$F_{S\max} \approx \left(\frac{Fl}{4} \frac{1}{\cos\alpha} + \frac{m_l g l^2}{8} \frac{1}{\cos^2\alpha} \right) \frac{1}{f_{\max}}$$ *Maximale Zugkraft im Tragseil* (4.3.1)

F   Hubkraft + Eigengewichtskraft der Laufkatze
l Spannweite; Abstand der beiden Türme
α Neigungs- bzw. Steigungswinkel – $\tan\alpha = \dfrac{\Delta H}{l}$ (ΔH Höhenunterschied der Befestigungspunkte des Tragseiles)
m_l auf die Längeneinheit bezogene Masse des Tragseiles und der über die Seilreiter darauf abgetragenen Hub- und Fahrseile
g   Fallbeschleunigung
$f_{\max}$ Maximaler Tragseildurchhang

Die Gl. (4.3.1) berücksichtigt durch ihren Aufbau, dass F als Punkt- und m_l als Streckenlast wirkt. Bei waagrechter Tragseilabspannung wird die Gleichung einfacher: $\alpha = 0°$, d.h. $\cos\alpha$ und $\cos^2\alpha = 1$.

Die Berechnung der Seilzuglaufkatze erfolgt nach Abschnitt 4.1.1.2, die der Fahrwerke nach 2.6.4 und 4.1.1.4.

4.4 Drehkrane

4.4.1 Allgemeine Hinweise

Drehkrane sind nach der Vielfalt ihrer Bauarten, der Verbreitung und der weiteren Entwicklungstendenz die wichtigste Krangruppe.

Der Drehkran nimmt im Gegensatz zum Brücken- und Portalkran die Last außerhalb seiner Unterstützungsfläche über einen auskragenden Ausleger auf. Die Bewegung des Auslegers findet als Dreh- oder Schwenkbewegung um eine Drehachse statt, wobei der Ausleger fest, wipp- oder teleskopierbar ausgeführt werden kann.

Maßgebend ist der Radialweg der Hublast, der Drehwinkel und das Lastmoment $M_H = F_H L$

F_H Hubkraft; L Ausladung

Häufig erfolgt die Dimensionierung des Auslegers nach konstantem Lastmoment M_H, sodass bei großer Ausladung l nur eine entsprechend kleinere Traglast gehoben werden kann. Diese Abhängigkeit wird in einem Diagramm durch die Traglastkurve oder einer Zahlentafel festgelegt.

Die erforderliche Standsicherheit wird durch die Anordnung einer Gegenlast Gewähr leistet, wobei oft die Eigenlast der einzelnen Maschinensätze hierfür ausgenutzt wird. Von besonderer Bedeutung sind die Überlastsicherungen gegen zu hohe Lastmomente, die mit Anzeige- und Warneinrichtungen zu versehen sind und bei überhöhter Last die betreffenden Maschinensätze automatisch abschalten.

Die wichtigsten Bauteile der Drehkrane sind der Ausleger, die Drehverbindung, der Unterbau und die einzelnen Maschinensätze.

Der **Feste Ausleger** erfordert bei ortsfesten Kranen eine Laufkatze; das Arbeitsfeld entspricht einem Kreisring. Bei fahrbaren Kranen reicht oft eine am Auslegerende angebrachte Umlenkrolle (Schnabelrolle) für die Hubseile aus, da durch die Kombination der Dreh- und Fahrbewegung des Kranes jeder Punkt innerhalb des rechteckigen Arbeitsfeldes erreicht werden kann.

Beim **Wippausleger** (Abschnitt 4.4.3) genügt eine am Ende des Auslegers befestigte Schnabelrolle, auch bei ortsfesten Drehkranen, da die Ausladung durch das Wippen des Auslegers, innerhalb festgelegter Grenzen, verändert werden kann.

Beim **Teleskopausleger** wird die Auslegerlänge durch Ineinanderschieben einzelner Auslegerteile verändert. Auch hier genügt, wie beim Wippausleger, eine am Auslegerende angebrachte Umlenkrolle.

4.4.2 Lagerung des Drehteiles

Das drehbare Oberteil wird entweder über Säulen- oder Scheibensysteme auf dem Unterbau gelagert. Die wichtigsten Lagerungsarten sind:

Lagerung über eine feststehende Säule – Säulensystem: Die feststehende Säule wird (bei ortsfesten Drehkranen) in einer Fundamentplatte oder einem Fundamentstern bzw. (bei fahrbaren Drehkranen) in einem Unterwagen verankert. Diese Lagerungsart ist auch für sehr schwere Anlagen gut geeignet. Das drehbare Oberteil wird über die feststehende Säule gestülpt und dort gelagert (Bild 4.4-1).

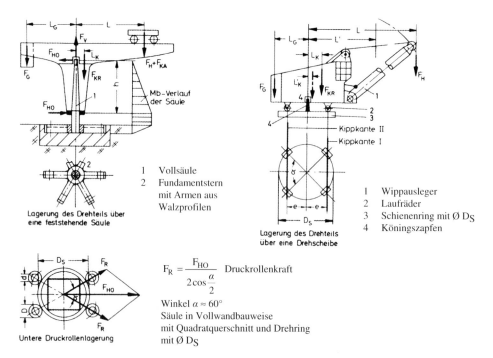

Bild 4.4-1 Lagerungsarten des Drehteils

Am oberen Säulenende erfolgt die Lagerung des Drehteiles über ein Wälzlager (z.B. Axialpendelrollenlager) welches hohe axiale und radiale Kräfte aufnehmen kann; das Lager am unteren Säulenteil wird dann nur radial belastet. Bei kleinen Säulendurchmessern kommt hier-

4.4 Drehkrane

für ein normales Radiallager, z.B. ein Pendelkugellager, und bei größeren Säulendurchmessern die Lagerung über Druckrollen in Frage (Bild 4.4-1).

Bei hohen schlanken Säulen wird wegen der größeren Knickbeanspruchung manchmal die Lagerung umgekehrt: oben ist das Lager für Radial-, unten das Lager für Radial- und Axialkräfte. Bei kleineren Kranen kann die Lagerung des Drehteiles auch ausschließlich am oberen Säulenende vorgenommen werden.

Für kleinere Lastmomente, $M_H \leq$ ca. 500 kNm, wird die Säule als Vollsäule oder Rohr, sonst allgemein in Vollwand- oder Fachwerkbauweise, ausgeführt.

Zur Gewichtsersparnis wird bei ortsfesten Kranen nur bei kleinen Anlagen eine Fundamentplatte gewählt; bei größeren Anlagen sind Fundamentsterne gebräuchlich. Beim Fundamentstern wird im Zentrum eine Platte zur Aufnahme des Säulenfußes vorgesehen, während die Lastübertragung auf das Fundament über mehrere Arme erfolgt (Bild 4.4-1). Die Lagerkräfte und das maximale Biegemoment der Säule ergeben sich nach Bild 4.4-1 zu:

$$F_V = F_H + F_{KA} + F_{KR} + F_G \qquad \textit{Vertikalkraft} \qquad (4.4.1)$$

$$F_{HO} = \frac{F_H L + F_{KA} L + F_{KR} L_K - F_G L_G}{h} \qquad \textit{Horizontalkraft} \qquad (4.4.2)$$

$$M_{b\,max} = F_{HO} \, h \qquad \textit{Maximales Biegemoment} \qquad (4.4.3)$$

F_H Hubkraft
F_{KA} Eigenlastkraft der Laufkatze
F_{KR} Eigenlastkraft des Drehteiles
F_G Gegenlastkraft
L, L_K und L_G siehe Bild 4.4-1

Die Gegenlast ist in der Regel so zu wählen, dass das Auslegermoment und das halbe Lastmoment ausgeglichen sind: Günstige Beanspruchung der Säule. Unter Vernachlässigung der Eigengewichtskraft der Laufkatze wird damit das Biegemoment der Säule bei Volllast $M_b = 0.5\,F_H\,L$, bei Halblast $M_b = 0$ und bei Nulllast $M_b = -0.5\,F_H\,L$. Für die Wahl der Gegenlast ergibt sich hieraus die Bedingung

$$F_G\,L_G = 0.5\,(F_H + F_{KA})\,L + F_{KR}\,L_K$$

Die feststehende Säule ist auf Druck σ_d und Biegung σ_b (Biegedruckspannung $\sigma = \sigma_d + \sigma_b$) sowie auf Knickung σ_k (bei Aufnahme der Vertikalkraft F_V am oberen Säulenende) nachzurechnen.

Die Drehwiderstandsmomente M_W ergeben sich zu:

$$M_W = (F_{HO} + F_V)\mu\frac{d_o}{2} + F_{HO}\,\mu\frac{d_u}{2} \qquad \begin{matrix}\textit{M}_W\textit{ für normale}\\ \textit{Lagerung}\end{matrix} \qquad (4.4.4)$$

$$M_W = (F_{HO} + F_V)\mu\frac{d_o}{2} + \frac{\Sigma F_R}{D}\left(f + \mu\frac{d}{2}\right)D_S \qquad \begin{matrix}\textit{M}_W\textit{ für Lagerung mit}\\ \textit{unteren Druckrollen}\end{matrix} \qquad (4.4.5)$$

F_{HO}, F_V siehe oben
μ Lagerreibungszahl
d_o und d_u Lagerreibungsdurchmesser oben bzw. unten
ΣF_R Σ Druckrollenkräfte
D Druckrollendurchmesser
f Hebelarm der rollenden Reibung
d Lagerzapfendurchmesser der Druckrollen
D_S Säulendurchmesser, auf dem die Druckrollen laufen

Der zweite Teil der Gl. (4.4.5) enthält den Roll- und Reibungswiderstand, aus dem auch die Werte für μ und f hervorgehen.

Lagerung über eine drehbare Säule – Säulensystem: Hierbei wird der Ausleger drehfest mit der drehbaren Säule verbunden, wobei die Lagerung der Säule meist wie folgt vorgenommen wird:
– Lagerung an beiden Enden (Bild 4.4-4)
– Fliegende Lagerung (Bild 4.4-7)

Lagerung über einen Drehkranz – Scheibensystem: Das drehbare Oberteil stützt sich über einen Drehkranz (Bild 2.6-4) ab. Diese heute am meisten verwendete Drehverbindung ist für leichte und schwere Anlagen gut geeignet, da sie bei entsprechender Größe sehr hohe Radial- und Axialkräfte sowie Momente aufnehmen kann. Drehkränze ermöglichen einen sehr gedrängten Aufbau bei gleichzeitig niedriger Schwerpunktslage (nur ein Lager für die Aufnahme aller Kräfte und Momente). Da die Wälzringe dieser Lager empfindlich gegen Biegebeanspruchungen sind, ist auf eine besonders starre Lagerung der Wälzringe im Unterbau und im Drehteil zu achten.

Lagerung über eine Drehscheibe – Scheibensystem: Bei der Drehscheibenlagerung stützt sich das Drehteil über mehrere Laufräder auf einem Schienenring ab; die Zentrierung und Aufnahme der horizontalen Kräfte kann z.B. über einen Königszapfen vorgenommen werden (Bild 4.4-1).

Die resultierende vertikale Kraft darf in keinem Betriebszustand außerhalb des Schienenringes liegen.

Berechnung des Schienenringdurchmesser D_S (Bild 4.4-1): Für eine Überlast von 50 % (wegen der Sicherheit) ergibt sich aus $\Sigma M_I = 0$ für die Kippkante I:

$$1{,}5\, F_H (L - e) = F_{KR} (e - l_K) + F_G (L_G + e)$$

Um möglichst gleichmäßige Radkräfte zu erzielen, sollen diese bei der Kippkante I mit der Hubkraft $F_H = F_H$ (Volllast) gleich den Radkräften bei der Kippkante II mit der Hubkraft $F_H = 0$ (Nullast) sein.

Fester Ausleger:
Aus $\Sigma M_{II} = 0$, bei $F_H = F_H$: $F_I = [F_H (L + e) + F_{KR} (e + L_K) - F_G (L_G - e)]/2e$
Aus $\Sigma M_I = 0$, bei $F_H = 0$: $F_{II} = [F_{KR} (e - L_K) + F_G (e + L_G)]/2e$

mit $F_I = F_{II}$ folgt: $F_G L_G = 0{,}5\, [F_H (L + e) + 2 F_{KR} L_K$

Setzt man diesen Wert in die Gleichung für 50 % Überlast ein, erhält man e und damit D_S zu:

$$\boxed{D_S = \frac{2 F_H L}{F_{KR} + F_G + 2 F_H} \cdot \frac{1}{\cos \dfrac{\alpha}{2}}} \qquad \textit{Schienenringdurchmesser} \qquad (4.4.6)$$

Winkel $\alpha \approx 50 \ldots 70°$ (siehe Bild 4.4-1)
Übrige Formelgrößen siehe vorn und Bild 4.4-1

Wippausleger:

$$\boxed{D_S = \frac{2 F_H L + F_{KR} (L_K - L_{K'})}{F_{KR} + F_G + 2 F_H} \cdot \frac{1}{\cos \dfrac{\alpha}{2}}} \qquad \textit{Schienenringdurchmesser} \qquad (4.4.7)$$

L′ und L_K, gilt für ganz eingezogene Ausleger, siehe Bild 4.4-1.

Die Ableitung der Gl. (4.4.7) erfolgt analog der Ableitung von Gl. (4.4.6) mit folgenden Abweichungen:

F_I aus ΣM = 0 bei $F_H = F_H$ (Volllast) und L (volle Ausladung)
F_{II} aus ΣM = 0 bei F_H = 0 (Nullast) und L′ (Ausleger ganz eingezogen).

Der Wert ($L_K - L_{K'}$) wird zunächst geschätzt, sodass D_S nach Gl. (4.4.7) berechnet werden kann. Nach anschließender Ermittlung des genauen Wertes von ($L_K - L_{K'}$) – nach Festlegen der exakten Konstruktionsdaten – ist bei größerer Abweichung gegenüber dem ursprünglich geschätzten Wert eine Korrekturrechnung für D_S durchzuführen.

Lagerung des Drehteiles: Bei leichten Drehteilen reichen vier Laufräder aus, sonst sind allgemein acht Laufräder nötig, wobei je zwei in einem Fahrschemel untergebracht werden.

$$\boxed{M_W \approx 1{,}25 \frac{\Sigma F_R}{D}\left(f + \mu\frac{d}{2}\right)D_S} \qquad \textit{Drehwiderstandsmoment} \qquad (4.4.8)$$

„1,25" Zuschlag für die Reibung an den Radnaben, den Schienen und im Königszapfen.
ΣF_R S Radkräfte, aus F_H, F_{KR} und F_G
D Laufraddurchmesser
D_S Schienenringdurchmesser
f, μ und d siehe vorn

4.4.3 Wippsysteme

Die Wippsysteme dienen zur Bewegung der Wippausleger unter Last; die nur selten verwendeten Verstellsysteme gestatten die Änderung der Ausladung nur ohne Last, sodass auf eine Beschreibung verzichtet werden kann.

Zum Wippsystem gehört der bewegliche Ausleger, die Gegenlast zum Ausgleich der Auslegereigenlast und das eigentliche Wippwerk.

Bei der Auslegung des Wippsystems ist dafür zu sorgen, dass die Eigenlast des Wippauslegers bei jeder Auslegerstellung möglichst ausgeglichen ist, und dass die Last sich während des Wippvorganges in etwa auf einer horizontalen Linie bewegt (einfache Konstruktion und Bedienung, keine Hubarbeit bei der Wippbewegung). Bei den gebräuchlichen Wippsystemen wird die Auslegerrolle entweder auf einer Kreisbahn oder einer Horizontalen geführt. Aus der Vielzahl der Wippsysteme sollen hier nur die beiden wichtigsten Ausführungen kurz besprochen werden.

Der **Einfachlenker** (Bild 4.4-2) führt die Auslegerrolle auf einer Kreisbahn.

Gegeben sind die Auslegerweiten L und L′ sowie der Anlenkpunkt M des Auslegers am Drehteil. Gesucht wird der Punkt N, an dem die Umlenkrollen für die verschiedenen Seile (Hub-, Wipp-, und Ausgleichseil) zu lagern sind.

Das Hubseil wird zwischen den Auslegerrollen und den Umlenkrollen am Punkt N mehrfach eingeschert, damit der Punkt N nicht zu hoch rückt, was konstruktiv und belastungsmäßig sehr ungünstig wäre. Beim Einfachlenker in Bild 4.4-2 wurde eine dreifache Seileinscherung gewählt.

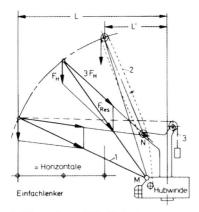
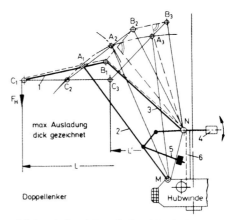

1 Wippausleger, 2 Dreifach eingeschertes Hubseil, 3 Ausgleichlast für Eigenlast des Auslegers über Ausgleichseil Wippantrieb z.B. über Seilwinde

1 Spitzenlenker, 2 Grundlenker, 3 Zuglenker, 4 Gegenlast für Auslegereigenlastausgleich (über Hebelsystem – Schwinge), 5 Spindelwippwerk, 6 Hubseil

Bild 4.4-2 Wippsysteme (nach ERNST)

Heben und Senken: Hubwerk läuft, Wippwerk steht; vertikale Lastbewegung.
Wippen: Hubwerk steht, Wippwerk läuft; horizontale Lastbewegung.

Beim Einziehen des Auslegers verkürzt sich die Strecke zwischen den Ausleger- und Umlenkrollen bei Punkt N. Durch die daraus entstehende Seilverlägerung – trotz Heben des Auslegers – bewegt sich die Last auf einer Horizontalen radial nach innen.

Zum angenäherten Ausgleich der Auslegereigenlast kommen eine geradlinig bewegte Gegenlast, die durch Seile mit der Auslegerspitze verbunden ist, oder eine auf einem Kreisbogen bewegte Gegenlast, die z.B. auf einer Schwinge sitzt, in Frage. Die Größe dieser Gegenlast kann durch Gleichsetzen der Senkarbeit der Gegenlast mit der Hubarbeit der Auslegereigenlast annähernd ermittelt werden:

$$F_G \, \Delta H_G = F_A \, \Delta H_A$$

F_G, F_A Eigenlastkräfte der Gegenlast bzw. des Auslegers
$\Delta H_G, \Delta H_A$ Senkrechter Hubweg der Auslegergegenlastkraft F_G bzw. der Auslegereigenlastkraft F_A; jeweils auf den Schwerpunkt der beiden Lasten bezogen

Bei genauem Lastausgleich sollen die Momente um den Anlenkpunkt M des Auslegers aus der Auslegereigenlast und der Gegenlast für jede Auslegerstellung gleich groß sein. Dies ist aber nicht für jede Auslegerstellung möglich, sodass das Restmoment einschließlich der Reibmomente von dem Antriebsmotor des Wippwerkes aufzubringen ist.

Dieses Wippsystem zeichnet sich durch geringen Bauaufwand aus, hat jedoch durch seinen geraden Ausleger ein kleineres Freiprofil. Es wird allgemein bei kleineren bis mittleren Ausladungen und Traglasten verwendet.

Der **Doppellenker** führt die am Spitzenausleger befestigte Auslegerrolle auf einer Horizontalen. Gegeben sind die Ausladungen L und L' sowie der Anlenkpunkt M des Grundlenkers (Bild 4.4-2). Die Abmessungen von Grund- und Spitzenlenker können angenommen werden. Gesucht wird der Befestigungspunkt N für den Zuglenker. Die Punkte C_1 und C_3 (Lage der

Auslegerrolle am Ende des Spitzenauslegers) sind durch die Ausladungen L und L' festgelegt. Es ist mindestens eine Zwischenstellung – Punkt C_2 – anzunehmen.

Die Punkte C_1 bis C_3 liegen etwa auf einer Horizontalen. Kreisbögen mit der Strecke $\overline{MA_1}$ um Punkt M und mit der Strecke $\overline{C_1A_1}$ um Punkt C_2 ergeben die Punkte A_2 und B_2.

Für die Punkte A_3 und B_3 ist analog vorzugehen. Auf den Verbindungslinien $\overline{B_1B_2}$ und $\overline{B_2B_3}$ wird das Mittellot errichtet. Im Schnittpunkt der beiden Mittellote liegt der gesuchte Punkt N.

Da sich die Länge des Hubseiles beim Wippvorgang bei fest gehaltener Hubwerkstrommel nicht ändert, beschreibt die Last einen etwa horizontalen Weg. Bei hohen Lasten wird zwischen der Auslegerrolle am Ende des Spitzenauslegers und dem Lastaufnahmemittel ein Flaschenzug eingebaut, der das Wippsystem nicht verändert. Der Bewegungsablauf beim Heben bzw. Senken und Wippen entspricht dem des vorn beschriebenen Einfachlenkers. Die Ermittlung der Gegenlast zum Ausgleich der Auslegereigenlast kann wie beim Einfachlenker vorgenommen werden, wobei die Gegenlast häufig über eine Schwinge geführt wird (Bild 4.4-2). Der Doppellenker weist einen höheren Bauaufwand auf, ermöglicht jedoch ein größeres Freiprofil und hohe Ausladungen und Traglasten. Gleichzeitig eignet er sich besonders gut für komplizierte Systeme (Mehrseilgreiferbetrieb, Flaschenzüge zwischen Auslegerrolle und Lastaufnahmemittel usw.).

4.4.4 Unterbau

Als Unterbau für die drehbaren Oberteile kommen Unterwagen (gleisgebunden oder gleislos), fahrbare Portale, Pontons oder Betonfundamente (für ortsfeste Krane) in Frage.

Gleisgebundene Unterwagen werden als Plattformwagen in Schweißkonstruktion – möglichst in Kastenbauweise – meist mit Vierradlagerung gebaut; auch manchmal in Dreiradbauweise. Bei der Berechnung kann angenähert auch bei der Vierradbauweise eine statisch bestimmte Lagerung angenommen werden, sodass die Abmessungen der Profile und Bleche sowie die Radkräfte in Abhängigkeit der jeweiligen Auslegerstellung leicht ermittelt werden können (Bild 4.4-3).

$$F_V = F_H + F_{KR} + F_G \quad \textit{Vertikalkraft} \quad (4.4.9)$$

$$M = F_V\, e = F_H\, L + F_{KR}\, L_K - F_G\, L_G \quad \textit{Moment} \quad (4.4.10)$$

Formelgrößen siehe vorn und Bild 4.4-3

Vertikalkraft F_V und Moment M nach den Gln. (4.4.9) und (4.4.10) berechnen; aus Gl. (4.4.10) ergibt sich gleichzeitig der Angriffsradius e der Vertikalkraft F_V. Bei größeren im Freien arbeitenden Anlagen ist noch der Windeinfluss zu beachten. Nach Bild 4.4-3 können jetzt in Abhängigkeit des Drehwinkels des Auslegers und der Vertikalkraft F_V die Auflagerkräfte F_A und F_B an den Achsen bzw. im Unterwagen und hiermit schließlich die einzelnen Radkräfte F_{R1} ... F_{R4} ermittelt werden. Dazu müssen allerdings noch die Spurweite, der Radstand und die Lage der Drehachse des Drehteiles auf dem Unterwagen bekannt sein. Die Eigenlast des Unterwagens kann angenähert gleichmäßig auf die einzelnen Räder verteilt werden. Bei der Dreiradbauweise erfolgt die Ermittlung der Radkräfte analog.

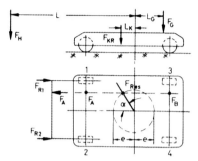 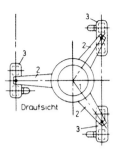

Unterwagen mit 4-Radlagerung

1... 4 Laufräder des Unterwagens
F_A, F_B Achslast je nach Auslegerstellung
(Winkel α)
F_{R1} ... F_{R4} Radkräfte der Laufräder

Fahrbares Portal mit 3 Stützen

1 Drehkranzlagerung für den Drehteil
2 Portalstütze
3 Fahrschemel mit je 2 Laufrädern
und Eckenantrieb

Bild 4.4-3 Unterwagen

Der Fahrantrieb geschieht mit Hilfe normaler Fahrwerke (Abschnitt 2.6.4), wobei in der Regel mindestens zwei Räder anzutreiben sind. Zur Lagerung des Drehteiles auf dem Unterwagen siehe Abschnitt 4.4.2, Laufräder und Schienen siehe Abschnitt 2.3.

Gleislose Unterwagen sind vor allem bei Fahrzeugkranen gebräuchlich. Sie erhalten luftbereifte Räder oder, für unwegsames Gelände bzw. besonders weichen Boden, auch Raupenfahrwerke. Meistens werden am Unterwagen ausschieb- oder ausschwenkbare Stützen vorgesehen. Sie dienen dazu, die Standsicherheit zu erhöhen, die Räder des Kranes bei der Arbeit zu entlasten und die Schrägstellung des drehbaren Oberteiles zu vermeiden. Beim Raupenfahrwerk stützt sich der Unterwagen mittels Laufrollen auf mindestens zwei Gleisketten ab.

Der Einheitsfahrwiderstand kann für Luftbereifung mit etwa 1 ... 2 %, für Raupenfahrwerke mit etwa 10 ... 20 % der gesamten Gewichtskraft des Kranes angesetzt werden; bei rauer und weicher Fahrbahn sind hohe Werte zu wählen.

Beim **Fahrbaren Portal** sitzt das drehbare Oberteil direkt auf einem fahrbaren Portal (als Halb- oder Vollportal), das z.B. zur Überbrückung von Straßen- oder Gleisanlagen dient. Die Abstützung des Drehteiles auf dem Portal wird auch hier über Drehkränze oder aber auch über Säulen vorgenommen.

Pontons kommen als beweglicher Unterbau für Schwimmkrane in Frage. Die Abstützung der Drehteile wird über Säulen- oder Scheibensysteme vorgenommen.

Betonfundamente dienen zur Lagerung der Drehteile ortsfester Drehkrane, wobei die Abstützung der Drehteile über feststehende oder drehbare Säulen erfolgt. Bei kleinen Anlagen reicht eine Unterplatte am Säulenfuß aus, bei größeren sind Fundamentsterne zu empfehlen.

4.4.5 Wichtige Bauarten von Drehkranen

Wegen der Vielfalt der Bauarten können in diesem Zusammenhang nur einige besonders wichtige Ausführungen kurz betrachtet werden. Ihre Einteilung erfolgt allgemein nach dem Verwendungszweck oder nach der Art der Lagerung für das drehbare Oberteil.

4.4 Drehkrane

Beim **Säulenkrehkran** (Bild 4.4-4) ist die aus einem Rohr bestehende feststehende Säule über ihre Fundamentplatte auf dem Betonfundament verankert. Der drehbare feste Ausleger, aus I- oder Spezialprofilen, wird am oberen Säulenende über Wälzlager, Druckrollen oder Drehkränze mit geringen Durchmessern gelagert: *Lagerung des Drehteiles über eine feststehende Säule.*

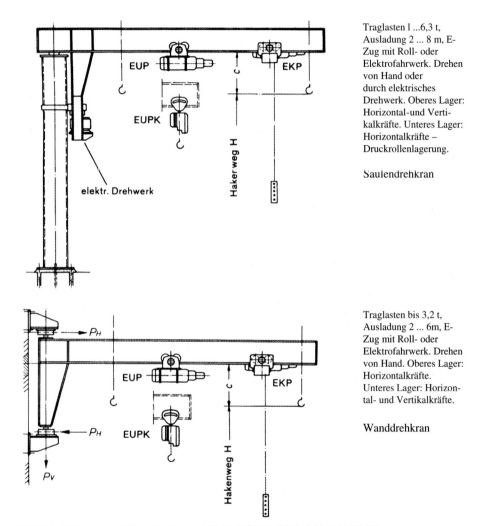

Traglasten 1...6,3 t, Ausladung 2 ... 8 m, E-Zug mit Roll- oder Elektrofahrwerk. Drehen von Hand oder durch elektrisches Drehwerk. Oberes Lager: Horizontal-und Vertikalkräfte. Unteres Lager: Horizontalkräfte – Druckrollenlagerung.

Säulendrehkran

Traglasten bis 3,2 t, Ausladung 2 ... 6m, E-Zug mit Roll- oder Elektrofahrwerk. Drehen von Hand. Oberes Lager: Horizontalkräfte. Unteres Lager: Horizontal- und Vertikalkräfte.

Wanddrehkran

Bild 4.4-4 Säulen- und Wanddrehkran (DEMAG CRANES & COMPONENTS)

Der feste Ausleger nimmt eine Unterflanschlaufkatze mit E-Zug auf. Bei geringen Traglasten und kleiner Ausladung genügen Rollfahrwerke, ansonsten sind Elektrofahrwerke nötig.

- Traglast bis 8 t; Ausladung bis 10m; Maximales Lastmoment bis 300 kNm
- Arbeitsgeschwindigkeiten siehe E-Züge

Beim **Wanddrehkran** (Bild 4.4-4) entspricht der feste Ausleger dem eines Säulendrehkranes, wobei hier der Ausleger über eine kurze, an beiden Enden gelagerte Säule abgestützt wird:

Lagerung des Drehteiles über eine drehbare Säule. Wie beim Säulendrehkran werden Unterflanschlaufkatzen verwendet. Das Drehen geschieht häufig von Hand durch Drükken an der Last.

Der **Konsoldrehkran** ist ein Wanddrehkran, welcher in das Fahrgestell eines Konsolkrans (Abschnitt 4.1.6) eingebaut ist.

Da der Konsoldrehkran durch das Drehen und Verfahren seines Auslegers jeden Punkt des rechteckigen Arbeitsfeldes erreichen kann, reicht eine feste Auslegerrolle am Auslegerende aus. Das Fahrgestellt läuft auf zwei an der Wand übereinander angebrachten Kranschienen. In der Regel werden oben eine oder zwei horizontale und unten zwei horizontale und vertikale Laufräder vorgesehen.

- Traglast 2 ... 20 t; Ausladung 4 ... 12,5 m; Kranfahrgeschwindigkeit 20 ... 125 m/min
- Hubgeschwindigkeit siehe E-Züge (Abschnitt 3.1.2)

Konsoldrehkrane dienen zur Entlastung von darüber laufenden Brückenkranen in Werk-und Montagehallen, vor allem zur Bedienung einzelner Arbeitsplätze.

Beim **Turmdrehkran** (Bild 4.4-5) trägt der auf einem gleisgebundenen Unterwagen stehende schlanke hohe Turm an seinem oberen Ende den Ausleger. Turm und Ausleger werden wegen der Windkräfte, der teilweise sehr großen Bauhöhe und Ausladung sowie aus Gewichtsgründen meist in Fachwerkbauweise ausgeführt. Um eine ausreichende Standsicherheit zu erzielen, ist im Unterwagen oder im unteren Turmteil eine Gegenlast vorzusehen. Die Überlastsicherungen sind wegen der hohen Unfallgefahr besonders sorgfältig auszubilden und ständig zu überwachen; das Gleiche gilt für die Sicherung gegen Windabtrieb (Schienenzangen – Abschnitt 2.8.4). Aus Sicherheitsgründen ist auch auf eine genau waagrechte und unnachgiebige Fahrbahn (z.B. in Form von Bahnschienen auf Schwellenfundamentierung) zu achten, damit sich der Turm nicht schiefstellt. Um gute Sicht zu Gewähr leisten, wird die über eine geschützte Steigleiter erreichbare Führerkabine hoch am Turm angebracht. Das Kranfahrwerk sitzt im fahrbaren Unterwagen.

- Traglast 1 ... 8 (50) t, hohe Traglasten durch die sehr schweren Betonfertigteile
- Maximale Ausladung 10 ... 40 (60) m; Lastmoment 80 ... 1000 (10 000) kNm
- Hubhöhe 20 ... 60 (100) m; Hubgeschwindigkeit 20 ... 60 m/min – hohe Werte wegen großer Hubhöhe
- Drehzahl 0,5 ... 2 min^{-1}; Kranfahrgeschwindigkeit 12,5 ... 40 m/min

Das Einsatzgebiet der Turmdrehkrane liegt vor allem im Bau- und Montagebetrieb. Beim Montagebetrieb kommen hauptsächlich Schwerlastausführungen in Frage.

Beim **Derrickkran** (Bild 4.4-6) wird am Fuß des senkrecht stehenden Standmastes der wippbare Ausleger gelagert, an dessen oberen Ende das Wippseil angreift: *Lagerung des Auslegers über eine drehbare Säule.*

- Traglast 2 ... 20 (300) t / Maximale Ausladung 10 ... 50 m
- Hubgeschwindigkeit und Drehzahl der Ausleger ähnlich wie beim Turmdrehkran

Feststehende Derrickkrane sind für Bau- und Montagearbeiten gebräuchlich.

4.4 Drehkrane

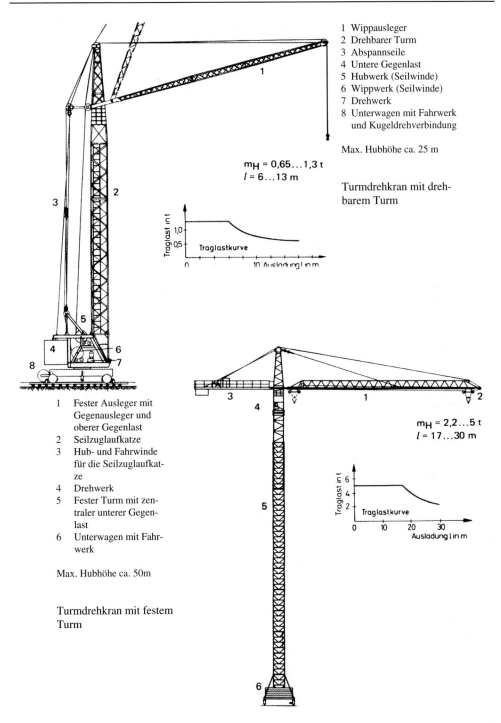

Bild 4.4-5
Trumdrehkrane (LIEBHERR)

Standmast, Ausleger und Stützmaste werden in Vollwand- oder Fachwerkbauweise erstellt, wobei die Vollwandbauart (aus St-Rohren) bei kleineren Traglasten und Abmessungen meist Vorrang hat. Wegen möglicher Standortwechsel ist auch hier auf leichte Bauweise, gute Zerlegbarkeit und einfaches Wiederaufrichten sowie transportgerechte Gestaltung besonders zu achten. Grundsätzlich ergeben sich, je nach dem Schwenkbereich, die folgenden beiden Grundausführungen:

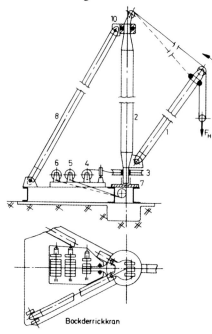

Hub- und Wippseil durch den hohlen Mast und den Mastschuh zu den Winden führen.

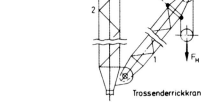

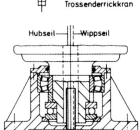

1 Wippausleger
2 Drehbarer Standmast
3 Drehring
4 Drehwinde (z.B. Treibtrommel)
5 Hubwinde (– Hubseil)
6 Wippwinde (– – Wippseil)
7 Mastschuh
8 Schrägstütze
9 Abspannseil
10 Oberes Drehlager

Bild 4.4-6 Derrickkrane

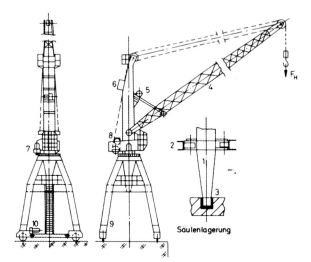

1 Blocksäule
2 Oberes Lager der Blocksäule (Druckrollen an Säule stützen sich auf Ringschiene an Portal ab: Aufnahme von Horizontalkräften)
3 Unteres Lager der Blocksäule (z.B. Axialpendelrollenlager: Aufnahme der Horizontal- und Vertikalkräfte).
4 Wippausleger (Einfachlenker in Fachwerkbauweise, Rohre)
5 Zahnstangen-Wippwerk
6 Gegenlast (an Seil) zum Eigenlastausgleich des Wippauslegers
7 Drehwerk (Antrieb über Zahnkranz an Drehteil)
8 Hubwinde (Hubseil zwischen Auslegerspitze und Umlenkrolle an Blocksäule mehrfach eingeschert)
9 Portal (4 Stützen)
10 Fahrwerk (je Seite 1 Fahrwerk)

Bild 4.4-7 Portaldrehkran (Blocksäulenkran)

4.4 Drehkrane

Portaldrehkrane (Bild 4.4-7) unterscheidet man allgemein in folgende Hauptbauarten, die für den Stück- und Schüttgutumschlag auf Großlagerplätzen und in Häfen gebräuchlich sind:

Drehkrane für Verladebrücken besitzen einen flachen Unterwagen, der meist auf dem Obergurt der Verladebrücken verfährt. Durch die Kombination der Fahrbewegungen des Kranes und der Verladebrücken selbst reicht oft ein fester Ausleger aus.

Der Drehteil dieser für Haken- oder Greiferbetrieb ausgelegten Krane wird über einen Drehkranz oder über eine feststehende Säule auf dem fahrbaren Unterwagen gelagert. Bild 4.2-2 zeigt einen Portaldrehkran auf einer Verladebrücke in Vollwandbauweise.

Beim ***Portaldrehkran mit eigenem Portal*** wird der Unterwagen des Kranes durch ein auf Schienen verfahrbares Portal ersetzt, das in der Regel ein bis zwei Gleisanlagen überbrückt. Bei kleineren Kranen kommen Portale mit zwei bis drei Stützen, sonst allgemein mit vier Stützen in Frage. Die Portale werden ausschließlich in Vollwandbauart hergestellt. Dabei ist auf möglichst schmale Bauweise und große Freiflächen unter den Portalen zu achten.

Die Lagerung des drehbaren Oberteiles geschieht über Drehkränze oder feststehende Säulen. Diese Lagerarten ermöglichen gegenüber dem Drehscheibensystem wesentlich geringere Abmessungen, was besonders bei Portaldrehkranen für Häfen von großer Bedeutung ist.

Die Ausleger werden meist als Wippausleger ausgeführt, wobei man bis zu mittleren Traglasten und Ausladungen Einfachlenker wegen ihrer einfachen Konstruktion bevorzugt; größere Anlagen werden mit Doppellenkern ausgerüstet. Bild 4.4-7 zeigt einen Portaldrehkran in Blocksäulenbauart mit Wippausleger.

- Traglast 2 ... 12,5 (50) t, auf Grund der Wippbewegung meist konstant über die gesamte Ausladung
- Maximale Ausladung 12,5 ... 40 m
- Portalfahrgeschwindigkeit 20 ... 32 (80) m/min
- Drehzahl 2 ... 4 min^{-1} – Hubgeschwindigkeit 10 ... 40 (100) m/min
- Hubhöhe 8 ... 40 m   – Spurweite Unterwagen 2 ... 6,3 m
- Spurweite Portal 6 m bzw. 10 m bei Überspannung von einem Gleis bzw. zwei Gleisen

Bei **Schwimmkranen** wird das drehbare Oberteil über einen Drehkranz oder eine feststehende Säule (in Vollwand- oder Fachwerkbauweise) auf dem schwimmfähigen Ponton gelagert. Der Wippausleger, oft als Doppellenker, kann auf einer Pontonstütze abgelegt werden (z.B. bei Brückendurchfahrten).

Die maximal zulässige Krängung (Schrägstellung des Pontons im Wasser) aus Hub- und Eigenlast beträgt 5°. Deshalb ist der Gesamtschwerpunkt möglichst tief zu legen und die Lagerung des drehbaren Oberteils an einem Pontonende anzubringen; am anderen Pontonende werden Flutkammern eingebaut, die als Gegenlast wirken.

Wegen der hohen Antriebsleistung wird häufig diesel-elektrische Kraftübertragung vorgesehen. Die Bewegung des Pontons erfolgt über mehrere Schiffsschrauben an Bug und Heck. Hierbei werden oft Spezialschrauben (z.B. Voith-Schneider-Propeller) verwendet, die ein besonders genaues Manövrieren gestatten. Beim Einbau solcher Spezialschrauben wird teilweise auf den drehbaren Wippausleger verzichtet. Für hohe Traglasten werden mindestens zwei Haupthubwerke eingebaut; hinzu kommt noch ein Hilfshubwerk für kleinere Traglasten.

Schwimmkrane werden beim Schwerlastumschlag in Häfen und Werften sowie als Bergungskrane eingesetzt.

- Traglast 8 ... 400 (1 500) t

- Maximale Ausladung 20 ... 60 m
- Hubhöhe 20... 40 m und 10 ... 20 m unter Wasser (Bergungsarbeiten)
- Fahrgeschwindigkeit der Pontons 10 ... 20 km/h
- Drehzahl 0,5 ... 1,5 min^{-1}

4.4.6 Beispiele

17 Säulendrehkran

Tragwerk: Lastmoment M_H = 120 kNm, maximale Ausladung L_{max} = 6 m, minimale Ausladung L_{min} = 3 m, h = 4 m, Eigenlast des Auslegers m_L = 150 kg/m, zulässige Durchbiegung des Auslegers f_{zul} = L/400 (Kragarm), Hubklasse H2, Werkstoff S235, Säule: Rohr nach DIN 2448, Drehkranzlagerung des Auslegers mit Lagerreibungszahl μ = 0,01 und Lagerreibungsdurchmesser D_L = 500 mm, Laufkatze: Eigenlast des E-Zuges einschl. Rollfahrwerk m_{KA} = 500 kg, Hubgeschwindigkeit v_H = 6,3 m/min

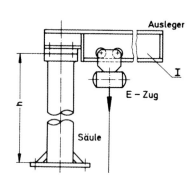

Gesucht:

1. Erforderliche Traglast m_H des E-Zuges
2. I-Profilgröße des festen Auslegers aus f_{zul}
3. Vertikalkraft und maximales Moment der Kugeldrehverbindung.
4. Drehwiderstandsmoment, ist Drehen von Hand durch Drücken an der Last möglich?

Lösung:

1. Maximale Hubkraft $F_{H\,max} = \dfrac{M_H}{L_{min}} = \dfrac{120}{3} = 40\,\text{kN}$ E-Zug mit Traglast m_H = 41

   Minimale Hubkraft $F_{H\,min} = \dfrac{M_H}{L_{max}} = \dfrac{120}{6} = 20\,\text{kN}$ m_H min = 21 (bei L_{max})

2. Ausleger als Kragarm. Hub- und Eigenlast der Laufkatze als Punktlast.
   Gesamte Durchbiegung f_{ges} des Kragauslegers (bei maximaler Ausladung)

   $$f_{ges} = \frac{(F_H + F_{KA})L^3}{3EJ_{bx}} + \frac{F_{AL}L^3}{8EJ_{bx}} \quad \text{hieraus: } J_{bx} = \frac{L^3}{Ef_{zul}}\left[\frac{(F_H + F_{KA})}{3} + \frac{F_{AL}}{8}\right]$$

   $$J_{bx} = \frac{6^3 \cdot 10^6}{21 \cdot 10^6 \cdot 1{,}5}\left(\frac{25\,000}{3} + \frac{9000}{8}\right) = 64\,860\,\text{cm}^4 \qquad \text{Profil I-500}$$

   Zulässige Durchbiegung $f_{zul} = \dfrac{L_{max}}{400} = \dfrac{600}{400} = 1{,}5\,\text{cm}$ J_{bx} = 68 740 cm^4
   W_{bx} = 2750 cm^3
   (siehe Profiltabellen)

   Auslegereigengewichtskraft $F_{AL} = m_L\, g\, L_{max}$ = 150 · 10 · 6 = 9000 N

3. Maximale Vertikalkraft $F_V = \Sigma F_V = F_{H\,max} + F_{KA} + F_{AL}$ = 40 + 5 + 9 = 54 kN

   Maximales Moment $M = F_{H\,min}L_{max} + F_{KA}L_{max} + F_{AL}\dfrac{L_{max}}{2}$

   $M = 20 \cdot 6 + 5 \cdot 6 + 9\dfrac{6}{2} = 177\,\text{kNm}$

4.4 Drehkrane

4. Drehwiderstandsmoment $M_W = \mu F \dfrac{D_L}{2} = 0{,}01 \cdot 54\,000 \dfrac{0{,}5}{2} = 135\,\text{Nm}$

Lagerkraft $F \triangleq F_V$ – siehe Pkt. 4.
Die maximale Handkraft F_{HA} liegt bei L_{min} vor:

$F_{HA} = \dfrac{M_W}{L_{min}} = \dfrac{135}{3} = 45\,\text{N}$ $\qquad F_{HA} = 45\,\text{N}$, Drehen von Hand möglich

18   Blocksäulenkran

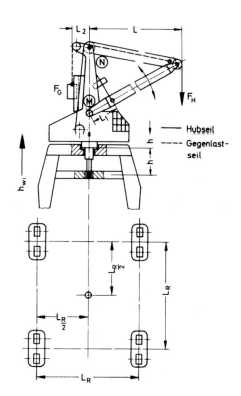

Tragwerk: L_{max} = 20 m, L_{min} = 8 m, L_2 = 2,5 m, L_R = 8 m, h = 2 m, Höhe des Schwerpunktes der Windangriffsfläche h_{Wi} = 10 m, Hubkraft F_H = 32 kN, Auslegereigenlast m_{Al} = 1,5 t, Eigenlast des drehbaren Oberteiles M_{KR} = 15 t, Eigenlast des Portales m_{PO}=10 t, Windangriffsfläche A_{Wi} = 40 m², Winddruck p_{Wi} = 400 N/m², Schwerpunkte von m_{KR}, m_{PO} und A_{Wi} liegen in der Drehachse. Wippausleger und Wippwerk: Einfachlenker mit Auslegerlänge L_{AL} = 22 m, Eigenlastausgleich durch über Seil an Auslegerspitze angreifende Gegenlast m_G, Hubseil zwischen Auslegerspitze und Pkt. N 3-fach eingeschert. Wippgeschwindigkeit v_W = 25 m/min (auf waagrechten Lastweg bezogen), L_1 = 2 m, Wirkungsgrad des Antriebes η = 0,6, Trapezgewindespindel mit $\sigma_{z\,zul}$ = 50 N/mm², Motordrehzahl n_{Mot} = 1450 min⁻¹.
Drehwerk und Lagerung des Drehteiles: Drehzahl des Drehteiles n_D = 3 min⁻¹, Wirkungsgrad des Antriebes η = 0,7, nur Massenträgheitsmomente von Hublast und Auslegereigenlast berücksichtigen, Anlaufzeit t_A = 10 s, Verhältnis Anlauf- und Nennleistung $\left(\dfrac{P_A}{P_N}\right)_{zul}$ = 1,8 Lagerreibungszahl μ = 0,01.
Lagerreibungsdurchmesser D_{Lo} = 300 mm (oberes Lager) bzw. D_{Lu} = 200 mm (unteres Lager).

Gesucht:

1. Pkt. N für die Umlenkrollen, wenn der Wippausleger nur auf Druck bzw. Knickung beansprucht werden soll.
2. Gegenlast m_G für den Eigenlastausgleich des Wippauslegers.
3. Maximale Spindelkraft F_{Sp}, Übersetzung i und Nennleistung P_N des Wippwerkes.
4. Maximale Lagerkräfte der beiden Lager des Drehteiles.
5. Nennleistung P_N des Drehwerkes.
6. Maximale Radkräfte F_R des Kranes.

Lösung:

1. Längenmaßstab: 1 : 400 (1 cm ≙ 4 m)
   Kraftmaßstab: 1 cm ≙ 40 kN Punkt

   Ⓜ liegt auf Drehachse. Radius mit Auslegerlänge L_{AL} um Pkt. Ⓜ schlagen. L_{min} = 8 m, L_{max} = 20 m und eine Mittelstellung antragen. F_H = 32 kN und 3 F_H = 96 kN so antragen, daß F_{Res} bei jeder Auslegerstellung in die Auslegerachse fällt: Ausleger dann nur auf Druck bzw. Knickung beansprucht (3 F_H: Hubseil 3-fach eingeschert). Die Wirkungslinien von 3 F_H schneiden sich im gesuchten Pkt. Ⓝ

   Aus der Zeichnung ergibt sich:
   Pkt. N ca. 6,4 m über und ca. 0,4 m vor Pkt. Ⓜ

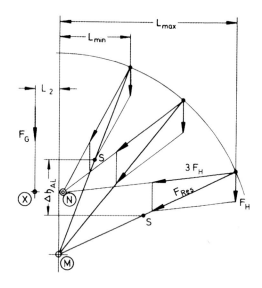

2. Gegenlast angenähert, nach Abschnitt 4.4.3, durch Gleichsetzen der Hubarbeit der Auslegereigenlast und der Senkarbeit der Gegenlast ermitteln:

$$F_G = F_{AL} \frac{\Delta h_{AL}}{\Delta g_G} = 15000 \frac{6}{4,8} = 18\,800 \text{ N gewählt Gegenlast } m_G = 21$$

   Auslegergewichtskraft F_{AL} = 15 000 N. Senkrechte Hubwege von Ausleger- und Gegenlastschwerpunkt aus Zeichnung unter Pkt. 1 entnehmen:

   Δh_{AL} = 1,5 cm ≙ 6 m
   Δh_G = 1,2 cm ≙ 4,8 m

   Δh_G ergibt sich angenähert aus der Längendifferenz der Strecke von Pkt. (5t) bis zur Auslegerspitze für L_{max} bzw. L_{min} – an Pkt. Ⓧ Umlenkrolle des Gegenlastseiles

3. Aus M Ⓜ = 0 Spindelkraft F_{Sp} für die unter Pkt. 1 gewählten Auslegerstellungen ermitteln. F_{Res} entfällt (Wirkungslinie von F_{Res} geht durch Pkt. Ⓜ). Änderung von L_1 durch die Wippbewegung vernachlässigt.

4.4 Drehkrane

Für L_{max}: $F_{Sp} = \dfrac{1}{L_1}\left(F_{AL}\dfrac{L}{2} - F_G L_2\right)$

$= \dfrac{1}{2}(15 \cdot 10 - 20 \cdot 2{,}5) = 50\,\text{kN}$

Für L_{min}: $F_{St} = \dfrac{1}{L_1}\left(F_{AL}\dfrac{L}{2} - F_G L_2\right)$

$= \dfrac{1}{2}(15 \cdot 4 - 20 \cdot 2{,}5) = 5\,\text{kN}$

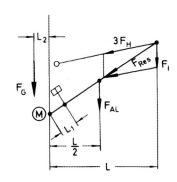

Spindelkraft $F_{Sp} = 5\,\ldots\,50$ kN
(je nach Auslegerstellung)

pindelquerschnitt $A = \dfrac{F_{St}}{\sigma_{z\,zul}} = \dfrac{50\,000}{50} = 1000\,\text{mm}^2$, hieraus:

Gewinde Tr 44×7 mm

$\left(\begin{array}{l} A_{Kern} = 1046\,\text{mm}^2 \\ \text{Steigung } s = 7\,\text{mm} \end{array}\right)$

Übersetzung $i = \dfrac{n_{Mot}}{n_{Sp}} = \dfrac{1450}{460} = 3{,}15$

Eine Spindelumdrehung ergibt 7 mm Weg. Auslegerwinkel zwischen L_{max} und L_{min} nach Zeichnung von Pkt. 1 ca. 44° und damit Spindelhub $\Delta h = r_\varphi = 1 \cdot 0{,}77 = 1{,}55$ m (Radius $r = 2$ m).

Spindelumdrehungen somit $\dfrac{1550}{7} = 220$. Waagrechter Wippweg $\Delta L = L_{max} - L_{min} = 12$ m.

Wippzeit $t_W = \dfrac{\Delta L}{v_W} = \dfrac{12}{25} = 0{,}48\,\text{min}$. Bei 220 Spindelumdrehungen in 0,48 min ergibt sich die Spindeldrehzahl zu: $n_{Sp} = 460\,\text{min}^{-1}$. Wippnennleistung P_N — Volllastbeharrungsleistung P_V

$P_V \triangleq \dfrac{F_{Sp}\,v_{Sp}}{\eta} = \dfrac{50\,000 \cdot 0{,}054}{0{,}6} = 4500\,\dfrac{\text{Nm}}{\text{s}}$ gewählt $P_N = 4$ kw

Einziehgeschwindigkeit der Spindel $v_{Sp} = \dfrac{\Delta h}{t_w} = \dfrac{1{,}55}{28{,}8} = 0{,}054\,\dfrac{\text{m}}{\text{s}}$

Maximale Spindelkraft F_{Sp} eingesetzt, Motor bei Volllast und L_{max} gering überlastet. Beschleunigungsleistung P_B gering, siehe Abschnitt 2.6.3, Nachweis nicht erforderlich.

4. Windkraft $F_{Wi} = A_{Wi}\,p_{Wi} = 40 \cdot 400 = 16\,000$ N. Ungünstigster Belastungsfall. F_{Wi} erhöht F_{Ax} und F_B, $L \triangleq L_{max}$. Lagerkraft F_B aus Σ Mom $A = 0$.

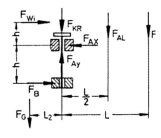

$F_B = \dfrac{1}{h}\left(F_{wi}h + F_{AL}\dfrac{L_{max}}{2} + F_H L_{max} - F_G L_2\right)$

$= \dfrac{1}{2}(16 \cdot 2 + 15 \cdot 10 + 32 \cdot 20 - 20 \cdot 2{,}5) = 386\,\text{kN}$

Lagerkraft F_{Ay} aus $\Sigma F_y = 0$

$F_{Ay} = F_{AL} + F_H + F_{KR} + F_G = 15 + 32 + 150 + 20 = 217$ kN

Lagerkraft F_{Ax} aus Σ Mom $B = 0$

$F_{Ax} = \dfrac{1}{h}\left(F_{wi}\,2h + F_{AL}\dfrac{L_{max}}{2} + F_H L_{max} - F_G L_2\right) = \dfrac{1}{2}(16 \cdot 2 \cdot 2 + 15 \cdot 10 + 32 \cdot 20 - 20 \cdot 2{,}5) = 402\,\text{kN}$

5. Volllastbeharrungsleistung P_V

$$P_V = \frac{M_W \omega_D}{\eta} = \frac{1310 \cdot 0{,}31}{0{,}7} = 580 \frac{Nm}{s} \qquad P_V = 0{,}6 \text{ kW}$$

Drehwiderstandsmoment $M_W = (F_{Ay} + F_{Ax})\mu \frac{D_{Lo}}{2} + F_B \mu \frac{D_{Lu}}{2} = (217 + 402)0{,}01 \cdot 0{,}15$
$\qquad\qquad\qquad\qquad\qquad + 386 \cdot 0{,}01 \cdot 0{,}1 = 1{,}31 \text{ kNm}$

Winkelgeschwindigkeit $\omega_D = 2\pi n_D = 2 \cdot 3{,}14 \cdot 3 = 18{,}9 \text{ min}^{-1} \triangleq 0{,}31 \text{ s}^{-1}$
Windkraft ohne Einfluss: Schwerpunktsabstand der Windangriffsfläche zur Drehachse = 0.
Beschleunigungsleistung P_B nach Gl. (2.6.9)

$$P_B = \frac{M_B \mu_D}{\eta} = \frac{44700 \cdot 0{,}31}{0{,}7} = 19800 \frac{Nm}{s}$$

Beschleunigungsmoment $M_B = \Sigma J\alpha = \left[m_H L_{max}^2 + m_{AL}\left(\frac{L_{max}}{2}\right)^2 + m_G L_2^2 \underbrace{P_B = 19{,}8 \text{ kW}}_{} \right]\frac{\omega_D}{t_A}$

$$= (3200 \cdot 20^2 + 1500 \cdot 10^2 + 2000 \cdot 2{,}5^2)\frac{0{,}31}{10} = 44700 \text{ Nm}$$

Anlaufleistung $P_A = P_V + P_B = 0{,}6 + 19{,}8 = 20{,}4 \text{ kW}$
Nennleistung P_N nach Gln. (2.7.1) und (2.7.2)

$p_N = p_V = 0{,}6 \text{ kW}$

$$P_N = \frac{P_A}{1{,}8} = \frac{20{,}4}{1{,}8} = 11{,}3 \text{ kW (maßgebend)}$$

6. Symmetrisches Portal: Die maximale Radkraft liegt dann vor, wenn der Ausleger mit L_{max} und voller Traglast m_H über einem der vier Fahrschemel steht. Windlast, bei ungünstigster Anblasrichtung, beachten.
Maximale Radkraft am Fahrschemel bei F_B aus
$\Sigma \text{s Mom A} = 0$:

$$F_B = \frac{1}{\sqrt{2}L_R}\left[F_H\left(L + \frac{\sqrt{2}L_R}{2}\right) + F_{AL}\left(\frac{L}{2} + \frac{\sqrt{2}L_R}{2}\right)\right]$$

$$\left[+ F_{Wi}h_{wi} + F_G\left(\frac{\sqrt{2}L_R}{2} - L_2\right)\right] + \frac{F_{KR} + F_{PO}}{4}$$

$$F_B = \frac{1}{11{,}3}(32 \cdot 25{,}6 + 15 \cdot 15{,}6 + 16 \cdot 10 + 20 \cdot 3{,}15)$$

$$+ \frac{250}{4} = 176 \text{ kN}$$

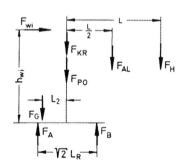

Je Fahrschemel 2 Laufräder: Maximale Radkraft

$$F_R = \frac{F_B}{2} = \frac{176}{2} = 88 \text{ kN}$$

$\sqrt{2}L_R = 1{,}42 \cdot 8 = 11{,}3 \text{ m}$: Diagonalabstand der Fahrschemel
Windkraft $F_{Wi} = 16 \text{ kN}$, siehe Pkt. 4
Die Eigenlastkräfte aus Drehteil und Portal ($F_{KR} + F_{PO}$) verteilen sich, wegen der symmetrischen Anordnung, gleichmäßig auf alle Fahrschemel.

4.5 Fahrzeugkrane

Fahrzeugkrane sind Straßen- oder Schienenfahrzeuge mit Hubeinrichtungen, die meistens drehbare Ausleger besitzen. In diesem Zusammenhang sollen nur die straßenfahrbaren Krane kurz beschrieben werden, die wegen ihrer vielseitigen Einsatzmöglichkeiten von größerer allgemeiner Bedeutung sind als die Schienengebundenen Fahrzeugkrane.

Als Antriebsaggregate kommen fast ausschließlich Dieselmotore zur Anwendung; bei sehr kleinen Anlagen gelegentlich auch Elektroantrieb über Batterien. Der Vorteil des Dieselmotors liegt in seiner Wirtschaftlichkeit und Unabhängigkeit von einem Kraftnetz; nachteilig ist, dass er nicht unter Last anlaufen kann, nicht überlastet werden darf sowie schwer umzusteuern ist. Nicht zu vergessen ist das Abgasproblem.

Die Kraftübertragung geschieht normalerweise mechanisch oder hydraulisch, wobei die hydrostatische überwiegt. Bei der mechanischen Kraftübertragung dient ein Schaltgetriebe zur Lastanpassung und ein über Kupplungen zu- bzw. abschaltbares Verteilergetriebe zur Betätigung der einzelnen Kranbewegungen.

Die mechanische Kraftübertragung zeichnet sich durch Einfachheit und hohen Wirkungsgrad aus. Nachteilig sind der höhere Bedienungsaufwand und die vielen Verschleißteile (mehrere Schaltkupplungen).

Bei der hydraulischen Kraftübertragung treibt der Dieselmotor eine Hydraulikpumpe an, die die verschiedenen Drucköllmotore b/w. Druckölzylinder, welche zur Betätigung der einzelnen Arbeitsbewegungen dienen, mit Drucköl versorgt (Betriebsdruck bis ca. 250 bar bei Zahnrad- und ca. 250 ... 400 bar bei Kolbenpumpen).

Diese Kraftübertragungsart ist teurer und im Wirkungsgrad geringer; sie erfordert jedoch gegenüber der mechanischen Methode einen geringeren Bedienungsaufwand bei gleichzeitiger feinfühliger Regelbarkeit der Arbeitsgeschwindigkeiten. Sie ist bei Fahrzeugkranen von zunehmender Bedeutung. Zum Teil werden diese beiden auch für hohe Leistungen gebräuchlichen Kraftübertragungssysteme auch als Mischsysteme verwendet (z.B. Heben mechanisch; Drehen, Wippen und Fahren hydraulisch).

Die elektrische Kraftübertragung – der Dieselmotor treibt einen Generator an, der über entsprechende Steuereinrichtungen die einzelnen Antriebsmotore der verschiedenen Maschinensätze speist – rechtfertigt sich wegen ihres hohen Bauaufwandes nur bei sehr hohen Leistungen. Auch hier ist die Bedienung bei feinfühliger und leichter Regelung der Arbeitsgeschwindigkeiten besonders einfach.

Bei einer Konstruktion ist wegen des häufigen Standortwechsels der Geräte auf eine möglichst kleine Eigenlast zu achten. Für Arbeiten im Gelände werden die Unterwagen mit Allradantrieb ausgerüstet; sonst ist für die Fahrbewegung der Antrieb an einer Achse ausreichend. In unwegsamem und weichem Gelände setzt man Raupenfahrwerke ein. Fahrzeugkrane mit Mehrseilgreifern erhalten oft Einmotorengreiferwinden, da sie in der Regel nur einen Dieselmotor für alle Fahr- und Kranbewegungen besitzen.

4.5.1 Ladekrane für Straßenfahrzeuge

Ladekrane für Straßenfahrzeuge werden in der Land- und Forstwirtschaft, bei Speditionen, bei Fahrzeugen für kommunale Zwecke (Dienstleistungen), für Abschlepp- und Bergungsarbeiten, im Baubetrieb usw. verwendet.

Zwei wichtige Ausführungen sind die Ladeschwinge und der eigentliche Ladekran.

Bei der **Ladeschwinge** (Bild 4.5-1) dient die hintere Bordwand des Fahrzeugs als Lastträger; sie lässt sich waagrecht bis zum Boden absenken. Die Arbeitsbewegungen sind Heben/Senken und Öffnen/Schließen der Bordwand – die Drehbewegung entfällt. Der Antrieb der Ladeschwinge erfolgt über doppelt wirkende Hydraulikzylinder, die von einem mit dem Fahrzeugmotor gekoppelten Hydraulikaggregat gespeist werden. Für kleine Traglasten kommt auch elektrohydraulischer Antrieb von der Fahrzeugbatterie aus in Frage.

– Traglast 0,5 ... 2 (5) t

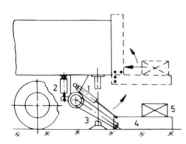 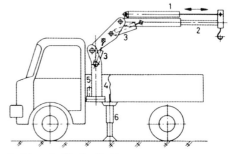

Ladeschwinge

1 Öffnungs- u. Schließzylinder
2 Hub- u. Senkzylinder
3 Ausfahrbare Stützen
4 Lastträger
5 Last

Ladekran (vollhydraulisch)

1 Zylinder zur Betätigung des Auslegerteleskopteils 2
3 Wippzylinder
4 Drehbare Säule
5 Drehwerk
6 Ausfahrbare Abstützung
  (beim Arbeiten des Kranes)

Bild 4.5.1 Ladekrane für Straßenfahrzeuge

4.5 Fahrzeugkrane

Ladekrane, die meist vollhydraulisch betätigten werden, lassen sich auf Lkws ab ca. 2,5 t Nutzlast aufsetzen; man platziert sie entweder hinter dem Führerhaus oder am Ende der Ladeplattform des Fahrzeugs. Die knickbaren und z.T. auch teleskopartig ein- und ausfahrbaren Ausleger (Bild 4.5-1) ermöglichen einen Verzicht auf das Hubwerk. Das Lastaufnahmemittel hängt direkt am Ende des Auslegers. Die Ausbildung dieser Teleskopknickausleger erfolgt ausschließlich in Vollwandbauweise, der Teleskopteil jedoch wegen seiner Führung in Kastenbauart. Die Wipp- und Teleskopbewegung geschieht über doppelt wirkende Hydraulikzylinder, das Drehen (bei kleineren Traglasten) von Hand oder durch einen Schwenkzylinder bzw. einen Hydraulikschwenkmotor. Das Hydraulikaggregat wird vom Fahrzeugmotor angetrieben. Bei größeren Lasten werden seitlich ausziehbare und hydraulisch verstellbare Stützen, die die Standsicherheit während der Kranarbeit erhöhen, vorgesehen. Zur Ruhestellung kann der Ausleger durch seine Wippzylinder – nach Einziehen des Teleskopteils – auf engem Raum zusammengelegt werden. Hydraulisch betätigte Lastaufnahmemittel wie Greifer, Zangen usw. können an Stelle der normal üblichen Lasthaken angehängt werden.

- Traglast 0,5 ... 3,2 (12,5) t – bei konstantem Lastmoment;
- Maximale Ausladung 3 ... 6 (12) m, Hubhöhe 3 ... 6 (12) m,
- Drehzahl des Oberteils 1 ... 3 min^{-1}

4.5.2 Mobilkrane

Der Mobilkran (Bild 4.5-2) hat nur einen Antriebsmotor für die Kran- und Fahrbewegungen und gestattet in der Regel nur kleinere Fahrgeschwindigkeiten.

Diese Kranart erlangte durch den vielseitigen Einsatz bei Lager-, Bau- und Montagearbeiten sehr hohe Bedeutung. Dem kommt auch die im Gegensatz zum Autokran gedrungene und kompakte Bauweise sehr genau entgegen.

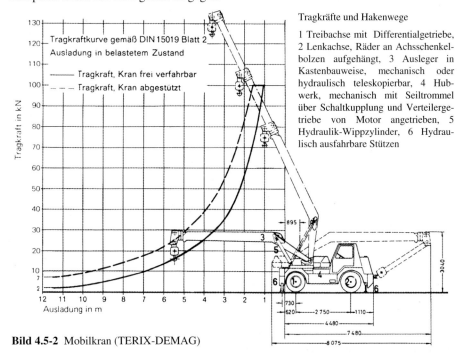

Tragkräfte und Hakenwege

1 Treibachse mit Differentialgetriebe, 2 Lenkachse, Räder an Achsschenkelbolzen aufgehängt, 3 Ausleger in Kastenbauweise, mechanisch oder hydraulisch teleskopierbar, 4 Hubwerk, mechanisch mit Seiltrommel über Schaltkupplung und Verteilergetriebe von Motor angetrieben, 5 Hydraulik-Wippzylinder, 6 Hydraulisch ausfahrbare Stützen

Bild 4.5-2 Mobilkran (TERIX-DEMAG)

Der Unter- und Aufbau der Mobilkrane wird meist zu einer Baueinheit zusammengefasst. Das aus zwei bis vier Achsen bestehende Fahrwerk hat Luftbereifung. Bremsen und Lenkung mit Servounterstützung sowie weitere wichtige Bauteile sind dem Kfz-Bau entnommen. Wegen der geringen Fahrgeschwindigkeiten reicht eine einfache Federung des Fahrzeugs, z.B. über Gummielemente, aus. Der Aufbau nimmt den über einen Drehkranz gelagerten Wippausleger auf, dessen obere Konstruktion in etwa den Auslegern der Ladekrane entspricht. Bei größeren Hubhöhen erhalten die Ausleger mehrfache Teleskopteile, und die Lastaufnahmemittel hängen nicht mehr direkt am Auslegerende, sondern werden über Unterflaschen von Hubseilen bewegt (Bild 4.5-2). Durch die Drehkranzlagerung ergeben sich kleine Abmessungen und ein niedrig liegender Schwerpunkt, was bei dieser Kranart besonders wichtig ist.

Die für alle Arbeitsbewegungen erforderliche Kraftübertragung vom Dieselmotor erfolgt mechanisch, hydraulisch oder auch mechanisch/hydraulisch. Ausfahrbare Stützen am Unterteil des Kranes erhöhen seine Standsicherheit bei den Arbeitsbewegungen. Bei größeren Hubhöhen ist auf die Minderung der Traglast durch die Schwerpunktsverlagerung und die größere Windlast zu achten. Die hieraus resultierende Traglastminderung kann aus Diagrammen oder Zahlentafeln der Herstellerfirmen entnommen werden.

Unterbau und drehbares Oberteil werden ausschließlich in Vollwandbauweise aus glatten und abgekanteten Blechen sowie Walzprofilen in Form von Schweißkonstruktionen gebaut.

– Traglast 1 ... 16 t; Maximale Ausladung 4 ... 16 m – bei konstantem Lastmoment
– Drehzahl des Oberteils 1 ... 6 min^{-1}; Fahrgeschwindigkeit 10 ... 20 (40) km/t

4.5.3 Autokrane

Der Autokran besitzt z.T. zwei Antriebsmotore: einen Motor mit hoher Leistung für die Fahrzeugbewegung im Fahrgestell und einen Motor mit kleinerer Leistung für die Kranbewegungen im drehbaren Oberteil. Sein wichtigstes Merkmal ist die Möglichkeit der Straßenfahrt mit relativ hohen Fahrgeschwindigkeiten, sodass die für Straßenfahrzeuge maßgebenden Bestimmungen wie maximale Breite und Höhe, Achslasten, Beleuchtung usw. bei der Konstruktion zu beachten sind. Das Hauptanwendungsgebiet der Autokrane liegt bei Bau- und Montagearbeiten, insbesondere im Hoch-, Brücken- und Kraftwerksbau. Ein weiteres Einsatzfeld ist die Erstellung großer Verfahrenstechnischer Anlagen (z.B. Raffinerieanlagen). Der Autokran ist wegen seiner hohen Fahrgeschwindigkeiten für häufigen Standortwechsel besonders gut geeignet.

Die Unterschiede zwischen Mobil- und Autokranen sind kaum noch abzugrenzen; so werden heute sowohl Mobilkrane mit höheren Fahrgeschwindigkeiten als auch Autokrane mit nur einem Antriebsmotor gebaut.

Im Gegensatz zur Bauweise des Mobilkrans sind das Kranunterteil und der drehbare Aufbau als getrennte Baugruppen ausgeführt. Wegen der großen Fahrgeschwindigkeiten werden als Unterteile verstärkte Lkw-Fahrgestelle verwendet, die mit der im Lkw-Bau üblichen Federung (Stahl-Blattfedern oder Luftfederung) ausgerüstet sind. Das drehbare Kranoberteil mit seinem Wippausleger wird über eine Drehkranzlagerung auf dem Unterwagen gelagert. Nur bei sehr großen Hubhöhen wird der Ausleger auf Grund der geringeren Eigenlast und der Windbelastung in Fachwerkbauweise ausgeführt; sonst allgemein als Mehrfachteleskopausleger in Kastenbauart. Der Teleskopausleger ermöglicht eine kürzere Rüstzeit und eine leichtere Bedienung. Nach dem Ausfahren der auf Rollen geführten Teleskopausleger sind die einzelnen Auslegerteile durch mechanische Verriegelungen formschlüssig miteinander zu verbinden. Die für Ladekrane häufig verwendeten Knickausleger sind beim Autokran wegen der größeren Hubhöhen nicht in Gebrauch. Für Straßenfahrt wird der zusammengeschobene Ausleger zur Abstützung über das Führerhaus des Fahrzeugs gelegt.

Fahrzeugkrane mit Raupenfahrwerken kommen nur auf unwegsamem und besonders weichem Gelände zum Einsatz. Sie sind sehr schwer und gestatten nur geringe Fahrgeschwindigkeiten, allerdings kann wegen der hohen Eigenlast meist auf zusätzliche Abstützungen verzichtet werden. Der Transport über längere Strecken ist nur mit Spezialfahrzeugen, z.B. Tieflader für Schwerlasten möglich.

- Traglast 8 ... 40 (400) t – bei konstantem Lastmoment
- Maximale Ausladung 8 ... 20 (60) m; Hubhöhe 8 ... 40 (100) m
- Drehzahl des Oberteils 1 ... 3 min^{-1}
- Fahrgeschwindigkeit 50 ... 80 km/h – bei Luftbereifung

4.6 DIN-Normen

DIN	15001	11.73	Krane; Begriffe, Einteilung nach der Bauart und Verwendung
DIN	15004/6	02.81	LkW-Ladekrane; Benennung der Hauptteile, Anforderung der Betätigungseinrichtung
DIN	15021	09.79	Krane und Winden; Tragkräfte
DIN	15022	09.79	Krane; Hubhöhen, Arbeitsgeschwindigkeiten; Richtlinien
DIN	15023	09.79	Krane; Ausladungen
DIN	15026	01.78	Hebezeuge; Kennzeichnung von Gefahrenstellen
DIN	15030	11.77	Hebezeuge; Abnahmeprüfung von Krananlagen
DIN	15049	09.58	Krane mit E-Zug oder ähnlichem Hubwerk; Laufräder mit Gleitlagern
DIN	15050	04.58	Krane mit Handantrieb; Laufräder mit Walzenlager

Literatur siehe Kapitel 2.8.

5 Gleislose Flurfördermittel

Gleislose Flurfördermittel wie Wagen, Stapler usw. bedeuten Mechanisierung und Rationalisierung der Förderaufgaben im innerbetrieblichen Transport und Warenumschlag.

Zahlreiche Geräte sind mit Hubeinrichtungen versehen, da die häufig verwendeten Transporteinheiten nur mit solchen Geräten umgesetzt werden können. Sehr wichtig sind ein geeigneter Fahrbahnbelag und eine robuste Bauweise der Geräte.

Gleislose Flurfördermittel sind frei im Förderweg, benötigen jedoch z.T. erhebliche Flurflächen für den Transportvorgang und arbeiten meist unstetig.

Die große Zahl und die Vielfalt der Ausführungen lässt nur ein kurzes Eingehen auf die allgemein wichtigsten Bauarten zu.

5.1 Fahrwerk und Lenkung

Geräte mit manuellem Antrieb durch Schieben oder Ziehen werden in der Regel nur gelegentlich, für kurze Förderwege – bis ca. 50m – und für kleine Lasten – bis ca. 1t – eingesetzt.

Benennung und Kurzzeichen der verschiedenen Flurfördermittel sind in der VDI-Richtlinie 3586 definiert. Die Benennung setzt sich aus folgenden Einzelbenennungen zusammen:

Fahr- und Hubantrieb: E Batterie-elektrisch, D Diesel, T Flüssiggas (Treibgas), H Hand usw.
Bedienung: G Mitgängergeführt, S Fahrerstand, F Fahrersitz, A Fahrerlos usw.
Bauform: Z Zweiachsschlepper, W Plattformwagen, G Gabelstapler, M Schubmaststapler, Q Quergabelstapler usw.
Leitlinienführung: Z Mechanisch zwangsgeführt, R Mechanisch zwangsgelenkt, I Induktiv zwangsgelenkt usw.

Z.B.: DFG Diesel-Fahrersitz-Gabelstapler, EAVI Induktiv zwangsgelenkter Elektro-Automatik-Gabelhochhubwagen

5.1.1 Fahrwerk

Die Berechnung des Fahrwiderstandes erfolgt nach Abschnitt 5.4.2; aus Fahrwiderstand und Fahrgeschwindigkeit kann die erforderliche Leistung des Fahrmotors ermittelt werden.

Der Unterbau, meist in Rahmenbauweise, wird aus abgekanteten Leichtbauprofilen, Rohren und Blechen zusammengeschweißt. Er nimmt die Antriebs-, Hub- und Lenkeinrichtungen sowie die Kräfte auf, die durch Fahren, Heben und Verlagerung des Schwerpunktes entstehen. Bei kleineren Geräten wird häufig die Dreirad-Bauart mit sehr kurzen Achsabständen bevorzugt, da sie über einen besonders engen Wendekreis verfügt.

Aufgrund des geringen Fahrwiderstandes erfolgt die Lagerung der Laufräder fast ausschließlich über Wälzlager. Als Bereifung sind Vollgummi-, Elastik- oder Luftbereifungen gebräuchlich. Vollgummi- und Elastikreifen sind unempfindlich gegen Metallspäne u.ä. und haben einen geringen Fahrwiderstand, jedoch nur mäßige Federungseigenschaften und erwärmen sich im Dauerbetrieb stärker. Sie können daher nur auf glattem Bodenbelag eingesetzt werden. Bei schlechten Fahrbahnverhältnissen und im Außeneinsatz werden Lufttreifen bevorzugt.

Die beiden wichtigsten Fahrantriebsarten sind der batterie-elektrische Antrieb (E) und der Dieselantrieb (D); diese beiden Arten sollen hier kurz besprochen werden.

Batterie-elektrischer Antrieb. Beim E-Antrieb wird der Strom einer mitgeführten Batterie entnommen, wobei die Batteriekapazität für etwa eine Schicht (6 ... 8h) bei normaler Arbeitsweise ausreichen sollte.

Die Drehzahlregelung des Fahrmotors und damit letztlich die Änderung der Fahrgeschwindigkeit erfolgt heute meist elektronisch.

Vorteile Geräuscharm und weitgehend verlust- und ruckfrei zu regeln; überlastbar und unter Last anfahrbar, deshalb ohne Schaltkupplung und -getriebe; keine Abgasprobleme.

Nachteile Kleinere Antriebsleistungen; begrenzte Einsatzzeit bei einer Batterieladung; teure und schwere Batterien.

Der E-Antrieb wird deshalb bei Flurfördermitteln mit kleinen bis mittleren Tragfähigkeiten, kleinen Arbeitsgeschwindigkeiten und guten Fahrbahnen bevorzugt im Inneneinsatz verwendet.

Dieselantrieb. Da der Dieselmotor nur im Leerlauf anlaufen kann und ein ziemlich konstantes Drehmoment aufweist, werden bei der diesel-mechanischen Kraftübertragung für den Fahrantrieb Schaltkupplungen und -getriebe zur Anpassung an den jeweiligen Fahrwiderstand erforderlich. Zur Bedienungserleichterung wird auch bei Flurfördermitteln zunehmend die dieselhydraulische Kraftübertragung angewendet.

Vorteile Für größere Traglasten und Fahrgeschwindigkeiten geeignet; leistungsstark und praktisch unbegrenzte Einsatzzeit, nur Nachtanken; hohe Wirtschaftlichkeit.

Nachteile Starke Fahrgeräusche; nicht überlast- und umsteuerbar; Lastanpassung durch Schaltgetriebe und höherer Bedienungsaufwand bei mechanischer Kraftübertragung; Abgasprobleme, deshalb vor allem im Außeneinsatz.

5.1.2 Lenkung

Vierrädrige Flurfördermittel sind größtenteils mit der bei Kraftfahrzeugen üblichen Achsschenkellenkung ausgerüstet; Aufhängung der ungelenkten Räder häufig an einer Starrachse, der gelenkten Räder an den Achsschenkelbolzen. Dreiradfahrzeuge erhalten eine Drehschemellenkung, wobei der Antriebsmotor häufig auf dem am Drehschemel befestigten gelenkten Rad sitzt und so beim Lenken mitgeschwenkt wird.

Bei der mechanischen Allradlenkung (Bild 5.2-1) wird durch ein Lenkgestänge der Radeinschlag gleichmäßig auf alle vier an Achsschenkelbolzen aufgehängten Räder übertragen. Die Allradlenkung ist teuer, gewährleistet jedoch, dass mehrere aneinander gehängte Wagen auch bei Kurvenfahrt genau in der Spur bleiben. Dadurch sind schmale Fahrgänge auch in Kurven und Ecken möglich.

Das häufige Wechseln der Fahrgeschwindigkeit und der Fahrtrichtung erfordert bei mittleren und größeren Geräten einen hohen Kraftaufwand für das Lenken und Bremsen, so dass hierfür Servohilfen eingebaut werden.

5.2 Fahrgeräte

Die Fahrgeräte dienen zum Horizontaltransport von Lasten im innerbetrieblichen Verkehr und werden, je nach Tragfähigkeit und Einsatzgebiet, als Hand- oder Motorfahrgeräte ausgebildet.

5.2 Fahrgeräte

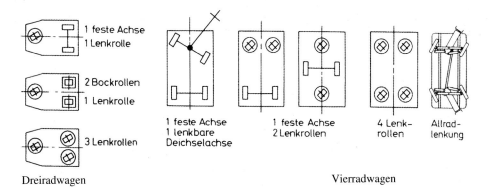

Bild 5.2-1 Lenkung bei Drei- und Vierradwagen

5.2.1 Fahrgeräte ohne Hubeinrichtung

Sie werden von Hand oder mit Ladegeräten wie Kranen, Staplern usw. be- und entladen.

Wagen. Wagen werden in Drei- und Vierradbauweise mit Vollgummi-, Elastik- oder Luftbereifung hergestellt. Die Tragfähigkeit und Standsicherheit der Dreiradwagen ist relativ gering, ihre Wendigkeit jedoch sehr hoch. Die mögliche Anordnung der Achsen und Räder sowie die Lenkung geht aus Bild 5.2-1 hervor.

Umsteckbare Deichseln und Bügel dienen zum Ziehen bzw. Schieben von Hand. Kupplungen an den beiden Stirnseiten ermöglichen das Aneinanderkuppeln mehrerer Wagen; beim Einsatz von Motorschleppfahrzeugen gut geeignet für den Werksrundverkehr. Hier erhalten die Wagen vornehmlich Allradlenkung (Bild 5.2-1).

Bei innerbetrieblichem Transport kann in der Regel wegen guter Fahrbahn und geringer Fahrgeschwindigkeit auf die Federung der Wagen verzichtet werden.

Die Aufbauten der Wagen hängen von der Art des Fördergutes ab; einige wichtige Ausführungen sind:

Plattformwagen Mit Ladeplatte, für größere Stückgüter

Wand- und Kastenwagen Mit Stirn- oder Seitenwänden bzw. mit Kastenaufbau für Stückgüter

Etagenwagen Mit mehreren übereinander liegenden Ladeplattformen; etwa für druckempfindliche Fördergüter

Stangenwagen Mit Stangen für die Aufnahme von ringförmigen Fördergütern

Tragfähigkeit 0,1 ... 5t (60t)
Ladeflächen bis ca. 1,25 × 2,5m

Motorwagen. Motorwagen werden meistens in Vierradbauweise mit Ladeplattform hergestellt. An Stelle der Ladeplattform können auch Sonderaufbauten wie Kästen, Kippmulden usw. treten. Die Motorwagen sind wegen der Be- und Entladezeiten zeitlich schlecht ausgenutzt und deshalb nur für unregelmäßige Einzeltransporte zu empfehlen. Für regelmäßige Förderung und größere Fördermengen ist der Schleppzug wirtschaftlich.

Elektrowagen EW Der Elektrowagen wird in Vierradbauweise, auch mit Allradlenkung, hergestellt. Der Fahrantrieb erfolgt meist über die beiden Hinterräder.

Für den Transport kleinerer Lasten kommen deichselgeführte Geräte in Frage, die häufig in Dreiradbauweise hergestellt werden.

Elektrowagen dienen zum innerbetrieblichen Transport, auch von schwereren Lasten.

Tragfähigkeit 1 ... 3t (40t)

Fahrgeschwindigkeit bis $15\frac{km}{h}$, deichselgeführte Geräte $4 ... 6\frac{km}{h}$

Fahrbereich mit einer Batterieladung 30 ... 50km

Dieselwagen DW Motor und Getriebe der vierrädrigen Dieselwagen werden unter der Ladeplattform oder unter dem Fahrersitz angebracht. Die Lenkung wird meist als Fahrersitzlenkung ausgeführt.

Dieselwagen eignen sich wegen ihrer leistungsstarken Antriebsmotoren besonders gut für Hoftransport und Werksrundverkehr; sie sind deshalb auch mit Luftbereifung und Federung ausgestattet.

Tragfähigkeit 2 ... 5t (60t)

Fahrgeschwindigkeit bis $20\frac{km}{h}$

Schlepper. Die Schlepper besitzen im Gegensatz zu den Wagen keine eigene Ladeplattform und dienen ausschließlich zum Ziehen von Lasten. Teilweise werden auch Motorwagen als Schlepper eingesetzt, wobei die eigene Ladeplattform als Ladefläche mitbenutzt werden kann.

Für die Zugkraftübertragung ist die Reibungszahl µ zwischen den Antriebsrädern und der Fahrbahn entscheidend. Für Gummiräder auf Asphaltbelag können folgende Richtwerte angesetzt werden:

µ = 0,7 ... 0,8 bei trockener bzw. 0,3 ... 0,4 bei nasser Fahrbahn.

Für regelmäßige Transportvorgänge, z.B. im Werksrundverkehr, sind die Schlepper mit angehängten Wagen (ohne eigenen Antrieb) besonders vorteilhaft, da während der Be- und Entladung der Wagen der Schlepper abgekuppelt und anderweitig eingesetzt werden kann.

Elektroschlepper EZ Hierbei handelt es sich um kleine, sehr wendige batteriebetriebene Schlepper; häufig in Dreiradbauweise mit Elastikbereifung.

Sie bewältigen leichte bis mittlere Schleppaufgaben in Hallen und Lagern; sie ziehen 2 ... 6 Anhängewagen.

Zugkraft 500 ... 1500N, Anhängelast 2 ... 20t, Fahrgeschwindigkeit bis $10\frac{km}{h}$,

Fahrbereich mit einer Batterieladung 30 ... 50km.

Dieselschlepper DZ Dieselschlepper werden für Hoftransporte, beim Werksrundverkehr, usw. verwendet. Sie sind für ständigen Einsatz bei größeren Zugkräften gut geeignet und erreichen höhere Fahrgeschwindigkeiten als die Elektroschlepper.

Zugkraft bis 20kN (400kN), Anhängelast bis 60t (400t), Fahrgeschwindigkeit bis $30\frac{km}{h}$.

Fahrerlose Schlepper FTS Z.T. werden auch fahrerlose Schleppfahrzeuge verwendet (FTS: Fahrerlose Transportsysteme), die mit Hilfe von Zielsteuerungen selbsttätig zum Zielort fahren. Der Fahrantrieb dieser Fahrzeuge erfolgt durch einen batteriegespeisten Elektromotor, die Lenkung meist induktiv zwangsgelenkt mittels im Boden verlegter Leitdrähte (die Lenkregelung hält durch Abtasten des durch den Leitdraht erzeugten Magnetfeldes das Fahrzeug auf Kurs). Am Fahrzeug sind Notstoppeinrichtungen vorzusehen, die bei Kollisionsgefahr einen Notstopp einleiten. Aufgrund des bedienerlosen Betriebes gelten besondere Anforderungen an die Spurtreue der angehängten Wagen.

Bei Unterfahrschleppern fährt das besonders flach gebaute Schleppfahrzeug unter einen antriebslosen Rollwagen, der dann durch einen angekoppelten Mitnehmer fortbewegt wird.

Die wichtigsten Vorteile der FTS sind eine hohe Flexibilität hinsichtlich Fördermenge und Einsatzzeit, einfache Erhöhung der Fördermenge durch zusätzliche Wagen. Nachteilig wirken sich die Investitionen für Steuerungen und Leitlinienführungssysteme aus sowie der Aufwand für Fahrkursänderungen bei Anlagen mit induktiver Zwangslenkung.

5.2.2 Fahrgeräte mit Hubeinrichtung

Diese Fahrgeräte sind mit einer Hubeinrichtung ausgestattet, die das selbsttätige Aufnehmen und Absetzen von Lasten wie Paletten oder Behälter ermöglicht. Sie sind deshalb vielseitiger einsetzbar als die normalen Fahrgeräte.

Gabelhubwagen U. Die Last wird von den Gabeln des Hubwagens (Bild 5.2-2) unterfahren und anschließend durch eine fuß- oder handbetätigte mechanische oder hydraulische Hubeinrichtung soweit angehoben, dass ein Verfahren möglich ist. Für die Senkbewegung ist eine Bremse erforderlich; bei Hydraulikzylindern z.B. durch den Einbau eines Überströmventils. Die bei Paletten und Behältern üblichen Unterfahrhöhen ermöglichen nur sehr kleine Vorderraddurchmesser, etwa 80 ... 90mm. Dadurch sind diese Geräte nur bei guten Fahrbahnverhältnissen geeignet.

Der Fahrantrieb erfolgt von Hand oder durch batteriegespeiste Elektromotoren.

Die Gabelhubwagen sind die Standardflurfördermittel für die Verteilung und das Einsammeln von Einheitsladungen in allen Fertigungs- und Lagerbereichen.

Tragfähigkeit 0,5 ... 2t (10t)

Fahrgeschwindigkeit 4 ... 6 $\frac{km}{h}$, bei E-Antrieb mit Lenkung durch Mitgehen

Portalhubwagen F. Portalhubwagen ähneln in ihrem Aufbau dem Portalstapler (Bild 5.3-6). Abweichend vom Portalstapler besitzen sie zur Lastaufnahme nur einfache, hydraulisch bewegte Greifzangen, die einen relativ kleinen Hub ermöglichen. Die Last wird durch die Greifzangen in dem portalartigen Laderaum angehoben, so dass sie anschließend verfahren werden kann.

Portalhubwagen dienen zum Transport sperriger Lasten wie Schnittholz, Walzmaterial, Containern usw.; Tragfähigkeit, Fahrgeschwindigkeit, Fahrwerk und konstruktive Ausbildung analog der Portalstapler (Abschnitt 5.3.5).

Fahrbare Hebebühnen. Mit Dieselmotoren angetriebene Scherenhubtische dienen sowohl zum innerbetrieblichen Containertransport als auch zum Containerumschlag auf Flugplätzen und ähnlichen Anlagen. Die Tischplatten der Hubtische werden hierbei an ihren Oberseiten mit Rollen versehen, so dass die Container auf den Tischen leicht in Längsrichtung verschoben werden können.

Tragfähigkeit bis 40t

Fahrgeschwindigkeit bis 20 $\frac{km}{h}$

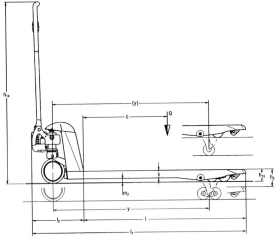

Tragfähigkeit ... 2200kg (bei gleichmäßiger Lastverteilung)
Bereifung je nach Einsatzfall und Umgebungsbedingungen wählbar zwischen Nylon, Polyurethan, Gummi, Gusseisen, Stahl

Handgabelhubwagen HU
(Jungheinrich Typ AM 2200)

Tragfähigkeit 1600 ... 2000kg
Eigengewicht mit Batterie ca. 450kg
Fahrgeschwindigkeit ... $6 \, \frac{km}{h}$

Fahren und Heben (über Hydraulikhubzylinder) batterie-elektrisch. Fahrantrieb über ein unter dem schwenkbaren Fahrmotor sitzendes Antriebsrad mit Vulkollanbereifung und 230mm Ø. Lasträder mit 82mm Ø.

Elektro-Deichsel-Gabelhubwagen EGU
(Jungheinrich Typ ELE)

Bild 5.2-2 Gabelhubwagen (JUNGHEINRICH)

5.3 Stapelgeräte

Im Gegensatz zu den Fahrgeräten mit Hubeinrichtung kann der Stapler durch seinen hydraulisch bewegten Hubschlitten, der in der Regel mit Gabeln zur Lastaufnahme ausgerüstet wird, Einheitsladungen auf größere Höhen anheben und damit Stapelaufgaben übernehmen. Durch eine Vielzahl von Anbaugeräten – siehe Abschnitt 5.3.1.3 – wurde das Anwendungsgebiet der Stapler beträchtlich erweitert.

> *Der Stapler stellt heute das wichtigste Flurfördermittel für den innerbetrieblichen Transport dar.*

Da der Stapler aus wirtschaftlichen Gründen nicht zur Bewältigung großer Entfernungen geeignet ist, sollten die Fahrwege 200m nicht überschreiten. Bei größeren Fahrwegen und Fördermengen ist es wirtschaftlicher, für den Horizontaltransport Schleppzüge in Kombination mit dem Stapler arbeiten zu lassen.

Vorteile Vielseitig verwendbar, wendig, unabhängig von Kraftnetz und Fahrbahn; Einsatz von Anbaugeräten; durch Serienbau preisgünstig.

Nachteile Ausreichende Standsicherheit je nach Bauform nur durch den Einbau von Gegengewichten; dadurch hohes Eigengewicht und ungleichmäßige Achslasten, ungünstig bei Einsatz in höheren Stockwerken mit begrenzter Deckentragfähigkeit; nur für kleine Stapelhöhen geeignet.

Die Standsicherheit ist ein wesentlicher Aspekt der Arbeitssicherheit beim Einsatz von Staplern. Der Nachweis der Standsicherheit ist in umfangreichen Tests zu erbringen – siehe DIN EN 1726.

Die am weitesten verbreitete Bauart ist der Gabelstapler, für sperrige Lasten werden Quer- und Portalstapler eingesetzt. Außerdem wird eine Vielzahl von Sonderausführungen angeboten.

Die wichtigsten technischen Daten wie Tragfähigkeit, Hubhöhe, Eigengewicht, Arbeitsgeschwindigkeit, Steigvermögen, Motorart und Motorleistung, Hauptabmessungen, Wenderadius usw. können den Typenblättern der Hersteller entnommen werden.

5.3.1 Gabelstapler G

Beim Gabelstapler liegt die zu fördernde Last außerhalb der Radstutzfläche, so dass, um eine ausreichende Standsicherheit zu gewährleisten, ein Gegengewicht erforderlich wird. Beim Bremsen und Anfahren kommen die Massenkräfte hinzu, weshalb nur mit abgesenkter Last gefahren werden darf.

Bei größeren Hubhöhen (ab etwa 4m) ist wegen der dynamischen Kräfte, die die Standsicherheit verringern, die Tragfähigkeit zu reduzieren – siehe Tragfähigkeitsdiagramme der Herstellerfirmen. Aus diesen Diagrammen kann die zulässige Tragfähigkeit in Abhängigkeit des Lastschwerpunktes und der Hubhöhe entnommen werden.

5.3.1.1 Bauformen

Die beiden wichtigsten Bauformen sind:

Dreirad-Gabelstapler. Hierbei handelt es sich um kleine, wendige Geräte mit E-Antrieb und Elastikbereifung. Die schwere Batterie wird möglichst weit nach hinten gesetzt: Sie ersetzt dann ganz oder zumindest teilweise das Gegengewicht.

Tragfähigkeit bis 3,2t

Fahrgeschwindigkeit bis $15 \frac{km}{h}$

Steigvermögen bis 15%

Sie werden für Transport- und Stapelaufgaben in Hallen und Lagern bei kleineren Traglasten bevorzugt (Elastikreifen, E-Antrieb, hohe Wendigkeit).

Vierrad-Gabelstapler. In dem in Bild 5.3-1 dargestellten Vierrad-Gabelstapler mit Dieselantrieb treibt der Motor über ein Schalt- und Ausgleichsgetriebe die beiden Vorderräder an. Handgeschaltete Getriebe werden wegen der einfacheren Bedienung zunehmend durch Automatikgetriebe ersetzt. Die an Achsschenkelbolzen aufgehängten Hinterräder sind lenkbar. Das Heckteil des Fahrzeugs ist als Gegengewicht ausgebildet.

Tragfähigkeit 1,0 ... 10t (80t)

Fahrgeschwindigkeit bis $20 \frac{km}{h}$ $\left(40 \frac{km}{h}\right)$

Steigvermögen bis 40%

Vierradstapler werden für angestrengten Betrieb, bei mittleren und großen Traglasten und Arbeitsgeschwindigkeiten im Freien verwendet (Luftbereifung, leistungsstarke Dieselmotoren).

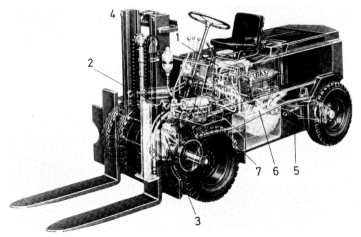

1 Dieselmotor, 2 Schaltgetriebe, 3 Ausgleichsgetriebe, 4 Hubgerüst mit Hubzylinder und Hubschlitten, 5 Lenkachse, 6 Hydraulikaggregat, 7 Neigezylinder

Bild 5.3-1 Vierrad-Gabelstapler mit Dieselantrieb DFG (BKS)

5.3.1.2 Hubwerke

Die beiden wichtigsten Baugruppen der Gabelstapler sind die Fahr- und Hubwerke. Fahrwerk und Lenkung sind in Abschnitt 5.1 beschrieben.

Das Heben der Last geschieht in der Regel durch Hydraulikzylinder. Der erforderliche Öldruck und -durchsatz wird mit Hilfe von Zahnradpumpen erzeugt, $p \approx 60 \dots 120$ bar. Beim E-Antrieb des Staplers wird für die Hydraulikanlage ein getrennter Antriebsmotor vorgesehen, der nur bei der Hubbewegung eingeschaltet wird, dagegen ist beim Dieselantrieb die Hydraulikpumpe mit dem Fahrmotor gekoppelt und läuft ständig mit. Bei Nichtbetätigung des Hubzylinders wird der Druckölkreislauf kurzgeschlossen. Die Senkgeschwindigkeit ist durch das Ablassen des Drucköls vom Hubzylinder über ein einstellbares Senkventil in den Ölsammelbehälter begrenzt.

Das gesamte Hubgerüst ist am unteren Ende gelenkig am Fahrzeugrahmen gelagert und kann durch den Neigezylinder um ca. 8° nach vorn und ca. 15° nach hinten geneigt werden. Dieser Neigezylinder ermöglicht eine problemlose Lastaufnahme und Lastabgabe (Neigung des Hubgerüsts nach vorn) und das sichere Fahren des Staplers (Neigung des Hubgerüsts nach hinten).

Wichtige technische Daten für den Hubbetrieb des Staplers sind:

Höhe Hubgerüst eingefahren h_1

Hub h_3

Freihub h_2

Tragfähigkeit Q

Hubgeschwindigkeit v_H

5.3 Stapelgeräte

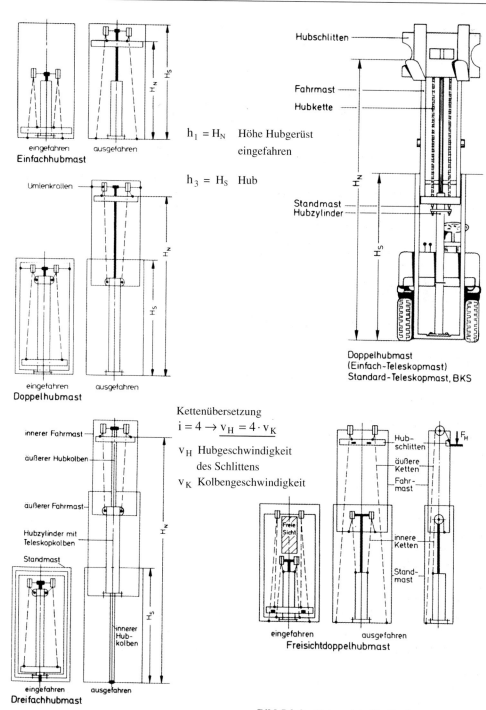

Bild 5.3-2 Hubgerüste für Stapler

Die Bauhöhe bei eingefahrenem Hubgerüst wird so gewählt, dass die erforderlichen Durchfahrthöhen nicht überschritten werden. Unter dem Freihub h_2 versteht man die Hubhöhe, auf welche die Gabel angehoben werden kann, bis sich der Fahrmast zu heben beginnt. Die Anschlussmaße der einzelnen Hubgerüste sind gleich, so dass verschiedene Hubgerüste gegen einander ausgetauscht werden können. Die Benennung von Hubgerüsten erfolgt ebenfalls nach VDI-Richtlinie 3586.

Einfachhubgerüst EF. Der Rahmen (Standmast) des Einfachhubgerüsts (Bild 5.3-2) wird häufig ohne Neigezylinder fest an der vorderen Stirnseite des Staplers angebracht. Die Vertikalbewegung des über Rollen im Standmast geführten Hubschlittens erfolgt über einen einfach wirkenden Hubzylinder, der etwa halb so hoch ist wie der Standmast. Am oberen Ende des Hubkolbens ist ein Querjoch angebracht, das die Umlenkräder für die Hubketten trägt. Die Hubketten sind einmal am Hubschlitten und zum anderen am unteren Teil des Standmastes befestigt. Durch diese Anordnung wird die Hubgeschwindigkeit der Last v_H doppelt so groß wie die Ausfahrgeschwindigkeit des Hubkolbens.

Hub $h_3 \approx 1,8$m bei einer Bauhöhe h_1 von ca. 2,2m. Freihub $h_2 = h_3$

Einfachhubgerüste haben einen sehr einfachen Aufbau, gestatten jedoch nur sehr geringe Stapelhöhen.

Zweifachteleskop-Hubgerüst ZT. In dem mit einem Neigezylinder versehenen Standmast (äußerer fester Rahmen) wird der darin vertikal bewegliche Fahrmast (innerer beweglicher Rahmen) über Rollen gelagert. Der Hubschlitten mit den beiden angehängten Gabeln wird ebenfalls über Rollen im Fahrmast beweglich gelagert.

Die über die Umlenkräder geführten Hubketten sind einmal am Hubschlitten und zum anderen am oberen Ende des Hubzylinders befestigt.

Höhe Hubgerüst eingefahren $h_1 \approx 1,7 \ldots 2,3$m

Hub $h_3 \approx 2,5 \ldots 4,0$m

Freihub $h_2 \approx 0,5 \ldots 1,0$m

Zweifachteleskop-Hubgerüste sind die am häufigsten verwendeten Ausführungen. Sie sind teurer als die Einfachhubgerüste, lassen jedoch größere Stapelhöhen zu.

Dreifachteleskop-Hubgerüst DT. Beim Dreifachteleskop-Hubgerüst werden in den Standmast zwei Fahrmaste eingebaut; der innere und der äußere Fahrmast werden von Hubzylindern mit Teleskopkolben oder auch von zwei normalen Hubzylindern bewegt, siehe Bild 5.3-2.

Höhe Hubgerüst eingefahren $h_1 \approx 1,5 \ldots 2,5$m

Hub $h_3 \approx 2,6 \ldots 6$m

Freihub $h_2 \approx 0,5 \ldots 1,5$m

Diese teuren Hubgerüste gestatten bei niedriger Bauhöhe und großem Freihub einen sehr großen Hub – aus Gründen der Standsicherheit allerdings nur bei verminderter Tragfähigkeit.

Sonderbauformen. Neben Vierfachteleskop-Hubgerüsten VT sind insbesondere Hubgerüste ZZ, DZ und VZ mit vollem Freihub verfügbar. Während bei herkömmlichen Hubgerüsten bereits nach einem geringen Freihub die Teleskopbewegung des Hubgerüsts einsetzt, wird bei Hubgerüsten mit vollem Freihub zunächst der Hubschlitten auf maximale Höhe gehoben und erst dann das Hubgerüst selbst ausgefahren. Somit ist es möglich, auch mit Geräten großer

Hubhöhe in Bereichen mit geringer Raumhöhe eine maximale Stapelhöhe zu erzielen, ohne dass das Hubgerüst an die Decke anstößt.

Freisichthubgerüst. Durch das Hubgerüst wird das Sichtfeld in Fahrtrichtung erheblich eingeschränkt. Die Verwendung niedriger Hubzylinder oder die Verwendung von zwei außen angeordneten Hubzylindern ermöglicht eine bessere Sicht für den Fahrer. Das Freisichthubgerüst ersetzt deshalb zunehmend trotz seines höheren Bauaufwandes das normale Hubgerüst (Bild 5.3-2).

5.3.1.3 Anbaugeräte

Anbaugeräte erhöhen den Einsatzbereich von Staplern erheblich. Sie werden anstelle der sonst üblichen Gabeln am Hubschlitten befestigt. Die Zahl der verschiedenen Anbaugeräte ist heute so groß, dass in diesem Zusammenhang nur einige besonders wichtige Ausführungen kurz angeführt werden können, siehe auch Bild 5.3-3 und VDI-Richtlinie 3578.

Grundsätzlich lassen sie sich untergliedern in Geräte mit und ohne zusätzlichen Antrieb. Es gibt außerdem eine Reihe von Anbaugeräten, die nicht am Hubschlitten befestigt werden.

Anbaugeräte ohne zusätzlichen Antrieb. Diese Anbaugeräte werden an Stelle der Gabeln am Hubschlitten angehängt.

Tragdorn Er dient zum Transport von ringförmigen Lasten; z.B. Stahlringen.

Kranarm Durch den Anbau eines Kranarmes wird der Stapler zum Mobilkran. Bei den einfachen Ausführungen sind die Arme fest; der Lasthaken kann von Hand am Kranarm verschoben werden. Es werden aber auch Ausführungen mit schwenkbarem Kranarm hergestellt.

Schneeräumschild Das Schaufelblatt ist nach beiden Seiten von Hand einschwenkbar und wird durch einen Steckbolzen arretiert, je nach Räumrichtung. Nach Ablassen des Hubschlittens legt sich die Räumschaufel mit ihren Kufen auf den Boden.

Anbaugeräte mit zusätzlichem Antrieb. Der zusätzliche Antrieb geschieht durch an die Staplerhydraulik angeschlossene Hydraulikzylinder oder Hydraulikmotoren, die an dem jeweiligen Anbaugerät befestigt sind.

Hydraulischer Seitenschieber Die Gabeln können zur Einsparung von zeitraubenden Manövrierbewegungen in engen Gängen durch einen Hydraulikzylinder quer zur Fahrtrichtung bewegt werden.

Hydraulische Klammern und Zangen Sie erfassen die Last seitlich oder von oben und unten und drücken sie zusammen, so dass ein Anheben und Verfahren möglich wird (bei pressungsunempfindlichen Gütern!). Die Form der Klammern und Zangen richtet sich nach dem Fördergut.

Hydraulisches Drehgerät Das Lastaufnahmemittel (Gabeln, Klammern usw.) wird durch einen Hydraulikzylinder bis 360° oder in Sonderfällen durch Drucköl motoren auch mehr als 360° (fortlaufendes Drehen, ohne Zurückschwenken) gedreht. Dadurch können Behälter mit Schüttgut oder Flüssigkeiten leicht in jeder Höhe durch Kippen entleert werden. Bei Stückgütern ist das Aufnehmen und Absetzen der Last sowohl horizontal als auch vertikal möglich.

Hydraulische Schaufel Der am Anbaugerät befestigte Druckzylinder ermöglicht die Kippbewegung der Schaufel in jeder Hubhöhe, wodurch auch bei schwer fließendem Schüttgut eine restlose Entleerung der Schaufel gewährleistet ist.

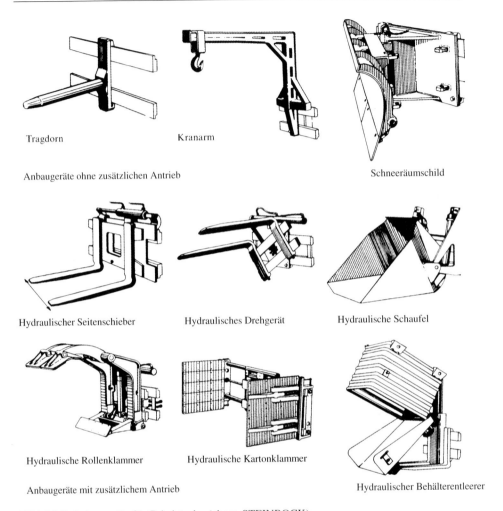

Bild 5.3-3 Anbaugeräte für Gabelstapler (ehem. STEINBOCK)

Hydraulischer Behälterentleerer Der Behälter kann über einen oder zwei zusätzliche Druckzylinder angehoben werden, so dass das Fördergut über den an den Gabelspitzen abgestützten Fallboden nach vorne herausrutscht. Der hydraulische Behälterentleerer wird zum Schüttguttransport eingesetzt.

Anbaugeräte, die nicht am Hubschlitten befestigt sind. Diese Geräte dienen vor allem zum Schutz des Fahrers und der Umwelt. Einige allgemein verwendete Geräte dieser Art sind:

Abgasreiniger Sie ermöglichen saubere Abgase und Funkenschutz bei Staplern mit Dieselantrieb.

Fahrerschutzkabine Die aus Planen oder Kunststoff bestehende Kabine gewährt dem Fahrer einen sicheren Witterungsschutz bei Transportarbeiten im Freien.

5.3.2 Stapler mit Radunterstützung

Abweichend von der Bauform des Gabelstaplers wurden verschiedene Staplerbauformen entwickelt, die permanent oder zumindest während des Transports die Last innerhalb der Radstützfläche aufnehmen und somit auf zusätzliche Gegengewichte weitgehend verzichten können.

Gabelhochhubwagen V. Unter den Hohlgabeln sind Radarme angeordnet, die die Paletten unterfahren. Die Räder in den Radarmen dürfen nur einen Durchmesser von 80 ... 90 mm haben, um bei den üblichen Einfahrhöhen von Paletten (ca. 100mm) einsetzbar zu sein (Bild 5.3-4).

Gabelhochhubwagen werden in Drei- oder Vierradbauweise, mit E-Antrieb und Fahrersitz sowie als deichselgeführte Geräte hergestellt.

Diese Stapler sind äußerst wendig und haben ein geringes Eigengewicht. Wegen der kleinen Laufräder an den Radarmen können sie jedoch nur auf guten Fahrbahnen verkehren. Sie werden für Transport- und Stapelaufgaben in Hallen und Lagern eingesetzt.

Schubmaststapler M. Der Schubmaststapler (Bild 5.3-4) vereint die Vorteile der Gabelstapler mit denen der radunterstützten Stapler. Bei der Lastaufnahme und -abgabe arbeitet er wie ein Gabelstapler, die Radarme brauchen daher nicht unter die Last gefahren zu werden. Die so aufgenommene Last wird anschließend mit Hilfe des Schubmastes, der durch einen zusätzlichen Hydraulikzylinder horizontal in Fahrtrichtung bewegt werden kann, in den Bereich der Radabstützfläche gezogen, in welchem die Last während der Fahrt ruht.

Mehrwegestapler Y. Mehrwegestapler (Bild 5.3-4) sind nach dem Prinzip des Schubmaststaplers aufgebaut und lassen sich u.a. auch vergleichbar Quergabelstaplern einsetzen. Sie verfügen über einzeln lenkbare Räder, so dass je nach Kombination der Radstellungen unterschiedliche Bewegungen wie Fahren in Längs-, Quer- und Diagonalrichtung, Drehen auf der Stelle etc. möglich sind. Langgut lässt sich somit auch auf engstem Raum bewegen.

5.3.3 Schmalgangstapler

Schmalgangstapler dienen der Lagerbedienung. Sie werden überwiegend mit Schwenkschubgabeln (Schwenkgabel-Dreiseitenstapler L) oder Teleskopgabeln (Seitenstapler B) ausgerüstet. Die mit E-Antrieb ausgerüsteten Stapler ermöglichen den Lasttransfer im Regalgang ohne Drehen des Staplers, so dass die Gangbreite die Fahrzeug- und Lastbreite nur um einen geringen seitlichen Sicherheitsabstand übersteigt. Dies erfordert eine mechanische oder induktive Leitlinienführung im Regalgang. Neben Geräten mit stationärem Bedienerplatz (häufig Seitsitz) werden Geräte mit hebbarer Bedienerkabine eingesetzt, die auch zum Kommissionieren geeignet sind. Der Einsatz im Schmalgang (Sicherheitsabstände von weniger als 500mm je Seite) erfordert umfangreiche Sicherungsmaßnahmen zur Unfallverhütung. Es werden überwiegend Zweifach- und Dreifachteleskop-Hubgerüste eingesetzt. Anders als bei sonstigen Staplern ist ein Fahren mit angehobener Last auch mit mehr als Kriechgeschwindigkeit möglich. Die Grenzhöhe für die Diagonalfahrt (gleichzeitige Fahr- und Hub- bzw. Senkbewegung der Last) ist anwendungsabhängig und liegt häufig bei ca. 3 ... 4m. Die Vorteile der Schmalgangstapler gegenüber den Regalbediengeräten liegen darin, dass sie außerhalb der Regalgänge frei verfahren können. Von Nachteil ist die begrenzte Tragfähigkeit, Diagonalfahrthöhe und Hubhöhe.

Tragfähigkeit 0,5 ... 2t
Hub bis ca. 14m

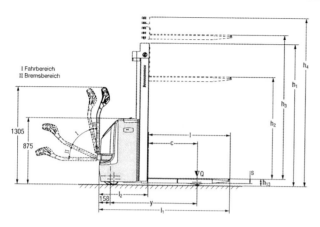

Tragfähigkeit: 1400 ... 1600kg
Antrieb: Batterie-elektrisch mit Lenkung durch Mitgehen
Hubgerüst: bis zu Dreifachteleskop-Hubgerüst
Hub bis 5,3m

Fahrgeschwindigkeit ... $6 \frac{km}{h}$

Hubgeschwindigkeit $0,14 ... 0,23 \frac{m}{s}$

lastabhängig

Gabelhochhubwagen V
(Jungheinrich Typ EJC)

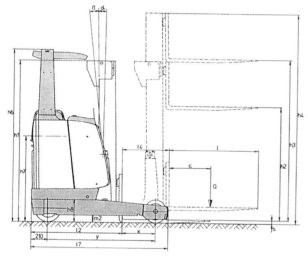

Tragfähigkeit: 2000kg
Antrieb: Batterie-elektrisch mit Fahrersitzlenkung – Seitsitz
Hubgerüst: bis zu Dreifachteleskop-Hubgerüst
Hub bis 8,4m

Fahrgeschwindigkeit ... $11,7 \frac{km}{h}$

Hubgeschwindigkeit $0,28 ... 0,52 \frac{m}{s}$

lastabhängig

Schubmaststapler M
(Jungheinrich Typ ETM/ETV)

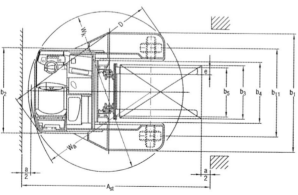

Tragfähigkeit: 2000kg
Antrieb: Batterie-elektrisch mit Fahrersitzlenkung – Seitsitz
Hubgerüst: bis zu Dreifachteleskop-Hubgerüst
Hub bis 9,6m

Fahrgeschwindigkeit ... $11,7 \frac{km}{h}$

fahrtrichtungsabhängig

Hubgeschwindigkeit $0,28 ... 0,52 \frac{m}{s}$

lastabhängig

Mehrwegestapler Y
(Jungheinrich Typ ETV Q)

Bild 5.3-4 Stapler mit Radunterstützung (JUNGHEINRICH)

5.3.4 Quergabelstapler Q

Beim Quergabelstapler (Bild 5.3-5) kann das Hubgerüst quer zur Fahrrichtung nach einer Seite verfahren werden. Das Fördergut wird seitlich aufgenommen und nach dem Einfahren des Hubgerüsts auf der innerhalb der Radstützfläche liegende Lastplattform abgesetzt. Die seitliche Lastaufnahme und -abgabe erfordert zur Sicherung der Standfestigkeit ausfahrbare Abstützungen.

Gegenüber dem Gabelstapler ergeben sich folgende wesentliche *Vorteile*:

– Seitliche Lastaufnahme und Transport
– Hierdurch schmale Fahrgänge auch bei langem Fördergut
– Die Last ruht während des Transportvorganges innerhalb der Radstützfläche – keine Kippgefahr
– Gute Sichtverhältnisse für den Fahrer

Nachteilig sind die Arbeitsmöglichkeit nur nach einer Seite und die größeren Wendeflächen. Quergabelstapler werden zum Transport von Langgut (Walzprofile, Rohre, Bretter, Balken etc.) sowie zum Containerumschlag eingesetzt.

Tragfähigkeit 1 ... 8t (50t)

Fahrgeschwindigkeit bis $20 \frac{\text{km}}{\text{h}}$ $\left(40 \frac{\text{km}}{\text{h}}\right)$

(Die hohen Werte sind nur durch leistungsstarke Dieselmotoren erreichbar.)

5.3.5 Portalstapler E

Die beiden Portale der Portalstapler (Bild 5.3-6) sind oben und unten durch einen Längsrahmen miteinander verbunden. Der Fahrantrieb erfolgt häufig über hydrostatische Radnabenmotoren. Da der Portalstapler zur Lastaufnahme und -abgabe über die Last fahren muss, werden die Räder hintereinander gesetzt; schmale Zwischengänge. Zur besseren Manövrierfähigkeit wird oft eine Allradlenkung vorgesehen.

Auch die Hubbewegung der Lastaufnahmemittel geschieht meistens über hydrostatischen Antrieb, wobei die an den Hubketten hängenden Lastaufnahmemittel über Hubzylinder oder Hubmotoren bewegt werden.

Der für die Hub- und Fahrbewegung erforderliche Öldruck und Öldurchsatz wird durch ein Hydraulikaggregat, das von einem starken Dieselmotor angetrieben wird, erzeugt. Die Fahrerkabine wird an einem der oberen Längsrahmen stirnseitig angebracht und kann, um eine bessere Sicht zu erzielen, vom Fahrer seitlich ausgeschwenkt werden. Im Gegensatz zum Gabel- und Seitenstapler sind die Radkräfte auch bei der Lastaufnahme und -abgabe etwa gleich groß, allerdings muss der Portalstapler bei Lastaufnahme und -abgabe über die Last fahren.

Als Lastaufnahmemittel für Container sind Greifrahmen (Spreader) gebräuchlich, sonst allgemein Lasttraversen mit Greifeinrichtungen.

Der Einsatz, die technischen Daten sowie die Vor- und Nachteile des Portalstaplers entsprechen etwa denen des Quergabelstaplers, wobei der Portalstapler vor allem als Containerumschlaggerät Verwendung findet.

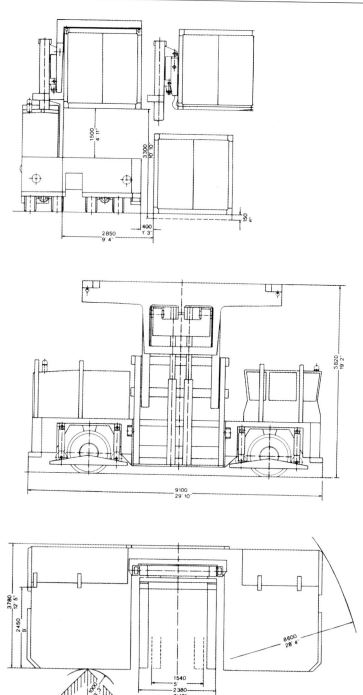

Bild 5.3-5 Quergabelstapler Q (DEMAG)

5.4 Berechnung der Flurförderung

Bild 5.3-6
Portalstapler E
(DEMAG)

5.4 Berechnung der Flurförderung

In diesem Zusammenhang nur einige grundlegende Gedanken über den Einsatz der verschiedenen Flurfördermittel; die genaue Untersuchung dieser Probleme gehört in das Fachgebiet Materialfluss.

Der Ausgangspunkt zur Lösung eines bestimmten Transportvorganges mit Hilfe von gleislosen Flurfördermitteln ist der Materialflussplan des betreffenden Lager- bzw. Fertigungsbereiches. Anhand dieses Planes sind mehrere Transportmöglichkeiten kostenmäßig zu überprüfen, um eine optimale Lösung zu finden; siehe hierzu Aufgabe 20.

Im Anschluss werden die wichtigsten Möglichkeiten der Förderung durch gleislose Flurfördermittel betrachtet: Stapeln und Horizontaltransport von Paletten, Behältern usw.

5.4.1 Fördermenge der gleislosen Flurfördermittel

Transport durch Stapler allein. Diese Transportart kommt nur bei kurzen Förderwegen in Frage; maßgebend bei der Berechnung ist die erforderliche Stapleranzahl.

$z_S = \dfrac{\dot{m}}{\dot{m}_S}$	*Erforderliche Stapleranzahl*	(5.4.1)
$\dot{m}_S = \dfrac{m_S}{t_S}$	*Fördermenge eines Staplers*	(5.4.2)
$K = z_S \cdot (K_S + K_F)$	*Transportkosten*	(5.4.3)

$\dot{m}$ Fördermenge

m_S Nutzlast eines Staplers

t_S Spielzeit – sie setzt sich aus der Be- und Entlade- sowie der Fahrzeit zusammen (Fahrzeit aus mittlerem Förderweg und mittlerer Fahrgeschwindigkeit zu berechnen)

K_S, K_F Kostensatz des Staplers bzw. des Fahrers, z.B. in $\frac{\text{€}}{\text{h}}$

Werden die Transportkosten K durch $\dot{m}$ dividiert, erhält man die spezifischen Transportkosten $K' = \frac{K}{\dot{m}}$, z.B. in $\frac{\text{€}}{\text{t}}$.

Die spezifischen Transportkosten K' entsprechen den auf die Fördermenge $\dot{m}$ bezogenen Transportkosten.

Transport durch Stapler und Wagen. Diese Transportart ist allgemein bei mittleren Förderwegen zu bevorzugen.

Der Stapler belädt mehrere Wagen und bringt sie anschließend im Schleppzug (Stapler als Schlepper) zum Zielort. Nach dem Entladen der Wagen durch den Stapler kehrt dieser mit den angehängten leeren Wagen wieder zur Beladestelle zurück. Maßgebend ist hierbei die erforderliche Schleppzuganzahl.

$$z_Z = \frac{\dot{m}}{\dot{m}_Z}$$ *Erforderliche Schleppzuganzahl* (5.4.4)

$$\dot{m}_Z = \frac{m_Z}{t_S}$$ *Fördermenge eines Schleppzuges* (5.4.5)

$$m_Z = m_S + z_W \cdot m_W$$ *Nutzlast eines Schleppzuges* (5.4.6)

$$K = z_Z \cdot (K_S + K_F + z_W \cdot K_W)$$ *Transportkosten* (5.4.7)

$\dot{m}, m_S, K_S, K_F, t_S$ und K' siehe oben (bei t_S ist noch die Be- und Entladezeit der einzelnen Wagen zu beachten)

z_W Wagenanzahl eines Schleppzuges

m_W Nutzlast eines Wagens

K_W Kostensatz eines Wagens, z.B. in $\frac{\text{€}}{\text{h}}$

Transport durch Stapler, Schlepper und Wagen. Vor allem bei großen Fördermengen und langen Förderwegen ist diese Transportart zu bevorzugen. Jeweils ein Stapler dient zum Be- bzw. Entladen der Wagen des Schleppzuges; der Horizontaltransport der Wagen erfolgt durch einen Schlepper im Zugverband.

Die Anzahl der erforderlichen Stapler und Schleppzüge sowie die Ermittlung der Transportkosten kann wie oben vorgenommen werden.

Im praktischen Einsatz ist einerseits die feste Zusammenstellung des Zugverbandes vorzufinden. Andererseits wird auch der Wechselhängerbetrieb realisiert, bei dem der Schlepper z.B. am Zielbahnhof beladene Wagen anliefert und leere Wagen wieder abtransportiert. Hierbei ist im Transportspiel die Zeit für den Wagenwechsel zu berücksichtigen.

5.4.2 Fahrwiderstand der gleislosen Flurfördermittel

Der Fahrwiderstand setzt sich aus Roll-, Steigungs- und Beschleunigungswiderstand zusammen.

$$F_{WR} = w_R \cdot m \cdot g \quad \text{Rollwiderstand} \quad (5.4.8)$$

$$F_{WSt} = m \cdot g \cdot \sin \alpha \quad \text{Steigungswiderstand} \quad (5.4.9)$$

$$F_{WB} = m \cdot a \quad \text{Beschleunigungswiderstand} \quad (5.4.10)$$

- w_R Einheitsrollwiderstand – $w_R \approx 1 \ldots 2\%$ der gesamten Lastkräfte bei gutem Fahrbahnbelag; kleine Werte bei Elastik-, hohe Werte bei Luftbereifung; bei nicht befestigten Fahrbahnen sind diese Werte um 50 ... 100% und mehr zu erhöhen.
- g Fallbeschleunigung
- α Steigungswinkel
- m Gesamtgewicht (Eigengewicht und Nutzlast)
- a Beschleunigung auf ebener Fahrbahn $a = 0,1 \ldots 0,5 \frac{m}{s^2}$, kleinere Werte bei E-Antrieb

Die Drehmassenbeschleunigung kann wegen ihres allgemein geringen Einflusses vernachlässigt werden.

Bei Elektromotoren kann wegen der Überlastbarkeit die Motorleistung nach dem Rollwiderstand ausgelegt werden. Bei den nicht überlastbaren Dieselmotoren ist vom Gesamtfahrwiderstand auszugehen, der sich aus der Summe der Einzelwiderstände ergibt.

Für Stapler ist noch die erforderliche Hubleistung zu berechnen. Maßgebend ist die Volllastbeharrungsleistung P_V.

Bei Schleppern ist zusätzlich die Zugkraftübertragung am Boden zu überprüfen; Reibungszahl μ zwischen Rädern und Fahrbahn siehe Abschnitt 5.2.1.

5.4.3 Beispiele

19   **Vierrad-Gabelstapler mit E–Antrieb**

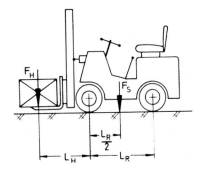

Hublast $m_H = 1t$, Eigenlast des Staplers $m_S = 2t$, Radstand $L_R = 1m$, $L_H = 0,6m$, Hubgeschwindigkeit bei Volllastlast $v_H = 0,2 \frac{m}{s}$, Wirkungsgrade des Hub- und Fahrantriebes $\eta = 0,8$, maximale Fahrgeschwindigkeit bei Volllast auf ebener Fahrbahn $v_F = 15 \frac{km}{h}$, Einheitsrollwiderstand $w_R = 1,5\%$, bei Steigungsfahrt und Beschleunigung Fahrmotor im Dauerbetrieb um 60% überlastbar, Reibungszahl Räder/Fahrbahn $\mu = 0,4$, der Fahrantrieb wirkt auf die Vorderachse des Staplers.

Gesucht:

1. Nennleistung P_N für den Hub- und Fahrmotor.
2. Steigvermögen in % bei Volllast und bei einer Fahrgeschwindigkeit von $v'_F = 5 \frac{km}{h}$.
3. Beschleunigung a bei Volllast und Anfahrzeit t_A bis zur Erreichung der maximalen Fahrgeschwindigkeit auf ebener Fahrbahn.
4. Maximal mögliche Zugkraft F_Z des voll beladenen Staplers, ohne dass die Antriebsräder durchrutschen.

Lösung:

1. Hubmotor

    Nennleistung P_N = Volllastbeharrungsleistung P_V

    $$P_N = P_V = \frac{F_H \cdot v_H}{\eta} = \frac{9{,}81 \text{ kN} \cdot 0{,}2 \frac{m}{s}}{0{,}8} = 2{,}45 \text{ kW} \qquad \underline{\underline{P_N = 2{,}45 \text{ kW}}}$$

    $F_H = m_H \cdot g = 1000 \text{ kg} \cdot 9{,}81 \frac{m}{s^2} = 9810 \text{ N}$

    Fahrmotor
    Nennleistung P_N = Volllastbeharrungsleistung P_V

    $$P_N = P_V = \frac{F_{WR} \cdot v_F}{\eta} = \frac{0{,}441 \text{ kN} \cdot 4{,}17 \frac{m}{s}}{0{,}8} = 2{,}30 \text{ kW} \qquad \underline{\underline{P_N = 2{,}30 \text{ kW}}}$$

    Rollwiderstand F_{WR} nach Gl. (5.4.8), F_{WR} beim E-Motor maßgebend.

    $F_{WR} = w_R \cdot (m_H + m_S) \cdot g = 0{,}015 \cdot 3000 \text{ kg} \cdot 9{,}81 \frac{m}{s^2} = 441 \text{ N}$

2. Bei einer Fahrgeschwindigkeit von $5 \frac{km}{h}$ werden zur Überwindung des Rollwiderstandes $\frac{5}{15} \cdot P_N = \frac{5}{15} \cdot 2{,}30 \text{ kW} = 0{,}77 \text{ kW}$ benötigt. Bei 60% Überlast stehen insgesamt

    $1{,}6 \cdot P_N = 1{,}6 \cdot 2{,}30 \text{ kW} = 3{,}68 \text{ kW}$ zur Verfügung, so dass für die Steigleistung P_{St}
    $3{,}68 \text{ kW} - 0{,}77 \text{ kW} = 2{,}91 \text{ kW}$ frei sind.

    Steigungswiderstand $F_{WSt} = \frac{P_{St} \cdot \eta}{v'_F} = \frac{2910 \frac{Nm}{s} \cdot 0{,}8}{1{,}39 \frac{m}{s}} = 1670 \text{ N}$

    Steigungswinkel α nach Gl.(5.4.9)

    $\sin \alpha = \frac{F_{WSt}}{(m_H + m_S) \cdot g} = \frac{1670 \text{ N}}{3000 \text{ kg} \cdot 9{,}81 \frac{m}{s^2}} = 0{,}057 \qquad \underline{\underline{\alpha = 3{,}27°; \text{ Steigvermögen} = 5{,}70 \text{ \%}}}$

3. Bei maximaler Fahrgeschwindigkeit werden zur Überwindung des Rollwiderstandes F_{WR} 2,30 kW Leistung benötigt, so dass für die Beschleunigung $3{,}68 \text{ kW} - 2{,}30 \text{ kW} = 1{,}38 \text{ kW}$ zur Verfügung stehen.

5.4 Berechnung der Flurförderung

Beschleunigungswiderstand $F_{WB} = \dfrac{P_B \cdot \eta}{v_F} = \dfrac{1380 \,\frac{Nm}{s} \cdot 0{,}8}{4{,}17 \,\frac{m}{s}} = 265 \, N$

Beschleunigung a nach Gl. (5.4.10).

$a = \dfrac{F_{WB}}{(m_H + m_S)} = \dfrac{265 \, N}{3000 \, kg} = 0{,}09 \, \dfrac{m}{s^2}$ \hfill $\underline{\underline{a = 0{,}09 \, \dfrac{m}{s^2}}}$

Anfahrzeit $t_A = \dfrac{v_F}{a} = \dfrac{4{,}17 \,\frac{m}{s}}{0{,}09 \,\frac{m}{s^2}} = 46{,}3 \, s$ \hfill $\underline{\underline{t_A = 46{,}3 \, s}}$

4. Achslast der Vorderachse $F_A = \dfrac{1}{L_R} \cdot \left[F_H \cdot (L_H + L_R) + F_S \cdot \dfrac{l_R}{2} \right]$

$F_A = \dfrac{1}{1 \, m} \cdot (9{,}81 \, kN \cdot 1{,}6 \, m + 19{,}6 \, kN \cdot 0{,}5 \, m) = 25{,}5 \, kN$

Maximale Zugkraft $F_Z = F_A \cdot \mu = 25{,}5 \, kN \cdot 0{,}4 = 10{,}2 \, kN$ \hfill $\underline{\underline{F_Z = 10{,}2 \, kN}}$

20 Palettentransport

Palettennutzlast $m_P = 1{,}2 t$ für eine Palette, Staplernutzlast $m_S = 1{,}5 t$, Wagennutzlast $m_W = 1{,}5 t$. Mittlere Fahrgeschwindigkeit $v_{FS} = 8 \,\dfrac{km}{h}$, $v_{FZ} = 5 \,\dfrac{km}{h}$. Be- und Entladezeit für eine Palette:

$t_{BS} = 1{,}5 \, min$, $t_{BW} = 2{,}2 \, min$. Stundensätze: Stapler $K_S = 7{,}5 \,\dfrac{€}{h}$, Fahrer $K_F = 20 \,\dfrac{€}{h}$, Wagen $K_W = 0{,}25 \,\dfrac{€}{h}$.

Index S: Stapler, Index Z: Schleppzug, Index W: Wagen

Gesucht:
1. Fördermenge $\dot{m}$, Transportkosten K und spezifische Transportkosten K' bei Einsatz eines Staplers allein und einem einfachen Förderweg s = 40 bzw. 400m.
2. Wie Pkt. 1; nur bei Verwendung eines Schleppzuges mit 4 Wagen (Stapler als Schlepper).
3. Zusammenstellung der wichtigsten Ergebnisse in Tabellenform.

Lösung:
Index 40: Für Förderweg s = 40m; Index 400: Für Förderweg s = 400m.

1. Transport durch Stapler allein

   Spielzeit $t_S = t_B + t_F$

   Mittlere Fahrzeit $t_F = \dfrac{2 \cdot s}{v_F}$

   Be- und Entladezeit $t_B = t_{BS} = 1{,}5 \, min$

Spielzeit $t_{S\,40} = 1{,}5\,\text{min} + \dfrac{2 \cdot 40\,\text{m}}{133\,\dfrac{\text{m}}{\text{min}}} = 2{,}10\,\text{min}$ \hfill $\underline{\underline{t_{S\,40} = 2{,}10\,\text{min}}}$

Spielzeit $t_{S\,400} = 1{,}5\,\text{min} + \dfrac{2 \cdot 400\,\text{m}}{133\,\dfrac{\text{m}}{\text{min}}} = 7{,}51\,\text{min}$ \hfill $\underline{\underline{t_{S\,400} = 7{,}51\,\text{min}}}$

Der Stapler kann eine Palette aufnehmen: $m_S = m_P = 1{,}2\,\text{t}$.
Fördermenge eines Staplers $\dot{m}_S$ nach Gl. (5.4.2).

$\dot{m}_{S\,40} = \dfrac{m_S}{t_{S\,40}} = \dfrac{1{,}2\,\text{t}}{2{,}10\,\text{min}} = 0{,}571\,\dfrac{\text{t}}{\text{min}}$ \hfill $\underline{\underline{\dot{m}_{S\,40} = 34{,}3\,\dfrac{\text{t}}{\text{h}}}}$

$\dot{m}_{S\,400} = \dfrac{m_S}{t_{S\,400}} = \dfrac{1{,}2\,\text{t}}{7{,}51\,\text{min}} = 0{,}160\,\dfrac{\text{t}}{\text{min}}$ \hfill $\underline{\underline{\dot{m}_{S\,400} = 9{,}6\,\dfrac{\text{t}}{\text{h}}}}$

Transportkosten K_S nach Gl. (5.4.3)

Stapleranzahl $z_S = 1$

$K_{40} = K_{400} = z_S \cdot (K_S + K_F) = 1 \cdot 27{,}50\,\dfrac{\text{€}}{\text{h}}$ \hfill $\underline{\underline{K_{40} = K_{400} = 27{,}50\,\dfrac{\text{€}}{\text{h}}}}$

Spezifische Transportkosten $K' = \dfrac{K}{\dot{m}_S}$

$K'_{40} = \dfrac{27{,}50\,\dfrac{\text{€}}{\text{h}}}{34{,}3\,\dfrac{\text{t}}{\text{h}}} = 0{,}80\,\dfrac{\text{€}}{\text{t}}$ \hfill $\underline{\underline{K'_{40} = 0{,}80\,\dfrac{\text{€}}{\text{t}}}}$

$K'_{400} = \dfrac{27{,}50\,\dfrac{\text{€}}{\text{h}}}{9{,}6\,\dfrac{\text{t}}{\text{h}}} = 2{,}86\,\dfrac{\text{€}}{\text{t}}$ \hfill $\underline{\underline{K'_{400} = 2{,}86\,\dfrac{\text{€}}{\text{t}}}}$

2. Transport durch Schleppzug

Je Stapler und Wagen 1 Palette mit $m_P = 1{,}2\,\text{t}$, Nutzlast des Schleppzuges nach Gl. (5.4.6).

$m_Z = m_S + z_W \cdot m_W = 1{,}2\,\text{t} + 4 \cdot 1{,}2\,\text{t} = 6\,\text{t}$ \hfill $\underline{\underline{m_Z = 6\,\text{t}}}$

Spielzeit $t_S = t_B + t_F = t_{BS} + z_W \cdot t_{BW} + \dfrac{2 \cdot s}{v_F}$

$t_{S\,40} = 1{,}5\,\text{min} + 4 \cdot 2{,}2\,\text{min} + \dfrac{2 \cdot 40\,\text{m}}{83{,}3\,\dfrac{\text{m}}{\text{min}}} = 11{,}3\,\text{min}$ \hfill $\underline{\underline{t_{S\,40} = 11{,}3\,\text{min}}}$

$t_{S\,400} = 1{,}5\,\text{min} + 4 \cdot 2{,}2\,\text{min} + \dfrac{2 \cdot 400\,\text{m}}{83{,}3\,\dfrac{\text{m}}{\text{min}}} = 19{,}9\,\text{min}$ \hfill $\underline{\underline{t_{S\,400} = 19{,}9\,\text{min}}}$

5.4 Berechnung der Flurförderung

Fördermenge des Schleppzuges $\dot{m}_Z$ nach Gl. (5.4.5)

$$\dot{m}_{Z40} = \frac{m_Z}{t_{S40}} = \frac{6\text{ t}}{11,3\text{ min}} = 0,531\ \frac{t}{min} \qquad \dot{m}_{Z40} = 31,9\ \frac{t}{h}$$

$$\dot{m}_{Z400} = \frac{m_Z}{t_{S400}} = \frac{6\text{ t}}{19,9\text{ min}} = 0,302\ \frac{t}{min} \qquad \dot{m}_{Z400} = 18,1\ \frac{t}{h}$$

Transportkosten K nach Gl. (5.4.7)

$$K_{40} = K_{400} = z_Z \cdot (KS + z_W \cdot K_W + K_F) = 1 \cdot \left(7,50\ \frac{€}{h} + 4 \cdot 0,25\ \frac{€}{h} + 20\ \frac{€}{h}\right) = 28,50\ \frac{€}{h}$$

Spezifische Transportkosten $K' = \dfrac{K}{\dot{m}_Z}$ $\qquad K_{40} = K_{400} = 28,50\ \dfrac{€}{h}$

$$K'_{40} = \frac{28,50\ \frac{€}{h}}{31,9\ \frac{t}{h}} = 0,89\ \frac{€}{t} \qquad K'_{40} = 0,89\ \frac{€}{t}$$

$$K'_{400} = \frac{28,50\ \frac{€}{h}}{18,1\ \frac{t}{h}} = 1,57\ \frac{€}{t} \qquad K'_{400} = 1,57\ \frac{€}{t}$$

3.

Transportart	Fördermenge $\dot{m}$ in $\frac{t}{h}$		Spezifische Transportkosten K' in $\frac{€}{t}$	
	s = 40 m	s = 400 m	s = 40 m	s = 400 m
Stapler	<u>34,3</u>	9,6	<u>0,80</u>	2,86
Schleppzug	31,9	<u>18,1</u>	0,89	<u>1,57</u>

Hieraus ersieht man, dass für den längeren Förderweg der Einsatz eines Schleppzuges vorteilhafter ist; dies gilt natürlich nur für das durchgerechnete Beispiel. Andere Beispiele können analog berechnet werden.

5.5 Normen, Richtlinien, Literatur

5.5.1 DIN- und ISO-Normen

DIN 15170	03.87	Flurförderzeuge; Anhängekupplungen; Anschlussmaße, Anforderungen, Prüfungen
DIN 15172	12.88	Flurförderzeuge; Schlepper und schleppende Flurförderzeuge; Zugkraft, Anhängelast
DIN 43531	12.98	Antriebsbatterien 48 V für Flurförderzeuge in wartungsarmer Ausführung – Maße, Gewichte, elektrische Daten
DIN EN 1726-1	04.03	Sicherheit von Flurförderzeugen bis einschließlich 10000 kg Tragfähigkeit und Schlepper bis einschließlich 20000 N Zugkraft – Teil 1: Allgemeine Anforderungen; Änderung A1; Deutsche Fassung EN 1726-1:1998/prA1:2002 (Entwurf)
ISO 1074	03.91	Gabelstapler; Standsicherheitsversuche
ISO 2328	11.93	Gabelzinken mit Gabelhaken und Gabelträgern; Anschlussmaße
ISO 6292	12.96	Flurförderzeuge und Schlepper – Bremsbemessung und Festigkeitsanforderungen an Bauteile

5.5.2 VDI-Richtlinien

VDI 2196	07.85	Bereifung für Flurförderzeuge
VDI 2198	08.02	Typenblätter für Flurförderzeuge. Berichtigter Nachdruck 12.02
VDI 2199	06.86	Empfehlungen für bauliche Planungen beim Einsatz von Flurförderzeugen
VDI 2391	05.82	Zeitrichtwerte für Arbeitsspiele und Grundbewegungen von Flurförderzeugen
VDI 2406	11.02	Anhänger für Flurförderzeuge
VDI 2510	11.92	Fahrerlose Transportsysteme (FTS)
VDI 3577	04.99	Flurförderzeuge für die Regalbedienung – Beschreibung und Einsatzbedingungen
VDI 3578	05.98	Anbaugeräte für Gabelstapler (Lastaufnahmemittel)
VDI 3586	03.96	Flurförderzeuge – Begriffe, Kurzzeichen
VDI 3589	05.81	Auswahlkriterien und Testmöglichkeiten für Flurförderzeuge (Gabelstapler und Schubgabelstapler)
VDI 3973	03.90	Kraftbetriebene Flurförderzeuge; Schleppzüge mit ungebremsten Anhängern
VDI 4461	11.01	Beanspruchungskategorien für Gabelstapler

5.5.3 Literatur

[1] Bäune, R.; Martin, H.; Schulze, L.: Handbuch der innerbetrieblichen Logistik – Logistiksysteme mit Flurförderzeugen, 2. überarb. Aufl. Resch-Verlag, Gräfelfing 1992

[2] Bäune, R.; Martin, H.; Schulze, L.: Handbuch der innerbetrieblichen Logistik, Bd. 2, Auswahl von Flurförderzeugen. Jungheinrich AG, Hamburg 1998

[3] Beisteiner, F. u.a.: Stapler. Beanspruchungen, Betriebsverhalten und Einsatz, Reihe „Kontakt & Studium Konstruktion", Bd. 439 (Hrsg. Bartz, W.J.). Expert-Verlag, Renningen-Malmsheim 1994

[4] Dicke, W.; Schneider, H.: Alles über Gabelstapler, 3. erw. u. aktualis. Aufl. Wirtschaftsverlag NW, Bremerhaven 1994.

[5] Martin, H.: Transport- und Lagerlogistik, 4. überarb. u. erw. Aufl. Vieweg-Verlag, Wiesbaden 2002

6 Stetigförderer

Stetigförderer arbeiten während eines längeren Zeitraumes kontinuierlich und werden für Schütt- und Stückguttransport (auch für Personentransport) eingesetzt. Auch die getaktet bewegten Fördermittel (z.B. Montagebänder) werden allgemein der Gruppe der Stetigförderer zugeordnet. Je nach Art des Förderers ist eine waagerechte, geneigte oder senkrechte Förderung über gerade oder gekrümmte Strecken möglich.

Die Stetigförderer sind von großer Bedeutung vor allem deshalb, weil sie neben der Bewältigung üblicher Förderaufgaben häufig auch als Verkettungsmittel zwischen die technologischen Prozesse der Serien- und Massenproduktion in den verschiedensten Industriezweigen eingeschaltet werden oder sogar technologische Prozesse selbst übernehmen können, z.B. als Kühlbänder.

Bei der Stückgutförderung ist oft die Wahl zwischen Stetig- und Unstetigförderern zu treffen. Die Entscheidung hierüber hängt vor allem von folgenden Punkten ab:
– Gewünschte Fördermenge und Förderweg
– Eigenschaften des betreffenden Fördergutes
– Investitions- und Transportkosten.

Die Einteilung der Stetigförderer und ihre Definition sowie ihrer Zubehörgeräte (Aufgeber, Austrag- und Übergabeeinrichtungen, Mess-, Prüf- und Kontrolleinrichtungen sowie sonstige Zubehörgeräte) ist in DIN 15201 festgelegt. Wichtige Zubehörgeräte werden bei den einzelnen Stetigförderern und im Abschnitt 7.4.2 beschrieben. Im Anschluss erfolgt die Einteilung nach dem Funktionsprinzip und der Art der Kraftübertragung:

Mechanische Stetigförderer mit Zugmittel (z.B. Bandförderer)
Mechanische Stetigförderer ohne Zugmittel (z.B. Schwingförderer)
Schwerkraftförderer (z.B. Rutschen)
Strömungsförderer (z.B. pneumatische Förderer).

6.1 Berechnungsgrundlagen

Die beiden wesentlichen fördertechnischen Größen eines Stetigförderers sind seine Fördermenge und die hierfür erforderliche Antriebsleistung bei gegebener Streckenführung und Bauart. Sie gelten als wichtigste Ausgangsdaten für die Auslegung.

6.1.1 Fördermenge

Hier ist generell zwischen Schütt- und Stückguttransport zu unterscheiden.

Fördermenge bei Schüttguttransport

$\dot{V} = A\, v$	*Volumenstrom bei fließender Förderung*	(6.1.1)
$\dot{V} = \dfrac{V}{l_a} v$	*Volumenstrom bei Förderung in Einzelgefäßen*	(6.1.2)
$\dot{m} = \dot{V}\, \rho_s$	*Massenstrom*	(6.1.3)

A Gutquerschnitt – Berechnung gesondert bei den einzelnen Bauarten der Stetigförderer angegeben
v Band- bzw. Kettengeschwindigkeit
V Volumen eines Einzelgefäßes – z.B. eines Bechers bei Becherwerken
l_a Abstand (Teilung) der Einzelgefäße im Förderstrom
ρ_s Schüttdichte – siehe Abschnitt 1.3

Die Gl. (6.1.1) gilt, wenn das Fördergut gleichmäßig auf dem Tragorgan des Stetigförderers verteilt ist (beim Bandförderer).

Gl. (6.1.2) gilt bei Förderung in Einzelgefäßen (beim Becherwerk: Becher entspricht Einzelgefäß).

Fördermenge bei Stückguttransport

$$\boxed{\dot{m} = \frac{m}{l_a} v} \quad \textit{Massenstrom} \tag{6.1.4}$$

$$\boxed{\dot{m}_{St} = \frac{v}{l_a}} \quad \textit{Stückstrom} \text{ (z.B. in Stück/h)} \tag{6.1.5}$$

m Masse eines zu fördernden Einzelstückes
l_a Abstand (Teilung) der Einzelstücke im Förderstrom
v Band- bzw. Kettengeschwindigkeit

6.1.2 Antriebsleistung

Die Antriebsleistung eines Stetigförderers mit Zugmittel ergibt sich aus dem Gesamtwiderstand F_W (Umfangskraft aus allen Bewegungswiderständen, die von Antriebstrommel bzw. Antriebsrad im stationären Betrieb zu überwinden ist) und der Band- bzw. Kettengeschwindigkeit v.

Gesamtwiderstand. Der Gesamtwiderstand ist die Summe aller Hub- und Reibungswiderstände, die das Zugmittel zu überwinden hat. Beim Gurtbandförderer z.B. wird nach DIN 22101 zwischen Haupt-, Neben-, Steigungs- und Sonderwiderständen unterschieden.

Hubwiderstand Beim Fördern des Massenstromes $\dot{m}$ auf die Höhe h entsteht der Hubwiderstand:

$F_{WH} = m_{lG} \, g \, h$ Hubwiderstand

$m_{lG} = \dfrac{\dot{m}}{v}$ auf die Längeneinheit bezogene Gutlast (z.B. in kg/m)

$\dot{m}$ Massenstrom
g Fallbeschleunigung
h Förderhöhe (Höhendifferenz zwischen Gutaufnahme und -abgabe)
v Band- bzw Kettengeschwindigkeit

Bei nur waagerecht fördernden Stetigförderern wird der Hubwiderstand $F_{WH} = 0$ (wegen h = 0).

Reibungswiderstand Der gesamte Reibungswiderstand (Reibung in den Lagern der Tragrollen, Reibung durch Gutaufgabe usw.) kann überschlägig mit Hilfe der Gesamtreibungszahl μ_{ges} ermittelt werden: *Gesamtwiderstandsmethode*.

6.1 Berechnungsgrundlagen

Die Gesamtreibungszahl μ_{ges} kann je nach Bauart des betreffenden Stetigförderers erheblich schwanken; Angaben hierüber können den Hinweisen bei der Berechnung der einzelnen Stetigförderer entnommen werden.

Mit Hilfe der Gesamtreibungszahl ergibt sich der Reibungswiderstand F_{WR} angenähert zu:

$$F_{WR} = \mu_{ges}\, l\, g\, (m_{lF} + m_{lG}) \quad \text{Reibungswiderstand}$$

l Horizontalprojektion der Förderlänge

m_{lF} Auf die Längeneinheit bezogene Eigenlast der Bauteile des Förderers, die Reibungskräfte erzeugt (z.B. in kg/m)

μ_{ges}, g, m_{lG} siehe vorn

Das 1. Glied in der Klammer berücksichtigt den Reibungswiderstand durch die Reibungskräfte erzeugende Eigenlast m_{lF} des Förderers und das 2. Glied den Reibungswiderstand durch die Gutlast m_{lG}.

Zur genauen Ermittlung des Reibungswiderstandes muss die Förderstrecke in gerade Strecken, Umlenkungen, Gutaufnahme- und -abgabestellen unterteilt werden. Die aus jedem einzelnen Teilstück mit gesonderten Reibungszahlen errechneten Widerstände ergeben bei Addition den gesamten Reibungswiderstand: *Einzelwiderstandsmethode.*

Im Anschluss wird der Reibungswiderstand nur mit Hilfe der Gesamtwiderstandsmethode berechnet.

Der Gesamtwiderstand F_W eines Stetigförderers, der bei Stetigförderern mit Zugmitteln der Umfangskraft F_U an Antriebstrommel bzw. Antriebsrad entspricht, ergibt sich also aus Hub- und Reibungswiderstand zu:

$$\boxed{F_W \triangleq F_U = \mu_{ges}\, l\, g\, (m_{lF} + m_{lG}) \pm m_{lG}\, g\, h} \quad \begin{array}{l}\textit{Gesamtwiderstand}\\ \text{(Umfangskraft im Zugmittel)}\end{array} \quad (6.1.6)$$

„ + "   Bei Aufwärtsförderung
„ – "   Bei Abwärtsförderung
       Alle weiteren in Gl. (6.1.6) angegebenen Größen siehe vorn.

Weiterhin kommen noch Zusatzwiderstände (z.B. durch Gutauf- und -abgabe, Umlenkungen usw.) in Frage, die jedoch oft wegen ihres geringen Einflusses vernachlässigt werden können.

Antriebsleistung. Für die Auslegung des Antriebsmotors ist die Nennleistung P_N maßgebend.

$$\boxed{P_N \triangleq P_V = \frac{F_U\, v}{\eta}} \quad \textit{Nennleistung} \quad (6.1.7)$$

F_U Umfangskraft an der Antriebstrommel bzw. am Antriebsrad (= Gesamtwiderstand F_W)
v Band- bzw. Kettengeschwindigkeit
η Wirkungsgrad des Antriebs
P_V Vollastbeharrungsleistung

In der Regel kann die Nennleistung P_N des Antriebsmotors gleich der Vollastbeharrungsleistung P_V gesetzt werden. Bei sehr langen, schwer belasteten und schnell laufenden Stetigförderern ist die Anlaufleistung $P_A = P_V + P_B$ (P_B = Beschleunigungsleistung) zu überprüfen.

Die dynamischen Kräfte, die bei Stetigförderern mit Ketten als Zugmittel auftreten, können wegen der dort allgemein üblichen geringen Fördergeschwindigkeit meist vernachlässigt werden.

6.2 Mechanische Stetigförderer mit Zugmittel (Bandförderer)

Hauptbestandteil des Bandförderers ist ein endloses, auf Tragrollen, Gleitbahnen oder einem Luftfilm abgestütztes, umlaufendes Band als Trag- und Zugmittel. Der allgemein am häufigsten eingesetzte Bandförderer ist der Gurtbandförderer (andere Bänder für spezielle Einsatzfälle: Stahlbänder, Drahtbänder; siehe Abschnitte 6.2.2 und 6.2.3). Das Gurtband wird über Reibschluss von mindestens einer Antriebstrommel angetrieben. Die wegen des Reibschlusses erforderliche Vorspannung im Band hält gleichzeitig den Durchhang zwischen den einzelnen Tragrollen ausreichend klein.

Für die Gutaufgabe werden Aufgabevorrichtungen (z.B. Aufgabeschurren bei Schüttgut, Einschleuseinrichtungen bei Stückgut) eingesetzt, um den Aufgabestoß zu mildern.

Zum Schutz des Förderers und zum Arbeitsschutz sind die Auflaufstellen des Zugorgans (besonders an Antriebs- und Spanntrommel) gegen Eindringen von Fremdkörpern bzw. manuellen Eingriff wirksam zu sichern, z.B. durch Verkleidungen, Abdeckungen usw. gemäß den Unfallverhütungsvorschriften für Stetigförderer (siehe auch DIN 15220 bis 15224).

Bandförderer sind neben Kreisförderern (Abschnitt 6.3.4) und Rollenförderern bzw. Rollenbahnen (Abschnitte 6.4.1 und 6.5.2) die am weitesten verbreiteten Stetigförderer. Sie sind ein wichtiges Fördermittel, das den Ausbau der Fließfertigung und der Prozessautomatisierung auf den heutigen Stand ermöglicht hat.

Vorteile:
- Hohe Fördergeschwindigkeit und Fördermenge bei relativ geringen Antriebsleistungen, universelle Einsetzbarkeit, gutschonender Transport
- niedrige Investitions- und Wartungskosten, geringer Verschleiß
- Integrationsmöglichkeit technologischer Prozesse, besonders bei Stahl- und Drahtbändern (z.B. Backen, Gefriertrocknen)
- leichter Einbau von Bandwaagen, besonders beim Gurtband, zur Bestimmung der kontinuierlichen und absoluten Fördermenge
- große Förderlängen auch bei schwer belasteten Bändern (Mehrtrommelantriebe, durch Stahlseileinlagen zugkraftverstärkte Gurtbänder).

Nachteile:
- Ansteigende Förderung beschränkt (bei Bändern ohne Mitnehmern Steigungs- bzw. Neigungswinkel allgemein auf ca. 18 bis 20° begrenzt)
- in der horizontalen Ebene allgemein nur geradliniger Förderweg möglich (Kurvenbänder als Sonderausführung auf leichte Einsatzfälle beschränkt, z.B. als Verkettungsmittel in der Backwarenindustrie)
- Empfindlichkeit bestimmter Bänder gegenüber heißem und stark schleißendem Fördergut.

6.2.1 Gurtbandförderer

Aufbau. Der grundsätzliche Aufbau geht aus Bild 6.2-1 hervor; ausgewählte Bestandteile siehe Abschnitt 2.6. Die Positionen 1 bis 9 sind die bei einem Gurtbandförderer immer erforderlichen Bestandteile. Es können hinzu kommen: Gurt- und Trommelreinigungseinrichtungen (Abstreicher, rotierende Bürsten), seitliche Gutführungen bei nicht gemuldetem Obertrum. Für leichte Transportaufgaben (z.B. in der Lebensmittelindustrie) kommen bei nicht gemuldetem

6.2 Mechanische Stetigförderer mit Zugmittel (Bandförderer)

Gurtband zur Abstützung an Stelle von Tragrollen oder mit diesen kombiniert auch Gleitauflagen (Gleitbleche, Kunststoffplatten) zum Einsatz.

Technische Daten (Richtwerte für Gurtbandförderer):

Fördermenge bis 20 000 $\frac{t}{h}$ Bandgeschwindigkeit bis 3 (6) $\frac{m}{s}$

Förderlänge bis 500 (5000)m   Bandbreite 0,2 ... 2,0 (3,2)m, im Allgemeinen nach der Normzahlenreihe gestuft

Berechnung der Einlagenzahl Die Berechnung der Einlagen erfolgt nur auf Zug. Deshalb sind die Sicherheitszahl ν größer und die Trommeldurchmesser nicht zu klein zu wählen.

$$z = \frac{F_1 \, \nu}{B \, k_z} \qquad \text{Einlagenzahl} \qquad (6.2.1)$$

$$z = \frac{F_1 \, \nu}{F_{BS}} \qquad \text{Stahlseilzahl} \qquad (6.2.2)$$

F_1 Maximale Bandzugkraft im Beharrungszustand, nach Gln. (6.2.7) und (6.2.8)
ν   Sicherheitszahl (= 5 ... 10)
B   Bandbreite
k_z Bruchfestigkeit der Einlage
F_{BS} Bruchkraft eines Stahlseiles

Gl. (6.2.1) ergibt die erforderliche Einlagenzahl, wenn die Bruchfestigkeit des Einlagenmaterials durch den k_z-Wert und Gl. (6.2.2) die Zahl der Stahlseile, wenn die Bruchkraft F_{BS} eines Stahlseiles gegeben ist.

Antriebs- und Umlenktrommeln. Sie werden allgemein aus Stahlrohren und -blechen zusammengeschweißt und mit an den Stirnseiten an- bzw. eingeschweißten Wellen bzw. Achsen versehen. Die Lagerung der Trommeln erfolgt über an der Tragkonstruktion befestigte Steh- oder Flanschlagergehäuse in Wälzlagern. Bei der Antriebstrommel wird das Antriebsdrehmoment über die Welle in die Trommel eingeleitet.

Für kleine bis mittlere Leistungen kommen als Antriebsaggregate Getriebe- oder Trommelmotore zum Einsatz. Die Getriebemotore werden häufig als Aufsteckantriebe ausgeführt. Die Antriebstrommeln werden teilweise, um die Reibungszahl μ zwischen Bandlaufseite und Trommelmantel zu erhöhen, mit Reibbelägen – meist Gummi – versehen. Richtwerte für Gummibänder (für texile und kunststoffbeschichtete Bänder sind Herstellerangaben einzuholen):

    $\mu \approx 0{,}2 ... 0{,}4$ für Gummilaufseite auf blanken Stahltrommeln
    $\mu \approx 0{,}3 ... 0{,}6$ für Gummilaufseite auf Trommeln mit Reibbelägen.

Längere und schwer belastete Bänder erhalten eine Anlaufkupplung, um die Bandkräfte beim Anlauf nicht allzu stark zu vergrößern: Verringerung der Beschleunigungsleistung. Hierzu kommen oft Mehrtrommelantriebe zum Einsatz.

Gestaltung derTrommeln Der erforderliche Trommeldurchmesser D (= Mindestdurchmesser) hängt im Wesentlichen von der Dicke des Bandkernes (Gesamtdicke der Zugeinlagen) und der Bruchfestigkeit des Einlagenmaterials ab, wobei zwischen textilen und Stahlseileinlagen zu unterscheiden ist.

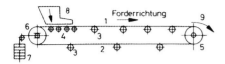

1 Oberes Bandtrum   6 Spanntrommel
2 Unteres Bandtrum 7 Spanneinrichtung
                      (z.B. Gewicht)
3 Tragrolle   8 Gutaufgabe (z.B. Schurre)
4 Aufgaberolle   9 Gutabgabe (z.B. über Kopf)
5 Antriebstrommel

Prinzip des Bandförderers
Eintrommelantrieb

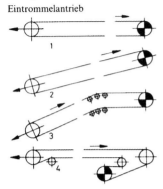

1 Waagerechte Führung mit Eintrommel-kopfantrieb
2 Ansteigende Führung mit Eintrommel-kopfantrieb
3 Änderung der Förderrichtung mit Eintrommelkopfantrieb
4 Waagerechte Führung mit Eintrommel-kopfantrieb und Abwurfausleger

Gängige Bandführungen und Antriebe

Mehrtrommelantrieb

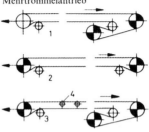

1 Waagerechte Führung mit Zweitrommelkopfantrieb
2 Waagerechte Führung mit Eintrommelkopf- und Eintrommelumkehrantrieb
3 Waagerechte Führung mit Zweitrommelkopf- und Eintrommelumkehrantrieb, analog auch für ansteigende Führung
4 Angetriebene Tragrollen

● Antriebstrommel
Mehrtrommelantrieb und angetriebene Tragrollen nur bei langen, schwer belasteten Bändern

Bild 6.2-1 Aufbau der Gurtbandförderer

Bänder mit Textileinlagen:

$$\boxed{D = c_M d_{TK}} \quad \begin{array}{l} \textit{Antriebstrommeldurchmesser in mm} \\ \textit{für Bänder mit Textileinlage} \end{array} \quad (6.2.3)$$

d_{TK} Dicke des textilen Bandkernes in mm (= Gesamtdicke der Einlagen)
c_M Materialbeiwert, der mit steigender Bruchfestigkeit höher zu wählen ist, da sonst die Biegespannung in der Einlage durch die Umlenkung an den Trommeln zu groß wird – Werte von c_M siehe Bild 6.2-4.

Bänder mit Stahlseileinlagen:

$$\boxed{D = c_M d_{SK}} \quad \begin{array}{l} \textit{Antriebstrommeldurchmesser in mm} \\ \textit{für Bänder mit Stahlseileinlagen} \end{array} \quad (6.2.4)$$

d_{SK} Dicke des Bandkernes $\hat{=}$ Seildurchmesser in mm
c_M wie Gl. (6.2.3); die niedrigeren Werte c_M sind bei Stahlseileinlagen von geringerer Bruchfestigkeit zu wählen.

6.2 Mechanische Stetigförderer mit Zugmittel (Bandförderer)

Die Trommelbreite soll bei Gurtbändern etwa 10 ... 20% größer sein als die Bandbreite, da das Band während des Laufes charakteristische Querbewegungen um die Laufmittelachse ausführt, jedoch immer durch die Trommelmantelfläche gestützt sein muss (Zerstörung der Bandrandzone bei teilweisem Ablauf von zu schmaler Trommel). Mit steigender Bandbreite sind prozentual geringere Zuschläge zu wählen.

Die Bandlaufflächen der Antriebs- und Umlenktrommeln sind bei Gurtbändern in der Regel leicht ballig oder abschnittsweise konisch (mittleres Drittel der Trommelbreite zylindrisch, äußere Drittel konisch) zu gestalten, damit das Band stabil über die Trommeln läuft. Gurtbänder dürfen im Bereich der Trommeln keine seitliche Zwangsführung erfahren (Zerstörungsgefahr).

Spannvorrichtungen. Die Spannvorrichtung erzeugt die für den reibschlüssigen Antrieb erforderliche Vorspannkraft im Band. Am häufigsten werden Spindel-, Gewichts- und Windenspannvorrichtungen verwendet (Bild 6.2-2).

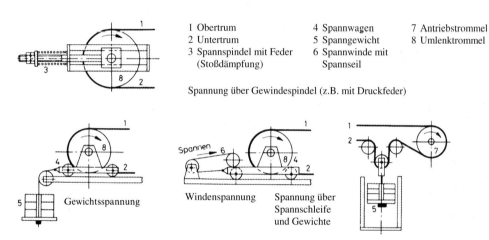

Bild 6.2-2 Spanneinrichtungen für Bandförderer

Spindelspannvorrichtung Die von Hand verstellbaren Spindeln verschieben die in entsprechenden Führungen gelagerten Spanntrommeln in Längsrichtung; infolge sich im Betrieb vergrößernder, bleibender Banddehnung (Bandverschleiß) verringert sich die ursprüngliche Bandspannung, weshalb von Zeit zu Zeit das Band nachgespannt werden muss.

Mit Druckfedern kombinierte Spannspindeln gewährleisten ein zeitweiliges, selbsttätiges Nachspannen; sie schützen gleichzeitig das Band vor Überlastung, z.B. bei Eindringen von Fremdkörpern zwischen Band und Trommel. Für Achsabstände bis etwa 100m.

Gewichtsspannvorrichtung Die auf dem Spannwagen oder Spannschlitten gelagerte Spanntrommel wird durch das Spannseil, an dessen Ende die Spanngewichte hängen, bewegt und somit das Band vorgespannt. Die Gewichtsspannvorrichtung spannt sich selbsttätig nach, die Spannkraft bleibt auch bei Dehnung des Bandes konstant. Für Achsabstände > 100m.

Windenspannvorrichtung Hier greift das von der Winde betätigte Spannseil am Spannwagen an und spannt über die Spanntrommel das Band. Die Spannkraft kann während des Betriebes verändert werden.

Soll sich der Achsabstand des Bandförderers beim Spannen nicht verändern, sind Spannschleifen einzubauen (Bild 6.2-2).

Die (bleibenden) Betriebsdehnungen von Gurtbändern, jeweils auf die Länge bezogen, liegen etwa bei 1,5% für Einlagen aus Chemiefasern und 0,1% für solche aus Stahlseilen; diese Werte sind für die Auslegung der Spannwege von Bedeutung.

Tragkonstruktion. Die Tragkonstruktion nimmt die Stützelemente des Ober- und Untertrums (Tragrollenstationen, Gleitunterlagen), die Antriebs- und Spanneinrichtungen sowie ggf. weitere Bauelemente auf (Gutauf- und -abgabe, seitliche Gutführung usw.). Sie besteht im Wesentlichen aus zwei Längsträgern (meist Stahl-, bei leichten Förderern auch Aluminiumprofile), die mittels Querträgern verbunden sind und sich auf einer Anzahl Stützen zur stehenden oder hängenden Anordnung im Raum (Bodenabstützung bzw. Deckenaufhängung) abstützen.

Tragkonstruktionen werden zum flexiblen Einsatz im Planungsprozess und aus Kostengründen immer mehr in Modulbauweise ausgeführt.

Im Freien arbeitende Bandanlagen erhalten häufig eine Abdeckung über dem Obergurt (Schutz des Fördergutes vor Witterungseinfluss, Schutz gegen Abheben des Bandes durch Wind usw.) oder sind im Ganzen vor Witterungseinfluss geschützt.

Gutaufgabe / Gutabgabe

Gutaufgabe Die Gutaufgabe soll möglichst in Förderrichtung unter Vermeidung größerer Fallhöhen erfolgen, z.B. über Aufgaberutschen, bei Stückgut auch über Einschleuser (z.B. Einschleusband oder -rollenbahn). Gutaufgaben können am Ende des Förderers oder/und an beliebiger Stelle des Transportweges sowie ortsfest oder raumflexibel angeordnet sein (in Bild 6.2-1 z.B. fest angeordnete Aufgabeschurre am Bandanfang). Raumflexible Gutaufgaben an beliebiger Stelle des Transportweges sind durch längs des Förderers verfahrbare Aufgabeeinrichtungen an der Tragkonstruktion realisierbar. Bei hohen Fördergeschwindigkeiten wird dem eigentlichen Förderband ein *Beschleunigungsband* vorgeschaltet.

Gutabgabe Die gebräuchlichsten Gutabgabemöglichkeiten sind:

Gutabgabe über Kopf: Sie ist die einfachste und günstigste Abgabeart für Stück- und Schüttgüter und findet ohne zusätzliche technische Mittel über die Antriebstrommel statt.

Gutabgabe durch Abstreifer: Abstreifer kommen für die Abgabe von Stück- und Schüttgütern an beliebiger Stelle des Tramsportweges in Frage; sie können einseitig oder pflugartig zur beidseitigen Gutabgabe ausgebildet sein, manuell vor Ort oder automatisch ferngesteuert in den Gutstrom ein- und aus diesem ausgeschwenkt werden (Bild 6.2-3).

Abwurfwagen: Der längs der Förderstrecke verfahrbare Abwurfwagen (Bandschleifenwagen) führt das Band über eine ansteigende Tragrollenstrecke zu der Abwurftrommel (Bild 6.2-3). Dort wird das Fördergut über eine einfache oder doppelte, seitlich am Förderband vorbeiführende Rutsche oder Schurre abgeleitet (nur für Schüttgut geeignet).

Ausschleuser: Zur Abgabe von Stückgütern an beliebiger Stelle des Transportweges kommen in Anlehnung an das Abstreiferprinzip dem Gut angepasste Ausschleuser in Betracht: z.B. Bandausschleuser in Paketsortieranlagen.

6.2 Mechanische Stetigförderer mit Zugmittel (Bandförderer)

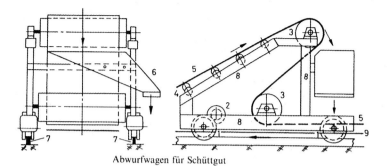

Abwurfwagen für Schüttgut

1 Laufräder, 2 Fahrantrieb (2 Laufräder angetrieben), 3 Umlenktrommel, 4 Muldentragrolle, 5 Band (Obertrum), 6 Abgabeschurre (auch als Hosenschurre, d. h. zur beidseitigen Gutabgabe), 7 Fahrschiene (auf Bandtragkonstruktion), 8 Tragkonstruktion des Abwurfwagens, 9 Band (Untertrum)

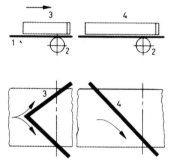

1 Obertrum
2 Tragrolle
3 Pflugabstreifer zur beidseitigen Abgabe
4 Einseitiger, gerader Abstreifer (z.B. für Rechtsabgabe)

Abstreifer für Schütt- und Stückgut

Bild 6.2-3 Gutabgabeeinrichtungen

Band- und Trommelreinigung. Die Beseitigung der nach dem Gutabwurf noch am Band verbliebenen Gutreste kann durch gewichts- oder federbelastete Abstreifer (glatte oder kammartige Leisten aus Stahl, Kunststoff u.a. Werkstoffen) erfolgen, die an der Antriebstrommel unterhalb der Überkopf-Abgabe anzuordnen sind. Es sind auch rotierende, mit Scheiben oder Borsten bestückte Rollen gebräuchlich. Dadurch werden Untertrum und dessen Tragelemente, vor allem die Tragrollen, weitgehend von Gutresten freigehalten.

Berechnung

Fördermenge Volumenstrom $\dot{V}$ und Massenstrom $\dot{m}$ für Stück- oder Schüttgüter sind nach den Gln. (6.1.1), (6.1.3), (6.1.4) und (6.1.5) zu ermitteln. Der theoretische Gutquerschnitt A_{th} (= Förderquerschnittsfläche) bei Schüttgutförderung ergibt sich bei gemuldetem Band nach Bild 6.2-4 zu:

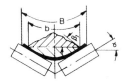

Muldenband mit 2 Rollen im Obertrum,
B ≤ ca. 0,8m

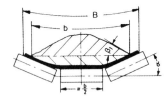

Muldenband mit 3 Rollen im Obertrum,
B ≈ 0,8...2m

Gutquerschnitt bei Muldenbändern

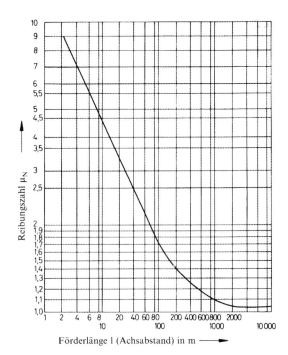

Reibungszahl für Nebenwiderstände μ_N (analog DIN 22101)

Bruchfestigkeit k_z und Materialbeiwert c_M für Textileinlagen

Einlagenmaterial Kette/Schuss	Kurzzeichen Kette/Schuss	Bruchfestigkeit k_z einer Einlage in N/mm Kette/Schuss	Materialbeiwert c_M für die Wahl des Antriebstrommeldurchmessers [1]
Reyon/Polyamid	RP125/50 ... RP500/100	125/50 ... 500/100	≈ 90 ... 110
Polyester/Polyamid	EP160/65 ... EP630/120	160/65 ... 630/120	≈ 100 ... 120
Stahlseile	St1000 ... St6000	1000 ... 6000	≈ 140 ... 160

[1] Hohe Werte bei großer Bruchfestigkeit k_z
Zwischenwerte nach Normzahlreihe gestuft (für Trommeldurchmesser)

Bild 6.2-4 Berechnungskennwerte für Bänder und Bandförderer

$$A_{th} = \frac{b^2}{4}(\tan\beta_1 + \tan\alpha) \quad \text{Theoretischer Gutquerschnitt eines Muldenbandes mit 2 Rollen im Obertrum} \quad (6.2.5)$$

Theoretischer Gutquerschnitt A_{th} angenähert aus zwei Dreiecken mit

$$A_{th} = \frac{1}{2}\ b\ \frac{b}{2}\ \tan\beta_1 + \frac{1}{2}\ b\ \frac{b}{2}\ \tan\alpha$$

b = 0,9B − 0,05   für B ≤ 2m   Nutzbreite in m (nach DIN 22101)
b = B − 0,25   für B > 2m

6.2 Mechanische Stetigförderer mit Zugmittel (Bandförderer)

B   Bandbreite in m
$\beta_1 \approx \dfrac{\beta}{2}$ Schüttwinkel auf dem bewegten Band; $\beta_1 \approx 10° \ldots 20°$
β Böschungswinkel der Ruhe (siehe Abschnitt 1.3)
α Muldungswinkel (Bild 6.2-4); $\alpha = 20° \ldots 30°$

$$\boxed{A_{th} = \frac{b^2}{4}\left(\tan\beta_1 + \frac{3}{4}\tan\alpha\right)} \qquad \begin{array}{l}\textit{Theoretischer Gutquerschnitt eines}\\ \textit{Muldenbandes mit 3 Rollen im Obertrum}\end{array} \qquad (6.2.6)$$

Theoretischer Gutquerschnitt A_{th} angenähert aus oberem Dreieck und unterem Trapez:

$$A_{th} = \frac{1}{2}b\frac{b}{2}\tan\beta_1 + \frac{b+\dfrac{b}{2}}{2}\frac{b}{4}\tan\alpha$$

Analog kann der Gutquerschnitt auch für andere Muldungsformen berechnet werden. Der theoretische Gutquerschnitt A_{th} ist noch mit dem Effektiven Füllungsgrad $\varphi = \varphi_{Betr}\,\varphi_{St}$ zu multiplizieren.

Füllungsgrad φ_{Betr} = f (Gutart, Betriebsverhältnisse), normal $\varphi_{Betr} \approx 1$.

Abminderungsfaktor $\quad \varphi_{St} = 1 - \dfrac{A_{1th}}{A_{th}}(1-\varphi_{St1}); \ \varphi_{St1} = \sqrt{\dfrac{\cos^2\delta - \cos^2\beta_1}{1-\cos^2\beta_1}}$

φ_{St} berücksichtigt die Bandneigung bzw. -steigung; bei waagerechtem Band $\varphi_{St} = 1$.

$A_{1\,th}$ obere Dreiecksfläche; siehe Bild 6.2-4
δ Neigungs- bzw. Steigungswinkel ($\delta \leq \beta_1$)
A_{th}, β_1 siehe oben

Antriebsleistung Die Nennleistung des Antriebsmotors ergibt sich nach Gl. (6.1.7) und den dort anschließenden Hinweisen.

Hierzu ist zunächst die Berechnung des Gesamtwiderstandes F_W, der der Umfangskraft F_U im Band entspricht, durchzuführen – nach Gl. (6.1.6). In Ergänzung hierzu ist zu beachten:

$\mu_{ges} = \mu_H\,\mu_N$ Gesamtreibungszahl

μ_H Reibungszahl für Hauptwiderstände (Reibung in den Lagern der Tragrollen und Walkwiderstand in Gut und Band), $\mu_H \approx 0{,}015 \ldots 0{,}03$; hohe Werte bei staubigem Betrieb und nicht exakt ausgerichteten Bandanlagen wählen

μ_N Reibungszahl für Nebenwiderstände (Reibung durch Bandumlenkungen, Gutauf- und -abgabe und Trommel- sowie Bandreinigungseinrichtungen), μ_N = f (l); siehe Bild 6.2-4. Der Einfluss der Nebenwiderstände nimmt bei abnehmender Förderlänge l relativ zu, da sie sowohl bei kurzen wie langen Bändern in etwa gleicher Größe auftreten

In die Berechnung des Gesamtwiderstandes F_W sind neben den *Haupt-* und *Nebenwiderständen* gegebenenfalls noch *Steigungswiderstände* (bei geneigter Förderung) und *Sonderwiderstände* (infolge Gutabstreifer, Gutführungseinrichtungen und Abwurfwagen) einzubeziehen; siehe dazu DIN 22101.

An der Antriebtrommel liegen die aus Bild 6.2-5 ersichtlichen Bandzugkräfte vor. Mit der Vorspannkraft F_2, der Reibungszahl μ (Reibwert zwischen Trommelmantel und Band) und dem Umschlingungswinkel α ist die maximal mögliche Zugkraft F_1 festgelegt und nach folgender Beziehung berechenbar:

$$\boxed{\frac{F_1}{F_2} \leq e^{\mu\alpha}} \qquad \textit{Eytelwein'sche Gleichung} \qquad (6.2.7)$$

Beachte, dass α im Bogenmaß einzusetzen ist: $\alpha = 2\pi i$ mit $i = \alpha°/360°$.

Die zum Antrieb erforderliche Umfangskraft F_U an der Antriebstrommel ist die Differenz der Bandzugkräfte in Last- und Leertrum:

$$\boxed{F_U = F_1 - F_2} \qquad \textit{Umfangskraft} \qquad (6.2.8)$$

F_1 Maximale Bandzugkraft im Lasttrum (für die Berechnung der Einlagen maßgebend – siehe Gln. (6.2.1) und (6.2.2))
F_2 Minimale Bandzugkraft (= Vorspannkraft im Leertrum)

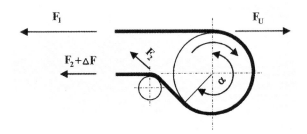

Bild 6.2-5 Bandzugkräfte und Umfangskraft an der Antriebstrommel

Die Mindestvorspannkraft an der Umlenktrommel wird damit $2F_2$.

Bild 6.2-5 geht vom allgemein üblichen Kopfantrieb aus (Antriebstrommel am Ende der Förderstrecke, Obertrum ist Lasttrum, Untertrum ist Leertrum) und enthält eine Bandumlenkung dicht hinter der Antriebstrommel zur Vergrößerung des Umschlingungswinkels, wodurch sich im Betrieb die Bandzugkraft F_2 infolge dieser Umlenrolle um ΔF erhöht. Weitere Tragrollen und gegebenenfalls vor der Umlenktrommel innen angeordnete Bandreiniger erhöhen den Bandlaufwiderstand im Untertrum weiter.

Bei geneigten Bandförderern kann die Umfangskraft F_U infolge der Schwerkraftwirkung (die auf dem Band befindliche Gutmenge treibt das Band an) negativ werden, so dass die Bandanlage abgebremst werden muss; es handelt sich dann um so genannte *Talförderbänder*.

6.2 Mechanische Stetigförderer mit Zugmittel (Bandförderer)

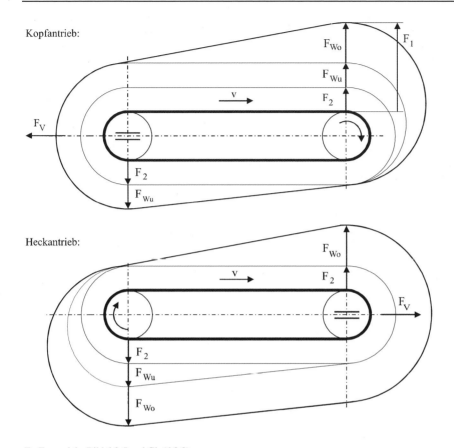

F_1, F_2, α siehe Bild 6.2-5 und Gl. (6.2.8)
F_V Vorspannkraft (Vorspannung der Spanntrommelachse)
F_{Wo} Zugkraft zur Überwindung der Laufwiderstände im Obertrum
F_{Wu} Zugkraft zur Überwindung der Laufwiderstände im Untertrum

Bild 6.2-6 Bandzugkraftverlauf in Abhängigkeit der Anordnung der Antriebstrommel (idealisiert)

Für die Bandbelastung und die Antriebsleistung ist es nicht gleichgültig, an welcher Stelle des Förderers die Antriebstrommel angeordnet ist. Bild 6.2-6 veranschaulicht den Bandzugkraftverlauf für Kopfantrieb und für Heckantrieb (idealisiert; real verläuft F_W nicht stetig, sondern in Sprüngen infolge der Einzelwiderstände in Ober- und Untertrum): Kopfantrieb ist grundsätzlich vorzuziehen, da hier die Belastung des Bandes und der Bauteile und damit die erforderliche Antriebsleistung am geringsten ist. Heckantrieb führt zu höherer Bandbeanspruchung auf längerer Strecke, damit zu höherer Bauteilbelastung und höherer Antriebsleistung.

Der Heckantrieb sollte also die seltene Ausnahme sein (leichte Fördergüter, möglichst keine Bandumlenkung im Untertrum). Soll ein höher belasteter Bandförderer im Reversierbetrieb (mit Umkehr der Förderrichtung) arbeiten, wären zur Vermeidung genannter Nachteile zwei Antriebstrommeln vorzusehen: während die eine Trommel als Kopfantrieb betrieben wird, läuft die andere als Umlenktrommel im Freilauf.

6.2.2 Stahlbandförderer

Trag- und Zugmittel ist hier ein relativ dünnes, flaches Stahlband, das im Gegensatz zum Gurtband infolge seiner Steifigkeit wesentlich weniger umgelenkt werden darf und demzufolge größere Durchmesser von Antriebs- und Umlenktrommel bzw. – bei Bändern mit Spurleiste – Antriebs- und Umlenkscheiben erfordert. Die Abstützung des Stahlbandes geschieht über Gleitbahnen oder gerade Tragrollen.

Stahlbänder kommen endlos geschweißt (Querschweißnaht plangeschliffen) zum Einsatz oder werden vor Ort durch Nietverbindung (Senkniete, mittels Spezialwerkzeug geschlagen) endlos verbunden. Auch die Nietverbindung ermöglicht eine nahezu restlose Gutabgabe durch Abstreicher, was besonders bei pastösen Gütern bedeutsam ist.

Anwendung: Das Stahlband wird für die unterschiedlichsten Stück- und Schüttgüter eingesetzt. Es eignet sich auch besonders gut für pastöse Güter, z.B. in der Chemischen und der Süßwarenindustrie (temperierte Schokoladen- und Bonbonmassen usw.), die durch andere Stetigförderer kaum transportierbar sind.

Neben dem Einsatz als universelles Transportmittel und für spezielle Aufgaben in Materialfluss und Logistik (als Bandspeicher, als Sortier- und Verteilbänder in Kommissionier- und Paketverteilanlagen usw.) ist das Stahlband einsetzbar zur Durchführung vielfältiger Prozesse der Verfahrens- und der Verarbeitungstechnik. Es ermöglicht in hervorragender Weise die Kombination von Transport und technologischem Prozess. Stahlbänder können deshalb Kernstück komplexer Anlagen der Verfahrens- und der Verarbeitungstechnik sein.

Berechnung

Fördermenge und *Antriebsleistung* sind analog dem Gurtbandförderer (Abschnitt 6.2.1) berechenbar, wobei die hier vorliegenden Besonderheiten zu beachten sind:

- Stahlbänder, die nicht spurleistengeführt angetrieben werden, erfordern eine gegenüber den Gurtbändern wesentlich größere Vorspannung (nach Herstellerangabe), die zu größerem Bewegungswiderstand F_W führt, der sich bei jeder zusätzlichen Bandablenkung (Übergänge von waagerechter zu steigender Förderung usw.) weiter erhöht
- Stahlbänder unterliegen praktisch keiner Betriebsdehnung, d.h. die einmal eingebrachte Vorspannung bleibt im Betrieb konstant; unbedingt zu beachten sind jedoch Wärmedehnungen: Zur Vermeidung von Bandüberlastung bei Bandabkühlung und zu großem Banddurchhang bei Banderwärmung ist die Spannstation so zu gestalten, dass sie einen selbsttätigen Längenausgleich ermöglicht
- Nicht spurleistengeführte Stahlbänder laufen im Gegensatz zu Gurtbändern um zylindrische Trommeln und bedürfen zum stabilen Betrieb einer zusätzlichen Steuerungseinrichtung (im Bereich der Spanntrommel und/oder auf der Förderstrecke), die den Bewegungswiderstand und damit die Antriebsleistung erhöhen kann.

Folgende Ausführungen basieren auf Firmenangaben von SANDVIK, des schwedischen Herstellers von Stahlbändern und Stahlbandanlagen.

Technische Daten (Richtwerte für Stahlbandförderer):

Bandbreite einzeln bis 1,5m; zusammengesetzt bis 4,5 (6,0)m, wobei die Längsschweißnähte plangeschliffen sind

Bandgeschwindigkeit bis 2,0m/s   Förderlänge bis 150 (500)m

Banddicke $d = 0,2 ... 2\ (2,5)$mm, → Trommel- bzw. Scheibendurchmesser $D \geq (800 ... 1100)d$

6.2 Mechanische Stetigförderer mit Zugmittel (Bandförderer)

Herausragende Eigenschaften des Stahlbandes, die für die Prozesstechnik besonders interessant sind:

- Oberfläche: kaltgewalzt oder geschliffen, poliert bis Rauhigkeit $R_a \leq 0{,}4\mu m$ ($\rightarrow$ geringe Ädhäsionsneigung/Reibwerte Band/Gut, sehr gute hygienische und Reinigungsbedingungen)
- Festigkeit: je nach Stahlmarke und Temperatur, z. B. Zugfestigkeit R_m: 970 ... 1600N/mm² bei 20°C, noch 790 ... 1310N/mm² bei 300°C ($\rightarrow$ hohe mechanische Belastbarkeit)
- Temperaturbeständigkeit: -45 ... 300°C, kurzzeitig bis 450°C, Stahlband mit Gummispurleiste -45 ... 80°C ($\rightarrow$ Einsatzmöglichkeit in diesen Bereichen)
- Band auch perforiert möglich: Lochdurchmesser $\geq 0{,}8mm$, Standard: 2,0... 5,5mm ($\rightarrow$ Einsatz/Anpassbarkeit für entsprechende Prozesse, z.B. Backen, Kühlen)
- Stahlmarke: Kohlenstoff- oder rostbeständiger Stahl mit austenischem oder martensitischem Feingefüge ($\rightarrow$ optimale Anpassung an die Prozessbedingungen)
- Band auch mit Spur- und Stauleisten ($\rightarrow$ lagegenaue Prozessdurchführung und -kopplung sowie leichtere Gesamtkonstruktion bei spurleistengeführtem Band: anstatt Trommeln genügen schmale Keilriemenscheiben; bei Bändern mit seitlichen Stauleisten kein Abfließen von niedrigviskosem Gut).

Aus diesen Eigenschaften resultieren vielfältige technologische Möglichkeiten und Spezialanlagen (z.B. die in Bild 6.2-7 dargestellte Anlage) zur Durchführung solcher Prozesse wie Pressen/Verdichten, Temperieren/Kühlen, Trocknen/Gefriertrocknen, Laminieren/Beschichten, als Einfach- oder Doppelbandanlagen in vielen Bereichen der Industrie, z.B.:

- Doppelbandanlagen mit Presswirkung in der Kunststoffherstellung (Platten, Matten, Folien, Filme, Laminate)
- Backanlagen (Kleingebäck ohne/mit Schokoladenüberzug)
- Anlagen zum Kühlen/Gefrieren von Lebensmitteln (Fischfilets, Hamburger, Shrimps, Muscheln, Kaffee, Tee-Extrakt)
- Anlagen zum Trocknen/Gefriertrocknen von Lebensmitteln (Obst, Gemüse, Hackfleisch, Kaugummi, Algen) und Tierfutter
- Anlagen zum Sintern, Polymerisieren, Vulkanisieren (Verarbeitungsgut: Pulver, Granulat, pastöses Gut in der chemischen Industrie)
- Anlagen zum Herstellen von Pastillen mit dem so genannten Rotoform-Verfahren in der chemischen und Lebensmittelindustrie
- Anlagen zum Kühlen von Lebensmitteln (Schokolade, Kartoffelbrei, Agar, Karamellen) und chemischen Produkten (Wachse, Harze, Hot-Melts).

Derartige Anlagen können bedeutende Ausmaße annehmen. So sind Doppelbandanlagen zum Herstellen von Laminaten und Platten bekannt mit 2,5mm dicken Stahlbändern, Antriebs- und Umlenktrommeln mit 2,8m Durchmesser und Achsabständen von 40 bis 50m.

Gesamtanlage (unterer und oberer Stahlbandförderer, technologische Einrichtungen)

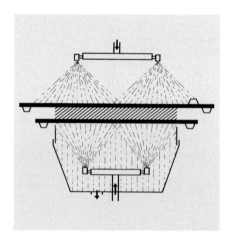

Doppelband-Sprühkühlsystem im Querschnitt

Bild 6.2-7 Doppelbandanlage für Polyesterharze oder Wachse (SANDVIK)

6.2.3 Drahtbandförderer

Das Band besteht hier aus einem Rund- oder Flachdrahtgeflecht, welches kleine Trommeldurchmesser und Kurvenführung ermöglicht.

6.2 Mechanische Stetigförderer mit Zugmittel (Bandförderer)

Anwendung: Für Stückgüter und mittel- bis grobkörnige Schüttgüter. Wegen ihrer Temperaturbeständigkeit und Oberflächendurchlässigkeit kommen Drahtbänder für viele Prozesse, ähnlich den Stahlbändern, in Betracht: z.B. zum Backen, Temperieren, Trocknen, Kühlen, Gefrieren. Weitere drahtbandspezifische Prozesse sind z.B. Sieben, Waschen (z.B. in der Textilveredlung).

Technische Daten (Richtwerte für Drahtbandförderer):

Bandbreite bis 4 (6)m

Bandgeschwindigkeit bis 0,5 (1,0)m/s   Förderlänge bis 100 (250)m

Temperaturbereich: -45 … 1000 (1200)°C

Bandkenngrößen und Trommeldurchmesser:

Bandart	Maschenweite w in mm	Teilung t in mm	Trommeldurchmesser in mm
Geflecht	2 … 20	-	(10 … 15)w
Litzengewebe	1,6 … 4	-	320 … 400
Spiralglieder	-	15 … 50	(10 … 15)t
Ösenglieder	-	50 … 120	(10 … 15)t
Nockengewebe [1]	≈ 0 … 10	14,7 … 15,5	≥ 200

[1] Firmenangabe KUFFERAT

Bild 6.2-8 Spurgeführtes Nockengewebeband beim Auflauf auf die Trommel (KUFFERAT)

Spurgenauer Bandlauf wird erreicht entweder durch zusätzliche seitliche Hilfsmittel wie Führungsketten, Führungsrollen oder durch entsprechende Bandgestaltung. So weisen z.B. die *Nockengewebebänder* der Firma KUFFERAT (Bild 6.2-8) in den „Schussdrähten" Nocken auf, die einen spurgenauen Bandlauf um die mit Spurrillen versehenen Antriebs- und Umlenktrommeln gewährleisten. Außerdem können Drahtbänder mit seitlich hochgestellten Kanten zur Gutführung versehen werden.

Die Nockengewebebänder werden bis Maschenweite nahezu Null hergestellt, so dass sie auch für kleinstückige Schüttgüter und Stückgüter, die eine nahezu durchgehende Auflagefläche erfordern, geeignet sind. Diese Bänder weisen dann ähnliche Gebrauchseigenschaften wie Stahlbänder auf, jedoch mit dem Vorteil der wesentlich kleineren Trommeldurchmesser. Dadurch sind sie für viele Industriezweige interessant (Texil-, Lebensmittel-, Papier-, Tabakindustrie, sowie zur Holzverarbeitung usw.).

Welche weitreichenden Lösungen Drahtbänder ermöglichen, sei am Beispiel eines Spiralbandfrosters gezeigt (Bild 6.2-9): Das im Froster endlos umlaufende Drahtband mit lamellenartigen Seitenborden transportiert das Gefriergut (Obst, Gemüse, Fertigspeisen usw.) von unten (1) nach oben durch die Gefrierzone und gibt das gefrorene Produkt oben (5) ab. Das in seitlichen

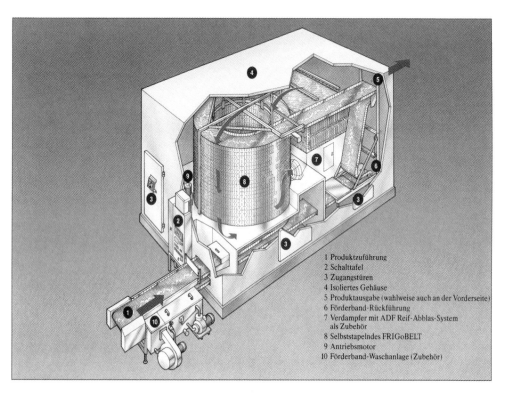

Bild 6.2-9 Spiralbandfroster als Beispiel der Kombination von Förder- und technologischem Prozess (FRIGOSCANDIA)

Führungselementen laufende Spiralband ist selbststapelnd, besteht aus Querstäben, die in Längsrichtung durch Ösenspiralen auf Abstand gehalten werden und so die Kurvenbildung ermöglichen.

Berechnung

Fördermenge und *Antriebsleistung* sind unter Beachtung der jeweils vorliegenden Besonderheiten (Reibungsverhältnisse infolge der Bandführung u.a.) analog dem Gurtbandförderer (Abschnitt 6.2.1) berechenbar.

6.2.4 Kurvengurtförderer

Kurvengurtförderer dienen der horizontalen Richtungsänderung von Stückgut-Förderströmen unter weitgehender Beibehaltung der Gutordnung. Sie sind demzufolge ein Verkettungsmittel zwischen anderen Bandförderern bzw. vor- oder nachgeschalteten Bearbeitungsstationen.

Als Trag- und Zugmittel kommen speziell gewebte oder konfektionierte, flache Gurtbänder in Betracht.

Anwendung: Derartige Förderer sind ausschließlich für leichte Stückgüter geeignet und bei mehrbahnigen Förderströmen besonders dort vorteilhaft einsetzbar, wo die Gutordnung im Strom auch bei Änderung der Förderrichtung für den nachfolgenden technologischen Prozess beibehalten werden soll (z.B. Gutströme zwischen Herstellen und Verpacken).

Typische Einsatzgebiete für Kurvengurtbänder sind z.B.: Lebensmittelindustrie (Backwaren), Pharmazie, Feinmechanik, Elektroindustrie.

Aufbau. Der grundsätzliche Aufbau von Kurvengurtförderern geht aus Bild 6.2-10 hervor.

Die wesentlichen Unterschiede zu den geradeaus fördernden Gurtbandförderern (Abschnitt 6.2.1) resultieren daraus, dass Antriebs- und Umlenktrommel in bestimmtem Winkel zueinander – dem Umlenkwinkel – angeordnet sind:

- Das im Kreisbogen fördernde Gurtband erfordert konische Trommeln
- die infolge Gurtvorspannung und -antrieb nach innen (zum Drehpunkt) gerichteten Reaktionskräfte erfordern die Gurtführung am Außenradius des Bandes (im Bild 6.2-10 durch eine am Außenrand des Bandes angebrachte, durchgehende, in Rollenführungen laufende Wulstleiste; es sind auch andere Gurtführungen bekannt)
- das Gurtband hat die Form eines Kegelstumpfmantels (entweder so gewebt oder konfektioniert).

Kurvengurtförderer werden von verschiedenen Herstellern meist als Teil eines Materialfluss-Baukastens angeboten, da sie ausschließlich als Verkettungsmittel zwischen vor- und nachgeschalteten Förderern bzw. technologischen Prozessen in Betracht kommen.

Technische Daten (Richtwerte für Kurvengurtförderer):

Kurvenwinkel eines Förderers (= Umlenkungswinkel der Förderrichtung): 45, 90, 180°; durch Kombination weitere Umlenkwinkel erreichbar

Außenradius der Förderbahn bis 2m; Innenradius 1,0 bis 0,6 (0,3)m; die Förderweite ergibt sich aus der Differenz dieser Radien.

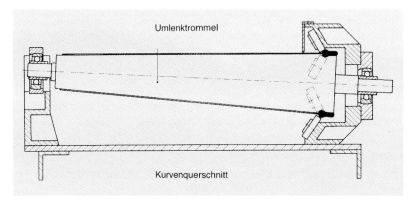

Bild 6.2-10 Kurvengurtförderer (TRANSNORM)

Berechnung

Fördermenge und *Antriebsleistung* sind analog der geradeaus fördernden Gurtbandförderer (Abschnitt 6.2.1) berechenbar, wobei die hier vorliegenden Besonderheiten zu beachten sind:

– Als Fördergeschwindigkeit v ist die mittlere Geschwindigkeit des Förderquerschnitts einzusetzen (das Band läuft am Innenrand langsamer als am Außenrand)
– in die Berechnung des Gesamtwiderstandes F_W ist der zusätzliche seitliche Laufwiderstand, den der Gurt infolge der äußeren Zwangsführung zu überwinden hat, einzubeziehen; dieser wächst mit größer werdendem Kurvenwinkel und ist abhängig von der konstruktiven Ausführung der Gurtführung
– gegebenenfalls ein seitlicher Gutführungswiderstand (= Reibungswiderstand) zu berücksichtigen; bei höherer Fördergeschwindigkeit ist dies infolge der Fliehkraft nicht auszuschließen.

6.2.5 Weitere Ausführungen von Bandförderern

DIN 15201, Teil 1 enthält eine Anzahl weiterer, spezieller Ausführungen von Bandförderern, die aus dem industriellen Bedarf hervorgingen; es seien hier nur folgende genannt:

Steilgurtförderer. Der zum Steiltransport ausgestattete Gurt (Querstollen, Seitenleisten) ermöglicht Aufwärts- und Abwärtstransport bis 90°, d.h. auch Vertikaltransport (glatte Gurtbän-

6.2 Mechanische Stetigförderer mit Zugmittel (Bandförderer)

der nur bis ca. 20°). Dieser, für Schüttgüter und kleinere Stückgüter geeignete Förderer wird vorwiegend eingesetzt als Verkettungsmittel, z.B. in der Obst- und Gemüseindustrie, in der Metallverarbeitung.

Riemenförderer. Trag- und Zugmittel sind hier mehrere, parallel angeordnete Riemen (Rund- oder Flachriemen). Sie dienen ausschließlich als Verkettungsmittel für leichte Stückgutströme. In Verbindung z.B. mit leichten Rollenförderern und Röllchenbahnen (Abschnitt 6.4.1.1 bzw. 6.5.2) ermöglichen diese Förderer auch bei kleinen Stückgütern lückenlose Transportübergänge.

Magnetbandförderer. Die flachen oder leicht gemuldeten Gummigurtbänder der Magnetbandförderer werden über Plattenmagnete geführt. Hierdurch kann bei entsprechender Anordnung der Bänder die Ausscheidung von Stahlteilen aus dem Gutstrom vorgenommen werden. Sie kommen z.B. als selbständig arbeitende Sortierbänder bei Verschrottungsanlagen zum Einsatz.

Teleskopbandförderer. Dieser Bandförderer mit Vorschubkopf und Bandschleife ermöglicht eine stufenlose Veränderung der Förderlänge. Er wird als Be- und Entladeförderer eingesetzt.

6.2.6 Beispiele

21 | Muldenbandförderer für Erz

Bandgeschwindigkeit $v = 1{,}5 \frac{m}{s}$, Förderlänge L = 500m, Förderhöhe h = 30m, Wirkungsgrad des Antriebes $\eta = 0{,}85$, Reibungszahl für Hauptwiderstände $\mu_H = 0{,}025$, Anlaufzeit $t_A = 5s$ (über Anlaufkupplung), als Gutquerschnitt die theoretische Größe ansetzen (geringe Steigung).

Band: Breite B = 0,65m, Eigenlast des Bandes $m_{LB} = 12 \frac{kg}{m}$, Stahlseileinlage, Bruchkraft F_{BS} = 22kN je Seil, Seildurchmesser d = 6mm, Sicherheit v = 8, Reibungszahl Band/Trommel μ = 0,3.

Tragrollenstationen: Oben zwei Muldenrollen mit Abstand L_{RO} = 1m und Eigenlast m_{RO} = 12kg je Rolle, Muldungswinkel $\alpha = 20°$. Unten eine gerade Rolle mit Abstand L_{RU} = 2,5m und Eigenlast m_{RU} = 18kg. Rollenaußendurchmesser D_R = 100mm, Trägheitsdurchmesser der Rollen D_S = 80mm, Last der drehenden Rollenteile gleich der Eigenlast setzen. Motor beim Anlauf 50% überlastbar.

Fördergut: Böschungswinkel $\beta = 50°$, Schüttdichte $\rho_s = 2{,}2 \frac{t}{m^3}$.

Gesucht:

1. Fördermenge $\dot{V}$ und $\dot{m}$
2. Maximale Bandzugkraft F_1
3. Stahlseilzahl z, Antriebstrommeldurchmesser D
4. Anlaufleistung P_A für das voll beladene Band, Nennleistung P_N

Lösung:

1. Volumenstrom $\dot{V}$ nach Gl. (6.1.1)

$$\dot{V} = A\,v = 0{,}059\,m^2 \; 1{,}5\frac{m}{s} = 0{,}088\frac{m^3}{s} \qquad\qquad \underline{\underline{\dot{V} = 317\frac{m^3}{h}}}$$

Gutquerschnitt A nach Gl. (6.2.5)

$$A = \frac{b^2}{4}(\tan\beta_1 + \tan\alpha) = \frac{0{,}535^2\,m^2}{4}(\tan 25° + \tan 20°) = 0{,}059\,m^2$$

Nutzbreite $b = 0{,}9B - 0{,}05 = 0{,}9 \cdot 0{,}65 - 0{,}05 = 0{,}535$ m, für $B \leq 2$ m

Schüttwinkel auf dem bewegten Band $\beta_1 \approx \frac{\beta}{2} = 25°$

Massenstrom $\dot{m}$ nach Gl. (6.1.3)

$$\dot{m} = \dot{V}\rho_s = 317\frac{m^3}{h}\,2{,}2\frac{t}{m^3} = 697\frac{t}{h} \qquad\qquad \underline{\underline{\dot{m} = 697\frac{t}{h}}}$$

2. Umfangskraft F_U nach Gl. (6.1.6)

$$F_U = \mu_{ges}\,L\,g(m_{lF} + m_{lG}) + M_{lG}\,g\,h = 0{,}03 \cdot 500\,m \cdot 9{,}81\frac{m}{s^2}\left(55{,}2\frac{kg}{m} + 129\frac{kg}{m}\right)$$

$$+ 129\frac{kg}{m}\,9{,}81\frac{m}{s^2}\,30\,m = 65100\,N \qquad\qquad \underline{F_U = 65{,}1\,kN}$$

Gesamtreibungszahl $\mu_{ges} = \mu_H\,\mu_C = 0{,}025 \cdot 1{,}2 = 0{,}03$
Reibungszahl für Nebenwiderstände $\mu_N = 1{,}2$; siehe Bild 6.2-4
Eigenlast des Ober- und Untertrums m_{lF}

$$m_{lF} = 2m_{lB} + 2\frac{m_{RO}}{L_{RO}} + \frac{m_{RU}}{L_{RU}} = 2 \cdot 12\frac{kg}{m} + 2\frac{12\,kg}{1\,m} + \frac{18\,kg}{2{,}5\,m} = 55{,}2\frac{kg}{m}$$

$$m_{lG} = \frac{\dot{m}}{v} = \frac{194\frac{kg}{s}}{1{,}5\frac{m}{s}} = 129\frac{kg}{m}$$

Maximale Bandzugkraft F_1 nach Gln. (6.2.7) und (6.2.8)

$$F_1 = F_U\frac{e^{\mu\alpha}}{e^{\mu\alpha} - 1} = 65{,}1\,kN\,\frac{e^{0{,}3 \cdot 3{,}14}}{e^{0{,}3 \cdot 3{,}14} - 1} = 107\,kN \qquad\qquad \underline{F_1 = 107\,kN}$$

Umschlingungswinkel $\alpha = 180° \mathrel{\hat=} \pi$

3. Stahlseilzahl z nach Gl. (6.2.2)

$$z = \frac{F_1\,v}{F_{BS}} = \frac{107\,kN\,8}{22\,kN} = 38{,}9 \qquad\qquad \underline{z = 39}$$

Nach Gl. (6.2.4) Antriebstrommeldurchmesser

$$D = c_M\,d_{BK} = 150 \cdot 6 = 900\,mm \qquad\qquad \underline{D = 900\,mm}$$

Dicke des Bandkernes $d_{SK} \mathrel{\hat=}$ Seildurchmesser d, c_M siehe Bild 6.2-4

4. Volllastbeharrungsleistung P_V nach Gl. (6.1.7)

$$P_V = \frac{F_U\,v}{\eta} = \frac{65{,}1\,kN\,1{,}5\frac{m}{s}}{0{,}85} = 115\,kW \qquad\qquad \underline{P_V = 115\,kW}$$

Beschleunigungsleistung P_B

6.2 Mechanische Stetigförderer mit Zugmittel (Bandförderer)

$$P_B = m\frac{v}{t_A}\frac{v}{\eta} + \frac{M_B\,\omega}{\eta} = 76\,500\,kg\,\frac{1{,}5\frac{m}{s}}{5\,s}\frac{1{,}5\frac{m}{s}}{0{,}85} + \frac{150\,Nm\;30\frac{1}{s}}{0{,}85} = 45\,800\,W \qquad \underline{P_B = 46\,kW}$$

Die geradlinig zu beschleunigende Masse m setzt sich aus Bandeigenlast und Fördergut zusammen.

$$m = m_{lB}\,2L + m_{lG} = 12\frac{kg}{m}\,2\cdot500\,m + 129\frac{kg}{m}\,500\,m = 76\,500\,kg$$

Die drehenden Massen (Tragrollen im Ober- und Untertrum) werden durch das Beschleunigungsmoment M_B berücksichtigt.

$$M_B = \Sigma J\frac{\omega}{t_A} = 25\,kg\,m^2\,\frac{30\frac{1}{s}}{5\,s} = 150\,Nm$$

$$\Sigma J = \Sigma m_R\left(\frac{Ds}{2}\right)^2 = 15\,600\,kg\cdot 0{,}04^2\,m^2 = 25\,kg\,m^2$$

Σ Massenträgheitsmomente der Tragrollen $\Sigma m_R = \dfrac{2\,m_{RO}}{L_{RO}}L + \dfrac{m_{RU}}{L_{RU}}L$

$$\Sigma m_R = \frac{2\cdot 12\,kg}{1\,m}500\,m + \frac{18\,kg}{2{,}5\,m}500\,m = 15\,600\,kg$$

Winkelgeschwindigkeit der Tragrollen $\omega = \dfrac{v}{\dfrac{D}{2}} = \dfrac{1{,}5\frac{m}{s}}{0{,}05\,m} = 30\,s^{-1}$

Anlaufleistung $P_A = P_V + P_B = 161\,kW$ \qquad $\underline{P_A = 161\,kW}$

$P_N \geq P_V = 115\,kW$ (maßgebend)

$P_N \geq \dfrac{P_A}{1{,}5} = \dfrac{161\,kW}{1{,}5} = 107\,kW$ \qquad $\underline{P_N = 115\,kW}$

22 Waagerechter Bandförderer für Pakete

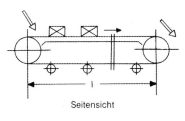
Seitenansicht

Bandgeschwindigkeit $v = 1\frac{m}{s}$, Förderlänge $l = 40\,m$, Wirkungsgrad des Antriebes $\eta = 0{,}9$. Reibungszahlen für Hauptwiderstände: $\mu_{HO} = 0{,}1$ (oberes Gleitblech), $\mu_{HU} = 0{,}03$ (untere Tragrollen).
Tragrollen: Gerade Rollen, Eigenlast $m_R = 10\,kg$, Teilung $t_U = 3\,m$. Band: Kunststoffband mit einer Textileinlage, Eigenlast $m_B = 8\frac{kg}{m^2}$, Sicherheit $\nu = 10$.

Fördergut Paket: Masse $m = 10\,kg$, Abmessungen $l_P \times b_P = 600\,mm \times 400\,mm$, Transport normal in Längsrichtung.

Gesucht:

1. Bandbreite B, maximale Fördermenge $\dot{m}$ und $\dot{m}_{St}$
2. Maximale und minimale Bandzugkraft F_1 und F_2
3. Erforderliche Bruchfestigkeit k_z des Einlagenmaterials
4. Nennleistung P_N ($P_N \mathrel{\hat{=}}$ Volllastbeharrungsleistung P_V)

Lösung:

1. Bandbreite B = 650mm gewählt (Paket evtl. auch quer gefördert) $\underline{B = 650\,\text{mm}}$

   Massenstrom $\dot{m}$ nach Gl. (6.1.4); bei maximaler Fördermenge Paketabstand $l_a = l_P$

   $$\dot{m} = \frac{m}{l_a} v = \frac{10\,\text{kg}}{0{,}6\,\text{m}} 1\frac{\text{m}}{\text{s}} = 16{,}7\,\frac{\text{kg}}{\text{s}} \qquad \underline{\dot{m} = 60{,}1\,\frac{\text{t}}{\text{h}}}$$

   Stückstrom $\dot{m}_{St}$ nach Gl. (6.1.5)

   $$\dot{m}_{St} = \frac{v}{l_a} = \frac{1\,\frac{\text{m}}{\text{s}}}{0{,}6\,\text{m}} = 1{,}67\,\text{s}^{-1} \qquad \underline{\dot{m}_{St} = 6010\,\text{h}^{-1}}$$

2. Bei der Berechnung der maximalen Umfangskraft F_U nach Gl. (6.1.6) sind Ober- und Untertrum getrennt zu betrachten: oben Gleitbahn, unten Tragrollen.

   $$F_U = \mu_{ges\,O}\, l\, g\, (m_{lFO} + m_{lG}) + \mu_{ges\,U}\, l\, g\, m_{lFU}$$

   $$F_U = 0{,}1 \cdot 40\,\text{m} \cdot 9{,}81\,\frac{\text{m}}{\text{s}^2}\left(5{,}2\,\frac{\text{kg}}{\text{m}} + 16{,}7\,\frac{\text{kg}}{\text{m}}\right) + 0{,}075 \cdot 40\,\text{m} \cdot 9{,}81\,\frac{\text{m}}{\text{s}^2}\, 8{,}53\,\frac{\text{kg}}{\text{m}} = 1110\,\text{N}$$

   $\mu_{ges\,O} \,\hat{=}\, \mu_{HO}$; $\mu_{ges\,U} = \mu_{HU}\, \mu_{NU} = 0{,}03 \cdot 2{,}5 = 0{,}075$ $\underline{F_U = 1{,}11\,\text{kN}}$

   Reibungszahl für Nebenwiderstände im Untertrum $\mu_{NU} = 2{,}5$; siehe Bild 2.6-4.

   $$m_{lFO} = m_B\, B = 8\,\frac{\text{kg}}{\text{m}^2}\, 0{,}65\,\text{m} = 5{,}2\,\frac{\text{kg}}{\text{m}} \quad (\text{nur Band})$$

   $$m_{lFU} = m_B\, B + \frac{m_R}{t_U} = 8\,\frac{\text{kg}}{\text{m}^2}\, 0{,}65\,\text{m} + \frac{10\,\text{kg}}{3\,\text{m}} = 8{,}53\,\frac{\text{kg}}{\text{m}}$$

   $$m_{lG} = \frac{\dot{m}}{v} = \frac{16{,}7\,\frac{\text{kg}}{\text{s}}}{1\,\frac{\text{m}}{\text{s}}} = 16{,}7\,\frac{\text{kg}}{\text{m}}$$

   Maximale Bandzugkraft F_1 und minimale Bandzugkraft F_2 nach Gln. (6.2.7) und (6.2.8).

   $$F_1 = F_U\, \frac{e^{\mu\alpha}}{e^{\mu\alpha} - 1} = 1{,}11\,\text{kN}\, \frac{e^{0{,}3 \cdot 3{,}14}}{e^{0{,}3 \cdot 3{,}14} - 1} = 1{,}82\,\text{kN} \qquad \underline{F_1 = 1{,}82\,\text{kN}}$$

   Umschlingungswinkel $\alpha = 180° \,\hat{=}\, \pi$.

   $F_2 = F_1 - F_U = 1{,}82\,\text{kN} - 1{,}11\,\text{kN} = 0{,}71\,\text{kN}$ $\underline{F_2 = 0{,}71\,\text{kN}}$

3. Bruchfestigkeit k_z nach Gl. (6.2.1)

   $$k_z = \frac{F_1\, v}{B\, z} = \frac{1820\,\text{N}}{650\,\text{mm}}\, \frac{10}{1} = 28\,\frac{\text{N}}{\text{mm}} \qquad \underline{k_z \geq 28\,\frac{\text{N}}{\text{mm}}}$$

4. Nennleistung P_N nach Gl. (6.1.7)

   $$P_N \,\hat{=}\, P_V = \frac{F_U\, v}{\eta} = \frac{1{,}11\,\text{kN}\, 1\,\frac{\text{m}}{\text{s}}}{0{,}9} = 1{,}23\,\text{kN} \qquad \underline{P_N = 1{,}23\,\text{kW}}$$

6.3 Mechanische Stetigförderer mit Zugmittel (Gliederförderer)

Gliederförderer besitzen gleichartige Tragelemente, die an einem endlosen Zugmittel in gleichen Abständen befestigt sind. Als Tragelemente kommen Platten, Tröge, Kästen, Becher, Gehänge oder Kratzer, als Zugmittel meist Ketten in Frage. Gliederförderer können noch in Kettenförderer und Becherwerke unterteilt werden.

Aus der Vielzahl der bekannten Ausführungen werden hier lediglich die wichtigsten Bauarten kurz beschrieben.

6.3.1 Gliederbandförderer

Aufbau. Beim Gliederbandförderer (Bild 6.3-1) wird das Band (Tragorgan) durch Stäbe, Platten oder Kästen ersetzt. Je nach Ausführung der Tragelemente, die in der Regel an beiden Seiten an dem Zugmittel befestigt werden, sind zu unterscheiden:

Stabbandförderer:	mit Stäben aus Stahl oder Holz, für größere Stückgüter
Plattenbandförderer:	mit Stahlplatten ohne Seitenwände, für schwere und heiße Güter
Trogbandförderer:	mit seitlich hochgezogenen Platten, siehe Plattenbänder
Kastenbandförderer:	Trogbänder mit Zwischenwänden, auch für Steilförderung
Becherbandförderer:	mit muldenförmigen Tragmitteln (Becher), für breiige Güter.

Als Zugmittel werden Laschen- oder Bolzenketten mit Tragrollen und Laschen zur Befestigung der Tragelemente in 2-strängiger Ausführung verwendet. Wegen der relativ schweren Tragelemente sind diese möglichst über die Kettenrollen abzustützen.

Der Antrieb der Förderketten erfolgt durch Getriebemotoren über die auf der Antriebswelle meist paarweise angeordneten Kettenräder.

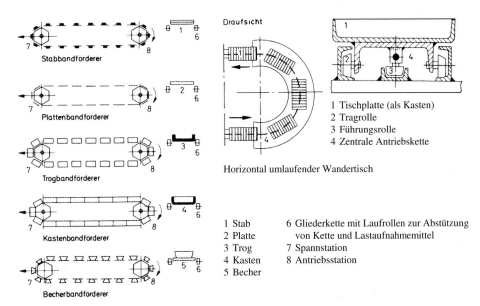

Bild 6.3-1 Gliederbandförderer

Das Spannen der Ketten geschieht über Spannprinzipe, wie sie den gebräuchlichen Spanneinrichtungen der Bandförderer zu Grunde liegen (Abschnitt 6.2.1).

Technische Daten und Anwendung

Fördermenge bis $1000 \frac{t}{h}$

Förderlänge bis 400m; Band-, Platten- und Kastenbreite 0,4 ... 2m

Kettengeschwindigkeit $0,1...1,0 \frac{m}{s}$ (wegen Verschleiß und Einsatz von Ketten als Zugmittel nur relativ geringe Kettengeschwindigkeiten).

Sonderausführungen. Wichtige Sonderausführungen sind Wandertische, Tragkettenförderer und Rolltreppen.

Berechnung

Fördermenge Der Volumenstrom $\dot{V}$ und der Massenstrom $\dot{m}$ für Stück- oder Schüttgüter ist nach den Gln. (6.1.1) bis (6.1.5) zu ermitteln. Der Gutquerschnitt für fließende Förderung bei Trogbändern bzw. das Kastenvolumen für Förderung in Einzelgefäßen bei Kastenbändern ergibt sich nach Bild 6.3-2 analog DIN 22 200 zu:

$$\boxed{A = \varphi \left(Bh + k\frac{B^2}{4} \tan \beta_1 \right)} \qquad \textit{Gutquerschnitt für Trogband} \qquad (6.3.1)$$

Gutquerschnitt A aus dem oberen Dreieck und dem unteren Rechteck zusammensetzen.

B	Trogbreite
h	Guthöhe im Trog, h < H wählen (nach DIN 22 200: h = H– 0,05 bei H in m)
φ	Füllungsgrad, $\varphi = 0,5 ... 1$ berücksichtigt unvollständige bzw. ungleichmäßige Beladung.
$\beta_1 \approx \frac{\beta}{2}$	Schüttwinkel auf bewegtem Band (β Böschungswinkel der Ruhe, siehe Abschnitt 1.3)
k	Minderungsfaktor für ansteigende Förderstrecke; k = 1 für $\delta \leq \beta_1$, k = 0 für $\delta > \beta_1$

$$\boxed{V = \varphi \left[Bh\,l_K - \frac{B\,l_K^2}{2} \tan(\delta - \beta_1) \right]} \qquad \textit{Kastenvolumen beim Kastenband} \qquad (6.3.2)$$

Kastenvolumen V nach Bild 6.3-2 wie folgt berechnen:

$$V = \varphi \left[Bh\,l_K - B\,\frac{1}{2} l_K\,l_K \tan(\delta - \beta_1) \right]$$

B, h, β_1,	siehe oben
l_K	Kastenlänge; lichter Abstand der Trogzwischenwände
δ	Steigungswinkel des Bandes
$V = B\,h\,l_K$	Kastenvolumen bei $\delta = \beta_1$

Antriebsleistung Die Nennleistung des Antriebsmotors ergibt sich aus Gl. (6.1.7) und den dort anschließenden Hinweisen.

6.3 Mechanische Stetigförderer mit Zugmittel (Gliederförderer)

Hierfür ist zunächst die Berechnung des Gesamtwiderstandes F_W, der der Umfangskraft F_U in den Ketten entspricht, durchzuführen; analog Gl. (6.1.6). In Ergänzung hierzu ist zu beachten:

$\mu_{ges} = 0{,}02 \ldots 0{,}05/0{,}1 \ldots 0{,}2$ Band über wälz-/gleitgelagerte Rollen abgetragen (rollende Reibung)

$\mu_{ges} = 0{,}2 \ldots 0{,}4$ Band schleift auf Unterlage (gleitende Reibung); kleine Werte bei langen Bändern und guter Schmierung

l Horizontalprojektion der Förderlänge

$m_{/F}$ Aus der Eigenlast des Bandes und der Ketten für Ober- und Untertrum auf die Längeneinheit bezogen berechnen

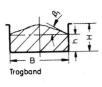
Trogband

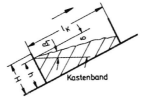
Kastenband

Bild 6.3-2
Gutquerschnitte bei Gliederbandförderern

Aus der Umfangskraft F_U und der gewählten Vorspannkraft F_2 im Leertrum ergibt sich die maximale Kettenzugkraft F_1:

$$\boxed{F_1 = F_U + F_2} \qquad \text{Maximale Kettenzugkraft} \qquad (6.3.3)$$

$F_2 \mathrel{\hat{=}} F_V$ Vorspannkraft der Ketten, $F_2 = 500 \ldots 2000\,\text{N}$ je Kette, hohe Werte bei größeren Förderlängen.

Die Ketten sind nach der maximalen Kettenzugkraft F_1 auszulegen.

6.3.2 Trogkettenförderer

Aufbau. Bei den für Schüttguttransport verwendeten Trogkettenförderern wird das Fördergut durch die im Gut selbst liegenden an dem Zugmittel befestigten Mitnehmern gleitend vorwärts bewegt (Bild 6.3-3). Wegen der erhöhten Verstopfungsgefahr sollten das Fördergut dosiert aufgegeben und die Tröge mit abnehmbaren Deckeln versehen werden. Durch eine geeignete Ausbildung der Mitnehmer ist nicht nur horizontale, sondern auch stark steigende oder vertikale Förderung möglich.

Als Zugmittel kommen ausschließlich Ketten in 2- oder 1-strängiger Bauart in Frage, an die mit relativ kleiner Teilung die Mitnehmer angeschraubt werden. Die Eigenlast von Ketten und Mitnehmern wird entweder über Kettenrollen oder auch gleitend abgetragen.

Die Form der Mitnehmer (Bild 6.3-3) richtet sich nach der Gutart und der Förderstrecke. Flache Mitnehmer sind für waagerechte oder leicht steigende, U-förmige Mitnehmer für stark steigende und vertikale Förderstrecken geeignet.

Die Tröge werden aus Stahlblech (Blechdicke 3 ... 6mm) in einzelnen Schüssen von 2 ... 6m Länge mit abnehmbaren Deckeln hergestellt. Wegen des hohen Verschleißes sind Trogauskleidungen aus verschleißfestem Material gebräuchlich.

Die Aufgabe des Fördergutes geschieht über eine Öffnung im Trogdeckel durch den oberen Kettenstrang auf den Trogboden, wo das Gut durch die Mitnehmer des unteren Kettenstranges vorwärts bewegt wird. Durch die Reibung wird auch das über den Mitnehmern liegende Fördergut bis zu einer bestimmten Höhe mitgenommen, so dass sich im Trog ein mit etwa gleicher Geschwindigkeit gleitender Gutkörper bildet. Die Gutabgabe erfolgt vor der Antriebsstation durch eine Öffnung im Boden des Troges. Durch verschließbare Öffnungen (Klappen) kann die Gutabgabe auch längs der Förderstrecke erfolgen. Bei den stark steigenden und vertikalen Förderabschnitten wird der Trog durch eine Zwischenwand in zwei gleich große Teilquerschnitte getrennt, wobei in einem Trogteil das aufwärts und in dem anderen das abwärts laufende Kettentrum einschließlich der Mitnehmer geführt wird.

Die Antriebs- und Spanneinrichtungen entsprechen denen der Gliederbandförderer (Abschnitt 6.3.1).

Technische Daten und Anwendung

Fördermenge bis $800 \frac{t}{h}$

Förderlänge bis 80m, Förderhöhe bis 30m

Kettengeschwindigkeit $0,1 \ldots 0,4 \frac{m}{s}$ (nur geringe Werte, da sonst zu hoher Verschleiß)

Trogbreite bis 1200mm bei flachen und bis 500mm bei U-förmigen Mitnehmern

Trogkettenförderer können für kürzeren horizontalen bis vertikalen Transport von pulverförmigen bis körnigen, auch heißen, jedoch nicht klebrigen, backenden oder stark schleißenden Schüttgütern verwendet werden. Sie sind auch als Beschickungs- und Abzugförderer gebräuchlich.

Vorteile:

– Einfache Gutaufgabe über Deckelöffnungen und einfache Gutabgabe über Bodenklappen längs der gesamten Förderstrecke
– staubdichte und auch wasserdichte Trogausführung schützt die Umwelt und das Fördergut (z.B. Fördergut vor Feuchtigkeitsaufnahme, Umwelt vor Staubemission)
– geringer Raumbedarf durch sehr günstiges Verhältnis von Gutquerschnitt zu Gesamtquerschnitt des Förderers
– auch für Fördergüter bei höheren Temperaturen (bis 500°C).

Nachteile:

– Höherer Verschleiß und höhere Antriebsleistung infolge Reibung (Gut/Trog, Mitnehmerkette/Trog usw.)
– relativ geringe Förderlänge und Fördergeschwindigkeit
– Gutbeanspruchung (Abrieb an den Kontaktzonen).

6.3 Mechanische Stetigförderer mit Zugmittel (Gliederförderer)

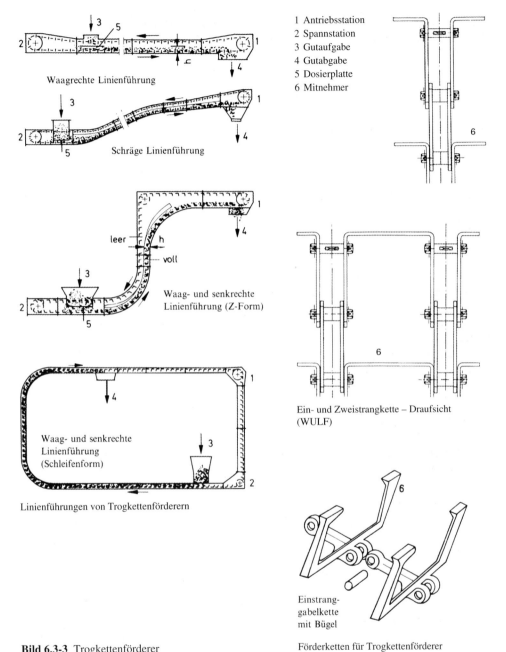

Bild 6.3-3 Trogkettenförderer

Berechnung

Fördermenge Volumenstrom $\dot{V}$ und Massenstrom $\dot{m}$ für Schüttgüter nach den Gln. (6.1.1) und (6.1.3) ermitteln, wobei die Werte von v noch mit dem *Geschwindigkeitsbeiwert c* zu multiplizieren sind. Der Geschwindigkeitsbeiwert c berücksichtigt das Zurückbleiben des Fördergutes gegenüber der Kette:

$c = 0{,}6 \dots 0{,}9$ Für horizontale und leicht steigende Förderung (kleine Werte bei steigender Förderung und staubförmigem Fördergut)

$c = 0{,}5 \dots 0{,}7$ Für stark steigende und vertikale Förderung (kleine Werte bei vertikaler Förderung und staubförmigem Fördergut)

$$\boxed{A = B\,h} \quad \textit{Gutquerschnitt} \tag{6.3.4}$$

B   Trogbreite
h   Guthöhe im Trog; h = f (Gutart, Trogbreite, Form und Teilung der Mitnehmer)

Die Guthöhe h kann bei horizontaler und leicht steigender Förderung maximal bis zu den rücklaufenden Mitnehmern reichen. Bei stark steigender und vertikaler Förderstrecke entspricht h der Troghöhe des Lasttrums, da das Fördergut dann die gesamte Troghöhe ausfüllt.

Antriebsleistung Die Nennleistung des Antriebsmotors kann nach Gl. (6.1.7) berechnet werden. Hierfür ist zunächst der Gesamtwiderstand F_W, der der Umfangskraft F_U in den Ketten entspricht, analog Gl. (6.1.6) zu ermitteln. In Ergänzung hierzu ist zu beachten:

$\mu_{ges} \approx 0{,}2 \dots 0{,}4$ Gesamtreibungszahl bei frei laufenden Mitnehmern (Ketten und Mitnehmer über Rollen abgestützt)

$\mu_{ges} \approx 0{,}4 \dots 0{,}8$ Gesamtreibungszahl bei schleifenden Mitnehmern; jeweils kleine Werte bei großer Förderlänge l ($l \triangleq$ angenähert Achsabstand des Trogkettenförderers einschließlich der vertikalen Streckenteile, da auch hier Reibung) und pulverförmigem Fördergut ansetzen

m_{lF} Aus der Eigenlast der Ketten und Mitnehmer für Ober- und Untertrum, auf die Längeneinheit bezogen, berechnen

Maximaler Kettenzug F_1 wie beim Gliederbandförderer Gl. (6.3.3).

6.3.3 Kratzerförderer

Aufbau. Der Aufbau der Kratzerförderer (Bild 6.3-4) entspricht etwa dem des Trogkettenförderers, nur dass die aus Stahlblech oder Holz gefertigten Förderrinnen oben offen sind.

Technische Daten und Anwendung

Fördermenge bis $300\,\dfrac{t}{h}$

Förderlänge bis 60m bei Kratzer- und bis 300m bei Stegkettenförderern

Kettengeschwindigkeit $0{,}2 \dots 0{,}8\,\dfrac{m}{s}$

Steigungswinkel bis ca. 30°.

Kratzerförderer dienen zur Förderung schwieriger und sperriger Güter, z.B. Stroh, Holzschnitzel, Drehspäne usw. Der Stegkettenförderer wird wegen seiner besonders geringen Bauhöhe häufig im Bergbau als Strebförderer verwendet.

Gegenüber den Trogkettenförderern haben die Kratzerförderer einen einfacheren Aufbau. Das Fördergut steht jedoch infolge der offenen Förderrinne mit der Umwelt in direktem Kontakt.

6.3 Mechanische Stetigförderer mit Zugmittel (Gliederförderer)

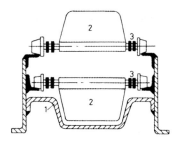

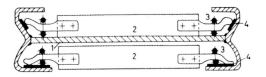

Unteres Trum fördert, rollende Führung der Ketten und Mitnehmer, geringer Verschleiß

Kratzerförderer (Querschnitt)

Bild 6.3-4 Kratzerförderer

1 Förderrinne
2 Mitnehmer
3 Kette (Rundstahl- oder Gelenkkette)
4 Schleißbeläge
Oben liegendes Trum fördert, schleifende Führung der Ketten und Mitnehmer, geringe Bauhöhe, höherer Verschleiß

Stegkettenförderer (Querschnitt) – Sonderbauart

Deshalb kann der Kratzerförderer nur horizontal oder leicht ansteigend fördern.

Berechnung

Fördermenge $\dot{V}$ bzw. $\dot{m}$, maximale Kettenzugkraft sowie Antriebsleistung werden analog dem Trogkettenförderer berechnet (Abschnitt 6.3.2). Bei der Ermittlung des Volumenstromes $\dot{V}$ kann die Verringerung des Gutquerschnittes bei sehr sperrigem Fördergut durch den Füllungsfaktor φ berücksichtigt werden, mit dem der Volumenstrom zu multiplizieren ist:

$\varphi \approx 0{,}3 \dots 0{,}8$ Füllungsgrad der Förderrinne

6.3.4 Kreisförderer (Einbahn- und Zweibahnsystem)

Der Kreisförderer ist einer der wichtigsten Stückgutförderer für den innerbetrieblichen Transport. Die endlose, raumbewegliche Kette als Zugmittel zieht die an Lastlaufwerken hängenden Stückgüter vorwärts. Die Laufwerke laufen auf den Unterflanschen von Doppel-T- oder Sonderprofilen, die meist an der Dach- oder Deckenkonstruktion der Hallen abgehängt werden. Die Abstützung der Umlenk-, Spann- und Antriebsstationen erfolgt oft vom Boden aus.

Bauarten

Kreisförderer werden als Einbahn- oder Zweibahnsystem ausgeführt (Bild 6.3-5).

Einbahnsystem Beim Einbahnsystem ist das Lastlaufwerk fest mit der umlaufenden Kette verbunden und nimmt neben dem Lastaufnahmemittel für die Nutzlast auch die Eigenlast der Kette auf. An den Gutauf- und -abgabestellen wird die Laufbahn nach unten gezogen, während sie sonst allgemein oberhalb des Produktionsbereiches läuft und damit keine Förderfläche am Boden benötigt.

Die Aufgabe des Fördergutes geschieht beim Einbahnsystem von Hand oder auch selbsttätig.

Die Lastabgabe geschieht in der Regel selbsttätig. Dies kann durch Kippen des Lastaufnahmemittels, durch Abstreifen der Last an Anschlägen oder durch Absetzen der Last erfolgen (Bild 6.3-6).

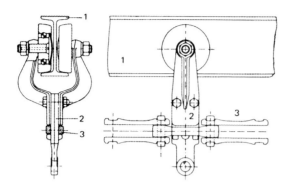

1 Kettenlaufbahn (I-Profil)
2 Ketten- und Lastlaufwerk
3 Zugkette (Steckbolzenkette)

Kreisförderer, Einbahnsystem

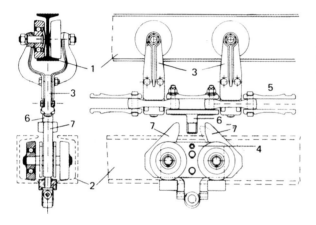

1 Kettenlaufbahn (I-Profil)
2 Lastlaufbahn ([-Profile)
3 Kettenlaufwerk
4 Lastlaufwerk
5 Zugkette (Steckbolzenkette)
6 Mitnehmernocke (an der Zugkette)
7 Mitnehmerklinke (am Lastlaufwerk)

Kreisförderer, Zweibahnsystem

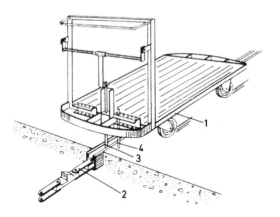

1 Förderwagen (an- und abkoppelbar)
2 Unterflur-Schleppkette
3 Mitnehmer
4 Zielsteuerung (mechanisch)

Unterflur-Schleppkettenförderer

Bild 6.3-5 Kreisförderer

6.3 Mechanische Stetigförderer mit Zugmittel (Gliederförderer)

Zweibahnsystem Beim Zweibahnsystem läuft die über die Kettenlaufwerke abgetragene Kette ständig um, während die Lastlaufwerke durch klappbare Mitnehmer an die Zugkette wahlweise an- oder abgekoppelt werden können (Bild 6.3-5). Somit werden bei dem auch als „Power-and-Free-Förderer" bezeichneten Zweibahnsystem zwei vertikal übereinander angeordnete Laufbahnen benötigt. Die nicht angetriebenen Streckenteile werden normalerweise mit Gefälle ausgeführt, so dass auch dort die Lastlaufwerke durch den Einfluss der Schwerkraft weiterlaufen können.

Das Zweibahnsystem ermöglicht viele Varianten der Streckenführung und Einsatzmöglichkeiten. Besonders wichtig sind:

Abstandsänderung der Lastlaufwerke Dies geschieht durch entsprechendes Ankoppeln der Lastlaufwerke an die Zugkette bzw. Abkoppeln von derselben.

Einsatz von Weichen Die Weichen (Bild 6.3-7) gewährleisten den Übergang der Lastlaufwerke auf verschiedene Bahnen und das Einschalten von Speicherstrecken.

Einsatz von Absenkstationen Das Absenken einer kurzen Teilstrecke der Lastlaufbahn einschließlich eines darauf ruhenden Lastlaufwerkes kann z.B. durch einen fest angebrachten Elektrozug oder über Hubketten, die von einem Getriebemotor angetrieben werden, erfolgen (Bild 6.3-7).

Schleppkettenförderer. Die Schleppkettenförderer arbeiten nach dem Zweibahnsystem und stellen eine Sonderausführung dieses Systems dar (Bild 6.3-5). Die umlaufende Schleppkette wird meist in einer unter Flur liegenden Laufbahn geführt. Das Lastlaufwerk besteht hier aus einem Transportwagen, der durch einen Schlitz in der Kettenlaufbahn wahlweise an die Schleppkette an- bzw. von dieser abgekoppelt werden kann. Bei der Gutabstützung auf Gleitbahnen ist mit erhöhter Reibung zu rechnen.

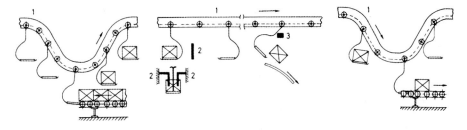

| Lastaufgabe von Hand oder durch selbsttätiges Aufnehmen von einer Rollenbahn | Lastabgabe durch Abstreifer | Lastabgabe durch Kippen des Lastaufnahmemittels – Anfahren des Lastaufnahmemittels gegen einen Anschlag; Weitertransport über eine Rutsche | Lastabgabe durch Absetzen der Last auf eine geteilte angetriebene Rollenbahn (Abzugförderer) |

1 Kettenlaufbahn mit Last- und Kettenlaufwerken sowie Lastaufnahmemitteln
2 Abstreifer (Anschläge), die an der Last angreifen
3 Anschläge zum Kippen des Lastaufnahmemittels

Bild 6.3-6 Lastauf- und -abgabeeinrichtungen für Kreisförderer

1 Verstellmotor (Getriebemotor)
2 Hauptstrecke
3 Nebenstrecke
4 Weichenzunge
5 Spannstation des Ausschleus-
  (Transfer-) förderers

Zungenweiche

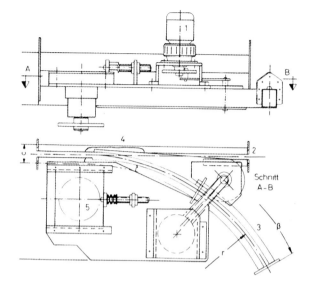

1 Getriebemotor
2 Absenkteil der Lastaufbahn mit
  Lastlaufwerk
3 Hubkette
4 Tauchbecken
5 Kettenlaufbahn

Absenkstation

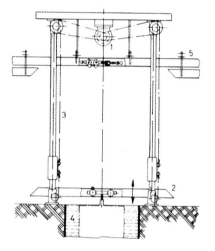

Bild 6.3-7
Weiche und Absenkstation für Zweibahn-Kreisförderer

Technische Daten und Anwendung

Fördermenge bis 200 (300) $\frac{t}{h}$, Stücklast (Nutzlast) 10 ... 200 (2000)kg

Förderlänge bis 2000m, Förderhöhe bis 30m

Kettengeschwindigkeit 0,1... 0,5 $\frac{m}{s}$

Einbahnsysteme kommen hauptsächlich als Zubringer und Verbindungsmittel einzelner Arbeitsplätze in der Fertigung, vor allem bei der Serien- und Fließfertigung, auch über größere Entfernungen in Frage.

6.3 Mechanische Stetigförderer mit Zugmittel (Gliederförderer)

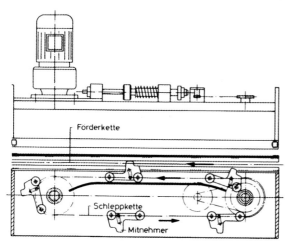

Mitnehmer der über Getriebemotor angetriebenen Schleppkette greifen in die Förderkette und nehmen diese mit (für mittlere und längere Strecken sowie für Mehrmotorenantrieb).

Streckenantrieb

Antriebsaggregate für Kreisförderer

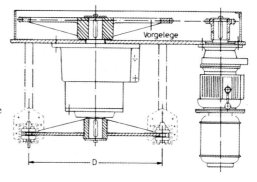

Antrieb über Kettenrad (Getriebemotor mit Kettenvorgelege). Für kurze und mittellange Strecken.

Eckantrieb

Antriebsaggregate für Kreisförderer

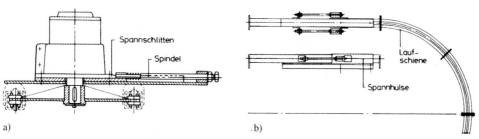

Spanneinrichtungen für Kreisförderer

a) Spannen der Förderkette über ein Umlenkrad, das sich auf einem horizontal verschiebbaren Spannschlitten befindet; Vorspannkraft durch Spindelspanneinrichtung. Für kleine Umlenkradien geeignet. Umlenkung um 180°. Bei mittleren Radien statt Kettenrad um 180° gekrümmtes Bahnstück.
b) Spannen der Förderkette über zwei getrennt eingebaute Spannhülsen. Für größere Umlenkradien geeignet. Umlenkung um 180°.

Bild 6.3-8 Antriebs- und Spanneinrichtungen für Kreisförderer

Zugkette

Lastlaufwerk mit mechanischem
Datenträger für die Zielsteuerung

← Förderrichtung

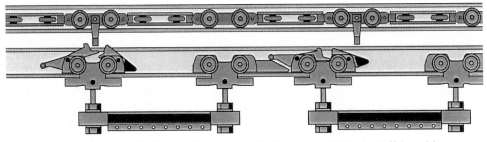

Laufwerk in Mitnahmeposition   Laufwerk ausgeklinkt, in Auffahrposition

Bild 6.3-9 Zugkette und Lastlaufwerke eines Power and Free-Förderers (EISENMANN)

Die Zweibahnsysteme können kompliziertere Förderaufgaben im Bereich von Fertigung und Lagerung übernehmen (z.B. Bild 6.3-10). Wegen des höheren Bauaufwandes sollten sie jedoch nur dort eingesetzt werden, wo der gewünschte Förderablauf mit dem Einbahnsystem nicht mehr zu bewältigen ist.

Vorteile:

- Räumliche Streckenführung, auch über große Längen, bei nur geringem Platzbedarf der Hallenbodenflächen
- vielfältige Anwendbarkeit als Verkettungsmittel zwischen technologischen Prozessen
- sehr geringe Antriebsleistung und geringer Verschleiß, einfache Wartung.

Nachteile:

- Geringe Fördergeschwindigkeit und Fördermenge
- für reine Transportaufgaben weniger geeignet.

6.3 Mechanische Stetigförderer mit Zugmittel (Gliederförderer)

Umlenk-, Antriebs- und Spannvorrichtungen

Bei kleinen Umlenkradien werden *Umlenkräder* verwendet. Umlenkungen mit größeren Radien werden über Rollenbatterien oder durch entsprechende *Krümmung der Laufbahnen* vorgenommen (Bild 6.3-8).

Am einfachsten ist der Antrieb der Förderketten über ein verzahntes Kettenrad an einer Umlenkstelle (*Eckantrieb*). Diese Antriebsart eignet sich für kurze und mittlere Förderlängen. Bei mittleren und längeren Strecken erfolgt der Antrieb über eine gesonderte kurze Schleppkette, deren Mitnehmer in die Lastkette eingreifen und diese vorwärts bewegen (*Streckenantrieb* Bild 6.3-8). Zwischengeschaltete Sicherheits- und Anlaufkupplungen dienen zur Begrenzung der Kettenzugkräfte (z.B. beim Verhaken eines Lastaufnahmemittels) und zur Verringerung der Beschleunigungsleistung bei längeren und schwer belasteten Strecken.

Das Vorspannen der Lastketten kann über ein Umlenkrad auf einem horizontal beweglichen Spannschlitten oder, bei größeren Umlenkradien, durch in die Laufbahn direkt eingebaute Spannhülsen erfolgen (Bild 6.3-8).

Zielsteuerung Zielsteuerung ermöglicht, dass bei Lastaufgabe der gewünschte Zielort an dem entsprechenden Lastlaufwerk oder über eine zentrale Steuerung eingegeben und die betreffende Last an diesem Zielort (z.B. eine Bearbeitungsstation) abgegeben werden kann (Bild 6.3-9).

Bild 6.3-10 Power and Free-Förderer als Materialflussverknüpfung in einer Lackiererei für Gabelstapler (EISENMANN)

Berechnung

Fördermenge Massenstrom $\dot{m}$ und Stückstrom $\dot{m}_{St}$ für Stückgüter können nach den Gln. (6.1.4) und (6.1.5) ermittelt werden.

Antriebsleistung Die Nennleistung des Antriebsmotors ergibt sich aus Gl. (6.1.7) und den dort anschließenden Hinweisen. Der Gesamtwiderstand F_W, der der Umfangskraft F_U in der Zugkette entspricht, ist nach Gl. (6.1.6) zu ermitteln, wobei die folgenden Abweichungen zu beachten sind:

Die maßgebenden Reibungswiderstände treten beim Kreisförderer durch die Lager- und Rollreibung der Laufwerke, die Reibung an den Umlenkstellen und in der Kette sowie durch seitliches Anlaufen der Rollen in den Laufbahnen auf:

$\mu_{ges} = \mu_H (1 + \mu_F \mu_U^z)$ Gesamtreibungszahl

$\mu_H \approx 0{,}02 \ldots 0{,}03$ Reibungszahl für Lager- und Rollreibung der Laufwerke bei Wälzlagerung; hohe Werte bei ungünstigen Betriebsbedingungen

$\mu_F \approx 0{,}3 \ldots 0{,}5$ Reibungszahl für die Führung der Laufwerke; hohe Werte bei großer Zahl der Umlenkungen der Laufbahnen

$\mu_U \approx 1{,}01 \ldots 1{,}03$ Reibungszahl für eine Umlenkung bei Wälzlagerung der Umlenk-, Spann- und Antriebseinrichtungen; hohe Werte für starke Umlenkungen der Laufbahn und bei Umlenkrädern

z Zahl der Umlenkungen

l Horizontalprojektion der gesamten Förderstrecke

m_{lF} Aus der Eigenlast von Kette, Last- und Kettenlaufwerken sowie Lastaufnahmemitteln, auf die Längeneinheit bezogen, berechnen.

Da der Kreisförderer stets einen festen Anteil von Leerstrecken aufweist (Streckenteil zwischen Lastab- und -aufgabestelle), ist die Gl. (6.1.6) wie folgt aufzuteilen:

$F_W \triangleq F_U = \mu_{ges} \, l \, m_{lF} \, g + f_{ges} \, l_B \, m_{lG} \pm m_{lG} \, g \, h$

l_B Horizontalprojektion der Länge der beladenen Förderstrecke ($l_B < l$), im ungünstigsten Belastungsfall (Beladung aller Lastlaufwerke direkt an der Gutaufgabestelle – siehe Aufgabe 24).

Beim Schleppkettenförderer ergibt sich der Gesamtwiderstand F_W bzw. die Umfangskraft F_U in der Zugkette aus $f_{ges} \, l \, m_{lF} \, g$ (Eigenlastanteil der Zugkette und der Kettenlaufwerke) und dem Fahrwiderstand der gleichzeitig bewegten vollbeladenen Wagen (Abschnitt 5.4.2). Maximaler Kettenzug F_1 wie beim Gliederbandförderer, siehe Gl. (6.3.3).

6.3.5 Becherwerke

Becherwerke fördern Schüttgüter in speziellen Bechern als Tragorgan, wobei das Fördergut von den am endlosen Zugmittel befestigten Bechern aufgenommen, zum Zielort transportiert und dort abgegeben wird.

Senkrechtbecherwerke haben starr am Zugmittel befestigte Becher; sie fördern über steil ansteigende (Steigungswinkel $\delta \geq 70°$) oder senkrechte Strecken. Pendelbecherwerke haben am Zugmittel gelenkig abgehängte Becher, so dass auch horizontale Förderstrecken möglich sind.

6.3.5.1 Senkrechtbecherwerke

Aufbau. Die Aufgabe des Fördergutes erfolgt an der unteren, die Abgabe an der oberen Umlenkstelle (Bild 6.3-11). Als Zugmittel kommen Gurtbänder, Rundstahl- bzw. Bolzenketten sowie Gummiketten zum Einsatz, letztere erhalten ihre Zugkraft durch einvulkanisierte Stahlseile.

Die Becherbefestigung erfolgt beim Band- und Stahlkettenbecherwerk durch Verschrauben mit dem Zugmittel (mit dem entsprechend gelochten Band bzw. mit den Aufnahmepratzen der Ketten, Bild 6.3-11).

Die Becher werden in runder und spitzer Form, jeweils in flacher oder tiefer Ausführung hergestellt; ihre Abmessungen sind in DIN 15231 bis 15235 festgelegt. Als Bechermaterial kommen Stahl, Leichtmetall, Kunststoff oder Gummi in Frage. Material und Form der Becher werden in Abhängigkeit des jeweiligen Fördergutes bzw. der vorgesehenen Art der Gutaufgabe und Gutabgabe ausgewählt.

Der Antrieb des Becherstranges erfolgt an der oberen Umlenkstelle über einen Getriebemotor, der mit einer Rücklaufsperre zu versehen ist, damit bei Betriebsunterbrechung kein unbeabsichtigter Becherrücklauf erfolgt. Ohne Rücklaufsperre würde z. B. bei Stromausfall das beladene Lasttrum zu Becherrücklauf mit Verstopfungsgefahr führen.

Die untere Umlenkstelle wird als Spannstation ausgebildet. Das Spannen erfolgt durch Gewindespindel oder Spanngewicht. Bei Bandbecherwerken werden an den Umlenkstellen Trommeln (Abschnitt 6.2.1), bei Kettenbecherwerken Kettenräder verwendet.

Das Gehäuse, in dem die auf- und abwärts führenden Becherstränge laufen, wird aus 2 ... 5m langen Schüssen aus Stahlblech zusammengeschraubt; es kann bei geringen Förderhöhen selbsttragend sein.

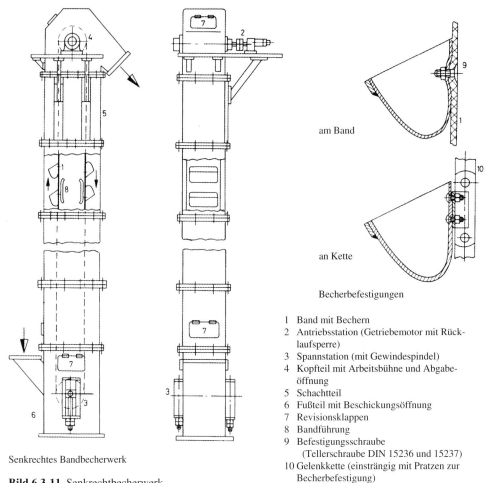

Senkrechtes Bandbecherwerk

Bild 6.3-11 Senkrechtbecherwerk

1 Band mit Bechern
2 Antriebsstation (Getriebemotor mit Rücklaufsperre)
3 Spannstation (mit Gewindespindel)
4 Kopfteil mit Arbeitsbühne und Abgabeöffnung
5 Schachtteil
6 Fußteil mit Beschickungsöffnung
7 Revisionsklappen
8 Bandführung
9 Befestigungsschraube
    (Tellerschraube DIN 15236 und 15237)
10 Gelenkkette (einsträngig mit Pratzen zur Becherbefestigung)

Technische Daten und Anwendung

Fördermenge bis 400 (1000) $\frac{t}{h}$

Förderhöhe bis 60 (100)m

Fördergeschwindigkeit: Bandbecherwerke 1 ... 2 (3) $\frac{m}{s}$; Kettenbecherwerke 0,3 ... 1,0 $\frac{m}{s}$

Becher: Breite 80 ... 1250mm; Volumen 0,1 ... 140dm^3; Becherabstand am Zugmittel: bei Schöpfbecherwerken ≈ (2,5 ... 3,0) · Becherhöhe, bei Gutaufgabe am steigenden Becherstrang geringer.

Die schnell laufenden Bandbecherwerke dienen zur Steil- oder Senkrechtförderung von leichten, pulverförmigen und körnigen Fördergütern (Mehl, Getreide, Chemikalien usw.), die langsam laufenden Kettenbecherwerke können auch schwerere und stückige Fördergüter bewegen (Koks, Kohle usw.).

6.3 Mechanische Stetigförderer mit Zugmittel (Gliederförderer)

Gutaufgabe. Die Gutaufgabe erfolgt durch Schöpfen an der unteren Umlenktrommel oder durch direktes Einschütten am steigenden Becherstrang.

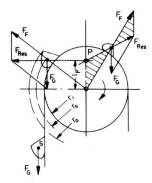

Bandbecherwerk
mit Fliehkraftentleerung

Kettenbecherwerk
mit Schwerkraftentleerung und
Ablenkung der Förderkette

F_G Eigengewichtskraft der Becherfüllung
F_F Fliehkraft der Becherfüllung
F_{Res} Resultierende Kraft
P   Pol, L_p Polabstand
v   Fördergeschwindigkeit

Bild 6.3-12 Gutabgabe bei Becherwerken

Bei der Schüttaufgabe wird das Fördergut direkt in die an der Aufgabestelle vorbei laufenden Becher eingeschüttet. Deshalb sind diese ohne Abstand hintereinander gesetzt. Die Schüttaufgabe ist für schwere grobkörnige oder leicht stückige sowie backende Fördergüter zu empfehlen, da hier der Schöpfwiderstand zu groß wäre.

Gutabgabe. Bei der Gutabgabe an der oberen Antriebstrommel wirken Schwer- und Fliehkräfte auf das Fördergut (Bild 6.3-12). Vor der Umlenktrommel wirkt nur die Gewichtskraft der Becherfüllung F_G = mg. In der kreisförmigen Bewegungsbahn der Becher an der Antriebstrommel wirken neben dieser Gewichtskraft der Becherfüllung F_G (immer senkrecht nach unten) noch die von der Becherfüllung verursachte Fliehkraft F_F = m ω^2 r_s (radial).

Durch geometrische Addition von F_G und F_F ergibt sich die resultierende Kraft F_{Res}, die sich in Größe und Richtung je nach Becherstellung ändert.

Aus der Ähnlichkeit der in Bild 6.3-12 schraffiert angegebenen Dreiecke kann der Polabstand l_P ermittelt werden:

$$\frac{l_P}{r_s} = \frac{F_G}{F_F} = \frac{m\,g}{m\,\omega^2\,r_s} = \frac{g}{\omega^2\,r_s}$$

m   Masse der Becherfüllung
g   Fallbeschleunigung
ω Winkelgeschwindigkeit der Antriebstrommel
r_s Schwerpunktsradius

$$\boxed{l_P = \frac{g}{\omega^2}} \qquad Polabstand \qquad (6.3.5)$$

Der Polabstand kann auch graphisch gemäß Bild 6.3-12 aus mindestens zwei Becherstellungen ermittelt werden.

Fliehkraftentleerung $l_P < r_i$. Der Pol P liegt innerhalb der Antriebstrommel, r_i siehe Bild 6.3-12. Das Fördergut geht zunächst in Richtung der resultierenden Kraft F_{Res}, rutscht über die äußere Becherkante und fliegt anschließend in einer Wurfparabel weiter. Diese Entleerungsart liegt bei größeren Drehzahlen der Antriebstrommel vor.

Schwerkraftentleerung $l_P > r_a$. Der Pol P liegt außerhalb der Antriebstrommel, r_a siehe Bild 6.3-12. Das Fördergut rutscht hierbei über die innere Becherkante und fällt nur durch die Schwerkraft senkrecht abwärts (deshalb die Ablenkung der Förderkette in Bild 6.3-12). Diese Entleerungsart ergibt sich bei kleineren Drehzahlen der Antriebstrommel.

Berechnung

Fördermenge Volumenstrom $\dot{V}$ (Förderung in Einzelgefäßen) und Massenstrom $\dot{m}$ für Schüttgüter sind nach den Gln. (6.1.2) und (6.1.3) zu ermitteln. Das Bechervolumen V ist noch mit dem Füllungsgrad φ zu multiplizieren, da die Becher im Allgemeinen nicht ganz gefüllt sind:

Füllungsgrad $\varphi = 0{,}4 \ldots 0{,}8$ kleine Werte bei grobstückigem Gut und höherer Fördergeschwindigkeit

Antriebsleistung Die Nennleistung des Antriebsmotors ergibt sich aus Gl. (6.1.7) und den dort anschließenden Hinweisen. Der hierfür erforderliche Gesamtwiderstand F_W, der der Umfangskraft F_U im Zugmittel entspricht, kann nach Gl. (6.1.6) wie folgt ermittelt werden:

$$\boxed{F_W \hat{=} F_U = \mu_{ges}\, h\, g\, (m_{lF} + m_{lG}) \pm m_{lG}\, g\, h} \quad \text{\textit{Gesamtwiderstand}} \quad (6.3.6)$$
(Umfangskraft im Zugmittel)

μ_{ges} Gesamtreibungszahl (hohe Werte bei stückigem Gut, hohem v und Schöpfaufgabe)
       $\mu_{ges} = 0{,}1 \ldots 0{,}4$ für $h < 10\,\text{m}$
       $\mu_{ges} = 0{,}07 \ldots 0{,}2$ für $h = 10\,\text{m} \ldots 40\,\text{m}$
       $\mu_{ges} = 0{,}05 \ldots 0{,}1$ für $h > 40\,\text{m}$
m_{lF} Auf die Längeneinheit bezogene Eigenlast beider Trums (Becher und Band- bzw. Ketten), die Reibungskräfte erzeugt, z.B. in kg/m
g   Fallbeschleunigung
v   Band- bzw. Kettengeschwindigkeit
h   Förderhöhe
$m_{lG} = \dfrac{\dot{m}}{v}$ Auf die Längeneinheit bezogene Gutlast ($\dot{m}$ Massenstrom, v Band- bzw. Kettengeschwindigkeit), z.B. in kg/m

$$\boxed{F_2 = \frac{m_{lF}}{2}\, g\, h + F_V} \quad \text{\textit{Zugkraft im Leertrum}} \quad (6.3.7)$$

$$\boxed{F_1 = F_U + F_2} \quad \text{\textit{Maximale Zugkraft}} \text{ (im Lasttrum)} \quad (6.3.8)$$

m_{lF}, g und h siehe oben.

F_V Vorspannkraft je Trum; $F_V \approx 2000 \ldots 4000\,\text{N}$ – sie soll das allzu starke Ausschlagen der beiden Trums verhindern.

Bei Gln. (6.3.7) und (6.3.8) ist $\dfrac{m_{lF}}{2}$ anzusetzen, da sich m_{lF} auf beide Trums bezieht.

Die Bänder bzw. Ketten sind nach der maximalen Zugkraft F_1 auszulegen.

6.3 Mechanische Stetigförderer mit Zugmittel (Gliederförderer)

Bei Bandbecherwerken muss $\frac{F_1}{F_2} \leq e^{\mu\alpha}$ sein, damit das Band sicher angetrieben wird, d. h. auf der Trommel nicht durchrutscht (wie beim Bandförderer, Gl. (6.2.7)).

6.3.5.2 Pendelbecherwerke

Aufbau. Pendelbecherwerke ermöglichen die Verbindung von waagerechten und senkrechten Förderstrecken (Bild 6.3-13). Die Becher werden in gleichen Abständen, an Achsen pendelnd, zwischen zwei mit Laufrollen versehenen endlosen Ketten abgehängt.

1 Gutaufgabe durch direktes Einschütten in die dicht hintereinander angeordneten Kunststoffbecher
2 Antriebsstation
3 Spanneinrichtung, Gutabgabe durch Kippen der Becher

Pendelbecherwerk mit dicht hintereinander angeordneten Kunststoffbechern

1 Becher, an Zweistrangkette befestigt
2 Spannstation
3 Fülltrommel, synchron von Förderkette angetrieben

Gutaufgabe durch Fülltrommel, Becher nicht dicht hinereinander

Bild 6.3-13 Pendelbecherwerk

Gutaufgabe. Das Fördergut kann an beliebigen Stellen des horizontalen Förderstranges aufgegeben werden. Es wird entweder direkt in die dicht hintereinander angebrachten Becher eingeschüttet oder über besondere Fülleinrichtungen, die jeweils eine Becherfüllung dosieren, zugeführt.

Gutabgabe. Die Gutabgabe kann an jeder Stelle des horizontal laufenden Förderstranges erfolgen. Zum Entleeren laufen die Becher gegen einen Anschlag, wodurch sie gekippt werden und sich entleeren. Diese Anschläge können entweder fest angeordnet sein – wenn die Entleerung immer an derselben Stelle erfolgt – oder bei Bedarf in den Becherstrom eingeschaltet werden – wenn die Entleerung an unterschiedlichen Abgabestellen erfolgen soll, z.B. wenn mehrere Silos nacheinander zu beschicken sind.

Als moderneres Zugmittel kommen neben den klassischen Stahlketten die mit Stahlseilen armierten Gummiketten zum Einsatz, meist in Verbindung mit Kunststoffbechern. Bild 6.3-14 zeigt die prinzipielle Anordnung der Becher an der Gummikette, wobei die Becher ein lückenloses Becherband bilden zur Gutaufgabe an beliebiger Stelle. Derartige Gummiketten mit Kunststoffbechern ermöglichen einen geräuscharmen Betrieb (< 65dBA).

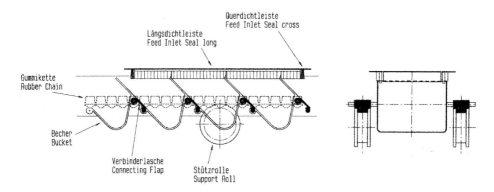

Bild 6.3-14 Lückenloses Becherband an Gummikette mit Dichtleisten im Lasttrum (WIESE)

Anwendung. Pendelbecherwerke werden zum Schüttguttransport z.B. in der chemischen und Lebensmittelindustrie eingesetzt. Sie eignen sich besonders als flexibles Verkettungsmittel für

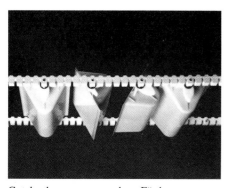

Gutabgabe am waagerechten Förderweg

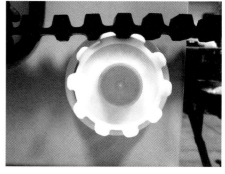

Gummikette über Stützrolle

Aufwärts fördernde Becherkette

Horizontale Gutaufgabe in die Becherkette

Bild 6.3-15 Einzelheiten zum Pendelbecherwerk mit Gummikette (WIESE)

6.3 Mechanische Stetigförderer mit Zugmittel (Gliederförderer) 231

automatisierte Transport- und Lagersysteme: Da die Gutabgabe an beliebiger (vorprogrammierbarer) Stelle des horizontalen Förderstranges erfolgen kann, bieten sie vielfältige Einsatzmöglichkeiten (z.B. als Beschickungsförderer zur Zuführung unterschiedlicher Gutkomponenten in die jeweiligen Tagessilos vor anschließendem Schargenmischer).

Kunststoffbecher finden in chemisch beständiger, lebensmittelfester, antiadhäsiver Qualität Anwendung. Sie kommen für entsprechende Schüttgüter und Guttemperaturen bis 130°C in Betracht.

Berechnung

Die Berechnung der Fördermenge, der Antriebsleistung und der maximalen Kettenzugkraft erfolgt analog den Senkrechtbecherwerken.

6.3.5.3 Wichtige Sonderausführungen
Hier kommen Schaukelbecherwerke und Guttaschenförderer in Frage.

6.3.6 Beispiele

23 | **Trogkettenförderer**

Förderlänge L = 50m (waagrechte Förderstrecke), Förderhöhe h = 20m (an waagrechte Förderstrecke direkt anschließend), Gutaufgabe zu Beginn der waagrechten Förderstrecke. Massenstrom $\dot{m} = 25\frac{t}{h}$,

Schüttdichte $\rho_S = 0{,}7\frac{t}{m^3}$, Kettengeschwindigkeit v = $0{,}3\frac{m}{s}$, Geschwindigkeitsbeiwert im waagerechten Streckenteil c_W = 0,8, Gesamtreibungszahl μ_{ges} = 0,5, Wirkungsgrad des Antriebes η = 0,9.

Kette: Einstrangsteckbolzenkette, Eigenlast einschließlich Mitnehmer $m_{IF} = 20\frac{kg}{m}$ für beide Trums, Kettenvorspannkraft F_V = 2000N (je Trum).

Trog: $\frac{B}{H} = 2$ (B Trogbreite, H Troghöhe), waagrechter Streckenteil zu 40% gefüllt. Trog im senkrechten Streckenteil durch Zwischenblech geteilt, rücklaufendes Trum im leeren Trogteil. Trogkettenförderer analog Z-Form Bild 6.3-3.

Gesucht:
1. Breite B und Höhe H des Troges
2. Geschwindigkeitsbeiwert im senkrechten Streckenteil c_S
3. Nennleistung P_N ($P_N \triangleq$ Volllastbeharrungsleistung P_V)
4. Maximale Kettenzugkraft F_1

Lösung:
1. Volumenstrom $\dot{V}$ nach Gl. (6.1.3)

$$\dot{V} = \frac{\dot{m}}{\rho_s} = \frac{25\frac{t}{h}}{0{,}7\frac{t}{m^3}} = 35{,}7\frac{m^3}{h}$$

Trogquerschnitt analog Gl. (6.1.1) unter Berücksichtigung von c_W und der Füllung im waagrechten Streckenteil.

$$A = BH = 2HH = \frac{\dot{V}}{v c_w 0{,}4} \rightarrow \text{Troghöhe } H = \sqrt{\frac{\dot{V}}{v c_w 0{,}8}} = \sqrt{\frac{0{,}0099 \frac{m^3}{s}}{0{,}3 \frac{m}{s} 0{,}8 \cdot 0{,}8}} = 0{,}227 \, m$$

Trogbreite B = 2 H = 460mm

$\underline{H = 230mm}$

$\underline{B = 460mm}$

2. Unter Beachtung von gleichem $\dot{V}$ im waagerechten und senkrechten Streckenteil und der vollständigen Füllung im senkrechten Streckenteil, wobei dort die Troghöhe $\frac{H}{2}$ beträgt – siehe Aufgabentext – ergibt sich analog Gl. (6.1.1)

$$c_s = \frac{\dot{V}}{A_s v} = \frac{0{,}0099 \frac{m^3}{s}}{0{,}053 m^2 \, 0{,}3 \frac{m}{s}} = 0{,}623$$

$\underline{c_S = 0{,}623}$

Gutquerschnitt im senkrechten Streckenteil

$$A_s = B \frac{H}{2} = 0{,}46 \, m \, 0{,}115 \, m = 0{,}053 \, m^2$$

3. Umfangskraft F_U nach Gl. (6.1.6)

$F_U = \mu_{ges} L_{ges} g (m_{lF} + m_{lG}) + m_{lG} \, g \, h$

$L_{ges} = L + h = 70m$ (Gut- und Kettenreibung auch im senkrechten Streckenteil)

$$F_U = 0{,}5 \cdot 70 \, m \, 9{,}81 \frac{m}{s^2} \left(20 \frac{kg}{m} + 23{,}1 \frac{kg}{m} \right) + 23{,}1 \frac{kg}{m} 9{,}81 \frac{m}{s^2} 20 \, m = 19300 \, N$$

$$m_{lG} = \frac{\dot{m}}{v} = \frac{6{,}94 \frac{kg}{s}}{0{,}3 \frac{m}{s}} = 23{,}1 \frac{kg}{m}$$

$\underline{F_U = 19{,}3 \, kN}$

Nennleistung P_N nach Gl. (6.1.7)

$$P_N \triangleq P_V = \frac{F_U \, v}{\eta} = \frac{19{,}3 \, kN \cdot 0{,}3 \frac{m}{s}}{0{,}9} = 6{,}43 \, kW$$

$\underline{PN = 6{,}43 \, kW}$

4. Maximale Kettenzugkraft $F_1 = F_U + F_V = 21{,}3 \, kN$

$\underline{F_1 = 21{,}3 \, kN}$

24 Einbahn-Kreisförderer

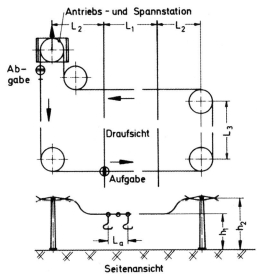

Last eines Einzelstückes m = 15kg, Fördermenge $\dot{m}_{St}$ = 900h^{-1}, L_1 = 100m, L_2 = 10m, L_3 = 50m, h_1 = 2,5m, h_2 = 5m, Reibungszahlen: μ_H = 0,03, μ_U = 1,05, μ_F = 0,4. Hakenlast m_H = 5kg, Rollenlast m_R = 5kg, Eigenlast der Förderkette $m_{lK} = 2\frac{kg}{m}$, Vorspannkraft in der Förderkette F_2 = 500N, Wirkungsgrad des Antriebes η = 0,75, Hakenabstand l_a =1,4m, rotierende Massen durch einen 20%igen Zuschlag zu den linear zu beschleunigenden Massen berücksichtigen, Anlaufzeit t_A = 5s (über Anlaufkupplung)

Gesucht:

1. Kettengeschwindigkeit v, Fördermenge $\dot{m}$
2. Maximale Kettenzugkraft F_1 im Volllastbeharrungszustand
3. Nennleistung P_N des Antriebsmotors
4. Spielt die Beschleunigungsleistung bei der Auslegung des Antriebsmotors (E-Motor) eine Rolle?

Lösung:

1. Kettengeschwindigkeit v nach Gl. (6.1.5)

$$v = \dot{m}_{St}\, l_a = 900\frac{1}{h}\,1{,}4\,m = 1260\frac{m}{h} \qquad \underline{\underline{v = 0{,}35\frac{m}{s}}}$$

Fördermenge $\dot{m}$ nach Gl. (6.1.4)

$$\dot{m} = \frac{m}{l_a}v = \frac{15\,kg}{1{,}4\,m}0{,}35\frac{m}{s} = 3{,}75\frac{kg}{s} \qquad \underline{\underline{\dot{m} = 13{,}5\frac{t}{h}}}$$

2. Umfangskraft F_U analog Gl. (6.1.6); unter Beachtung der Leerstrecke ($L_3 + L_2$) zwischen Gutauf- und -abgabestelle.

$$F_U = \mu_{ges}\, L\, m_{lF}\, g + \mu_{ges}\, (L - L_3 - L_2)\, m_{lG}\, g + m_{lG}\, g\, h$$

$$F_U = 0{,}053\cdot 340\,m\, 12{,}7\frac{kg}{m}9{,}81\frac{m}{s^2} + 0{,}053\cdot 280\,m\, 10{,}7\frac{kg}{m}9{,}81\frac{m}{s^2} + 10{,}7\frac{kg}{m}9{,}81\frac{m}{s^2}2{,}5\,m = 4060\,N$$

Gesamtreibungszahl $\mu_{ges} = \mu_H (1 + \mu_F\, \mu_U^z) = 0{,}03\,(1 + 0{,}4 \cdot 1{,}05^{13}) = 0{,}053$ $\qquad \underline{\underline{F_U = 4{,}06\,kN}}$

Umlenkzahl z = 13 (an Förderstrecke und Umlenkstellen)

Förderlänge $L \approx 2\,L_1 + 4\,L_2 + 2\,L_3 = 2 \cdot 100\,m + 4 \cdot 10\,m + 2 \cdot 50\,m = 340\,m$

(Kreisbogenabschnitte im Hinblick auf die große Gesamtlänge vernachlässigt)

Eigenlast des Förderstranges $m_{lF} = m_{lK} \dfrac{m_R}{\dfrac{l_a}{2}} + \dfrac{m_H}{l_a} = 2\dfrac{kg}{m} + \dfrac{5\,kg}{0{,}7\,m} + \dfrac{5\,kg}{1{,}4\,m} = 12{,}7\dfrac{kg}{m}$

Gutlast $m_{lG} = \dfrac{\dot{m}}{v} = \dfrac{3{,}75\,\dfrac{kg}{s}}{0{,}35\,\dfrac{m}{s}} = 10{,}7\,\dfrac{kg}{m}$

Förderhöhe $h = h_2 - h_1 = 2{,}5\,m$

Maximale Kettenzugkraft F_1 analog Gl. (6.3.3)

$F_1 = F_U + F_2 = 4{,}06\,kN + 0{,}5\,kN = 4{,}56\,kN$ $\underline{\underline{F_1 = 4{,}56\,kN}}$

3. Nennleistung P_N analog Gl. (6.1.7); $P_N \mathrel{\hat=}$ Volllastbeharrungsleistung P_V

$P_N = \dfrac{F_U\, v}{\eta} = \dfrac{406\,kN \cdot 0{,}35\,\dfrac{m}{s}}{0{,}75} = 1{,}89\,kW$ $\underline{\underline{P_N = 1{,}89\,kW}}$

4. Beschleunigungsleistung P_B

$P_B = 1{,}2\, m_B \dfrac{v}{t_A}\dfrac{v}{\eta} = 1{,}2 \cdot 7320\,kg\, \dfrac{0{,}35\,\dfrac{m}{s}}{5\,s}\, \dfrac{0{,}35\,\dfrac{m}{s}}{0{,}75} = 287\,W$ $\underline{\underline{P_B = 0{,}29\,kW}}$

(Faktor 1,2 berücksichtigt Zuschlag von 20 % für rotierende Massen, siehe Aufgabenstellung; m_B linear zu beschleunigende Masse aus Eigen- und Nutzlast)

$m_B = m_{lF}\, L + \dfrac{(L - L_3 - L_2)}{l_a} = 12{,}7\,\dfrac{kg}{m}\,340\,m + \dfrac{280\,m}{1{,}4\,m}\,15\,kg = 7320\,kg$

Anlaufleistung $P_A = P_V + P_B = 1{,}89\,kW + 0{,}29\,kW = 2{,}18\,kW$ $\underline{\underline{P_A = 2{,}18\,kW}}$

$\dfrac{P_A}{P_N} = \dfrac{2{,}18\,kW}{1{,}89\,kW} = 1{,}15$ Motor beim Anlauf um ca. 15 % überlastet; dies ist bei E-Motoren möglich.

$\underline{\underline{P_B \text{ spielt keine Rolle}}}$

25 Senkrechtbecherwerk für Getreide

Fördermenge $\dot{m} = 25\,\dfrac{t}{h}$, Schüttdichte $\rho_S = 0{,}8\,\dfrac{t}{m^3}$, Förderhöhe $h = 20\,m$, Bandgeschwindigkeit $v = 1{,}3\,\dfrac{m}{s}$, Gesamtreibungszahl $\mu_{ges} = 0{,}12$, Wirkungsgrad des Antriebes $\eta = 0{,}8$.

Becher: Volumen $V = 3{,}75\,dm^3$, Breite $B = 250\,mm$, Füllungsgrad $\varphi = 0{,}7$, Schwerpunktsabstand des gefüllten Bechers vom Trommelaußendurchmesser $L_S = 70\,mm$, Eigenlast (einschl. Befestigungsschrauben) $m_B = 3\,kg$, Trommeldurchmesser $D = 2000\,mm$.

Band: Eigenlast des Gurtbandes $m_B = 10\,\dfrac{kg}{m^2}$, Vorspannkraft je Trum $F_V = 500\,N$.

Gesucht:

1. Becherabstand l_a
2. Maximale Zugkraft F_1
3. Erforderliche Reibungszahl μ zwischen Band und Trommel, Motornennleistung P_N
4. Liegt Fliehkraftentleerung vor (rechnerischer und graphischer Nachweis)?

6.3 Mechanische Stetigförderer mit Zugmittel (Gliederförderer)

Lösung:

1. Becherabstand l_a analog Gl. (6.1.2) unter Berücksichtigung des Füllungsgrades φ

$$l_a = \frac{V}{\dot{V}} v \varphi = \frac{0{,}00375 \text{ m}^3}{0{,}00867 \frac{\text{m}^3 \text{s}}{\text{s}}} 1{,}3 \frac{\text{m}}{\text{s}} 0{,}7 = 0{,}393 \text{ m} \qquad \underline{\underline{l_a = 0{,}4 \text{m}}}$$

Volumenstrom $\dot{V}$ nach Gl. (6.1.3)

$$\dot{V} = \frac{\dot{m}}{\rho_s} = \frac{6{,}94 \frac{\text{kg}}{\text{s}}}{800 \frac{\text{kg}}{\text{m}^3}} = 0{,}00867 \frac{\text{m}^3}{\text{s}}$$

2. Umfangskraft F_U nach Gl. (6.3.6)

$$F_U = \mu_{ges} \, h \, g \, (m_{lF} + m_{lG}) + m_{lG} \, g \, h$$

$$F_U = 0{,}12 \cdot 20 \text{ m} \cdot 9{,}81 \frac{\text{m}}{\text{s}^2} \left(20 \frac{\text{kg}}{\text{m}} + 5{,}34 \frac{\text{kg}}{\text{m}}\right) + 5{,}34 \frac{\text{kg}}{\text{m}} \cdot 9{,}81 \frac{\text{m}}{\text{s}^2} \cdot 20 \text{ m} = 1640 \text{ N} \qquad \underline{\underline{F_U = 1{,}64 \text{kN}}}$$

Eigenlast beider Trums m_{lF} aus Band- und Bechereigenlast berechnen

$$m_{lF} = 2\left(m_B \, B + \frac{m_B}{l_a}\right) = 2\left(10 \frac{\text{kg}}{\text{m}^2} 0{,}25 \text{ m} + \frac{3 \text{ kg}}{0{,}4 \text{ m}}\right) = 20 \frac{\text{kg}}{\text{m}}$$

Bandbreite B = 250mm gewählt ($\hat{=}$ Becherbreite)

$$m_{lG} = \frac{\dot{m}}{v} = \frac{6{,}94 \frac{\text{kg}}{\text{s}}}{1{,}3 \frac{\text{m}}{\text{s}}} = 5{,}34 \frac{\text{kg}}{\text{m}}$$

Maximale Zugkraft F_1 nach Gl. (6.3.8)

$F_1 = F_U + F_2 = 1{,}64 \text{kN} + 2{,}46 \text{kN} = 4{,}1 \text{kN}$ $\qquad \underline{\underline{F_1 = 4{,}1 \text{kN}}}$

Zugkraft im Leertrum nach Gl. (6.3.7)

$$F_2 = \frac{m_{lF}}{2} g \, h + F_v = \frac{20 \frac{\text{kg}}{\text{m}}}{2} 9{,}81 \frac{\text{m}}{\text{s}^2} 20 \text{ m} + 500 \text{ N} = 2460 \text{ N} \qquad \underline{\underline{F_2 = 2{,}46 \text{kN}}}$$

3. Analog Gln. (6.2.7) und (6.2.8)

$$\frac{F_1}{F_2} = e^{\mu \alpha} = \frac{4{,}10 \text{kN}}{2{,}46 \text{kN}} = 1{,}67$$

Umschlingungswinkel $\alpha = 180° \hat{=} \pi$

$e^{\mu \alpha} = 1{,}67$, hieraus $\mu \alpha = \ln 1{,}67$ und $\mu = \frac{\ln 1{,}67}{\pi} = 0{,}16$ $\qquad \underline{\underline{\mu = 0{,}16}}$

Nennleistung P_N nach Gl. (6.1.7)

$$P_N \hat{=} P_V = \frac{F_U \, v}{\eta} = \frac{1{,}64 \text{kN} \cdot 1{,}3 \frac{\text{m}}{\text{s}}}{0{,}8} = 2{,}66 \text{kW} \qquad \underline{\underline{P_N = 2{,}66 \text{kW}}}$$

4. Rechnerischer Nachweis:

Polabstand L_P nach Gl. (6.3.5)

$$L_P = \frac{g}{\omega^2} = \frac{9{,}81\frac{m}{s^2}}{169\frac{1}{s^2}} = 0{,}058 \text{ m}$$

$\underline{\underline{L_P = 58\text{mm}}}$

Winkelgeschwindigkeit der Antriebstrommel $\omega = \dfrac{v}{\dfrac{D}{2}} = \dfrac{1{,}3\frac{m}{s}}{0{,}1\text{m}} = 13 \text{ s}^{-1}$

$r_i \triangleq \dfrac{D}{2} = 100\text{mm}$ (siehe Bild 6.3-12)

$L_P = 58$ mm $< r_i = 100$ mm: Pol P liegt innerhalb der Antriebstrommel, Fliehkraftentleerung

$\underline{\underline{\text{Fliehkraftentleerung liegt vor}}}$

Graphischer Nachweis

Der graphische Nachweis erfolgt nach Bild 6.3-12. Die Lage des Poles P wird für 2 gewählte Becherstellungen ermittelt.

Eigengewichtskraft der Becherfüllung $F_G = m\,g = 2{,}1\text{kg}\,9{,}81\frac{m}{s^2} = 21\text{N}$

$\underline{\underline{F_G = 21\text{N}}}$

Masse einer Becherfüllung $m = V\,\rho_S\,\varphi = 3{,}75 \text{ dm}^3\,0{,}8\,\dfrac{\text{kg}}{\text{dm}^3}\,0{,}7 = 2{,}1\text{kg}$

Fliehkraft einer Becherfüllung $F_F = m\,\omega^2\,r_S = 2{,}1\text{kg}\,169\,\dfrac{1}{s^2}\,0{,}17 = 60\text{N}$

$\underline{\underline{F_F = 60\text{N}}}$

Schwerpunktsradius $r_S = r_i + L_S = 0{,}1\text{m} + 0{,}07\text{m} = 0{,}17\text{m}$

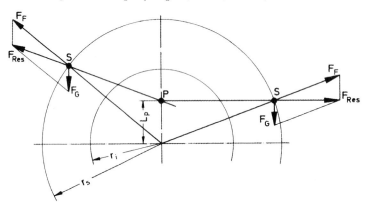

Längenmaßstab M 1:5, d.h. 1cm der Zeichnung $\triangleq$ 5cm der Natur
Kraftmaßstab: 1cm $\triangleq$ 30N
S: Schwerpunkt der Becherfüllung
Polabstand $L_P \approx 60$mm (aus oberer Zeichnung)

$L_P \approx 60$mm $< r_i = 100$mm: Pol P liegt innerhalb der Antriebstrommel – Fliehkraftentleerung.

$\underline{\underline{\text{Fliehkraftentleerung liegt vor.}}}$

6.4 Mechanische Stetigförderer ohne Zugmittel

Dieser Abschnitt enthält mechanische Stetigförderer unterschiedlicher Förderprinzipe, so dass sich diese Förderer bezüglich Gutbewegung und Transportmittel wesentlich unterscheiden. Ihnen gemeinsam ist das Fehlen von Zugmitteln, wie sie die Förderer der beiden voran gegangenen Abschnitte enthalten. Die Gutbewegung erfolgt hier durch spezielle, mechanisch angetriebene Transportmittel (im Gegensatz zu den Förderern im folgenden Abschnitt 6.5, bei denen die Schwerkraft den Guttransport bewirkt).

Die wohl bedeutendsten Bauarten sind die Rollen-, Schnecken- und Schwingförderer.

6.4.1 Rollenförderer (Angetriebene Rollenbahnen)

Im Gegensatz zu den nicht angetriebenen Rollenbahnen (Abschnitt 6.5.2), die das Fördergut nur über geneigte Strecken abwärts bewegen, sind bei den Rollenförderern auch waagerechte und leicht ansteigende Förderwege möglich.

Rollenförderer dienen ausschließlich dem Transport von Stückgut mit formstabiler Auflagefläche (Behälter aller Art, beladene Paletten usw.) und nicht zu hohem Schwerpunkt (Kippgefahr); die Auflagefläche muss hinreichend groß sein, damit ein stabiler Guttransport erfolgt. Rollenabstand ist so klein und Rollenbreite so groß zu wählen, dass sich das Transportgut stets auf mindestens zwei Rollen abstützt, damit es während des Förderns – auch in Beschleunigungs- und Verzögerungsphasen – nicht kippelt oder gar kippt.

6.4.1.1 Leichte Rollenförderer

Aufbau und Anwendung. Sie entsprechen in ihrem Aufbau den Rollenbahnen, nur dass hier die Rollen angetrieben werden. Für ansteigende Förderstrecken werden auch Rollen mit zusätzlichem Reibbelag (z.B. Gummi) eingesetzt.

Der Antrieb der Rollen erfolgt über endlose Rollenketten oder reibschlüssig über schmale Bänder oder Riemen, die über federbelastete Druckrollen von unten gegen die Rollen gepresst werden (Bild 6.4-1).

Die *Leichten Rollenförderer* dienen zum Transport von leichten bis mittelschweren Stückgütern wie Kisten, Pakete usw. Häufig werden sie als Zu- und Abführeinrichtungen bei Fertigungsanlagen und in Lagern verwendet.

Technische Daten

Tragrollen 200 ... 1600mm breit, 60 ... 100mm Durchmesser (siehe auch Abschnitt 2.6)

Fördergeschwindigkeit 0,2 ... 1,0 $\frac{m}{s}$

Förderlänge bis 100m

Stauförderer. Rollenförderer eignen sich neben ihrer eigentlichen Förderaufgabe zum *staudruckarmen* Speichern der Fördergüter, wenn sie als mit Spezialantrieben versehene Rollenförderer ausgeführt werden.

Aus der Vielzahl der Ausführungen werden im Anschluss drei wichtige Bauarten kurz beschrieben (Bild 6.4-2).

1 Tragrolle mit Kettenritzel
2 Rollenkette
3 Kettenspanner

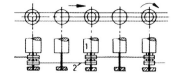
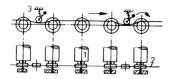

Tragrollen durch kurze Rollenketten angetrieben, jede zweite Tragrolle angetrieben

Tragrollen durch umlaufende, über Kettenspanner gespannte Rollenkette angetrieben, jede Tragrolle angetrieben

Aus Sicherheitsgründen (Unfallschutz) Kettenschutz erforderlich
Leichte Rollenförderer mit Antrieb durch Rollenketten

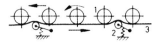

1 Tragrolle
2 Federbelastete Andruckrolle
3 Schmales gummiertes Gurtband

Leichter Rollenförderer mit Antrieb durch Reibband oder Riemen

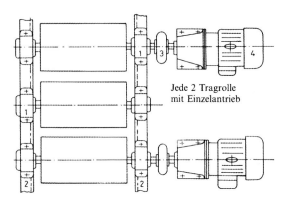

1 Stehlagergehäuse
2 Tragkonstruktion
3 Elastische Kupplung
4 Getriebemotor

Jede 2 Tragrolle mit Einzelantrieb

Schwerer Rollenförderer (Draufsicht)

Bild 6.4-1 Rollenförderer

Stauförderer mit über Ketten angetriebenen Tragrollen An den beiden über Kettenräder angetriebenen Bolzenketten, die sich auf Führungsschienen mit ihren Rollen abstützen, sind die Tragrollen drehbar gelagert. Beim Stauen des Fördergutes drehen sich die Tragrollen mit Fördergeschwindigkeit gegen die Förderrichtung. Die Staudruckkraft entspricht dem Reibungswiderstand in den Tragrollen und nimmt mit wachsender Staulänge zu.

Diese Ausführung erfordert einen geringen Bauaufwand, sie kann jedoch nur waagerecht fördern, da bei ansteigender Förderstrecke das Fördergut durch den Schwerkrafteinfluss wieder zurückrollen würde.

Stauförderer mit Reibbandantrieb Das unter den Tragrollen umlaufende angetriebene schmale Zugband wird durch federbelastete Andruckrollen von unten gegen die Tragrollen gepresst, wodurch diese ihren Antrieb erhalten. Wird ein Stückgut durch eine Sperre festgehalten, werden die Andruckrollen unter dem folgenden Stückgut gegen ihre Federkraft nach unten gezogen, so dass der Antrieb der darüber liegenden Rollen bei weiterlaufendem Zugband unterbrochen wird.

6.4 Mechanische Stetigförderer ohne Zugmittel

Somit wird die Staudruckkraft einer beliebig langen, gestauten Gutstrecke nur so groß wie die Reibungskraft einer Schaltstrecke (Bild 6.4-2). Beim Lösen der Sperre beginnt sich das dort gestaute Stückgut zu bewegen und gibt damit gleichzeitig den Antrieb des folgenden Stückes frei.

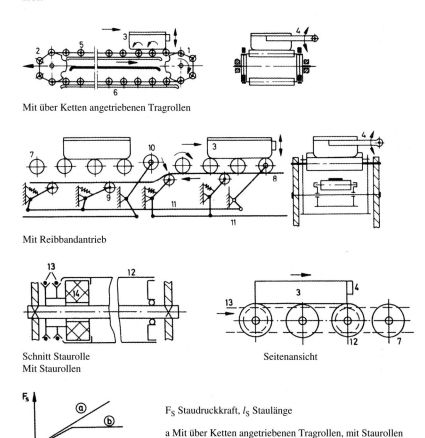

Mit über Ketten angetriebenen Tragrollen

Mit Reibbandantrieb

Schnitt Staurolle
Mit Staurollen

Seitenansicht

F_S Staudruckkraft, l_S Staulänge

a Mit über Ketten angetriebenen Tragrollen, mit Staurollen
b Mit Reibbandantrieb

1 Antriebsstation, 2 Spannstation, 3 Fördergut, 4 Sperre, 5 In Doppelstranggelenkkette drehbar gelagerte Tragrollen, 6 Laufbahn für Gelenkkette, 7 Tragrolle, 8 Zugband, 9 Andruckrolle, 10 Schaltrolle, 11 Schaltgestänge, 12 Staurolle, 13 Rollenkette, 14 Gleitlager

Bild 6.4-2 Stauförderer

Dieser Stauförderer kann auch leicht ansteigend fördern; er benötigt einen größeren Bauaufwand bei jedoch nur geringen Staudruckkräften.

Stauförderer mit Staurollen Die seitlichen Rollenketten treiben über Kettenritzel den Gleitlagerblock und damit auch über Reibschluss die durch das Fördergut belasteten Tragrollen an. Beim Stauen bleibt der Rollenmantel stehen (das Gleitlager rutscht auch am Rollenmantel durch). Die Staudruckkraft entspricht dem Reibungswiderstand der Staurollen längs der Staulänge. Dieser Förderer hat eine einfache Bauweise; er ist wegen der stetig wachsenden Staudruckkraft jedoch nur bis zu mittleren Belastungen und kürzeren Staulängen geeignet.

Bei den beschriebenen Bauarten hat die Staudruckkraft in Abhängigkeit der Staulänge prinzipiell den in Bild 6.4-2 dargestellten Verlauf.

Berechnung

Fördermenge Der Massenstrom $\dot{m}$ und der Stückstrom $\dot{m}_{St}$ kann nach den Gln. (6.1.4) und (6.1.5) berechnet werden. Die Fördergeschwindigkeit v entspricht der Umfangsgeschwindigkeit der Tragrollen. Der Steigungswinkel δ der Bahn soll kleiner sein als der Reibungswinkel ρ zwischen Fördergut und Tragrollen, da das Fördergut sonst auf den angetriebenen Tragrollen zurück rutscht.

Antriebsleistung Die Nennleistung P_N des Antriebsmotors ergibt sich aus Gl. (6.1.7) und den dort anschließenden Hinweisen. Der hierfür erforderliche Gesamtwiderstand F_W, der der Umfangskraft F_U in den Zugmitteln entspricht, kann nach Gl. (6.1.6) ermittelt werden, wobei folgende Hinweise zu beachten sind:

$\mu_{ges} \approx 0{,}03 \ldots 0{,}06$	Gesamtreibungszahl bei fester Gutauflage; geringe Werte bei besonders fester Auflage, z.B. bei Stahlbehältern
l	Förderlänge
m_{lF}	Auf die Längeneinheit bezogene Eigenlast der drehenden Rollenteile einschließlich möglicher Lasten durch die Druckkräfte der Antriebssysteme
v	Fördergeschwindigkeit; sie entspricht der Umfangsgeschwindigkeit der Tragrollen.

Maximaler Kettenzug F_1 der Antriebsketten wie beim Gliederbandförderer, Gl. (6.3.3).

6.4.1.2 Schwere Rollenförderer

Aufbau. Die *Schweren Rollenförderer* besitzen Tragrollen mit einem Durchmesser bis 600mm. Deshalb werden die anzutreibenden Tragrollen meist mit Einzelantrieb ausgerüstet und zwar durch spezielle Rollganggetriebemotore (Bild 6.4-1).

Der Einsatz dieser Rollenförderer kommt nur bei sehr schweren Stückgütern in Frage, z.B. zur Beschickung der in Stahlwalzstraßen hintereinander angeordneten einzelnen Walzenstühle.

Berechnung. Wegen der hohen Eigen- und Förderlasten ist hier immer die Beschleunigungsleistung P_B zu überprüfen.

6.4.2 Schneckenförderer

Aufbau und Wirkungsweise. Förderer mit Schnecken sind in DIN 15201 als „Stetigförderer, bei denen ein rotierender, schraubenförmiger, durchgehender oder unterbrochener Körper (Schnecke) das Fördergut waagerecht, geneigt oder senkrecht fördert" definiert.

Schneckenförderer schieben das Fördergut mittels eines rotierenden, schraubenförmigen Schuborgans, der Schnecke, in einem Trog oder Rohr vorwärts. Die Gutauf- und -abgabe kann an jeder beliebigen Stelle der Förderstrecke, z.B. über Klappen im Deckel bzw. im Boden des Troges, erfolgen.

6.4 Mechanische Stetigförderer ohne Zugmittel

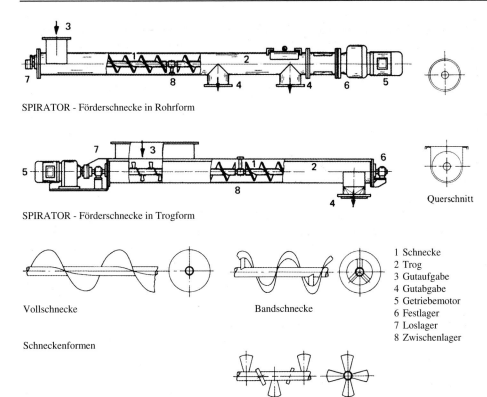

Bild 6.4-3
Schneckenförderer(SEGLER)

Schnecken Die wichtigsten Bauarten zum Fördern von Schüttgut sind Voll-, Band- und Segmentschnecken (Bild 6.4-3) mit in der Regel gleichbleibender Steigung über den gesamten Förderweg.

Die weiterhin in DIN 15201, Teil 1 aufgeführten, so genannten *Schraubenförderer* können als Sonderbauarten für speziellen Einsatz, z.B. zur abstandsdefinierten Zuführung von Stückgütern zu Bearbeitungsstationen, angesehen werden; sie realisieren neben der Förderfunktion gleichzeitig Handhabungsfunktionen (Zuführen, Dosieren).

Im Sonderfall kommen auch Schnecken- bzw. Schraubenförderer mit unterschiedlicher Steigung zum Einsatz, so z.B. Schnecken mit zur Abgabeseite zunehmender Steigung zur Auflockerung des Gutstromes und damit Vermeidung von Verstopfungen oder Schrauben zur Vergrößerung des Gutabstandes für nachfolgende Bearbeitungsstationen (z.B. Einlaufschnecken zur Flaschenzuführung in der Getränkeindustrie).

Vollschnecke: Die Herstellung der Vollschnecke erfolgt entweder aus gewalztem Bandstahl bei kleinen Schneckendurchmessern oder aus gelochten und längs des Radius aufgeschnittenen Blechronden.

Vollschnecken sind für leicht fließende, pulver- bis staubförmige und körnige, nicht haftende Fördergüter geeignet.

Bandschnecke: Bei der Bandschnecke wird eine schraubenförmige Wendel aus Bandstahl über kurze Arme mit der Schneckenwelle verschweißt. Bandschnecken kommen besonders für stückige, haftende Fördergüter zum Einsatz.

Segmentschnecke: Sie besteht aus einzelnen schraubenförmig auf der Schneckenwelle befestigten Schaufeln und ist besonders für backendes Fördergut geeignet. Während des Fördervorganges tritt gleichzeitig ein gewisser Knet- und Mischeffekt auf.

Bei kurzen Schnecken reicht die Lagerung der Schneckenwelle an den beiden Trogstirnseiten aus; bei Längen $\geq 2{,}5 \ldots 4\,\text{m}$ sind zur Vermeidung zu großer Durchbiegung (infolge Eigengewicht) Zwischenlager vorzusehen.

Trog Der Trog besteht meist aus $3 \ldots 6\,\text{mm}$ dickem Stahlblech. Bei kleinen Schneckendurchmessern und -längen kommen als Tröge auch Rohre in Frage. Die Schneckenwelle wird über Wälzlager, möglichst in Flanschlagern, die an die Trogstirnwände angeschraubt werden, gelagert. Hier ist besonders auf gute Abdichtung gegen das Troginnere und die Aufnahme der entgegen der Förderrichtung wirkenden Axialkraft der Schneckenwelle zu achten. Damit die Schneckenwelle nur auf Zug beansprucht wird, ist das Festlager stets an der Abgabeseite vorzusehen.

Da der Trog maximal nur etwa halb gefüllt sein darf (sonst Verstopfungsgefahr), ist die Gutaufgabe zu dosieren. Dazu gibt es zwei Möglichkeiten:

Entweder wird der Gutstrom bereits dosiert dem Schneckenförderer zugeführt (durch direkt vorgeschaltete Dosiereinrichtung, z.B. eine Zellenradschleuse, oder bereits durch das zuführende Fördersystem). Oder der Schneckenförderer dosiert selbst; dies kann durch entsprechende Gestaltung des Aufgabebereiches erfolgen: bei kleineren Schneckendurchmessern durch Verkleinerung der Steigung, bei größeren Durchmessern durch Verkleinerung des Schnecken- und Trogdurchmessers in diesem Bereich. Im Aufgabebereich kann dann der Füllungsgrad $\varphi = 1$ sein (ähnlich den Dosierschnecken).

Antrieb Die Schneckenförderer werden allgemein von Getriebemotoren angetrieben, die über eine elastische Kupplung mit der Schneckenwelle verbunden sind.

Technische Daten und Anwendung

Fördermenge bis $100\,\dfrac{\text{t}}{\text{h}}$

Förderlänge bis 10 (40)m

Schneckenaußendurchmesser $100 \ldots 1250\,\text{mm}$

Schneckendrehzahl $40 \ldots 180\,\text{min}^{-1}$; niedrige Werte bei großen Schneckendurchmessern und schwer fließenden Fördergütern.

Die Schneckenförderer dienen zur Förderung pulverförmiger bis kleinstückiger Fördergüter, auch in feuchtem oder backendem Zustand, jedoch meist nur über kurze Förderwege.

Besondere Verwendung findet der Schneckenförderer auch als *Dosierförderer*, da seine Fördermenge annähernd proportional zur Schneckendrehzahl ist.

In Sonderfällen kann der Schneckenförderer bei starker Minderung der Fördermenge auch zur Steil- oder Senkrechtförderung herangezogen werden. Hierbei werden hohe Drehzahlen (bis

6.4 Mechanische Stetigförderer ohne Zugmittel

250 min^{-1}) und Tröge in Rohrform benötigt, da die zur Senkrechtförderung erforderliche Reibung an Schneckenwendel und Trogwandung nur durch Fliehkräfte aufgebracht werden kann.

Vorteile:
– Staubdichte Förderung möglich, geringe Störanfälligkeit (Schnecke einzig bewegtes Teil)
– Gutauf- und -abgabe über die gesamte Förderstrecke möglich
– Eignung auch für heiße Fördergüter.

Nachteile:
– Hohe Antriebsleistung infolge der ständigen Reibungs- und Mischprozesse
– Verschleiß von Schnecke und Trog, hohe mechanische Beanspruchung des Fördergutes
– nur für kleinere Förderlängen bzw. Förderhöhen geeignet
– ungeeignet bei stark schleißenden Fördergütern.

Berechnung

Fördermenge

Der Volumenstrom $\dot{V}$ ist mit folgender Gl. (6.4.1) berechenbar; aus $\dot{V}$ ergibt sich dann der Massenstrom $\dot{m}$ nach Gl. (6.1.3).

$$\boxed{\dot{V} = A\, s\, n\, \varphi\, c} \qquad \textit{Volumenstrom} \qquad (6.4.1)$$

$A = \dfrac{\pi D^2}{4}$ Schneckenquerschnitt

D   Schneckenaußendurchmesser

$s = (0{,}5 \ldots 1{,}0)\, D$ Schneckensteigung; kleinere Werte für s bei großem Durchmesser D

n   Drehzahl der Schneckenwelle

φ 0,15 ... 0,45   Füllungsgrad; höhere Werte bei leicht fließenden Fördergütern mit geringer Reibung

c   Geschwindigkeitsbeiwert zur Berücksichtigung des Zurückbleibens des Fördergutes gegenüber der Schnecke (analog dem Trogkettenförderer, Abschnitt 6.3.2);
     $c \approx 1$ bei Vollschnecken
     $c \approx 0{,}8 \ldots 0{,}9$ bei Bandschnecken
     $c \approx 0{,}5 \ldots 0{,}8$ bei Segmentschnecken

Bemerkungen zum Schneckenquerschnitt A: Die Minderung des Schneckenquerschnittes durch die Schneckenwelle kann bei waagerechtem und leicht ansteigendem Förderweg infolge des geringen Füllungsgrades φ vernachlässigt werden. Bei körnigem Fördergut soll wegen der Verstopfungsgefahr die Korngröße maximal 10% des Schneckendurchmessers D betragen.

Bei ansteigender Förderung tritt eine Minderung der Fördermenge um ca. 2% je Winkelgrad Steigung auf; dies gilt für Steigungswinkel δ bis etwa 20°. Bei größerer Steigung oder Senkrechtförderung nimmt die Fördermenge je nach Gutart stärker ab.

Antriebsleistung

Die Nennleistung P_N des Antriebsmotors ergibt sich aus Gl. (6.1.7) und den dort anschließenden Hinweisen. Der Gesamtwiderstand F_W geht aus Gl. (6.4.2) hervor.

$$\boxed{F_W = \mu_{ges}\, l\, g\, m_{lG} + m_{lG}\, g\, h}\qquad\textit{Gesamtwiderstand}\qquad(6.4.2)$$

μ_{ges} Gesamtreibungszahl
        = 2 ... 4   bei waagerechter und leicht steigender Förderung; kleine Werte bei körnigem, leicht fließendem Fördergut mit geringer Reibung
        = 4 ... 8   bei Steil- oder Senkrechtförderung
l Förderlänge
g Fallbeschleunigung
$m_{lG} = \dfrac{\dot{m}}{v}$ Auf die Längeneinheit bezogene Gutlast, z.B. in kg/m
$\dot{m}$ Massenstrom
$v = s\, n$ Fördergeschwindigkeit (s und n siehe oben)
h Förderhöhe (Höhendifferenz zwischen Gutauf- und -abgabe)

Die Reibleistung durch die Eigenlast der bewegten Teile des Förderers kann hierbei wegen ihres geringen Einflusses vernachlässigt werden.

$$\boxed{F_a = \dfrac{M_t}{\dfrac{D_m}{2}\cdot \tan(\alpha+\rho)}}\qquad\textit{Axialkraft der Schneckenwelle}\qquad(6.4.3)$$

$M_t = \eta\, \dfrac{P_N}{\omega}$ Drehmoment an der Schneckenwelle
P_N und η siehe oben
ω Drehfrequenz der Schneckenwelle
$D_m \approx \dfrac{D}{2}$ Mittlerer Schneckendurchmesser
D Schneckenaußendurchmesser
α Steigungswinkel der Schnecke; α auf D_m beziehen
ρ Reibungswinkel zwischen Fördergut und Schnecke

Die Gl. (6.4.3) entspricht der „Schraubenformel".

Die Axialkraft der Schneckenwelle ist zur Auslegung des Axiallagers erforderlich; radial werden die Lager nur durch die Eigenlast der Schneckenwelle beansprucht, der aufliegende Gutanteil kann vernachlässigt werden.

Sonderausführungen. Zwei wichtige Sonderausführungen sind der *Schneckenrohrförderer* und der *Biegsame Schneckenförderer,* die auf Bandschnecken basieren.

Schneckenrohrförderer Beim Schneckenrohrförderer ist eine Bandschnecke an der Innenwand eines Rohres angeschweißt. Dieses Rohr wird auf Rollen gelagert und über einen Zahnkranz drehend angetrieben, z.B. als Drehrohrofen in der Zementindustrie.

Biegsame Schneckenförderer Die aus hochwertigem gehärteten Stahl gefertigte Bandschnecke besitzt keine Welle und kann daher in gekrümmten Trögen, die hier ausschließlich aus Rohren bestehen, geführt werden.

Sie werden vor allem in der chemischen und Kunststoffindustrie verwendet; z.B. zur Beschickung von mehreren Spritzgußmaschinen mit Kunststoffgranulat.

6.4.3 Schwingförderer

Die steife Förderrinne der Schwingförderer wird durch ein Antriebssystem in stationäre Schwingungen versetzt, die beim Rinnenhingang Massenkräfte auf das Fördergut übertragen und dieses während des Rinnenrückgangs vorwärts bewegen. Häufig wird die Siebwirkung der Schwingförderer zur Ausführung von Sortieraufgaben während des Fördervorgangs ausgenutzt. Die Schwingförderer werden allgemein nach ihrem Arbeitsverfahren in Schüttelrutschen und Schwingrinnen eingeteilt.

6.4.3.1 Schüttelrutschen

Arbeitsverfahren. Schüttelrutschen arbeiten nach dem *Gleitverfahren*. Hierbei wird beim Rinnenhingang das Fördergut zunächst durch Reibschluss mit der vorwärts gehenden Rinne mitbewegt. Nach Aufhebung des Reibschlusses gleitet das Fördergut durch die Massenkräfte weiter, während sich die Rinne bereits zurück bewegt.

Der Rinnenhingang soll langsamer verlaufen als der Rinnenrücklauf, damit der zunächst erforderliche Reibschluss zwischen Fördergut und Rinne gewährleistet ist.

Das wichtigste Merkmal der Schüttelrutsche ist, dass sich während der gesamten Rinnenbewegung das Fördergut nicht von der Rinne abhebt (Wurfkennwert $\Gamma \leq 1$, siehe Abschnitt 6.4.3.2).

Aufbau. Kennzeichnend für die Schüttelrutschen ist der einfache Aufbau, wobei lediglich an das Antriebssystem besondere Anforderungen gestellt werden.

Die aus Stahlblech mit Versteifungen, häufig auch aus Rohren hergestellten Rinnen werden waagerecht oder leicht geneigt (bis 15°) auf Rollen oder über Lenker pendelnd abgestützt (Bild 6.4-4).

Zum Antrieb sind Druckluftkolbenmotore oder Schubkurbelantriebe gebräuchlich. Die Gutaufgabe erfolgt meist dosiert, die Gutabgabe in der Regel am Rinnenende.

Technische Daten und Anwendung

Fördermenge bis 200 (500) $\frac{t}{h}$

Rinnenlänge bis 200m, aus einzelnen Schüssen zusammengesetzt
Rinnenbreite bis 1,6 (4)m
Guthöhe in der Rinne bis 300mm

Fördergeschwindigkeit 0,1 ... 0,5 $\frac{m}{s}$

Maximaler Neigungs- bzw. Steigungswinkel ± 15°
Nutzamplitude der Rinne $\hat{x}_N = 50 ... 150$mm; $2\hat{x}_N \stackrel{\wedge}{=}$ Rinnenhub
Erregerfrequenz (Antriebsfrequenz) 1 ... 2Hz

Schüttelrutschen eignen sich zum Transport von fein- bis grobstückigen, auch heißen, stark schleißenden und aggressiven Schüttgütern. Sie können außerdem während des Fördervorganges technologische Funktionen übernehmen, z.B. Kühlen, Sieben, Mischen. Nachteilig sind die starken Arbeitsgeräusche und Schwingungen. Die Schüttelrutschen werden deshalb zunehmend durch Band- und Kratzerförderer sowie Schwingrinnen (Abschnitt 6.4.3.2) ersetzt.

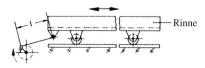 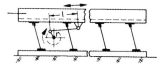

Antrieb über Schubkurbeltrieb
l Schubstangenlänge
r Kurbelradius

Rinnenabstützung über Rollen (konstante Auflagekraft)

Rinnenabstützung über Lenker-Federn (veränderliche Auflagekraft)

Bild 6.4-4 Schüttelrutschen

Berechnung. Wegen der abnehmenden Bedeutung der Schüttelrutschen wird auf die Berechnung der Fördermenge und Antriebsleistung verzichtet.

6.4.3.2 Schwingrinnen

Arbeitsverfahren. Die Schwingrinnen arbeiten nach dem *Wurfverfahren*. Die Rinne wird nach vorn aufwärts und zurück abwärts bewegt, wobei beim Rinnenrücklauf die negative Vertikalbeschleunigung der Rinne größer wird als die Fallbeschleunigung, das Fördergut hebt sich von der Rinne ab, Wurfkennwert $\Gamma \geq 1$ (siehe unter *Berechnung*). So kommt bei den Schwingrinnen zu der bei Schüttelrutschen vorliegenden Gleitbewegung noch eine Wurfbewegung des Fördergutes hinzu.

Aufbau. Eine Schwingrinne setzt sich zusammen aus der federnd abgestützten Rinne und dem Antriebssystem, manchmal kommen noch Speicherfedern hinzu (Bild 6.4-5).

Die Rinne wird entweder offen (als Trog) oder geschlossen (als Rohr) aus Stahlblech von 3 ... 6 mm Wanddicke hergestellt. Zur Verringerung des Rinnenverschleißes werden die Rinnen teilweise mit Auskleidungen versehen (Kunststoffe u.a. Materialien). Bei entsprechender Rinnenausbildung können auch technologische Prozesse während des Fördervorganges vorgenommen werden (z.B. Sieben).

Schwingungstechnisch ist zwischen Ein- und Zweimassensystemen zu unterscheiden.

Einmassensysteme Beim Einmassensystem bilden die Förderrinne und die mit ihr starr verbundenen Erreger einschließlich des auf der Rinne aufliegenden Gutanteiles von etwa 10 ... 20% die Nutzmasse, während sich 80 ... 90% des Fördergutes ständig in Schwebe befindet. Der Ankopplungseffekt liegt damit bei ca. 10 ... 20%. Die Nutzmasse wird über mehrere weiche Abstützfedern aus Stahl oder Gummi auf dem Fundament oder einem festen Rahmen abgestützt bzw. an einer Tragkonstruktion aufgehängt. Einmassensysteme arbeiten meist im überkritischen Betriebsbereich.

Ihr Vorteil ist die einfache Abstimmung der Schwingungsdaten auf die jeweiligen Betriebsverhältnisse, nachteilig sind die größeren dynamischen Kräfte an der Abstützung.

Zweimassensysteme Im Zweimassensystem wird die aus der Förderrinne und dem Gutanteil bestehende Nutzmasse über die Speicherfedern mit der aus einem federnd abgestützten bzw. aufgehängten Rahmen aufgebauten Gegenmasse verbunden. Zweimassensysteme arbeiten sowohl im unter- als auch im überkritischen Bereich und zwar meist in Resonanznähe (Resonanzschwingförderer). Hierdurch wird die Erregerkraft relativ klein, so dass sehr geringe Antriebsleistungen ausreichen. Die Schwingungstechnische Abstimmung wird so vorgenommen, dass die Ausschläge des Gegenrahmens und damit die dynamischen Kräfte an der Abstützung annähernd Null werden. Nachteilig sind der höhere Bauaufwand und die schwierigere Abstimmung der Schwingungsdaten.

6.4 Mechanische Stetigförderer ohne Zugmittel

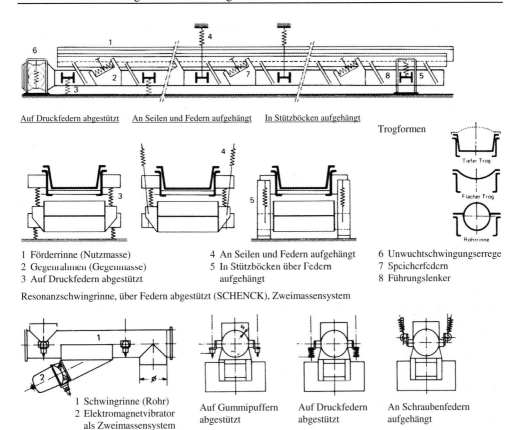

Auf Druckfedern abgestützt   An Seilen und Federn aufgehängt   In Stützböcken aufgehängt

Trogformen

1 Förderrinne (Nutzmasse)
2 Gegenrahmen (Gegenmasse)
3 Auf Druckfedern abgestützt
4 An Seilen und Federn aufgehängt
5 In Stützböcken über Federn aufgehängt
6 Unwuchtschwingungserreger
7 Speicherfedern
8 Führungslenker

Resonanzschwingrinne, über Federn abgestützt (SCHENCK), Zweimassensystem

1 Schwingrinne (Rohr)
2 Elektromagnetvibrator als Zweimassensystem

Auf Gummipuffern abgestützt   Auf Druckfedern abgestützt   An Schraubenfedern aufgehängt

Kleinschwingrinne mit Elektromagnetvibrator, z.B. für Bunkerabzug oder Dosieraufgaben

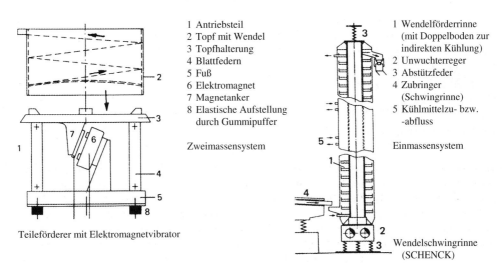

1 Antriebsteil
2 Topf mit Wendel
3 Topfhalterung
4 Blattfedern
5 Fuß
6 Elektromagnet
7 Magnetanker
8 Elastische Aufstellung durch Gummipuffer

Zweimassensystem

1 Wendelförderrinne (mit Doppelboden zur indirekten Kühlung)
2 Unwuchterreger
3 Abstützfeder
4 Zubringer (Schwingrinne)
5 Kühlmittelzu- bzw. -abfluss

Einmassensystem

Teileförderer mit Elektromagnetvibrator

Wendelschwingrinne (SCHENCK)

Bild 6.4-5 Aufbau von Schwingrinnen

Die Abstützung der Rinnen geschieht über Lenker oder Federn (Bild 6.4-5). Bei der Lenkerabstützung liegt eine Zwangsführung vor, d.h. die Rinne kann nur in einer Richtung schwingen: *Lenkergeführte Rinnen*.

Erfolgt die Aufhängung oder Abstützung über Schrauben- oder Gummifedern, ist die Rinne frei beweglich und erfordert eine gerichtete Erregerkraft: *Freischwingrinnen*.

Antriebssysteme *Schubkurbelantriebe* (formschlüssig) sind bei größeren Fördermengen und -längen, *Unwucht-* und *Elektromagnetvibrator-Antriebe* (kraftschlüssig) bei kleinen bis mittleren Fördermengen und -längen vorzusehen (Bild 6.4-6).

Unwuchtantrieb: Der Schwingungserreger besteht aus zwei gegenläufigen Unwuchtmotoren, an deren beiden Wellenenden die Unwuchtmassen befestigt sind, oder aus einem gemeinsamen Unwuchterreger, der über eine Gelenkwelle angetrieben wird.

Elektromagnetvibrator: Hier wird der Gehäuseteil mit dem Magneten an die Förderrinne angeschraubt (Nutzmasse – Arbeitsseite). Der Anker des Magneten einschließlich möglicher Zusatzgewichte ist als Gegenmasse (Freiseite) ausgebildet und über vorgespannte Druckfedern (Speicherfedern) mit der Nutzmasse verbunden. Weitere Einzelheiten siehe Bilder 6.4-6 und 6.4-7.

Technische Daten und Anwendung

Fördermenge bis $3000 \frac{t}{h}$

Rinnenbreite bis 1,6 (4)m

Guthöhe in der Rinne bis 300mm

Weitere Daten siehe Bilder 6.4.-7 und 6.4-8.

Schwingrinnen werden zum Transport von fein- bis grobstückigen sowie pulverförmigen, aber auch von heißen, schleißenden und aggressiven Fördergütern verwendet. Gleichzeitig können sie technologische Prozesse wie Kühlen, Erwärmen, Sieben, Mischen während des Förderns übernehmen.

Sie haben auch als *Bunkerabzugrinnen* und *Dosierförderer* hohe Bedeutung erlangt. Für Dosieraufgaben ist der Elektromagnetvibrator wegen seines besonders geringen Gutnachlaufs vorzuziehen.

Im Gegensatz zu den Schüttelrutschen ist der Verschleiß gering, da nur ein kleiner Teil des Fördergutes ständig auf der Rinne liegt und durch die Möglichkeit der Resonanzverstärkung eine relativ geringe Antriebsleistung gegeben ist.

Sonderausführungen. Die beiden wichtigsten Sonderausführungen sind Wendelschwingrinnen und Teileförderer.

Teileförderer Der Schwingungserreger (meist als Elektromagnetvibrator) im Fuß der Geräte versetzt den darauf angebrachten Topf in Drehschwingungen – ähnlich wie bei der Wendelschwingrinne. Innerhalb des Topfes befindet sich die schraubenförmige Förderbahn (Wendel), auf der sich die kleinen Einzelteile nach oben bewegen (Bild 6.4-5). Die auf der Wendel zunächst ungerichtet geförderten Teile werden durch Abweiser gerichtet. Falsch liegende Teile fallen wieder in den Topf zurück.

6.4 Mechanische Stetigförderer ohne Zugmittel

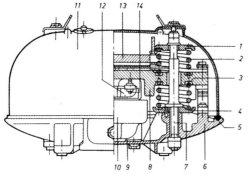

1 Federteller
2 Druckfeder mit Federstift
3 Federunterlage
4 Federteller
5 Profilgummiring
6 Gehäuse-Arbeitsseite
7 Federbolzen
8 Gehäuse-Freiseite
9 Fiberscheibe
10 Elektromagnet
11 Schutzhaube
12 Anker
13 Zusatzgewicht
14 Ankerbolzen
15 Stopfbuchsverschraubung
16 Anschlußleitung
17 Schutzschlauch
18 Führungsfeder

Elektromagnetvibrator

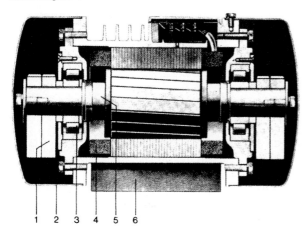

1 Unwucht
2 Schutzhaube
3 Wälzlager
4 Wicklung mit verstärkten Wickelköpfen
5 Welle mit Läufer
6 Befestigungsfuß

Drehstrom-Asynchronmotor mit auf beiden Wellenenden aufgesetzten verstellbaren Unwuchtscheiben. Jeder Antrieb erfordert 2 solcher gegenläufig laufenden Unwuchtmotoren, um die gewünschte gerichtete Schwingkraft zu erzeugen.

Unwuchtmotor

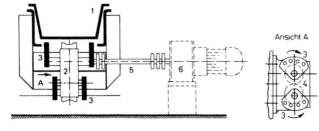

1 Förderrinne
2 Unwuchterreger
3 Gegenläufige Unwuchtmasse mit auswechselbaren Zusatzgewichten
4 Zahnräder (i = – 1)
5 Antriebswelle mit elastischen Kupplungen
6 Regelbarer Antriebsmotor

Unwuchtschwingungserreger (SCHENCK)

Bild 6.4-6 Antriebssysteme für Schwingrinnen

Systeme → / Allgemeine Daten ↓	Schubkurbel–Antrieb	Unwucht-Antrieb	Elektromagnetvibrator-Antrieb
	Einmassensystem	Einmassensystem	Zweimassensystem
Max. Winkel δ in °	± 5 ... 10	± 10 ... 15	± 15 ... 20
Erregerfrequenz f in Hz	5 ... 25	10 ... 50	50 ... 25
Anstellwinkel β in °	25 ... 35	20 ... 30	20 ... 30
Fördergeschwindigkeit v in $\frac{m}{s}$	0,3 ... 0,7	0,05 ... 0,4	0,01 ... 0,15
Rinnenlänge l_R in m	2 ... 20 (50)	0,5 ... 10 (50)	0,1 ... 5 (10)
Abstützung der Förderrinne	Lenkerblatt- oder Gummifedern gegen Fundamente oder feste Rahmen	Weiche Schrauben- oder Gummifedern gegen Fundamente oder Aufhängekonstruktionen, z.T. auch Lenkerblattfedern. Beim Zweimassensystem mit Unwuchtantrieb Rinne auf Gegenrahmen und dieser auf Fundament, jeweils über Federn abgestützt	
Regelung der Fördermenge	Schichthöhenregelung, Regelung der Erregerfrequenz		Änderung der Ankerspannung des Magneten (durch Widerstände oder elektronisch)
	Veränderung von r (nur im Stillstand)	Veränderung von m_U (nur im Stillstand)	
Gutbeschädigung	Größer	Mäßig	Gering
Vorwiegendes Einsatzgebiet	Förderung (hohes v): für staubförmiges bis körniges, auch leicht backendes Schüttgut	Förderung, Bunkerabzug: für körniges, z.T. staubförmiges, auch leicht backendes Schüttgut	Bunkerabzug, Dosierung (v klein, geringer Nachlauf): für körniges Schüttgut und kleine Stückgüter
Nutzamplitude $\hat{x}_N$ in mm ($\hat{x}_N \triangleq$ Amplitude der Rinne, siehe Bild 6.4-8)	3 ... 15 $\hat{x}_N \triangleq r$	0,5 ... 5 $\hat{x}_N m_N = r_U m_U$	0,05 ... 1,0 $\hat{x}_N m_N = \hat{x}_G m_G$
	Nutzamplitude $\hat{x}_N$ für Fördergeschwindigkeit maßgebend		
Maximale Erregerkraft F (unter Anstellwinkel β)	$F = m_N 4\pi^2 f^2 \hat{x}_N \dfrac{1-\left(\dfrac{f}{f_0}\right)^2}{\left(\dfrac{f}{f_0}\right)^2}$		
	Meist ohne Resonanzverstärkung, im überkritischen Betriebsbereich: $\dfrac{f}{f_0} \approx 3...10$	Meist mit Resonanzverstärkung. Unterkritisch: $\dfrac{f}{f_0} \approx 0{,}7...0{,}9$ Überkritisch: $\dfrac{f}{f_0} \approx 1{,}5...10$	Mit Resonanzverstärkung, meist im unterkritischen Betriebsbereich $\dfrac{f}{f_0} \approx 0{,}9$
Abstimmung des Schwingungssystems	$f_0 = \dfrac{1}{2\pi}\sqrt{\dfrac{\Sigma c_A}{m_N}}$ $\Sigma c_A \leq \dfrac{1}{10} 4\pi^2 f^2 m_N$	$f_0 = \dfrac{1}{2\pi}\sqrt{\dfrac{\Sigma c_A}{m_N + m_U}}$ $\Sigma c_A \leq \dfrac{1}{10} 4\pi^2 f^2 (m_N + m_G)$	$f_0 = \dfrac{1}{2\pi}\sqrt{\Sigma c\,\dfrac{m_N + m_U}{m_N m_G}}$ $\Sigma c_A \leq \dfrac{1}{10} 4\pi^2 f^2 (m_N + m_G)$
Maximale Fundamentkräfte F_{FU}	$F_{FU} \approx \Sigma m g + \Sigma c_A \hat{x}_N + F$ 1. Glied: Statischer Anteil, 2. u. 3. Glied: Dynamischer Anteil F relativ klein, vernachlässigbar		

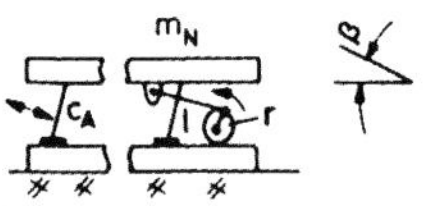

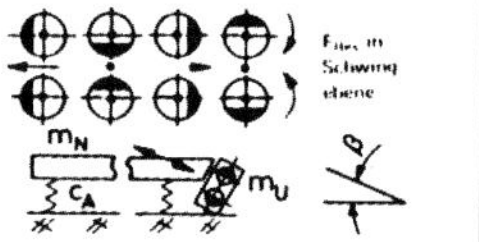

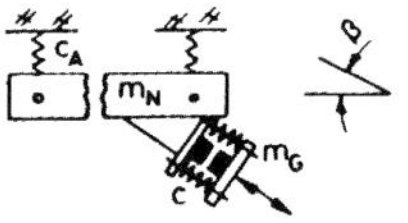

r	Kurbelradius	
l	Kurbelstangenlänge	
c	Federkonstante einer Speicherfeder	
c_A	Federkonstante einer Abstützfeder	
f_0	Eigenfrequenz	
m_N	Nutzmasse, m_G Gegenmasse	
m_U	Unwuchtmasse	
m	Masse der gesamten Anlage	
r_U	Schwerpunktsradius der Unwuchtmasse	

$\hat{x}_G \triangleq$ Amplitude der Gegenmasse

$m_N \triangleq$ Masse der Rinne einschl. des Erregergehäuses + 10 ... 20 % der auf der Rinne liegenden Fördergutmasse – Ankopplungseffekt ca. 10...20 %

Unwuchtantrieb: Einmassensystem $m_G = 0$, Zweimassen-System $m_G \triangleq$ Masse des Gegenrahmens – **Berechnung analog dem Vibratorantrieb**

Vibratorantrieb: $m_G \triangleq$ Masse des über die Speicherfedern mit der Rinne gekoppelten Vibratorteiles (Freimasse)

Bild 6.4-7 Wichtige Daten und Formeln für Schwingförderer (angenähert nach *Wehmeier*)

6.4 Mechanische Stetigförderer ohne Zugmittel

Die Teileförderer dienen zum Vereinzeln, Ausrichten und geordneten Zuführen von Massenteilen wie Schrauben, Scheiben, Formteilen aller Art zu Maschinen, Magazinen oder Montageplätzen. Sie sind ein wichtiger Baustein der Fließfertigung. Damit der Teileförderer das Fördergut in gewünschter Ordnung abgibt, ist dieser gutspezifisch zu gestalten (Rinnen- und Abweisergeometrie) bzw. zu betreiben (Lage der Abweiser, Schwingungsfrequenz und -amplitude). Ausgangspunkt für die konstruktive Gestaltung bzw. Auswahl des richtigen Teileförderers sind die für das Ordnen wesentlichen Gutmerkmale (Geometrie, Schwerpunktlage u. a.).

Berechnung. Die für Schwingrinnen allgemein wichtigsten Formeln, Rechengrößen und zu empfehlenden Kennwerte gehen aus der Übersicht in Bild 6.4-7 hervor.

Fördermenge Volumenstrom $\dot{V}$ und Massenstrom $\dot{m}$ ergeben sich aus den Gln. (6.1.1) und (6.1.3). Die Fördergeschwindigkeit v kann nach den im Anschluss angeführten Hinweisen überschlägig ermittelt werden.

Kennzeichnend für die Gutbewegung ist die Wurfkenngröße Γ, die als Verhältnis der maximalen Vertikalkomponente der Rinnenbeschleunigung $\hat{x}_N\,4\pi^2 f^2 \sin\beta$ zur Fallbeschleunigung g (bei sinus-förmigem Schwingungsverlauf) berechnet wird:

$$\boxed{\Gamma = \frac{\hat{x}_N\,4\pi^2 f^2 \sin\beta}{g}} \qquad \textit{Wurfkenngröße} \qquad (6.4.4)$$

$\hat{x}_N$, f, $\sin\beta$ siehe Bilder 6.4-7 und 6.4-8
- β Anstellwinkel $\qquad\qquad\qquad \Gamma < 1$ *Keine Wurfbewegung (Schüttelrutsche)*
- g Fallbeschleunigung $\qquad\qquad \Gamma > 1$ *Wurfbewegung (Schwingrinne)*

Die Fördergeschwindigkeit v kann aus der mittleren horizontalen Rinnengeschwindigkeit während der Haftzeit $t_0 \dots t_s$ und der horizontalen Gutgeschwindigkeit während der Wurfzeit $t_s \dots t_a$ nach Gl. (6.4.5) und der außerdem interessierenden Zeitkenngröße n nach Gl. (6.4.6) berechnet werden:

$$\boxed{v = \frac{g}{2}\frac{n^2}{f}\cot\beta\,c} \qquad \textit{Fördergeschwindigkeit} \qquad (6.4.5)$$

$$\boxed{n = \frac{t_a - t_s}{T}} \qquad \textit{Zeitkenngröße} \qquad (6.4.6)$$

- t_a Aufschlagzeitpunkt (Bild 6.4-8) $\qquad T = \frac{1}{f}$ Periodendauer
- t_s Ablösezeitpunkt (Bild 6.4-8)
- c Geschwindigkeitsbeiwert; c = 0,7 ... 1,0 (hohe Werte bei körnigem Fördergut und geringer Schichthöhe). Der Geschwindigkeitsbeiwert c berücksichtigt die Rückwirkung der Guteigenschaften auf der Rinne.

Die Zeitkenngröße n gibt das Verhältnis der Wurfzeit ($t_a - t_s$) zur gesamten Periodendauer T an und ist mit der Wurfkenngröße wie folgt verbunden:

$$\Gamma = \sqrt{\left(\frac{\cos 2\pi n + 2\pi^2 n^2 - 1}{2\pi n - \sin 2\pi n}\right)^2 + 1}$$

Die Abhängigkeit n = f(Γ) ist aus dem Diagramm in Bild 6.4-8 ersichtlich, das gleichzeitig den Geltungsbereich von n und Γ angibt.

Die Gl. (6.4.5) gilt für $0 \leq n \leq 1$ und $1 \leq \Gamma \leq 3,3$; d.h. für die maximale Wurfzeit ($t_a - t_s$). Würde der Zeitkennwert n > 1, dann würden eine oder auch mehrere Rinnenbewegungen vom Fördergut übersprungen; die Fördergeschwindigkeit wäre dann nicht mehr nach Gl. (6.4.5) berechenbar.

Bei Steigungen ist die Fördergeschwindigkeit um ca. 2% je Winkelgrad Steigung zu verringern, bei Neigungen um ca. 4% je Winkelgrad zu erhöhen; dies gilt bis ± 15°.

Antriebsleistung Die Werte für die Erregerfrequenz f und die Nutzamplitude $\hat{x}_N$ sind durch die auftretenden Massenkräfte begrenzt. Hierfür ist der Maschinenkennwert K, der das Verhältnis der maximalen Erregerkraft $F = m_N \, 4 \pi^2 f^2 \hat{x}_N$ zur Gewichtskraft aus der Nutzmasse $F_G = m_N g$ darstellt, maßgebend:

$$\boxed{K = \frac{4\pi^2 f^2 \hat{x}_N}{g}} \qquad \textit{Maschinenkennwert} \qquad (6.4.7)$$

Normale Schwingrinnen liegen bei $K \leq 5$ vor. Im Grenzfall beträgt der Maschinenkennwert K = 5 ... 10; jedoch treten dann sehr hohe dynamische Kräfte auf.

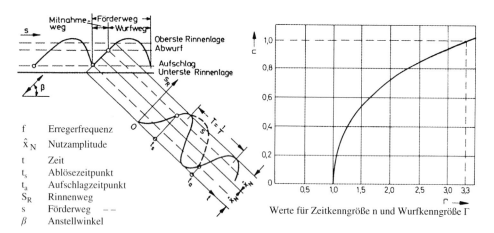

Bild 6.4-8 Ermittlung der Fördergeschwindigkeit v bei Schwingrinnen (Skizzen und Diagramme)

Die überschlägige Ermittlung der Antriebsleistung kann wie bei den Schneckenförderern (Abschnitt 6.4.2) vorgenommen werden; allerdings ist hier die Gesamtreibungszahl kleiner zu wählen: $\mu_{ges} = 0{,}3 \ldots 1{,}0$; kleine Werte gelten bei Resonanzverstärkung.

6.4.4 Beispiele

26 Waagerechter Stauförderer mit Staurollen (siehe Bild 6.4-2)

Fördergeschwindigkeit $v = 0{,}1\,\dfrac{m}{s}$, Förderlänge $l = 50\,m$, Wirkungsgrad des Antriebes $\eta = 0{,}75$, jede zweite Tragrolle angetrieben, Gesamtreibungszahl $\mu_{ges} = 0{,}04$.
Fördergut: Palettenladungen auf Euro-Palette 800 x 1200mm, Länge der Ladung $l_P = 1{,}2\,m$ (Transport ausschließlich in Längsrichtung), Masse der Ladung $m_P = 0{,}5\,t$.
Tragrollen: Eigenlast $m_R = 15\,kg$, Teilung $t = 0{,}4\,m$, Lagerreibungszahl am Gleitlager $\mu_G = 0{,}2$.

Gesucht:

1. Maximaler Stück- und Massenstrom $\dot{m}_{St}$ und $\dot{m}$
2. Maximale Umfangskraft F_U der Antriebskette
3. Nennleistung P_N ($P_N \mathrel{\hat=}$ Volllastbeharrungsleistung P_V)
4. Staudruckkraft F_S beim Stauen von 5 Paletten

Lösung:

1. Maximaler Stückstrom $\dot{m}_{St}$ und Massenstrom $\dot{m}$ nach Gln. (6.1.5) und (6.1.4)

$$\dot{m}_{St} = \frac{v}{l_a} = \frac{0{,}1\,\dfrac{m}{s}}{1{,}2\,m} = 0{,}0833\,\frac{1}{s} \qquad \underline{\underline{\dot{m}_{St} = 300\,h^{-1}}}$$

$$\dot{m} = \frac{m}{l_a} v = \frac{500\,kg}{1{,}2\,m} 0{,}1\,\frac{m}{s} = 41{,}7\,\frac{kg}{s} \qquad \underline{\underline{\dot{m} = 150\,\frac{t}{h}}}$$

$m \mathrel{\hat=} m_P;\ l_a \mathrel{\hat=} l_P$, bei maximaler Fördermenge.

2. Maximale Umfangskraft F_U analog Gl. (6.1.6)

$$F_U = \mu_{ges}\, l\, g\,(m_{lF} + m_{lG}) = 0{,}04 \cdot 50\,m\; 9{,}81\,\frac{m}{s^2}\left(37{,}5\,\frac{kg}{m} + 471\,\frac{kg}{m}\right) = 8920\,N \qquad \underline{\underline{F_U = 8{,}92\,kN}}$$

Eigenlast $m_{lF} = \dfrac{m_R}{t} = \dfrac{15\,kg}{0{,}4\,m} = 37{,}5\,\dfrac{kg}{m}$

Gutlast $m_{lG} = \dfrac{\dot{m}}{v} = \dfrac{41{,}7\,\dfrac{kg}{s}}{0{,}1\,\dfrac{m}{s}} = 417\,\dfrac{kg}{m}$

3. Nennleistung P_N nach Gl. (6.1.7)

$$P_N \mathrel{\hat=} P_V = \frac{F_U\, v}{\eta} = \frac{8{,}92\,kN\; 0{,}1\,\dfrac{m}{s}}{0{,}75} = 1{,}19\,kW \qquad \underline{\underline{P_N = 1{,}19\,kW}}$$

4. Beim Stauen stehen die nicht angetriebenen Rollen still: keine Reibung. Die Rollreibung entfällt: Stillstand des Fördergutes beim Stauen. Maßgebend für die Staudruckkraft F_S ist die Lagerreibung am Gleitlager durch die Gutlast.

$$F_S = \frac{1}{2} 5 \frac{1}{2} F_P \mu_G = \frac{1}{2} 5 \frac{1}{2} 4{,}9\,\text{kN} \cdot 0{,}2 = 1{,}22\,\text{kN} \qquad \underline{\underline{F_S = 1{,}22\,\text{kN}}}$$

- auf Gleitlager wirkt $\frac{1}{2} F_P$
- 5 Paletten gestaut
- nur jede zweite Tragrolle angetrieben

27 | Waagerechter Schneckenförderer für Bunkerabzug

Fördermenge $\dot{m} = 25\,\dfrac{\text{t}}{\text{h}}$, Schüttdichte $\rho_S = 0{,}85\,\dfrac{\text{t}}{\text{m}^3}$, Vollschnecke, Schneckendrehzahl $n = 80\,\text{min}^{-1}$, Verhältnis der Schneckensteigung zum Schneckendurchmesser im Förderteil der Schnecke $\dfrac{s}{D} = 0{,}8$.

Gesamtreibungszahl $\mu_{ges} = 3$, Schnecken (Förder-)Länge $L = 4\,\text{m}$. Füllungsgrad im Förderteil $\varphi = 0{,}4$. Im Abzugteil – unter dem Bunker – ist der Trog ganz gefüllt, Wirkungsgrad des Antriebes $\eta = 0{,}8$, Reibungszahl Fördergut/Schnecke $\mu = 0{,}25$.

Gesucht:
1. Schneckendurchmesser D und -steigung s im Förder- und Abzugteil bei konstantem Durchmesser D
2. Motornennleistung P_N
3. Axialkraft der Schneckenwelle F_a

Lösung:
1. Förderteil
   Schneckendurchmesser D nach Gl. (6.4.1)

$$\dot{V} = A\,s\,n\,c = \frac{\pi D^2}{4} \cdot 0{,}8\,D\,n\,\varphi\,c \,; \text{ hieraus } D = \sqrt[3]{\frac{4\dot{V}}{\pi\,0{,}8\,n\,\varphi\,c}}$$

$$D = \sqrt[3]{\frac{4 \cdot 0{,}00817\,\dfrac{\text{m}^3}{\text{s}}}{3{,}14 \cdot 0{,}8 \cdot 1{,}33\,\dfrac{1}{\text{s}} \cdot 0{,}4 \cdot 1}} = 0{,}29\,\text{m} \qquad \underline{\underline{D = 300\,\text{mm}}}$$

Volumenstrom $\dot{V}$ nach Gl. (6.1.3)

$$\dot{V} = \frac{\dot{m}}{\rho_S} = \frac{25\,\dfrac{\text{t}}{\text{h}}}{0{,}85\,\dfrac{\text{t}}{\text{m}^3}} = 29{,}4\,\frac{\text{m}^3}{\text{h}}\,; \quad \text{Vollschnecke: } \varphi = 1 \text{ (gewählt)}$$

Steigung $s = 0{,}8\,D = 0{,}8 \cdot 300\,\text{mm} = 240\,\text{mm}$ $\qquad \underline{\underline{s = 240\,\text{mm}}}$

Abzugteil
Schneckendurchmesser D siehe oben $\qquad \underline{\underline{D = 300\,\text{mm}}}$

Steigung s nach Gl. (6.4.1) bei einem Füllungsgrad $\varphi = 1$

$$\dot{V} = \frac{\pi D^2}{4} s\, n\, c \; ; \; \text{hieraus } s = \frac{4\dot{V}}{\pi D^2\, n\, \varphi\, c} = \frac{4 \cdot 0{,}008\,17\,\frac{m^3}{s}}{3{,}14 \cdot 0{,}3^2\, m^2\, 1{,}33\frac{1}{s} \cdot 1 \cdot 1} = 0{,}087\,m \qquad \underline{\underline{s = 87\,mm}}$$

2. Nennleistung P_N nach Gl. (6.1.7)

$$P_N = \frac{F_W\, v}{\eta} = \frac{2{,}55\,kN\; 0{,}319\,\frac{m}{s}}{0{,}8} = 1{,}02\,kW \qquad \underline{\underline{P_N = 1{,}02\,kW}}$$

Gesamtwiderstand F_W nach Gl. (6.4.2)

$$F_W = \mu_{ges}\, l\, g\, m_{lG} = 3 \cdot 4\,m\; 9{,}81\,\frac{m}{s^2}\; 21{,}7\,\frac{kg}{m} = 2550\,N$$

$$m_{lG} = \frac{\dot{m}}{v} = \frac{6{,}94\,\frac{kg}{s}}{0{,}319\,\frac{m}{s}} = 21{,}7\,\frac{kg}{m}\; ; \; v = s\, n = 0{,}24\,m\; 1{,}33\frac{1}{s} = 0{,}319\,\frac{m}{s} \; \text{(im Förderteil)}$$

3. Axialkraft der Schneckenwelle F_a nach Gl. (6.4.3)

$$F_a = \frac{M_t}{\frac{D_m}{2}\tan(\alpha + \rho)} = \frac{97{,}7\,Nm}{0{,}075\,m\, \tan 41°} = 1500\,N \qquad \underline{\underline{F_a = 1{,}50\,kN}}$$

Drehmoment $M_t = \eta\, \dfrac{P_N}{\omega} = 0{,}8\, \dfrac{1020\,\frac{Nm}{s}}{8{,}35\,\frac{1}{s}} = 97{,}7\,Nm$

Winkelgeschwindigkeit der Schneckenwelle $\omega = 2\,\pi\, n = 2 \cdot 3{,}14 \cdot 1{,}33\,\frac{1}{s} = 8{,}35\,\frac{1}{s}$

Mittlerer Durchmesser $D_m = \dfrac{D}{2} = 150\,mm$ (nur Förderteil berücksichtigt)

$\tan \rho \mathrel{\hat{=}} \mu = 0{,}25$; hieraus $\rho = 14°$

Mittlerer Steigungswinkel α: $\tan \alpha = \dfrac{s}{D_m\, \pi} = \dfrac{240\,mm}{150\,mm\; 3{,}14} = 0{,}509$; hieraus $\alpha = 27°$

28	Dosierschwingrinne mit Elektromagnetvibrator-Antrieb

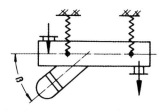

Fördermenge $\dot{m} = 50\,\dfrac{kg}{min}$, Schüttdichte $\rho_s = 0{,}75\,\dfrac{t}{m^3}$, Anstellwinkel $\beta = 25°$, Erregerfrequenz $f = 50\,Hz$, im unterkritischen Betriebsbereich mit $\dfrac{f}{f_0} = 0{,}9$ (f_0: Eigenfrequenz), Nutzamplitude $\hat{x}_N = 0{,}5\,mm$, Nutzmasse einschließlich Fördergutanteil $m_N = 50\,kg$, Gegenmasse des Vibrators $m_G = 10\,kg$, Förderrinne (Rohr) halb gefüllt, Gesamtreibungszahl $\mu_{ges} = 0{,}8$, Wirkungsgrad des Antriebes $\eta = 0{,}9$, Rinnenlänge $l = 4\,m$, Geschwindigkeitsbeiwert $c = 0{,}9$.

Gesucht:
1. Liegt Wurfbewegung vor? Fördergeschwindigkeit v
2. Rohrdurchmesser D, maximale Erregerkraft F
3. Federkonstante c der Speicherfedern (2 Federn), Amplitude der Gegenmasse $\hat{x}_G$
4. Nennleistung P_N des E-Magnetvibrators

Lösung:

1. Wurfkennwert Γ nach Gl. (6.4.4)

$$\Gamma = \frac{\hat{x}_N 4\pi^2 f^2 \sin\beta}{g} = \frac{0{,}0005\,m \cdot 4 \cdot 3{,}14^2 \cdot 50^2 \frac{1}{s^2} \sin 25°}{9{,}81 \frac{m}{s^2}} = 2{,}12 \qquad \underline{\underline{\Gamma = 2{,}12 > 1: \text{Wurfbewegung}}}$$

Fördergeschwindigkeit v nach Gl. (6.4.5)

$$v = \frac{g}{2} \frac{n^2}{f} \cot\beta\, c = \frac{9{,}81 \frac{m}{s^2}}{2} \frac{0{,}75^2}{50 \frac{1}{s}} \cot 25° \cdot 0{,}9 = 0{,}106 \frac{m}{s} \qquad \underline{\underline{v = 0{,}11 \frac{m}{s}}}$$

Zeitkennwert n nach Bild 6.4-8

2. Rohrquerschnitt A analog Gl. (6.1.1) unter Beachtung des Füllungsgrades $\varphi = 0{,}5$ (siehe Aufgabentext)

$$A = \frac{\dot{V}}{v\,\varphi} = \frac{0{,}00111 \frac{m^3}{s}}{0{,}11 \frac{m}{s} \cdot 0{,}5} = 0{,}020\,m^2$$

Volumenstrom $\dot{V}$ nach Gl. (6.1.3)

$$\dot{V} = \frac{\dot{m}}{\rho_s} = \frac{0{,}833 \frac{kg}{s}}{750 \frac{kg}{m^3}} = 0{,}00111 \frac{m^3}{s}$$

Rohrquerschnitt $A = \frac{\pi D^2}{4}$, hieraus $D = \sqrt{\frac{4A}{\pi}} = \sqrt{\frac{4 \cdot 0{,}02\,m^2}{3{,}14}} = 0{,}16\,m$ \qquad $\underline{\underline{D = 160\,mm}}$

Maximale Erregerkraft F nach Bild 6.4-7

$$F = m_N 4\pi^2 f^2 \hat{x}_N \frac{1 - \left(\frac{f}{f_0}\right)^2}{\left(\frac{f}{f_0}\right)^2} = 50\,kg \cdot 4 \cdot 3{,}14^2 \cdot 50^2 \frac{1}{s^2} \cdot 0{,}0005\,m \frac{1 - 0{,}9^2}{0{,}9^2} = 578\,N \qquad \underline{\underline{F = 578\,N}}$$

3. Federkonstante einer Speicherfeder c nach Bild 6.4-7

$$c = \frac{1}{2} \frac{f_0^2 4\pi^2 m_N m_G}{m_N + m_G} = \frac{1}{2} \frac{56^2 \frac{1}{s^2} \cdot 4 \cdot 3{,}14^2 \cdot 50\,kg \cdot 10\,kg}{60\,kg} = 515\,000 \frac{N}{m} \qquad \underline{\underline{c = 515 \frac{N}{mm}}}$$

„$\frac{1}{2}$": 2 Speicherfedern (siehe Aufgabentext)

Gegenmassenamplitude $\hat{x}_N$ nach Bild 6.4-7

$$\hat{x}_G = \hat{x}_N \frac{m_N}{m_G} = 0,5\,\text{mm}\frac{50\,\text{kg}}{10\,\text{kg}} = 2,5\,\text{mm} \qquad \underline{\hat{x}_G = 2,5\,\text{mm}}$$

4. Nennleistung P_N nach Gl. (6.1.7)

$$P_N = \frac{F_W v}{\eta} = \frac{238\,\text{N}\ 0,11\frac{\text{m}}{\text{s}}}{0,9} = 29,1\,\text{W} \qquad \underline{P_N = 30\,\text{W}}$$

Gesamtwiderstand F_W analog Gl. (6.4.2)

$$F_W = \mu_{ges}\,l\,g\,m_{lG} = 0,8 \cdot 4\,\text{m}\ 9,81\frac{\text{m}}{\text{s}^2}\,7,57\frac{\text{kg}}{\text{m}} = 238\,\text{N} \qquad \underline{F_W = 238\,\text{N}}$$

$$m_{lG} = \frac{\dot{m}}{v} = \frac{0,833\frac{\text{kg}}{\text{s}}}{0,11\frac{\text{m}}{\text{s}}} = 7,57\frac{\text{kg}}{\text{m}}$$

6.5 Schwerkraftförderer

Als antreibende Kraft auf das Fördergut wirkt bei diesen Förderern ausschließlich die Schwerkraft. Das Fördergut gleitet oder rollt entweder auf einer geneigten Förderstrecke abwärts (*Rutschen und Rollenbahnen*) oder es fällt senkrecht im freien Fall (*Fallrohre*). Der beim Abwärtsgleiten oder Rollen auftretende Reibungswiderstand – der Gleit- bzw. Rollreibungswiderstand – muss durch die auf das Fördergut wirkende Schwerkraft überwunden werden.

Schwerkraftförderer sind wegen ihres einfachen Aufbaus besonders wartungsarm und preiswert. Sie sind jedoch nur dort einsetzbar, wo keine exakt definierte Fördergeschwindigkeit eingehalten werden muss, da diese – abgesehen vom freien Fall – immer von den aktuellen Reibungsverhältnissen zwischen Fördergut und Gleit- bzw. Rollenbahn abhängt. Reibungsverhältnisse können sich im Laufe des Betriebes in gewissen Grenzen ändern, z.B. infolge Verschmutzung, Verschleiß, aber auch durch schwankende Guteigenschaften, die die Reibungsverhältnisse beeinflussen (z.B. infolge sich ändernder Luftfeuchtigkeit bei Stückgütern mit Auflageflächen aus Karton).

So dienen Schwerkraftförderer hauptsächlich als Verkettungselemente zwischen angetriebenen Stetigförderern, als Beschickungsförderer und zur abwärts geneigten, steilen oder senkrechten Abwärtsförderung von Schütt- und Stückgütern.

6.5.1 Rutschen und Fallrohre

Rutschen. Auf einer geneigten offenen oder geschlossenen Rinne (Rutsche) gleitet das Fördergut abwärts. Der Neigungswinkel δ der Rutsche muss größer als der Reibungswinkel der Ruhe ρ_0 zwischen Fördergut und Rutsche sein, damit das Gut an jeder Stelle der Rutsche von selbst losrutscht und auch nicht von selbst zum Stillstand kommt.

Rutschen werden als *Einweg-*, *Mehrweg-* und *Teleskoprutschen* in gerader oder gekrümmter Ausführung hergestellt.

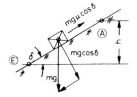

Fördergut	δ in °
Säcke	25 ... 30
Kohle	20 ... 30
Getreide	30 ... 35
Erz. Kies	40 ... 50
Pulverförm. Stoffe	60 ... 80

Kräfteverhältnisse bei der geraden Rutsche

Richtwerte für Neigungswinkel δ gerader Rutschen für ausgewählte Fördergüter

Wendelrutsche

Bild 6.5-1 Rutschen

Gerade Rutschen. Die meist aus Holz oder Stahlblech gefertigten geraden Rutschen erhalten, je nach Fördergut, Neigungswinkel δ von 20 ... 80° (Richtwerte siehe Bild 6.5-1). Die Gleitbahnen der Rutschen werden häufig mit Belägen aus Kunststoffen versehen, die den Verschleiß und die Reibung verringern.

Die Gutbewegung auf der Rutsche entspricht dem Prinzip der schiefen Ebene. An einem herab rutschenden Stückgut greifen die in Bild 6.5-1 dargestellten Kräfte an. Mit dem Energieansatz lassen sich die Bewegungsverhältnisse zwischen den Punkten A und E (Anfangs- und Endpunkt) wie folgt bestimmen, wobei die linke Seite dieses Ansatzes die potentielle Energie, die rechte Seite die Reibungs- und die kinetische Energie enthält:

$$\boxed{m\,g\,h = m\,g\,\mu \cos\delta \frac{h}{\sin\delta} + \frac{m}{2}(v_E^2 - v_A^2)} \qquad \textit{Energieansatz} \qquad (6.5.1)$$

δ   Neigungswinkel der Rutsche
μ   Reibungszahl der Bewegung zwischen Fördergut und Rutsche
g   Fallbeschleunigung
h   Höhenunterschied zwischen Gutauf- und -abgabestelle
v_A, v_E Anfangs-, Endgeschwindigkeit

Förderlänge $l = \dfrac{h}{\sin\delta}$ muss nicht explizit angegeben werden, da diese mit h und δ festliegt.

Aus Gl. (6.5.1) lassen sich die folgenden Gln. (6.5.2) bis (6.5.4) ableiten, die Berechnungen mit unterschiedlichen Zielen ermöglichen.

$$\boxed{\tan\delta = \frac{\mu}{1 - \dfrac{v_E^2 - v_A^2}{2\,g\,h}}} \qquad \textit{Tangens des Neigungswinkels} \qquad (6.5.2)$$

$$\boxed{v_E = \sqrt{2\,g\,h\,(1 - \mu \cot\delta)}} \qquad \begin{array}{l}\textit{Endgeschwindigkeit}\\ \textit{bei Anfangsgeschwindigkeit = 0}\end{array} \qquad (6.5.3)$$

$$\boxed{\tan\delta = \mu} \qquad \textit{Bedingung für konstante Geschwindigkeit} \qquad (6.5.4)$$

So kann mit Gl. (6.5.2) für bestimmte Fördergeschwindigkeiten der erforderliche Neigungswinkel bestimmt werden, wenn die Reibungsverhältnisse (Reibungszahl zwischen Gut und Rutschbahn) gegeben sind. Mit Gl. (6.5.3) ist die Endgeschwindigkeit berechenbar; Gl. (6.5.4) ist die Bedingung dafür, dass sich das Gut mit konstanter Fördergeschwindigkeit bewegt.

Auf Rutschen sollten Fördergeschwindigkeiten von 0,3 ... 1,5 $\frac{m}{s}$ angestrebt werden.

Zur praktischen Anwendung der mit den Gln. (6.5.1) bis (6.5.4) erzielbaren Ergebnisse sei bemerkt: den Gleichungen liegt die idealisierte Bedingung einer konstanten Reibungszahl zu Grunde. Da die Reibungsverhältnisse im Betrieb gewissen Schwankungen unterliegen (siehe einleitende Hinweise vor diesem Abschnitt), sind die vorausberechneten Fördergeschwindigkeiten immer mit einem gewissen Toleranzfeld behaftet.

Wendelrutschen. Wendelrutschen besitzen im Gegensatz zu den geraden Rutschen eine schraubenförmige Gleitbahn, wodurch auf das Fördergut außer den Schwer- und Reibungskräften noch Fliehkräfte wirken, welche wiederum die Reibungskräfte erhöhen.

Bei voll ausgebildeter Wendel (Vollwendel; mindestens eine ganze Steigung der Schraubenlinie bzw. mindestens eine Gutumlenkung in der Horizontalen von 360°, Bild 6.5-1) dienen die Wendelrutschen zur senkrechten Abwärtsförderung. Ist nur eine Umlenkung des Förderstromes < 360° in der Horizontalen gefordert, genügt ein Wendelsegment.

Auch hier können der Neigungswinkel δ und die Endgeschwindigkeit v_E in erster Näherung nach den Gln. (6.5.1) bis (6.5.4) berechnet werden, wobei der Neigungswinkel δ auf den mittleren Rutschendurchmesser zu beziehen ist. Der mit diesem relativ einfachen Energieansatz zu berechnende v_E-Wert wird im praktischen Betrieb infolge der Fliehkräfte und der dadurch erhöhten Reibungsverluste nicht ganz erreicht werden, so dass von vornherein mit gewissen Zuschlägen bei den entscheidenden Bewegungsgrößen (Reibungszahl, Neigungswinkel, Höhendifferenz) gegenüber der geraden Rutsche gerechnet werden sollte. Ansonsten kann hier an Stelle eines komplizierteren, räumlichen Berechnungsmodells, das die Fliehkraft einbeziehen müsste, das praxisnahe Experiment zur Festlegung der erforderlichen Parameter treten.

Fördergeschwindigkeit v und Neigungswinkel δ siehe unter *Gerade Rutschen*
Rutschenbreite 0,3... 1,0m
Fördermenge bis 500 $\frac{t}{h}$ bei frei fließenden Schüttgütern (z.B. Getreide)

Fallrohre. Sie dienen zur senkrechten Abwärtsförderung von unempfindlichen Schüttgütern auf Lagerplätzen, in Schiffen usw. Neben einzeln einsetzbaren Fallrohren, die auch geneigt zu betreiben sind (analog Rutsche), kommen komplette *Fallrohrsysteme* zum Einsatz.

Fallrohrsysteme Systemlösungen, die meist branchenspezifisch konzipiert und eingesetzt werden, z.B. in Getreidespeichern und Mühlenbetrieben. Derartige Systeme weisen bestimmte Merkmale auf, wie:

– Nach dem Baukastenprinzip konzipierte Förderelemente zum raumflexiblen Aufbau kompletter Lösungen (verketteter fördertechnischer und technologischer Ausrüstungen)

– neben geraden Rohren zur senkrechten oder geneigten Geradeausförderung kommen Rohrbögen zur Richtungsänderung, Rohrweichen zum Verzeigen und Sammeln von Gutströmen u. a. Elemente zum Einsatz

– aus Gründen rationeller Fertigung und hinsichtlich der Einsatzbedingungen (Fördergut usw.) werden die Systeme in bestimmten Typenreihen hergestellt, so in leichter und schwerer Ausführung; in Standard-Durchmessern, z.B. 100, 160, 200mm mit jeweils zugehörigen Rohrbögen im Winkel 30, 45, 60° usw.

– an Stellen erhöhter Beanspruchung (Gutumlenkung) wird das ansonsten relativ dünnwandige Rohrsystem (Wanddicke oft 1,5... 3mm bei Stahlblech ausreichend) durch größere Wanddicken oder verschleißfestere, auch auswechselbare Einsätze (Prallplatten) verstärkt.

Berechnung

Fördermenge Bei Schüttgütern ist der Volumenstrom $\dot{V}$ und der Massenstrom $\dot{m}$ nach den Gln. (6.1.1) und (6.1.3), bei Stückgütern der Massenstrom $\dot{m}$ und der Stückstrom $\dot{m}_{St}$ nach den Gln. (6.1.4) und (6.1.5) zu berechnen. Fördergeschwindigkeit v und Neigungswinkel δ ergeben sich angenähert aus den Gln. (6.5.2) bis (6.5.4), je nach vorliegenden Bedingungen und Zielen.

Antriebsleistung Rutschen und Fallrohre benötigen keinen eigenen Antrieb, da ausschließlich die Schwerkraft auf das Fördergut als antreibende Kraft wirkt.

6.5.2 Rollenbahnen (Schwerkraftrollenbahnen)

Aufbau und Anwendung. Die Rollenbahnen entsprechen in Aufbau und Anforderungen an das Fördergut den Rollenförderern, besonders den *Leichten Rollenförderern* (siehe Abschnitt 6.4.1.1), nur dass die Rollenbahnen keine angetriebenen Rollen benötigen, da es sich hier um Schwerkraftförderer, d.h. ausschließliche Abwärtsförderung handelt. Rollenbahnen haben Tragrollen, deren Achsen fest in Längsträger (-holme) eingelegt sind.

Sie eignen sich zur Förderung von Stückgütern mit ebenen, stabilen und hinreichend großen Auflageflächen (Anforderungen an Fördergut, Rollenteilung usw. siehe Vorspann unter Abschnitt 6.4.1).

Durch den Einsatz von Kurven, Weichen usw. können vielfältige und auch komplizierte Förderaufgaben bewältigt werden; kurze angetriebene Zwischenförderer dienen zur Wiederanhebung des Fördergutes, siehe Bild 6.5-3.

6.5 Schwerkraftförderer

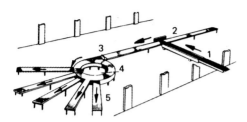

1 Teleskop-Bandförderer (Zubringer)
2 Sammelförderer (Rollenbahn)
3 Sperre
4 Sortierkreis (kreisförmiger Rollenförderer)
5 Stichbahn als Staustrecke (Rollenbahn)

Sortieranlage für Stückgut

1 Rollenbahn (Zubringer), Fördergutaufgabe von Hand
2 Stauförderer zur Auftragszusammenstellung
3 Sperre
4 Abzugförderer als Rollenförderer zur Verladung

Kommissionieranlage für Stückgut

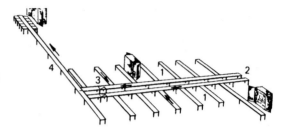

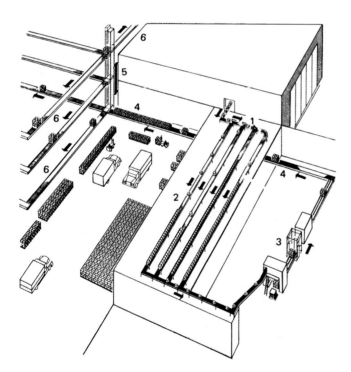

1 Rollenbahn (Zubringer) mit automatischer Sortieranlage der Kisten
2 Speicherstrecken (Rollenbahnen) für Kisten mit automatischer Abgabe, je nach Auftrag
3 Palettierautomat mit Schrumpffolienumhüllung
4 Abzugförderer (Rollenförderer)
5 Etagenförderer
6 Schwerkraft- und angetriebene Rollenbahnen zum Weitertransport der Paletten zum Lager

Kisten- und Palettenförderanlage

Bild 6.5-2 Anordnung von Rollenförderern und Rollenbahnen (DEMAG)

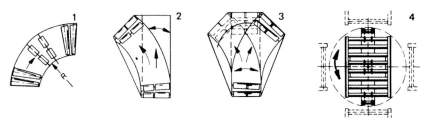

1 Kurve mit kegeligen oder kurzen zylindrischen Tragrollen, 2 Weiche, links 45°, 3 3-Wegeweiche, 4 Drehweiche (Drehtisch),

Kurven und Weichen für Rollenbahnen und Rollenförderer

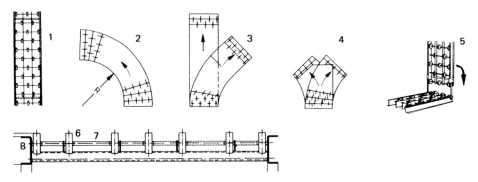

1 Gerades Bahnstück, 2 Bogenstück, 3 Weiche, rechts 45°, 4 Y-Weiche, 5 Durchgangsstück (auch als Klappweiche), 6 Rolle, 7 Rollenachse, 8 Seitenwange mit Traversen verbunden (Tragkonstruktion)

Ausschleusen bei Weichen (3 bzw. 4) durch Anheben der in Kurvenrichtung stehenden Röllchen

Röllchenbahnen – Bahn, Kurven und Weichen

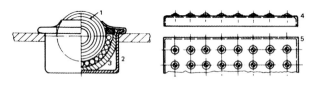

1 Tragkugel
2 Gehäuse
3 Kugelschale mit kleinen Gegenkugeln
4 Kugeltisch (Schnitt)
5 Kugeltisch (Draufsicht)

Kugelbahn (Kugeltisch)

Tischfläche als gekantete Stahlplatte

Bild 6.5-3 Rollenbahnen, Röllchenbahnen, Kugelbahn

Bei längeren Förderstrecken werden zur Begrenzung der Fördergeschwindigkeit *Bremsrollen* in die Förderstrecke eingebaut, deren Bremsmoment von in den Rollen eingebauten Fliehkraftreibungsbremsen erzeugt wird.

Tragrollendurchmesser 50 ... 160mm

Rollenbreite 100 ... 1600mm

Traglast einer Rolle bis 2,5t

Neigungswinkel der Förderstrecke 1 ... 4° je nach Fördergut; meist über höhenverstellbare Abstützungen einstellbar.

6.5 Schwerkraftförderer

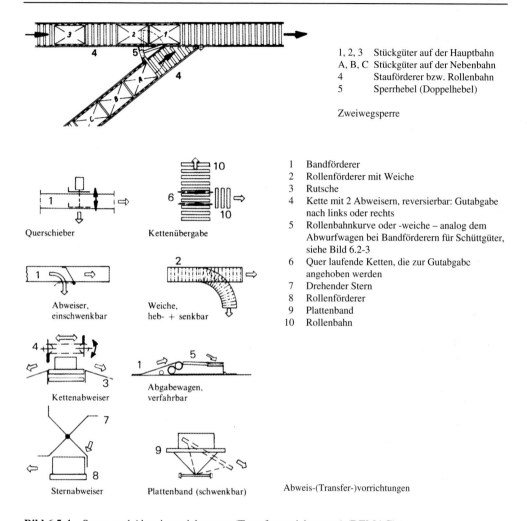

Bild 6.5-4 Sperr- und Abweisvorrichtungen (Transfervorrichtungen) (DEMAG)

Sonderausführungen. Zur Erweiterung des Einsatzgebietes der Rollenbahnen wurde eine Vielzahl von Sonderausführungen entwickelt.

Rollbahnen Hierbei handelt es sich um in Förderrichtung geneigt verlegte Profile, Rohre usw., auf denen sich Roll- Stückgut (z.B. Fässer) vorwärts bewegt.

Rollenschienen Rollenschienen bestehen aus geneigt verlegten Profilen mit schmalen Einzelrollen. Sie sind besonders für breites Stückgut, das nur an den äußeren Randflächen aufliegt (z.B. Paletten), geeignet.

Kurven Die Kurven dienen zur horizontalen Umlenkung der Förderstrecken.

Weichen Für die horizontale Ablenkung des Fördergutes sind *Dreh- oder Schiebeweichen*, für die vertikale Ablenkung *Klappweichen* gebräuchlich (Bild 6.5-3).

Röllchenbahnen An Stelle der Tragrollen hat die Röllchenbahn schmale Röllchen aus Stahl, Leichtmetall oder Kunststoff. Jeweils mehrere Röllchen befinden sich – in Wälzlagern leicht drehbar gelagert – auf einer gemeinsamen Achse, die in den Längsträgern eingehängt ist. Längs- und Querabstand der Röllchen können in gewissen Grenzen der Fördergut-Auflagefläche angepasst werden (Bild 6.5-3).

Kugelbahnen (Kugeltische) Eine Kugelbahn besitzt als Tragorgan drehbare Stahl- oder Kunststoffkugeln (Bild 6.5-3), welche über kleine Stahlkugeln oder auch gleitend gelagert sind.

Die Kugelbahnen ermöglichen eine beliebige Änderung der Förderrichtung, die nur einen geringen Kraftaufwand erfordert.

Kugelbahnen eignen sich besonders als Beschickungsanlagen für Maschinen; z.B. für die Zuführung großer Blechstücke an Pressen.

Sperrvorrichtungen Zum Anhalten des Gutstromes oder einzelner Stückgüter sind unterschiedlichste Sperrvorrichtungen in Gebrauch: Einfachste Sperrvorrichtungen sind zwischen den Tragrollen angebrachte Anschläge, die zum Anhalten des Gutes angehoben und zum Wiederfreigeben abgesenkt werden. Es kommen auch horizontal ein- und ausschwenkbare Sperren zum Einsatz. Sperrvorrichtungen werden bei Sortier-, Prüf- und Zuteilarbeiten, aber auch bei Zusammenführungen von Gutströmen (z.B. Zweiwegsperre in Bild 6.5-4) verwendet. Je nach Automatisierungsgrad der Anlage werden die Sperrvorrichtungen manuell oder automatisch (z.B. elektromagnetisch oder pneumatisch) betätigt.

Abweisvorrichtungen (Transfervorrichtungen) Es ist eine Vielzahl von Abweisvorrichtungen (Ausschleuser) für Stückgut bekannt, die besonders im Zusammenhang mit Band- und Rollenförderern sowie Rollen- und Röllchenbahnen eingesetzt werden. Sie ermöglichen wie die Weichen die Ablenkung des Fördergutes in horizontaler Richtung und werden vor allem für Sortier- und Zuteilaufgaben beim Stückguttransport verwendet (Bild 6.5-4).

Berechnung

Fördermenge Massenstrom $\dot{m}$ und Stückstrom $\dot{m}_{St}$ werden nach den Gln. (6.1.4) und (6.1.5) berechnet. Die Fördergeschwindigkeit v entspricht der Umfangsgeschwindigkeit der Tragrollen, Röllchen bzw. Kugeln.

Der Neigungswinkel δ und die Endgeschwindigkeit v_E kann analog den Rutschen, siehe Abschnitt 6.5.1, berechnet werden.

$$mgh = \frac{mg\cos\delta}{\frac{D}{2}}\frac{f}{\frac{\sin\delta}{l}} + \frac{(m+z_G m_R)g\cos\delta}{\frac{D}{2}}\mu\frac{d}{2}\frac{h}{\frac{\sin\delta}{l}} + 2\frac{m_R}{2}(v_E^2 - v_A^2)z \qquad (6.5.5)$$

| Potentielle Energie | Rollreibungs- Energie | Lagerreibungs- Energie | | Beschleunigungs- Energie aller Tragrollen |

m	Masse eines Gutstückes		m_R	Masse des drehenden Tragrollenteiles
g	Fallbeschleunigung		μ	Lagerreibungszahl (μ = 0,002 ...0,01 für Wälzlager)
h	Höhendifferenz Gutauf-, -abgabe			
δ	Neigungswinkel der Bahn		v_E	Endgeschwindigkeit
f	Hebelarm der roll. Reibung (f ≈ 1mm bei fester Auflage)		v_A	Anfangsgeschwindigkeit
			„2"	Nur ca 50 % der Beschleunigungsenergie für die Tragrollen ist nutzbar
D	Tragrollendurchmesser			
d	Lagerzapfendurchmesser		z	Tragrollenzahl über die gesamte Förderlänge l
z_G	Tragrollenzahl, auf der ein Gutstück aufliegt			

6.5 Schwerkraftförderer

Hieraus ergeben sich δ und v_E bei Vernachlässigung der Lagerreibung:

$$\tan\delta = \frac{mgfh}{\frac{D}{2}(mgh - m_R(v_E^2 - v_A^2)z)} \qquad \text{Tangens des Neigungswinkels } \delta \qquad (6.5.6)$$

$$v_E = \sqrt{\frac{mgh\left(1 - \dfrac{f}{\dfrac{D}{2}\tan\delta}\right)}{m_R z} + v_A^2} \qquad \text{Endgeschwindigkeit } v_E \qquad (6.5.7)$$

Antriebsleistung Rollenbahnen benötigen keinen eigenen Antrieb, da ausschließlich die Schwerkraft auf das Fördergut als antreibende Kraft wirkt.

6.5.3 Beispiel

| 29 | **Wendelrutsche mit anschließender Rollenbahn** |

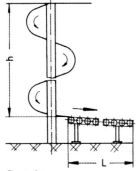

Fördergut: Pakete, Masse m = 50kg

Abmessungen: Länge L_P × Breite B_P × Höhe H_P = 0,8 × 0,4 × 0,5m, Pakete rutschen in Längsrichtung

Rutsche: Reibungszahl Paket/Rutsche μ = 0,25, h = 8m, mittlerer Rutschendurchmesser D_m = 1,25m, Anfangsgeschwindigkeit v_A = 0, maximale Endgeschwindigkeit $v_E = 0{,}3\dfrac{m}{s}$

Rollenbahn: Tragrollenaußendurchmesser D =108mm, Rollenteilung t = 250mm, Hebelarm der rollenden Reibung f = 0,3cm, Masse des drehenden Rollenteiles m_R = 10kg, Förderlänge L = 15m, Pakete sollen lückenlos die Rollenbahn verlassen

Gesucht:

1. Maximal mögliche Fördermenge $\dot{m}$ bzw. $\dot{m}_{St}$ auf der Rutsche
2. Mittlerer Neigungswinkel δ_W der Wendelrutsche
3. Maximale Belastung m_R und Drehzahl n_R einer Tragrolle
4. Neigungswinkel δ_R der Rollenbahn (Anfangsgeschwindigkeit soll gleich Endgeschwindigkeit sein)

Lösung:

1. Fördermenge $\dot{m}$ und $\dot{m}_{St}$ nach Gln. (6.1.4) und (6.1.5)

$$\dot{m} = \frac{m}{l_a}v = \frac{50\,kg}{0{,}8\,m}0{,}3\frac{m}{s} = 18{,}7\frac{kg}{s} \qquad\qquad \underline{\underline{\dot{m} = 67{,}3\frac{t}{h}}}$$

Paketabstand $l_a = L_P$ (Pakete lückenlos hintereinander)

$v = v_E$

$$\dot{m}_{St} = \frac{v}{l_a} = \frac{0.3\,\frac{m}{s}}{0.8\,m} = 0.375\,\frac{1}{s} \qquad\qquad \underline{\underline{\dot{m}_{St} = 1350\,\frac{1}{h}}}$$

2. Tangens des mittleren Neigungswinkels δ_W analog Gerade Rutsche, nach Gl. (6.5.2)

$$\tan\delta_W = \frac{\mu}{1-\frac{v_E^2}{2gh}} = \frac{0.25}{1-\frac{0.3^2\,\frac{m^2}{s^2}}{2\cdot 9.81\,\frac{m}{s^2}\,8\,m}} = 0.25 \qquad\qquad \underline{\underline{\delta_W = 14°}}$$

3. Maximale Tragrollenbelastung $m_R = \dfrac{m}{z_G} = \dfrac{50\,kg}{3.2} = 15.6\,kg$ \qquad $\underline{\underline{m_R = 15.6\,kg}}$

Tragrollenzahl, auf der ein Paket aufliegt $z_G = \dfrac{L_p}{t} = \dfrac{0.8\,m}{0.25\,m} = 3.2$

Maximale Rollendrehzahl $n_R = \dfrac{v_E}{D\pi} = \dfrac{0.3\,\frac{m}{s}}{0.108\,m\,\cdot 3.14} = 0.885\,s^{-1}$ \qquad $\underline{\underline{n_R = 53.1\,\frac{1}{min}}}$

4. Neigungswinkel δ_R nach Gl. (6.5.6) und unter Beachtung folgender Werte: Höhendifferenz $h = L\tan\delta_R$ und Tragrollenzahl über Förderstrecke $z = \dfrac{L}{t} = \dfrac{15\,m}{0.25\,m} = 60$

$$\tan\delta_R = \frac{mgfh}{\dfrac{D}{2}(mgh - m_R v_E^2 z)},\ \text{hieraus ergibt sich}$$

$$\tan\delta_R = \frac{mgfL + \dfrac{D}{2} m_R v_E^2 z}{\dfrac{D}{2} mgL}$$

$$\tan\delta_R = \frac{50\,kg\,\cdot 9.81\,\frac{m}{s^2}\,0.003\,m\,\cdot 15\,m + 0.054\,m\,\cdot 10\,kg\,\cdot 0.3^2\,\frac{m^2}{s^2}\,60}{0.054\,m\,\cdot 50\,kg\,\cdot 9.81\,\frac{m}{s^2}\,15\,m} = 0.0629 \qquad \underline{\underline{\delta_R = 3.6°}}$$

6.6 Strömungsförderer

Strömungsförderer transportieren Schüttgüter mit Hilfe von strömenden Gasen oder Flüssigkeiten in geschlossenen Rohrleitungen; bei Flüssigkeiten kommen auch offene Rinnen zur Anwendung. Das Fördergut bildet mit dem Gas bzw. der Flüssigkeit ein Gemisch, das in Bezug auf seine Beweglichkeit andere Eigenschaften aufweist als die ursprünglichen Medien.

6.6.1 Pneumatische Förderer

Als Tragmittel für das Fördergut werden in geschlossenen Rohren strömende Gase – meist Luft – verwendet. Die in die Strömung eingeschleusten Feststoffteilchen werden infolge des Strömungswiderstandes von der Luft erfasst, beschleunigt und durch die Rohrleitung mitgeführt. Die Mitführung der Gutteilchen erfolgt allgemein nur dann, wenn die Strömungsge-

6.6 Strömungsförderer

schwindigkeit der Luft größer als die Sinkgeschwindigkeit der Feststoffteilchen ist. Wegen der Verstopfungsgefahr darf die Luftgeschwindigkeit einen bestimmten Grenzwert nicht unterschreiten. Je nach der Gutkonzentration im Luftstrom, die durch das Mischungsverhältnis μ gekennzeichnet wird, sind grundsätzlich die folgenden Förderarten zu unterscheiden:

Flugförderung Für die Flugförderung werden niedrige bis mittlere Mischungsverhältnisse (Verhältnis der Fördermenge Gut zu Gas, siehe unter *Berechnung*) $\mu = 10 \dots 30\ (50)$ gewählt. Die Luftgeschwindigkeit v_L ist größer als die Gutgeschwindigkeit $\left(v_L = 15\dots30\,\dfrac{m}{s}\right)$. Die Rohrleitung ist nur lose mit dem Fördergut gefüllt.

Die Flugförderung ist für pulverförmige, körnige bis kleinstückige, nicht backende Schüttgüter mit nicht allzu hoher Schüttdichte geeignet. Durch die hohen Luft- und Gutgeschwindigkeiten besteht die Gefahr der Gutbeschädigung (Kornbrüche und Abrieb).

Auch die heutigen Entstaubungsanlagen basieren weitgehend auf der Flugförderung.

Schub- und Fließförderung Diese Förderart ist durch eine hohe Gutkonzentration (Mischungsverhältnis $\mu > 100$) und niedrige Luftgeschwindigkeit $\left(v_L = 0{,}5 \dots 5\,\dfrac{m}{s}\right)$ gekennzeichnet; sie entspricht etwa der Gutgeschwindigkeit. Dadurch bleiben die die Rohrleitung dicht füllenden Gutteilchen während des Fördervorgangs untereinander weitgehend in Ruhe, wodurch sich ein schonender Guttransport ergibt.

Die Schub- und Fließförderung ist für feuchte, staubförmige bis körnige, auch backende oder breiige Fördergüter geeignet. Schubförderung wird vor allem in der chemischen Industrie zum Transport innerhalb von Bearbeitungsprozessen verwendet. Wegen des hohen Druckabfalles in der Leitung kommen nur kurze Förderstrecken bei möglichst geradliniger Streckenführung in Frage.

Die pneumatische Förderung (Flugförderung) weist gegenüber den übrigen Stetigförderern folgende Vor- und Nachteile auf:

Vorteile:
– Einfacher Aufbau und geringer Platzbedarf (Förderstrang $\triangleq$ Rohrleitung)
– staubdichte Förderung
– räumliche Streckenführung und Gutstromverzweigung möglich (Krümmer, Weichen)
– geringe Anlagen- und Wartungskosten (in der Förderstrecke keine bewegten Teile)
– Eignung auch für heiße Fördergüter.

Nachteile:
– Hoher Verschleiß und hohe Antriebsleistung
– hohe Gutbeanspruchung bei Flugförderung
– Verstopfungsgefahr (besonders in horizontalen Streckenabschnitten)
– Lärmemission
– Eignung nur für bestimmte Fördergüter.

Bauarten. Die beiden wichtigsten Bauarten sind Saug- und Druckluftförderanlagen, die auch miteinander kombiniert werden können (Bild 6.6-1). Zur Aufgabe des Fördergutes sind verschiedene Einschleuseinrichtungen bekannt: Saugdüse, Injektor, Wirbelschichtschleuse, Zellenradschleuse, Schneckenpumpe u.a.

Saugluftförderanlagen Bei Förderern dieser Art befindet sich der Luftverdichter am Ende der Anlage. Das von der Saugdüse aufgenommene Fördergut wird über die Förderleitung in den Abscheider gesaugt und dort von dem Luftstrom getrennt. Um die vom Verdichter ins Freie abgegebene Luft restlos von Staubteilchen zu befreien, ist zusätzlich hinter dem Abscheider ein Filter erforderlich. Die Ausschleusung des Fördergutes aus dem Abscheider, welcher wie die gesamte Anlage unter Unterdruck steht, geschieht meist über ein Zellenrad.

Sauganlagen zeichnen sich besonders durch vollkommene Staubfreiheit sowie einfache Gutaufnahme aus, welche an mehreren Stellen gleichzeitig erfolgen kann; das Gut wird meist an einer gemeinsamen Abgabestelle abgegeben. Sauganlagen sind wegen des begrenzten Druckes nur für kleinere Förderlängen und leichtere, gut fließende Fördergüter wie Getreide, Sägespäne, Spreu, Kohlenstaub usw. geeignet.

Fördermenge bis 100 (500) $\frac{t}{h}$

Förderlänge bis 200 (500)m, große Längen bei waagerechten Leitungen
Förderhöhe bis 30m
Unterdruck maximal 0,5bar
Korngröße des Fördergutes maximal 20mm

Druckluftförderanlagen Diese Anlagen arbeiten mit höherem Druck. Der Luftverdichter befindet sich hier am Anfang der gesamten Anlage. Das über die Aufgabeeinrichtung (z.B. ein Zellenrad) in die Rohrleitung eingegebene Fördergut wird unter Überdruck zu dem Abscheider geführt. Häufig wird die Förderluft nach dem Abscheiden nicht ins Freie gegeben, sondern wieder dem Gebläse zugeführt (*Umluftanlagen*); Filteranlagen sind dann nicht mehr erforderlich.

Druckanlagen ermöglichen die Verbindung einer Aufgabestelle mit mehreren Abgabestellen; sie sind wegen des hohen Druckes auch für größere Förderlängen und schwerere Fördergüter wie Zement, Kalk, Phosphate, fein- bis kleinstückige Kohle, Erze, Sand usw. geeignet.

Fördermenge bis 100 (500) $\frac{t}{h}$

Förderlänge bis 500 (2000)m; große Längen bei waagerechten Leitungen
Förderhöhe bis 100m
Förderdruck maximal 4 (10)bar
Korngröße des Fördergutes maximal 60mm

Saug- und Druckluftförderanlagen Diese Kombination vereint die Vorteile der Saug- und der Druckanlagen. Allerdings ist der Bauaufwand recht groß. Die Wirkungsweise geht aus Bild 6.6-1 hervor.

Bauteile. Im Anschluss werden einige Hinweise über die wichtigsten Bauteile gegeben.

Gutaufgabe Sie erfolgt bei Sauganlagen durch die *Saugdüse*, die über flexible Zwischenstücke an der Rohrleitung befestigt ist und meist an einem wippbaren Kranausleger hängt.

Für Druckanlagen werden zur Gutaufgabe *Aufgabetrichter*, *Zellenräder* oder *Schnecken* eingesetzt. Der Aufgabetrichter ist nur für geringe Drücke verwendbar. Zellenradschleusen ermöglichen die Gutaufgabe bei mittleren Drücken, p bis 2bar, Schnecken bei hohen Drücken, p bis 4 (10)bar.

6.6 Strömungsförderer

Förderleitungen Die Förderleitungen (Rohre) werden je nach der Art des Fördergutes aus Stahl, Kunststoff, Glas usw. hergestellt und haben Durchmesser von 50 ... 400mm. Bei der Auslegung der Krümmer ist besonders auf den dort auftretenden hohen Verschleiß zu achten; Krümmer müssen deshalb leicht austauschbar sein oder mit Verstärkungen bzw. verschleißfesten Auskleidungen versehen werden.

Leitungsschalter Sie dienen zur Absperrung oder Verzweigung der Förderleitungen (z.B. Schieber oder Weichen).

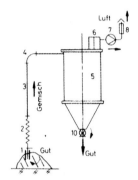 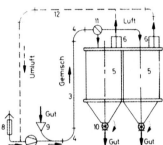

Saugluftförderanlage   Druckluftförderanlage   Saug- und Druckluftförderanlage

1 Saugdüse
2 Beweglicher Leitungsteil (z.B. Spiralschlauch)
3 Förderleitung (Rohr)
4 Krümmer
5 Abscheider und Silo
6 Filter
7 Verdichter
8 Schalldämpfer
9 Aufgabetrichter
10 Zellenradschleuse
11 Weiche
12 Umluftleitung (bei geschlossenen Anlagen)
13 Abscheider
14 Zellenradschleuse zur Gutaufgabe

Bild 6.6-1 Pneumatische Förderanlagen

Abscheider Die Abscheider ermöglichen das Trennen des Fördergutes von der Förderluft. Es erfolgt durch starke Minderung der Luftgeschwindigkeit, durch Ablenkung des fördernden Luftstromes und durch Flieh- und Schwerkrafteinwirkung. Die Abscheidequote liegt bei etwa 95 ... 98% des Fördergutes.

Die Restgutabscheidung geschieht mit Hilfe von Filtern. Als Filter sind vor allem Trocken- und Elektrofilter gebräuchlich.

Verdichter Die Art des Luftverdichters richtet sich nach dem erforderlichen Druck der Anlage.

Gebläse: Einfache Gebläse erreichen Druckdifferenzen bis ca. 0,2bar. Sie kommen bei Niederdruckanlagen, vor allem bei Saugluftförderanlagen in Frage.

Zellenverdichter: Die Zellenverdichter ermöglichen Druckdifferenzen von 0,2... 1 (2)bar. Sie eignen sich daher für Mitteldruckanlagen (sowohl bei Saug- als auch bei Druckluftförderanlagen).

Kolbenverdichter: Mit Kolbenverdichtern werden Druckdifferenzen von 2,0... 6,0 (10)bar möglich. Sie sind ausschließlich bei Hochdruckanlagen in Gebrauch. Zur Geräuschdämpfung werden häufig am Ansaugstutzen (bei Druckanlagen) bzw. am Austrittstutzen (bei Sauganlagen) der Verdichter Schalldämpfer angebracht (Bild 6.6-1).

Berechnung

Die Berechnung von pneumatischen Förderanlagen stellt ein sehr komplexes Problem dar. Ausgangsdaten der Berechnung sind: Fördermenge, Förderweg, Förderguteigenschaften. Ziel der Berechnung ist die Ermittlung folgender Daten:
- Druckverlust Δp
- Rohrdurchmesser d
- Bauart und -größe sowie Nennleistung P_N des Verdichters.

Die Berechnungsverfahren basieren auf Erfahrungswerten, die an Versuchsanlagen ermittelt wurden. Im Folgenden wird eine für die Flugförderung gültige kurze überschlägige Berechnungsmethode (vereinfacht nach Siegel) dargestellt.

Druckverlust Δp

Der Druckverlust Δp setzt sich aus fünf Einzeldruckverlusten zusammen (Luftreibungs-, Gutreibungs-, Hub-, Beschleunigungs- und Krümmerverlust). Von wesentlichem Einfluss sind Gutreibungs-, Hub- und Krümmerverlust. Im Folgenden werden vernachlässigt: Luftreibungs- und Beschleunigungsverlust, die Kompressibilität der Luft und die Druckverluste durch Filter usw.; letztere können bei Bedarf durch gesonderte Zuschläge beachtet werden.

$$\boxed{\Delta p = \mu K \frac{\rho_L}{2} v_L^2} \qquad \textit{Druckverlust} \qquad (6.6.1)$$

$\Delta p \geq \approx 0{,}5\,\text{bar}$: Druckluftförderanlage

$\mu = \dfrac{\dot{m}}{\dot{m}_L}$ Mischungsverhältnis, $\mu = 10\ldots 30$; kleine Werte bei langer Förderstrecke wählen

$\dot{m}$ Massenstrom

$\dot{m}_L$ Luftmassenstrom

ρ_L Luftdichte, $\rho_L \approx 1{,}2\,\dfrac{\text{kg}}{\text{m}^3}$

v_L Luftgeschwindigkeit, $v_L = 15\ldots 30\,\dfrac{\text{m}}{\text{s}}$; kleine Werte bei geringer Gutdichte wählen

$$\boxed{K = \lambda_G \frac{l_1}{d}\frac{l}{l_1} + \frac{2\,h\,g}{\dfrac{v_G}{v_L}v_L^2} + 2\frac{v_G}{v_L}\left(1+\frac{i}{2}\right)} \qquad \textit{Druckverlustbeiwert} \qquad (6.6.2)$$

1. Glied: Gutreibungsverlust
2. Glied: Hubverlust
3. Glied: Krümmerverlust

$\lambda_G \dfrac{l_1}{d}$ Spezifischer Druckverlustbeiwert (auf Rohrdurchmesser d bezogen) = 0,05 ... 0,15;

kleine Werte bei geringer Gutdichte wählen

l Förderlänge
l_1 1 Meter Rohrlänge
d Rohrdurchmesser
h Förderhöhe

6.6 Strömungsförderer

g   Fallbeschleunigung

v_G, v_L Gut-, Luftgeschwindigkeit; $\dfrac{v_G}{v_L} = 0{,}7 \ldots 0{,}8$; kleine Werte bei staubförmigem Fördergut wählen

i   Anzahl der Rohrkrümmer

Im Anschluss ist noch die Schwebegeschwindigkeit v_S (hierbei entspricht die Gewichtskraft F_G der Strömungskraft F_W eines Gutteilchens: Fördergut schwebt) zu überprüfen:
Es soll $v_L \geq 1{,}5\, v_S$ sein, damit das Fördergut auch senkrecht gefördert werden kann.

$$\boxed{v_S = \sqrt{\frac{4}{3}\frac{g\, d_K\, \rho_G}{c_W\, \rho_L}}} \qquad \textit{Schwebegeschwindigkeit} \qquad (6.6.3)$$

d_K Korndurchmesser
ρ_G Gutdichte
c_W Luftwiderstandsbeiwert, $c_W \approx 0{,}6$
g, ρ_L siehe Gln. (6.6.1) und (6.6.2)

Gl. (6.6.3) ergibt sich aus folgendem Ansatz, der die Bedingung dafür ist, dass das Gutteilchen schwebt (A ist hierbei die Förderfläche, V das Volumen eines kugelförmigen Gutteilchens):

$$F_W = F_G = \underbrace{\frac{\pi d_K^2}{4}}_{A} c_W \frac{\rho_L}{2} v_S^2 = g \rho_G \underbrace{\frac{\pi}{6} d_K^3}_{V}$$

Rohrdurchmesser d

$$\boxed{d = \sqrt{\frac{2\, \dot{m}\, K\, v_L}{\pi\, \Delta p}}} \qquad \textit{Rohrdurchmesser} \qquad (6.6.4)$$

Gl. (6.6.4) ergibt sich aus Gl. (6.6.1) wie folgt:

$$\Delta p = \mu K \frac{\rho_L}{2} v_L^2 \quad \text{und} \quad \mu = \frac{\dot{m}}{\dot{m}_L} = \frac{\dot{m}}{\rho_L \dfrac{\pi d^2}{4} v_L}$$

Formelgrößen siehe oben.

Nennleistung P_N

$$\boxed{P_N = \frac{\Delta p\, \dot{V}_L}{\eta}} \qquad \textit{Nennleistung} \qquad (6.6.5)$$

η Wirkungsgrad des Verdichters, $\eta = 0{,}7 \ldots 0{,}8$

$\dot{V}_L = \dfrac{\pi d^2}{4} v_L$ Luftvolumenstrom

$\Delta p, d, v_L$ siehe oben

Zur Anwendung des Rechnungsganges vergleiche Aufgabe $\boxed{30}$.

6.6.2 Rohrpostanlagen

Rohrpostanlagen stellen eine Sonderausführung der pneumatischen Förderanlagen dar. Sie transportieren das Fördergut in Behältern durch die Rohrleitung. Das Fördergut muss also zunächst in den Transportbehälter, die Förderdose, gegeben werden, die dann in der Rohrleitung durch die strömende Luft bewegt wird. Diese Förderanlagen arbeiten somit nach dem Schubförderprinzip.

Rohrpostanlagen dienen zur Förderung von kleinen Stückgütern (Akten, Belege, Materialproben. Medikamente, Werkzeuge usw.) oder kleinen Portionen von Schüttgütern oder Flüssigkeiten (Laborproben usw.), vor allem im innerbetrieblichen Transport. Durch den Einbau von Weichen, Krümmern, Einschleus- und Ausschleusstationen können auch komplizierte Streckenführungen ausgeführt werden (Bild 6.6-2).
Rohrpostanlagen werden heute seltener eingesetzt. Ihre Anwendungsbreite hat sich im Laufe des technischen Fortschritts (EDV) verringert. Als interessante fördertechnische Lösung werden sie hier mit aufgeführt.

Fördergeschwindigkeit $5...15 \frac{m}{s}$

Förderlänge bis 500m

Rohrleitungsdurchmesser 25 ... 100 (500)mm; bei großen Rohrdurchmessern (d > 200mm) werden zur Verringerung der Reibung die Förderdosen am äußeren Mantel mit Laufrollen versehen.

Rohrpostanlagen für Direktbetrieb. Diese Anlagen dienen zur direkten Verbindung von zwei Stationen (Sender S mit Empfänger E, siehe Bild 6.6-2). Nach Eingabe der Förderdose, z.B. am Sender S_1, tritt die dort sitzende Schließeinrichtung in Funktion, und die Förderdose fährt zum Empfänger E_2.

Durch entsprechende Leitungsführung wird die Förderdose durch die Schwerkraft und ihre kinetische Energie am Empfänger ausgeschleust.

Anlagen für Direktbetrieb zeichnen sich durch geringen Bauaufwand und einfache Förderdosen (ohne Zielsteuerung) aus. Nachteilig ist die Verbindung von nur zwei Stationen und die geringere Fördermenge bei größeren Förderlängen.

Rohrpostanlagen für Ringbetrieb. Bei den im Ringbetrieb arbeitenden Anlagen können an jeder Stelle der Förderstrecke Sende- und Empfangsstationen eingebaut werden. Die Bestimmung des Weges der Förderdosen erfolgt durch eine Zielsteuerung, wobei die Zielinformation direkt an der Förderdose oder über parallel zur Förderstrecke laufende Steuerleitungen weitergegeben wird.

Der grundsätzliche Aufbau der meist aus Kunststoff bestehenden Förderdosen ist aus Bild 6.6-2 ersichtlich. Das Fördergut wird in die Dose eingegeben, diese wird dann verschlossen.

Diese Anlagen ermöglichen bei relativ einfachem Aufbau die Verbindung einer beliebigen Zahl von Sende- und Empfangsstationen, auch bei größeren Förderlängen. Die Fördermenge ist jedoch auch hier begrenzt, da immer nur eine Förderdose in der Strecke transportiert werden kann.

6.6 Strömungsförderer

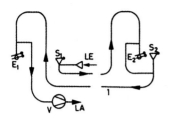

Direktbetrieb

Zur Verbindung von 2 Stationen, Station 1 und Station 2.

Saugluftbetrieb

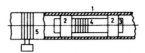

Förderdose im Rohr

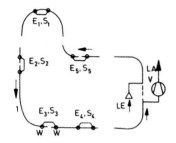

Ringbetrieb

Zur Verbindung von beliebig vielen Stationen. Die kurzen Rohrleitungsstücke zwischen Empfangs- bzw. Sendestationen und am Gebläseanschluss (- - -) werden ohne Antrieb durchfahren; die Bewegungsenergie der Förderdose ist hierfür ausreichend.

Saugluftbetrieb

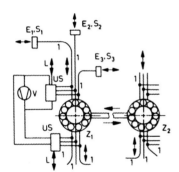

Zentralenbetrieb

Zur Verbindung beliebig vieler Stationen. Jeweils nur eine Leitung für Zentralen-Zu- und -Abgang.

Wechselbetrieb, z.B. Saugluftbetrieb für Zuführung, Druckluftbetrieb für Abführung der Förderdosen von der Zentrale. Bei umfangreichen Anlagen (sehr viele Sende- und Empfangsstationen) können 2 ... 3 Zentralen miteinander gekoppelt werden.

S	Sendestation	Z	Zentrale (Speicherung der Förderdosen in einer drehbaren senkrecht stehenden Trommel)
E	Empfangsstation		
LA	Luftaustritt	L	Luftein- bzw. -austritt
LE	Lufteintritt	US	Umschalter für Saug- bzw. Druckluftbetrieb für die Zu- oder Abführung der Förderdosen von den Zentralen
W	Weiche		
V	Verdichter (Gebläse)		

1	Rohrleitung
2	Führungsring
3	Abnehmbarer Deckel
4	Kontakte für Zielsteuerung (an der Förderdose)
5	Kontakte für Zielsteuerung (an der Rohrleitung)

Bild 6.6-2 Rohrpostanlagen

Rohrpostanlagen für Zentralenbetrieb. Die an den verschiedenen Sendestationen eingegebenen Förderdosen werden zunächst zu einer Zentrale (Sammel- und Verteilerstelle) geleitet und dort in die zur entsprechenden Zielstelle führende Leitung eingeschleust. Die im Zentralenbetrieb arbeitenden Rohrpostanlagen sind durch hohen Bauaufwand gekennzeichnet; sie ermöglichen jedoch bei einer beliebigen Zahl von weitverzweigten Sende- und Empfangsstationen eine größere Fördermenge.

6.6.3 Hydraulische Förderer

Hier werden Flüssigkeiten (meist Wasser) als Strömungsmittel verwendet. Die hydraulische Förderung ist für Schüttgüter kleiner bis mittlerer Körnung geeignet, wobei das Fördergut jedoch gegen Wasserbenetzung und Abrieb unempfindlich sein muss. Breiige Güter können auch ohne Trägerflüssigkeit gefördert werden.

Hydraulische Förderer haben hohe Baukosten, benötigen Wasser oder andere Trägerflüssigkeiten (z.B. Salzlösungen) und bringen z.T. erhebliche Probleme bei der Gutabscheidung von der Trägerflüssigkeit und durch die Gutbefeuchtung mit sich. Sie werden deshalb vor allem dort eingesetzt, wo mit dem Fördervorgang technologische Prozesse verbunden werden, die Wasser oder andere Flüssigkeiten benötigen. Die beiden Hauptbauarten sind die Spül- und die Pumpenförderung.

Spülförderung. Das Fördergut wird in offenen geneigten Rinnen durch die Trägerflüssigkeit bewegt. Am Ende der Förderstrecke wird durch Abscheider (Siebe, Klärbecken usw.) das Fördergut von der Trägerflüssigkeit getrennt, die durch Pumpen und Rohrleitungen wieder zur Aufgabestelle zurückgeführt werden kann. Die Gutaufgabe erfolgt am Beginn oder längs der Förderstrecke durch Einschütten des Fördergutes in die in der offenen Rinne strömende Trägerflüssigkeit. Diese Förderer werden auch als *Hydraulische Rinnen* bezeichnet.

Die Spülförderung wird z.B. bei der *Zuckerrübenförderung* in Zuckerfabriken eingesetzt.

Pumpenförderung. Das Fördergut und die Trägerflüssigkeit werden in einer Rohrleitung unter Druck gefördert; das Druckwasser trägt und bewegt das Fördergut. Die Gutaufgabe erfolgt bei kleiner Körnung vor der Pumpe (das Fördergut geht durch die Pumpe), bei größerer Körnung nach der Pumpe über eine Schleuse direkt in die Förderleitung. Die Gutabscheidung und Rückführung der Trägerflüssigkeit geschieht wie bei der Spülförderung. Die Pumpenförderung wird auch als *Hydraulische Rohrförderung* bezeichnet.

Ein typischer Anwendungsfall der Pumpenförderung ist der *Saugspülbagger*.

Mit Hilfe der Pumpenförderung werden auch über längere Strecken im außerbetrieblichen Transport Kohle, Erdreich u.a. gefördert. Diese Art der Förderung hat jedoch gegenüber dem Bahn-, Schiffs- oder LKW-Transport bis heute keine allzu große Bedeutung.

Rohrdurchmesser 150 ... 1000mm

Fördermenge 100... 500 $\frac{t}{h}$

Förderstrecken bis 400km

6.6.4 Beispiel

30 | Pneumatische Druckförderanlage

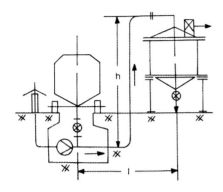

Fördermenge $\dot{m} = 25 \frac{t}{h}$, $l = 150\text{m}$, $h = 25\text{m}$. Verdichterwirkungsgrad $\eta_V = 0{,}75$, Filterwiderstand ist zu vernachlässigen, Luftdichte $\rho_L = 1{,}2 \frac{kg}{m^3}$.

Fördergut: Kunststoffgranulat, Dichte $\rho_G = 1{,}0 \frac{t}{m^3}$, Korngröße $d_K = 4\text{mm}$

Gesucht:

1. Druckverlust Δp
2. Rohrdurchmesser d
3. Nennleistung P_N des Verdichters
4. Druckdifferenz Δp und Volumenstrom $\dot{V}_L$ des Verdichters, Verdichterbauart

Lösung:

1. Druckverlust Δp nach Gl. (6.6.1)

$$\Delta p = \mu K \frac{\rho_L}{2} v_L^2 = 20 \cdot 21{,}3 \frac{1{,}2 \frac{kg}{m^3}}{2} 20^2 \frac{m^2}{s^2} = 102000 \frac{N}{m^2} \qquad \underline{\Delta p = 1{,}02 \text{bar}}$$

Druckverlustbeiwert K nach Gl. (6.6.2)

$$K = \lambda_G \frac{l_1}{d} \frac{l}{l_1} + \frac{2hg}{\frac{v_G}{v_L} v_L^2} + 2 \frac{v_G}{v_L}\left(1 + \frac{i}{2}\right)$$

$$K = 0{,}1 \frac{150\text{m}}{1\text{m}} + \frac{2 \cdot 25\text{m} \cdot 9{,}81 \frac{m}{s^2}}{0{,}8 \cdot 20^2 \frac{m^2}{s^2}} + 2 \cdot 0{,}8\left(1 + \frac{4}{2}\right) = 21{,}3 \qquad \underline{K = 21{,}3}$$

Nach den oben angegebenen Hinweisen zur Berechnung werden folgende Werte gewählt:

$\mu = 20$ (mittlere Förderlänge), $v_L = 20 \frac{m}{s}$ (mittlere Gutdichte)

$\lambda_G \frac{l_1}{d} = 0{,}10$ (mittlere Gutdichte), $i = 4$ (siehe Aufgabenskizze)

$\dfrac{v_G}{v_L} = 0{,}8$ (körniges Fördergut)

Schwebegeschwindigkeit v_S nach Gl. (6.6.3)

$$v_S = \sqrt{\dfrac{4}{3}\dfrac{g\, d_K\, \rho_G}{c_W\, \rho_L}} = \sqrt{\dfrac{4}{3}\dfrac{9{,}81\,\frac{m}{s^2}\,0{,}004\,m\,1000\,\frac{kg}{m^3}}{0{,}6 \cdot 1{,}2\,\frac{kg}{m^3}}} = 8{,}52\,\dfrac{m}{s}$$

Luftwiderstandsbeiwert $c_W = 0{,}6$ gewählt

$\underline{\underline{v_L = 20\,\dfrac{m}{s} \geq 1{,}5\, v_S = 12{,}8\,\dfrac{m}{s}}}$

2. Rohrdurchmesser d nach Gl. (6.6.4)

$$d = \sqrt{\dfrac{2\,\dot{m}\,K\,v_L}{\pi\,\Delta p}} = \sqrt{\dfrac{2 \cdot 6{,}94\,\frac{kg}{s}\,21{,}3 \cdot 20\,\frac{m}{s}}{3{,}14 \cdot 102\,000\,\frac{N}{m^2}}} = 0{,}136\,m$$

$\underline{\underline{d = 140\,mm}}$

3. Nennleistung P_N nach Gl. (6.6.5)

$$P_N = \dfrac{\Delta p\, \dot{V}_L}{\eta} = \dfrac{102\,000\,\frac{N}{m^2}\,0{,}308\,\frac{m^3}{s}}{0{,}75} = 41\,900\,W$$

$\underline{\underline{P_N = 42\,kW}}$

Luftvolumenstrom $\dot{V}_L = \dfrac{\pi\,d^2}{4}\,v_L = \dfrac{3{,}14 \cdot 0{,}14^2\,m^2}{4}\,20\,\dfrac{m}{s} = 0{,}308\,\dfrac{m^3}{s}$

4. Druckdifferenz $\Delta p \mathrel{\widehat{=}}$ Druckverlust (siehe 1.)

$\Delta p \geq 0{,}5\,bar \rightarrow$

$\dot{V}_L$ siehe 3.

Bei $\Delta p = 1{,}02\,bar \rightarrow$ Zellenverdichter ($\Delta p = 0{,}2\ldots 2\,bar$)

$\underline{\underline{\Delta p = 1{,}02\,bar}}$

Druckanlage erforderlich

$\underline{\underline{\dot{V}_L = 0{,}308\,\dfrac{m^3}{s}}}$

Zellenverdichter

6.7 DIN-Normen, VDI-Richtlinien, Literatur

Es werden die für Stetigförderer wichtigsten DIN-Normen und die VDI-Richtlinien in ihrer gültigen Fassung (Stand Juli 2003) genannt. Diese enthalten weiterführende Normen, Richtlinien und Fachliteratur. Die Zusätze nach der DIN- bzw. VDI-Nr. bedeuten: „-1" Teil 1, „Bl.1" Blatt 1 usw.; E Entwurf; „04.94" April 1994 usw.

Die genannte Fachliteratur soll den weiteren Einstieg in das Gebiet der Stetigförderer als Teilgebiet der Materialflusstechnik unterstützen.

Zu 6 Stetigförderer (allgemein):

DIN 15201-1	04.94	Stetigförderer; Benennungen
DIN 15201-2	11.81	Stetigförderer; Zubehörgeräte, Benennungen, Bildbeispiele
DIN 45635-45	06.88	Geräuschmessung an Maschinen; Luftschallemission, Hüllflächenverfahren, Stetigförderer
DIN EN 617	05.02	Stetigförderer und Systeme; Sicherheits- und EMV-Anforderungen an Einrichtungen für die Lagerung von Schüttgütern in Silos, Bunkern, Vorratsbehältern und Trichtern
DIN EN 618	08.02	Stetigförderer und Systeme; Sicherheits- und EMV-Anforderungen an mechanische Fördereinrichtungen für Schüttgut, ausgenommen ortsfeste Gurtförderer
DIN EN 619	02.03	Stetigförderer und Systeme; Sicherheits- und EMV-Anforderungen an mechanische Fördereinrichtungen für Stückgut
DIN ISO 3435	02.79	Stetigförderer; Klassifizierung und Symbolisierung von Schüttgütern
DIN ISO 3569	08.78	Stetigförderer; Klassifizierung von Stückgut
VDI 2339	05.99	Zielsteuerungen für Förder- und Materialflusssysteme
VDI 2340 E	03.97	Systematik der Übergabeeinrichtungen; Ein- und Ausschleusungen von Stückgütern; Übersicht, Aufbau und Arbeitsweise
VDI 2342	01.77	Stückgut-Stetigförderer; Übersicht mit Beurteilungskriterien
VDI 2346	04.78	Übersichtsblätter Stetigförderer; Sperren
VDI 2347	07.81	Schnittstellen in innerbetrieblichen Fördersystemen
VDI 2515 Bl.1	12.94	Identträger in Stückgut-Fördersystemen; Strichcode (Barcode)
VDI 2515 Bl.2	05.98	Identträger in Stückgut-Fördersystemen; Mobile Datenspeicher
VDI 3563	12.71	Stetigfördern von Kleinbehältern in Paletten
VDI 3584 E	01.99	Fließlagersysteme für Stückgut
VDI 3618 Bl.1	10.94	Übergabeeinrichtungen für Stückgüter; Fördergut: Paletten, Behälter, Gestelle
VDI 3618 Bl.2	09.94	Übergabeeinrichtungen für Stückgüter; Fördergut: Lagersichtkästen, Kleinbehälter, Säcke und forminstabile Güter
VDI 3619	05.83	Sortiersysteme für Stückgut
VDI 3620	11.02	Leitfaden für die Aufstellung einer Betriebsanleitung für Stetigförderer
VDI 3634	06.91	Mengenmessung im Materialfluss
VDI 3635	10.85	Kleinbehälter-Fördersysteme; Übersicht
VDI 3970	03.93	Leitfaden für die Aufstellung eines Instandhaltungsplanes für Stetigförderer
VDI 3971	12.94	Mechanische Steil- und Senkrechtförderer für Schüttgut; Bauarten und Auswahl

Literatur:

[01] *Axmann, N.:* Handbuch Materialflusstechnik – Stückgutfördern. Ehningen: expert, 1993
[02] *Fischer, W.; Dittrich, L.:* Materialfluss und Logistik. Berlin, Heidelberg: Springer, 1997
[03] *Martin, H.:* Transport- und Lagerlogistik – Planung, Aufbau und Steuerung von Transport- und Lagersystemen. 4. Auflage. Braunschweig, Wiesbaden: Vieweg, 2002
[04] *Pahl, M.; Ernst, R.; Wilms, H.:* Lagern, Fördern und Dosieren von Schüttgütern. Leipzig/ Köln: Fachbuch-Verl./ Verl. TÜF Rheinland, 1993 (Buchreihe Praxiswissen Verfahrenstechnik)
[05] *Pajer, J.; Kuhnt, H.; Kurth, F.:* Stetigförderer. 4. Auflage. Berlin: Verl. Technik, 1983
[06] *Schuler, J.:* Integration von Förder- und Handhabungseinrichtungen. Berlin, Heidelberg: Springer, 1987 (Reihe IPA-IAO Forschung und Praxis, Bd. 104)
[07] *Siegel, W.:* Pneumatische Förderung. Würzburg: Vogel, 1991
[08] *Torke, H, J.; Zebisch, H, J.:* Innerbetriebliche Materialflusstechnik – Funktion und Konstruktion fördertechnischer Einrichtungen und Geräte. Würzburg: Vogel, 1997
[09] *Vollmann, A, G.:* Untersuchung der Schüttgutförderung in geneigten Schneckenförderern. München: Utz, 2000 (Diss. TU München)
[10] *Vondran, St.:* Materialflussgerechte Planung von Produktionssystemen unter Einbeziehung der Förderhilfsmittelplanung. Düsseldorf: VDI-Verl., 2001
[11] *Wöhlbier, R.:* Mechanical conveying. Clausthal-Zellerfeld: Trans Tech Publ., 2000

Zu 6.1 Berechnungsgrundlagen:

DIN 22101   08.02 Stetigförderer; Gurtförderer für Schüttgüter, Grundlagen für die Berechnung und Auslegung
DIN 22200   05.94 Stetigförderer; Gliederbandförderer; Berechnunggrundsätze
DIN 15262   01.83 Stetigförderer; Schneckenförderer für Schüttgut; Berechnungsgrundsätze

Nachfolgend genannte VDI-Richtlinien „Übersichtsblätter Stetigförderer" enthalten Berechnungsgrundlagen für die jeweiligen Förderer.

Zu 6.2 Mechanische Stetigförderer mit Zugmittel (Bandförderer):

DIN 15207-1 10.00 Stetigförderer; Tragrollen für Gurtförderer, Hauptmaße der Tragrollen für Schüttgutförderer
DIN 15207-2 04.88 Stetigförderer; Tragrollen für Gurtförderer, Hauptmaße der Tragrollen für Stückgutförderer
DIN 15209   08.84 Stetigförderer; Pufferringe für Pufferringrollen für Gurtförderer
DIN 15210   08.84 Stetigförderer; Stützringe für Stützringrollen für Gurtförderer
DIN 15220   08.82 Stetigförderer; Bandförderer, beispielhafte Lösungen zur Sicherung von Auflaufstellen durch Schutzeinrichtungen
DIN 15223   05.78 Stetigförderer; Bandförderer, beispielhafte Lösungen für die Sicherung von Engstellen an Tragrollen
DIN 22101   08.02 Stetigförderer; Gurtförderer für Schüttgüter, Grundlagen für die Berechnung und Auslegung
DIN 22102-1 04.91 Textilfördergurte für Schüttgüter; Maße, Anforderung, Kennzeichnung
DIN 22102-2 04.91 Textilfördergurte für Schüttgüter; Prüfung
DIN 22102-3 04.91 Textilfördergurte für Schüttgüter; Nicht lösbare Gurtverbindungen
DIN 22107   08.84 Stetigförderer; Tragrollenanordnung für Gurtförderer für Schüttgut; Hauptmaße

6.7 DIN-Normen, VDI-Richtlinien, Literatur

DIN 22122	09.02	Stetigförderer, Muldungsfähigkeit von Fördergurten, Ermittlung des Anteils der Breite, mit der ein Fördergurt auf den Tragrollen aufliegt; Anforderungen, Prüfung
DIN EN 620	08.02	Stetigförderer und Systeme; Sicherheits- und EMV-Anforderungen für ortsfeste Gurtförderer für Schüttgut
VDI 2321	01.83	Übersichtsblätter Stetigförderer; Stahlbandförderer
VDI 2322	10.65	Übersichtsblätter Stetigförderer; Ortsfeste Bandförderer für Schüttgut
VDI 2326	06.79	Übersichtsblätter Stetigförderer; Ortsfeste Bandförderer für Stückgut
VDI 2327	04.74	Übersichtsblätter Stetigförderer; Hochkantförderanlagen
VDI 2341	09.93	Gurtförderer für Schüttgut; Tragrollen und Tragrollenabstände
VDI 2379	01.00	Gurtförderer für Schüttgut; Anfragebogen
VDI 3602-1 E	01.01	Gurtförderer für Schüttgut; Antriebe, Bauarten
VDI 3602-2 E	01.01	Gurtförderer für Schüttgut; Antriebe, Betriebsweise
VDI 3603	11.02	Gurtförderer für Schüttgut; Spann-, Ablenk- und Umkehrstationen
VDI 3604 E	01.01	Übersichtsblätter Stetigförderer; Hochkantförderanlagen (Entwurf)
VDI 3605	01.79	Gurtförderer für Schüttgut; Reinigungseinrichtungen
VDI 3606 E	05.99	Gurtförderer für Schüttgut; Förderstrecke
VDI 3607	02.79	Gurtförderer für Schüttgut; Überwachungseinrichtungen
VDI 3608	10.90	Gurtförderer für Schüttgut; Fördergurt
VDI 3621	04.85	Gurtförderer für Schüttgut; Schlitzschutz für Fördergurte
VDI 3622	02.97	Gurtförderer für Schüttgut; Gurttrommeln
VDI 3623	05.93	Metallabscheider in Gurtförderern
VDI 3624	01.93	Gurtförderer für Schüttgut; Fördergeschwindigkeiten

Zu 6.3 Mechanische Stetigförderer mit Zugmittel (Gliederförderer):

DIN 15221	05.78	Stetigförderer; Förderer mit Kettenelementen, beispielhafte Lösungen zur Sicherung von Auflaufstellen durch Schutzeinrichtungen
DIN 15222	05.78	Stetigförderer; Kettenförderer mit Trageeinrichtungen oder Mitnehmern, beispielhafte Lösungen für den Schutz gegen Verletzungen durch Mitnehmer oder Querwände
DIN 15231	04.80	Stetigförderer; Becherwerke, Flache Becher
DIN 15232	04.80	Stetigförderer; Becherwerke, Flachrunde Becher
DIN 15233	04.80	Stetigförderer; Becherwerke, Mitteltiefe Becher
DIN 15234	04.80	Stetigförderer; Becherwerke, Tiefe Becher mit ebener Rückwand
DIN 15235	04.80	Stetigförderer; Becherwerke, Tiefe Becher mit gekrümmter Rückwand
DIN 15236-1	04.80	Stetigförderer; Becherwerke, Becherbefestigung an Gurten
DIN 15236-4	04.80	Stetigförderer; Becherwerke, Becherbefestigung an Rundstahlketten
DIN 15237	01.80	Stetigförderer; Tellerschrauben und Tellerscheiben zur Befestigung von Bauteilen an Gurten
DIN 15283	01.80	Stetigförderer; Kreisförderer, Steckkette
DIN 22200	05.94	Stetigförderer; Gliederbandförderer; Berechnungsgrundsätze
DIN 22257	06.90	Kratzer für Kettenkratzerförderer; Außenkettenband; Maße, Anforderungen, Prüfung
VDI 2314	07.62	Übersichtsblätter Stetigförderer; Umlaufförderer
VDI 2315	08.69	Übersichtsblätter Stetigförderer; Schaukelförderer
VDI 2320	05.80	Übersichtsblätter Stetigförderer; Trogkettenförderer

VDI 2324	12.01	Senkrecht-Becherwerke
VDI 2328	12.81	Übersichtsblätter Stetigförderer; Kreisförderer (hängende Lasten)
VDI 2332	11.76	Übersichtsblätter Stetigförderer; Schleppkettenförderer
VDI 2334	11.88	Übersichtsblätter Stetigförderer; Schleppkreisförderer
VDI 2335	06.00	Übersichtsblätter Stetigförderer; Kratzerförderer
VDI 2338	07.81	Übersichtsblätter Stetigförderer; Gliederbandförderer
VDI 2344	12.76	Übersichtsblatt Schleppzugförderer
VDI 2345	08.87	Hängebahnen
VDI 3583	01.76	Übersichtsblätter Stetigförderer; Umlauf-S-Förderer
VDI 3598	11.74	Übersichtsblätter Stetigförderer; Tragkettenförderer
VDI 3599	09.85	Übersichtsblätter Stetigförderer; Etagenförderer
VDI 3613	08.77	Übersichtsblätter Stetigförderer; Schuppenbandförderer
VDI 3614	06.79	Kreisförderer mit 100mm Kettenteilung und 100mm I-Laufprofil

Zu 6.4 Mechanische Stetigförderer ohne Zugmittel:

DIN 15224	12.83	Stetigförderer; Schneckenförderer, beispielhafte Lösungen zur Sicherung von Scher- und Einzugstellen
DIN 15261-1	02.86	Stetigförderer; Schneckenförderer, Anschlussmaße
DIN 15261-2	02.86	Stetigförderer; Schneckenförderer, Schneckenblatt
DIN 15262	01.83	Stetigförderer; Schneckenförderer für Schüttgut; Berechnungsgrundsätze
VDI 2319	07.71	Übersichtsblätter Stetigförderer; Angetriebene Rollenbahn
VDI 2330	02.93	Stetigförderer; Schneckenförderer
VDI 2333	02.93	Stetigförderer; Schwingförderer
VDI 3611	07.81	Übersichtsblätter Stetigförderer; Staurollenförderer; Stauröllchenförderer, angetrieben, staudrucklos

Zu 6.5 Schwerkraftförderer:

VDI 2311	08.69	Übersichtsblätter Stetigförderer; Röllchenbahnen
VDI 2312	11.74	Übersichtsblätter Stetigförderer; Rollenbahnen
VDI 2336	10.65	Übersichtsblätter Stetigförderer; Fallrohre, Rutschen, Wendelrutschen

Zu 6.6 Strömungsförderer:

DIN 6651	10.98	Rohrpost; Betriebsarten
DIN 6654	04.96	Rohrpost; Grafische Symbole
DIN 6656	12.97	Rohrpost; Fahrrohre, Fahrrohrbogen 90° und Muffen für Rohrpostanlagen aus Stahl und nichtrostendem Stahl
DIN 6660	04.96	Rohrpost; Fahrrohre, Fahrrohrbogen und Muffen für Rohrpostanlagen aus weichmacherfreiem Polyvinilchlorid (PVC-U)
DIN 6663	06.99	Rohrpost; Verarbeitung von Bauteilen für Rohrpostanlagen aus Kunststoff (PVC-U), Stahl und nichtrostendem Stahl
VDI 2329	01.72	Pneumatische Förderanlagen
VDI 3625	10.94	Hydraulischer Feststofftransport
VDI 3671	03.74	Technische Gewährleistungen für pneumatische Förderanlagen

7 Lagertechnik

Aus dem umfangreichen Fachgebiet Lagertechnik können hier nur einige wesentliche Gesichtspunkte angeführt werden, z.B. die technische Ausrüstung der Lager. Planerische Lagertechnik, Lagertypen, Lagerbediengeräte, Kommissionierung, Lagerorganisation usw. gehören in die Fachgebiete Materialfluss und Logistik, zu finden z.B. im Buch [14] des Kapitels 2.8.

7.1 Lagergestaltung

7.1.1 Aufgaben und Einteilung der Lager

Die Lagerung von Waren der verschiedensten Arten tritt in allen Bereichen der Produktions- und Handelsbetriebe auf. Lager dienen zum Ausgleich von Bedarfsschwankungen. Mögliche Einteilungen sind:

Vorratslager. Sie dienen zum Ausgleich von Bedarfsschwankungen und weisen oft unregelmäßige Ein- und Auslagerungen auf. Die Lagerzeit ist länger und damit die Umschlaghäufigkeit geringer.

Pufferlager. Sie gleichen kurzfristige Schwankungen zwischen Zu- und Abgängen aus und haben damit kurze Lagerzeiten und große Umschlaghäufigkeit.

Rohstoff-, Ersatzteil- und Hilfsstofflager: Nach Lagergut.

Durch Lagerhaltung werden die Warenkosten teilweise beträchtlich erhöht (Lagerhaltungskosten). Da die Lagerhaltung immer mit Transport verbunden ist, kommen noch die Kosten für An- und Abtransport sowie für den Gutumschlag innerhalb der Lager selbst hinzu.

Bei der Lagergestaltung werden die *Lagerorganisation* und die *technische Ausführung* unterschieden.

7.1.2 Lagerorganisation

Hierzu einige wichtige Punkte:

Sortimente und Lieferdaten. Zahl und Art der betreffenden Sortimente einschl. ABC-Verteilung, sind die wichtigsten Ausgangsdaten für die Lagerorganisation. Hinzu kommen die gewünschte bzw. geforderte Lieferzeit und Liefergenauigkeit.

Artikeldaten. Die Eigenarten der zu lagernden Produkte, wie Form, Größe, Masse, physikalische und chemische Eigenschaften, beeinflussen neben der Lagerorganisation auch die Auswahl der Lager- und Fördersysteme.

Für den eigentlichen Betriebsablauf im Lager sind folgende Einflüsse von besonderer Bedeutung:

– Art und Menge des Warenein- und -ausgangs sowie Umlagerungen
– Auftragsabwicklung und Bestandskontrolle

Belegdurchlauf; neben dem „Materialfluss" ist der hierzu erforderliche „Datenfluss" durch den Einsatz von EDV-Anlagen von gleicher Bedeutung.

7.1.3 Technische Ausführung

Die Ausgangsdaten für die Lagerart und die Förder- und Ladehilfsmittel gehen aus den Abschnitten 7.1.1 und 7.1.2 hervor.

Materialflusspläne. Bei der Technischen Ausrüstung der Lager ist auf einen möglichst günstigen Materialfluss zu achten. Dabei geht man zunächst von dem Gesamtmaterialflussplan aus, der den gesamten Lager- und Fertigungsbereich eines Betriebes umfasst. Anschließend können die einzelnen Lagerbereiche herausgegriffen und genauer nach Wirtschaftlichkeitsberechnungen untersucht werden.

Lagerkapazität. Aus den in den Abschnitten 7.1.1 und 7.1.2 angeführten Hinweisen kann der für die Warenlagerung erforderliche Platzbedarf ermittelt werden. Hierbei sind folgende Fakten besonders wichtig: Artikelzahl, Losgrößen, Bestellmengen, Mindestmengen, Bestellzeiten, Umschlaghäufigkeit, Sortimentsänderungen sowie die Lagerart des Lagergutes.

Bei geringen Artikel-, jedoch großen Stückzahlen, ist der Einsatz von automatischen Lagereinrichtungen wie Hochregallager mit automatisch gesteuerten Regalbediengeräten zu erwägen.

Zu der reinen Lagerfläche kommen noch Flächen zur Erfüllung folgender Funktionen hinzu:

Platz für Wareneingang Abladen, Kontrolle und Bereitstellung zur Einlagerung.
Platz für den Versand Kommissionieren (Zusammenstellen der einzelnen Aufträge),
    Verpackung, Bereitstellung zum Versand und Verladung.
Platz für Verkehrsflächen Fahrgänge für Stapler, Regalbediengeräte usw.

Die Größe dieser Zusatzflächen hängt im Wesentlichen von der Umschlagmenge, der Artikelzahl und der Art der Fördermittel ab und wird zunächst durch Zuschläge berücksichtigt.

Warenumschlag im Lager. Folgende Punkte sind hierbei von besonderer Bedeutung:

– Geringer Personalbedarf
– Die Förderwege sollen möglichst geradlinig, kurz und ohne Richtungsänderung verlaufen; dies gilt besonders für schwere und umschlaghäufige Lagergüter.
– Wenig Gutumlagerungen; ideal nur bei Ein- und Auslagerung sowie bei den verschiedenen Arbeitsgängen in der Fertigung.
– Beachtung der Wertminderung; so ist z.B. bei verderblichen Lagergütern dafür zu sorgen, dass jeweils zunächst das älteste Lagergut weiterläuft.
– Strenge Trennung der Verkehrswege von den Lagerflächen (Unfallgefahr, keine Behinderung des Materialflusses).

Ideal für den Warenumschlag im Lager und in der Fertigung ist:

$$Fertigungseinheit \triangleq Lagereinheit \triangleq Transporteinheit \triangleq Verkaufseinheit$$

Fördermittel im Lager. Besonders wichtige Punkte sind:

– Einsatz von Stetigförderern, da sie einen gleichmäßigen und leicht kontrollierbaren Materialfluss aufweisen
– Verwendung von Einheitspaletten und -behältern; möglichst in Verbindung mit dem außerbetrieblichen Transport
– Wegen der einfacheren Wartung Beschränkung auf möglichst wenige Fördermittelarten
– Die Überlastbarkeit der Fördermittel durch unvorhergesehenen Stoßbetrieb soll Gewähr leistet sein.

7.2 Ladehilfsmittel

Die beiden wichtigsten Ladehilfsmittel sind Paletten und Behälter in den verschiedensten Ausführungsformen. Sie ermöglichen das Zusammenfassen auch von kleineren Stückgütern und Schüttgütern zu Einheitsladungen. Dadurch entstehen geringere Transportkosten und eine gute Raumausnutzung durch die Möglichkeit des Stapelns. Nachteilig sind die Kosten für die Paletten bzw. die Behälter sowie die Notwendigkeit von Hub- und Stapelgeräten beim Gutumschlag.

7.2.1 Paletten

Die nach DIN 15141 (DIN EN ISO 445) festgelegten Abmessungen der Flachpaletten sind: 600×800, 800×1200 und 1000×1200 mm (wobei die Größe 800×1200 mm bevorzugt werden sollte). Die Einfahrhöhe für die Gabeln der Hub- und Stapelgeräte beträgt 100 mm (dadurch geringer Platzbedarf, insbesondere bei Leergutstapelung).

Als Palettenmaterial wird sehr häufig Holz verwendet; für die Kantenbretter und Zwischenklötze ist wegen des rauen Betriebes Hartholz zu empfehlen. Die Verbindung der einzelnen Teile erfolgt durch Nagel- oder Senkschrauben.

Stahlpaletten, die sich für besonders hohe Dauerbeanspruchung eignen, sind beim innerbetrieblichen Transport vorzuziehen. Sie haben gegenüber den Holzpaletten eine höhere Festigkeit, sind jedoch schwerer, teurer und rostempfindlich. Außerdem neigen sie auf dem Boden bei Lastauf- oder -abgabe leichter zum Wegrutschen.

Je nach Fördergut und Anforderung kommen als Werkstoffe noch Kunststoff, Leichtmetall oder Pappe in Frage.

Zwei- und Vierwegepaletten. Bei der Zweiwegepalette können die Staplergabeln nur von zwei Seiten einfahren, entweder an der schmalen (längs befahrbar) oder an der breiten Seite (quer befahrbar). Sie werden als Eindeck- oder Doppeldeckpaletten hergestellt. Eindeckpaletten haben nur oben eine Deckplatte mit Trägern oder Klötzen.

Die Vierwegepalette gestattet das Einfahren der Gabeln von allen Seiten. Deshalb besteht ihr Unterbau nicht mehr aus Volleisten, sondern aus einzelnen Klötzen und Leisten mit Aussparungen (Bild 7.2-1).

Die Vierwegepalette ist teurer als die Zweiwegepalette, jedoch universell einsetzbar.

Tausch-Palette. Die Tausch-Palette ist eine Vierwegepalette aus Holz (nach DIN 15146/2) mit den Abmessungen 800×120 0mm. Sie ist innerhalb Europas einheitlich ausgeführt, also tauschbar, sodass der Leergut-Rücktransport entfällt.

Verlorene Paletten. Verlorene Paletten, die nur im außerbetrieblichen Transport eingesetzt werden, dienen zur nur einmaligen Verwendung. Sie sind daher besonders leicht und aus billigem, leicht vernichtbarem (z.B. Verbrennung zur Wärmegewinnung) Material herzustellen. Sie werden auch als *Einmai-Paletten* bezeichnet.

Rollpaletten. An der Unterseite der Rollpaletten werden kleine Rollen angebracht, die eine horizontale Bewegung ohne Hubgeräte über kurze Strecken ermöglichen.

Diese im Aufbau teureren Paletten können in Durchlaufregallagern oder direkt als Wagen für Schleppkettenförderer verwendet werden.

Zweiwege-Palette

Breite in mm   Länge in mm
600   800
800   1000
800   1200

Einfahrhöhe 100mm

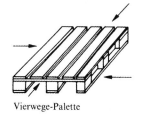

Vierwege-Palette

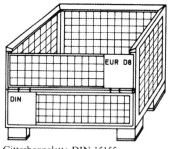

Gitterboxpalette DIN 15155

Rahmenkonstruktion aus Profilmaterial mit angeschweißten Füßen aus Stahlblechteilen und Holzboden. Wände aus Baustahlgewebe, eine Längswand zweifach aufklappbar. Tauschbar, als Vierwegeausführung.
Breite × Länge 800 × 1200 mm
Stapelhöhe 935 mm, bis 5-fach stapelbar
Einfahrhöhe 100 mm
Traglast 1000 kg, Eigenlast ca. 85 kg

Boxpalette

Verwindungsfreie Eckpfostenkonstruktion meist aus Stahlprofilen und Stahlblech zusammengeschweißt. Wände und Böden zur Erhöhung der Steifigkeit profiliert, eine Seitenwand z.T. klappbar. Häufig mit Ösen am oberen Ende der Eckpfosten für Krantransport. Als Rungenpalette ohne Seitenwände.
Breite × Länge 600 ... 1200 × 800 ... 2000 mm
Traglast 500 ... 2000 kg, Einfahrhöhe 100 mm
Bis zu 5-fach stapelbar

Bild 7.2-1 Paletten

Palettenzubehör:

Aufsetzrahmen. Die Aufsetzrahmen werden starr oder faltbar aus Holzbrettern oder in Gitterkonstruktion mit Höhen von 0,2... 0,8 m hergestellt. Die Palette bekommt die Form eines Kastens und kann somit kleinere Stückgüter aufnehmen.

Stapelhilfsmittel. Sehr viele Lagergüter gestatten wegen ihrer Druckempfindlichkeit kein direktes Stapeln, zumal dabei die Umsturzgefahr des Stapels relativ groß ist. Um dies zu verhindern, können bei regalloser Lagerung *Bügel, Aufsetzrahmen, Distanzrohre* usw. verwendet werden, die die Last der übereinandersitzenden Paletten vom Lagergut fernhalten.

Maximal können auf diese Weise etwa 4 ... 6 Paletten übereinandergestapelt werden. Die Stapelung von mehr Paletten soll wegen der damit verbundenen Unfallgefahr nur in Regalen vorgenommen werden.

Ladungssicherung. Die Sicherung der Ladung auf der Palette ist wegen der Rüttel- und Stoßbeanspruchung beim Transport von besonderer Bedeutung. Hierzu werden in der Regel *Spannbänder* aus Kunststoffen oder Stahl und *Schrumpfhauben* verwendet.

Bei der Ladungssicherung durch Schrumpfhauben wird über die gesamte Palette einschließlich der Ladung meist maschinell (Bild 7.2-2) eine dünne Kunststofffolie gelegt und anschließend in einem Durchlaufwärmeofen kurz aufgewärmt. Durch die folgende Abkühlung legt sich die Folie straff um Palette und Ladung und Gewähr leistet so einen guten Halt.

7.2 Ladehilfsmittel

Diese, ohne Personaleinsatz anbringbare Sicherung, schützt gleichzeitig die Ladung gegen Witterungseinflüsse. Die Kosten liegen jedoch auf Grund des Einsatzes von Maschinen und des aufwändigen Verbrauchs von Sicherungsmaterial höher als bei der Spannbandsicherung.

Palettiergeräte. Zur schnellen Beladung der Paletten ohne Personalaufwand werden Palettiergeräte verwendet, häufig kombiniert mit Schrumpffolienanlagen zur Ladungssicherung.

Palettiergeräte werden für Kisten, Säcke, Eimer, Fässer usw. gebaut und erzielen, je nach Ladungsgut, Beladungsmengen von 1500 ... 3000 Stück/h. In Bild 7.2-2 ist ein Palettiergerät für Säcke mit anschließender Schrumpffolienumhüllung dargestellt. Ein Schieber führt eine Reihe der auf einem Bandförderer ankommenden Säcke auf die zu beladende Palette. Die Palette wird um die Höhe einer Sacklage abgesenkt, sodass die nächste Sacklage zugeführt werden kann. Die volle Palette wird bei abgesenkter Stellung der Hebebühne durch die aus dem Leermagazin folgende leere Palette ausgeschoben und über eine kurze Rollenbahn der Vorrichtung zur Schrumpffolienumhüllung zugeleitet.

Bild 7.2-2 Palettiergerät mit Schrumpffolienumhüllung für Säcke (FÖRDERTECHNIK-HAMBURG)

Palettiergeräte werden auch zum Entladen von Paletten verwendet: *Entstapelungs-* oder *Entpalettiergeräte*. Hierbei erfolgt der Arbeitsablauf in umgekehrter Richtung wie beim Beladen.

Für die Überprüfung der genauen Ladung (äußere Maße der Ladung) der Kästen, Pakete usw. auf der Palette werden *Palettierprüfeinrichtungen* benutzt.

7.2.2 Boxpaletten

Die auch als Stapelbehälter bezeichneten Boxpaletten dienen zum Transport von kleinen Stückgütern, da dort die Sicherung der Ladung schwierig ist (Bild 7.2-1).

Normale Boxpaletten. Sie haben geschlossene Wände, die je nach Anforderung aus gesicktem Stahlblech, Holz, Leichtmetall oder Kunststoff bestehen. Die Wände werden auch in abklappbarer Ausführung hergestellt. Bei den so genannten *Rungenpaletten* entfallen die Seitenwände ganz oder auch nur teilweise. Sie sind Stapel- und kranbar.

Gitterboxpaletten. Die Wände der Gitterboxpaletten bestehen aus Gittermaterial (z.B. aus Baustahlgewebe). Bei der Falt-Gitterboxplatte sind die Rahmen einschließlich der Gitterwände abnehmbar und zum Falten konstruiert.

7.2.3 Ladepritschen

Bei den Ladepritschen wird die in einem Stahlrahmen befestigte hölzerne Tragplatte über vier höhere Stahl- oder Holzfüße abgestützt.

7.2.4 Kästen

Die Kästen dienen zum Transport und zum Lagern von Kleinteilen und Gewähr leisten dem darin gelagerten, meist kleineren Stückgut Schutz, Stützung oder Trennung voneinander. Sie können sowohl einzeln als auch in Regalen gestapelt oder auf Paletten gesetzt werden.

Die maximalen bzw. minimalen Abmessungen Länge x Breite x Höhe liegen je nach Ausführung zwischen 750/60 × 600/60 × 300/60 mm. Die Kästen werden meist aus Stahlblech (lackiert oder verzinkt) oder Kunststoff hergestellt. Durch aufsetzbare Deckel mit Tragegriffen können sie von Hand leicht umgesetzt und auch verschlossen werden.

Die Lagerregale für Kästen werden in der Regel aus Normprofilen zusammengebaut; häufig als Stecksysteme (rasche und einfache Montage). Die Profile, Böden, Verbindungselemente und Trennwände dieser Regale können vielseitig kombiniert werden (siehe Herstellerlisten und Bild 7.2-3).

Bild 7.2-3 Norm-Regalanlage mit Kästen aus Stahlblech zur Kleinteilelagerung (DEXION)

7.2.5 Klein-Behälter

Klein-Behälter haben einen Nutzinhalt bis etwa 3 m^3 und dienen vor allem zum Transport und Lagern von Flüssigkeiten und Schüttgütern. Sie werden aus Stahl, Leichtmetall oder Kunststoff gefertigt und sind meistens stapel- und kranbar. Die Füll- und Entleerungsöffnungen sind in ihrem Durchmesser und ihren Verschlüssen (Klappen, Schieber oder Ventile) dem jeweils in Frage kommenden Lagergut anzupassen.

Umkehrbehälter haben eine gemeinsame Öffnung für das Füllen und Entleeren. Zum Füllen und für den Transport sind Öffnung und Behälterfüße nach oben gerichtet. Beim Entleeren wird der Behälter um 180° gedreht. Auch der Einsatz von Klein-Behältern im Tausch-System ist möglich.

7.2.6 Groß-Behälter

Container sind Großbehälter mit 10 ... 80m³ Inhalt für den außerbetrieblichen Schütt- und Stückguttransport. Die wichtigsten Gründe für die Einführung der Container waren:
- Verstärkter internationaler Warentransport,
- Bau von großen Zentrallagern,
- Rascher Gutumschlag und möglichst kurze Standzeiten der außerbetrieblichen Transportmittel,
- Wegfall des Umladens auf Umschlagplätzen,
- Witterungsschutz der Fördergüter.

1 Gabeltaschen
2 Eckbeschläge
3 Zweiflüglige Tür

Stahl-Container (MANNESMANN-STAHLBLECHBAU)

Hauptdaten für ISO-Container – nach DIN 15190

Be-zeich-nung	Außenmaße in mm			Zuläss. Brutto-gewicht in t	Eingengewicht ca. in t		Mindestmaße der Türen Breite × Höhe in mm
	Länge	Breite	Höhe		Leichtmetall	Stahl	
1 A [1]	12192^{+0}_{-10} $\approx 40'$	2438^{+0}_{-5} $\approx 8'$	2438^{+0}_{-5} $\approx 8'$	30,5	2,3	4,2	2286 × 2134
1 B	9125^{+0}_{-10} $\approx 30'$			25,4	1,8	3,2	
1 C[1]	6058^{+0}_{-6} $\approx 20'$			20,3	1,3	2,3	
1 D[1]	2991^{+0}_{-5} $\approx 10'$			10,2	0,75	1,3	
1 E	1968^{+0}_{-3} $\approx 6\frac{2}{3}'$			7,1	–	–	
1 F	1460^{+0}_{-3} $\approx 5'$			5,1	–	–	

[1]) Bevorzugt verwenden – übrige Größen nur in Ausnahmefällen

Bild 7.2-4 Container

Normung. Aus Bild 7.2-4 gehen die Hauptabmessungen und einige weitere wichtige Daten der nach ISO-Normung festgelegten Container hervor. Genauso wichtig wie die mit Toleranzgrenzen angegebenen Abmessungen sind die Eckbeschläge und deren Lage, die die Abmessungen der Lastaufnahmemittel bestimmen. Die Eckbeschläge haben wegen der hammerkopfartigen Aufnahmeorgane der Lastaufnahmemittel Langlöcher. In der Bodenplatte sind seitlich Öffnungen für das Einführen der Gabeln von Gabel- oder Querstaplern vorzusehen.

Weitere Einzelheiten siehe DIN 15190.

Wichtige Bauarten

Standardausführungen Bei den Standardausführungen aus Stahl (Bild 7.2-4) bestehen die Seitenwände aus gesicktem Stahlblech. Sie sind mit dem tragenden Profilstahlgerüst verschweißt. Die Türen haben zwei gleich breite Flügel und sind um 270° aufschlagbar. Im Innenraum sind an den Seitenwänden Leisten zur Aufnahme von Verzurrungsbändern oder Abteilblechen angebracht. Das Dach besteht aus glatten, durch Profile versteiften Blechen, der Boden aus auf Stahlprofilen aufgelegten gespundeten Holzbohlen.

Die Wände und Dächer der *Leichtbauweisen* werden aus Leichtmetall, beschichtetem Sperrholz oder Kunststoff (GFK), die Rahmen aus Stahlprofilen oder in Verbundbauweise (Stahl/Leichtmetall) hergestellt.

Eigenlast und maximale Lasten siehe Bild 7.2-4.

Sonderausführungen Zur besseren Be- und Entladung können Standard-Container mit zusätzlichen seitlichen Türen und abnehmbaren, verschiebbaren oder klappbaren Dächern ausgerüstet werden.

Für verderbliche Fördergüter sind *Kühl-Container* gebräuchlich.

Der Transport von Flüssigkeiten und Schüttgütern erfolgt in Tank-Containern. Sie bestehen aus einem Container-Rahmen, in den Tanks aus Stahl, Leichtmetall oder Kunststoff eingesetzt werden.

Für besonders große Stückgüter sind *Flach-Container (Flats)* gut geeignet. Sie werden meist in den Abmessungen der IC-Ausführung (Bild 7.2-4) hergestellt und bestehen aus der Grundplatte mit verschiedenen Aufbauten (ohne Dach und volle Seitenwände).

Beim *Flug-Container* ist auf besonders leichte Bauweise zu achten.

7.3 Freilager

Freilager sind nur für die Lagerung witterungsunempfindlicher Stück- und Schüttgüter geeignet; z.B. Container, Gussteile, Kohlen, Erz usw. Es handelt sich hierbei um Vorrats- und Verteillager. Zur Vermeidung der Verschmutzungen des Lagergutes ist der Boden der Lagerfläche möglichst mit einem staub- und schmutzsicheren Belag zu versehen; das Gleiche gilt für die Fahrwege beim Einsatz von gleislosen Flurfördermitteln. Stückgüter werden, so weit möglich, aufeinander gestapelt. Schüttgüter auf Halden abgelagert.

Als Fördermittel kommen, je nach Fördergut und Fördermenge, Krane (Portal-, Kabel-, Lauf- und Drehkrane), Fahrzeugkrane, Stetigförderer (Bandförderer, pneumatische Förderer usw.), gleislose Flurfördermittel und Bagger (Schrapper, Planiergeräte usw.) zum Einsatz.

Lagerflächen bis 100 000 m^2 und mehr, Schütthöhe bis 20 m, Fördermenge der Fördermittel bis 10 000 t/h.

7.4 Bunker

Bunker dienen zur Lagerung von Schüttgütern, Flüssigkeiten und Gasen. Als Zwischenspeicher werden Bunker auch in der Fertigung zur Erfüllung folgender Aufgaben verwendet :
– Bei zeitlich und mengenmäßig verschieden zusammenarbeitenden Maschinen
– Beim Einsatz von Stetig- und Unstetigförderern in einer Transportkette.

Im Anschluss soll die Lagerung von Schüttgütern in Bunkern besprochen werden, da sie für die eigentliche Fördertechnik am wichtigsten ist.

Bunker werden damit als Vorrats-, Verteil- und Pufferlager eingesetzt.

7.4.1 Bauarten der Bunker

Die Ausgangsdaten für die Auslegung der Schüttgutbunker sind:
– Bunkerinhalt
– Beschickung und Entleerung
– Drücke auf Wandung und Boden
– Festlegung der Bauart und des Baumaterials

Der Bunkerinhalt ergibt sich aus der Menge der stoßweise bzw. kontinuierlich zu- und abgeführten Gutmenge in Abhängigkeit der Zeit und der geforderten Mindestreserve.

Beschickung und Entleerung siehe Abschnitt 7.4.2.

Die Drucke auf Wandung und Boden ergeben sich aus DIN 1055. Nach *Aumund* ergibt sich hierfür angenähert:

$$\boxed{p \approx k\, h\, \rho_S\, g} \qquad \text{\textit{Maximaler Druck durch das Schüttgut auf die unteren Wandteile und den Boden}} \qquad (7.4.1)$$

$$k = \frac{1 - \sin \beta}{1 + \sin \beta} \qquad \text{Gutbeiwert}$$

Der Gutbeiwert k berücksichtigt die Fließbarkeit des Schüttgutes.

    h   Maximale Guthöhe im Bunker
    ρ_S Schüttdichte des Lagergutes
    g   Fallbeschleunigung

Die Bunkerform soll bei größtmöglicher Ausnutzung des Bunkervolumens eine gute Beschickung und weitgehend restlose Entleerung unter dem Einfluss der Eigenlast des Lagergutes Gewähr leisten. Die wichtigsten Bauarten der Bunker für Schüttgüter (Bild 7.4-1) sind:

Prismatische Bunker. Die prismatischen Bunker, in der Regel mit rechteckigem oder quadratischem Querschnitt, besitzen als Auslaufteil Pyramiden- oder Keilstümpfe.

Länge und Tiefe bis 20 m
Höhe bis 50 m
Nutzinhalt bis 2000 m³

Zylindrische Bunker. Der Hauptteil des Bunkers ist zylindrisch; der Auslaufteil wird als Kegelstumpf ausgeführt.

Zylindrische Bunker haben eine höhere Festigkeit, jedoch sind sie in der Herstellung teurer als die prismatischen Ausführungen.

Durchmesser bis 20 m
Höhe bis 50 m
Nutzinhalt bis 1500 m³

Taschenbunker. Sie bestehen aus mehreren direkt aneinander gereihten prismatischen Bunkern, wobei sehr häufig die Auslaufteile nur an einer Seite angebracht werden (Bild 7.4-1).

Gesamtlänge bis 150 m
Tiefe bis 20 m
Höhe bis 50 m
Nutzinhalt bis 150 000 m³

Einzelbunker können segmentartig abgeteilt werden, um die Lagerung mehrerer Schüttgutarten in einem Bunker zu ermöglichen. Beim Auslaufen des Lagergutes bildet sich im Bunker ein Guttrichter (Bild 7.4-1). Der erforderliche Neigungswinkel am Auslaufteil hängt von der Reibungszahl zwischen Lagergut und Bunkerwand ab: Neigungswinkel $\delta = 30 \ldots 60°$. *Hochbunker* (über Flur) werden *Tiefbunkern* (unter Flur) vorgezogen, da sie billiger sind. Als Baumaterial werden je nach Lagergut, Bunkergröße und Anordnung Stahlbeton, Stahl, Leichtmetall, mit Kunstoffen beschichteter Stahl, Kunststoff (oft GFK) oder Holz verwendet. Bei stark schleißenden Lagergütern wird im Auslaufteil eine auswechselbare Auskleidung aus verschleißfesten Stoffen eingebaut. Bunker aus Leichtmetall und Kunststoff sind teurer und haben eine geringere Festigkeit als Stahlbunker, sie sind jedoch leichter und wartungsfrei.

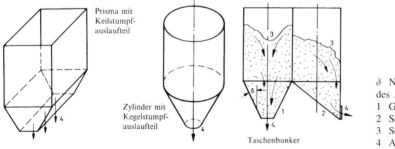

Bild 7.4-1 Bauarten von Schüttgutbunkern

Stahl- und Leichtmetallbunker werden aus entsprechend geformten Blechen zusammengeschweißt. Kunststoffbunker werden geklebt, Holzbunker verschraubt. Die Verstärkungen sind besonders dort anzubringen, wo die Kräfte aus den Eigen-, Nutz- und Windlasten in die Stützen eingeleitet werden.

7.4.2 Gutaufgabe und Gutabgabe

Gutaufgabe. Die Gutaufgabe in den Bunkern erfolgt durch Stetigförderer (z.B. Bandförderer), Unstetigförderer (z.B. Drehkrane mit Greifern) oder direkt aus einem Zubringerfahrzeug (z.B. durch Kippen des gesamten Fahrzeugs).

Gutabgabe. Die Gutabgabe aus den Bunkern geschieht im Freien Fall oder durch Stetigförderer.

7.4 Bunker

Gutabgabe im Freien Fall. Die Gutabgabe erfolgt diskontinuierlich durch das Öffnen eines am Auslaufteil des Bunkers angebrachten Verschlusses, z.B. für das Beladen eines Lkw's.

Die Mindestgröße der Auslassöffnung hängt von der Korngröße und der Fließbarkeit des Lagergutes ab. Anhaltswerte:

$l\,(d) \geq 2{,}5\,(80 + d_K)\tan\beta$
$l\,(d) \geq (5\,\ldots\,10)\,d_K$

Mindestlänge bzw. Mindestdurchmesser der in mm (7.4.2)

d_K Maximale Korngröße in mm
β Böschungswinkel des Lagergutes

Die üblichen Bunkerverschlüsse (Bild 7.4-2) sind:
– *Schieber* (Flach- oder Drehschieber)
– *Klappen*
– *Stauverschlüsse* (meist mit Stetigförderern kombiniert)

Flachschieber sind wegen ihrer großen Reibung schwer zu betätigen und neigen leichter zum Verklemmen als Drehschieber und Klapp Verschlüsse; sie werden deshalb nur bei gelegentlicher Betätigung eingesetzt. Stauverschlüsse sind nur für grobkörniges und stückiges Schüttgut geeignet, jedoch kann hier, da das eigentliche Verschlussorgan fehlt, kein Verklemmen auftreten.

Die Betätigung der Verschlüsse kann von Hand oder motorisch vorgenommen werden.

Gutabgabe durch Stetigförderer. Die motorisch angetriebenen Stetigförderer ziehen das Lagergut kontinuierlich oder auch dosierend ab. Es handelt sich hierbei um Schnecken-, Schwing- und Bandförderer oder Zellenräder (Bild 7.4-2). Generell ist über dem eigentlichen Abzuggerät ein Schieber vorzusehen, der es gestattet, das Abzuggerät auch bei vollem Bunker abzunehmen; z.B. für Reparaturarbeiten.

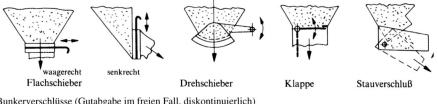

Bunkerverschlüsse (Gutabgabe im freien Fall, diskontinuierlich)

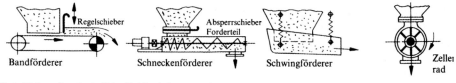

Stetigförderer (kontinuierliche Gutabgabe)

Bild 7.4-2 Geräte zur Gutabgabe

Die Schnecken- und Schwingförderer ermöglichen eine sehr genaue Dosierung, wenn sie von Dosierwaagen gesteuert werden. Beim Bandförderer kann die Abzugmenge durch die Bandgeschwindigkeit oder einen Regelschieber beeinflusst werden. Beim Schneckenförderer und Zellenrad geschieht dies durch die Änderung der Drehzahl, bei der Schwingrinne durch Regelschieber oder Amplituden- bzw. Frequenzänderung.

Zellenräder, Schnecken- und Bandförderer sind vor allem für staubförmiges und körniges, Schwingförderer für körniges und stückiges Lagergut zu verwenden.

Weiterhin kommen noch Walzenaufgeber, Drehteller, Kratzeraufgeber und Räumräder in Frage.

7.4.3 Bunkerhilfseinrichtungen

Die wichtigsten Bunkerhilfseinrichtungen sind:

Inhaltsanzeige. Zur Inhaltsanzeige werden, je nach Lagergut, *Kontaktschalter*, *Druckmessdosen* oder *kapazitive bzw. radioaktive Messeinrichtungen* verwendet.

Temperaturüberwachung. Eine Temperaturüberwachung ist bei der Lagerung von brennbaren Schüttgütern erforderlich. Zur Temperaturmessung sind in verschiedenen Höhenlagen des Bunkers eingebaute Widerstandsthermometer gebräuchlich.

Rüttel- und Auflockerungseinrichtungen. Sie sollen die Brückenbildung des Lagergutes im Auslaufteil des Bunkers verhindern, da sonst der einwandfreie Gutabzug nicht mehr Gewähr leistet ist. Hierfür werden Rütteleinrichtungen in Form von Magnetvibratoren an der Bunkeraußenwand des Auslaufteiles angebracht.

Das kurzzeitige Einblasen von Druckluft in den Auslaufteil des Bunkers verhindert ebenfalls die Bildung von Gutbrücken.

Brandschutzanlagen. Die Brandbekämpfung geschieht vor allem über Thermowächter gesteuerte automatische Sprinkleranlagen.

7.5 Gebäudelagerung

In Gebäudelagern werden vornehmlich witterungsempfindliche Stückgüter gelagert, die in der Regel mit Hilfe von Paletten zu Einheitsladungen zusammengefasst werden. In diesem Zusammenhang soll nur die Lagerung von Stückgütern auf Paletten besprochen werden. Grundsätzlich lässt sich die große Zahl der verschiedenen Lagerungsmöglichkeiten auf folgende beiden Grundtypen zurückführen:

Bodenlagerung   *Regallagerung*

Die Regallager sind die am weitesten verbreitete Lagerart, wobei die Paletten in meist senkrecht zu den Bedienungsgängen angeordneten Regalen gelagert werden. Die wichtigsten Regalarten sind: Fachboden-, Paletten-, Durchlauf-, Umlauf-, Langgut- und Verschieberegale.

Als Gebäudeformen kommen in Frage:

Flachlager: Meist Normbauhallen aus Stahl- oder Stahlbetonfertigteilen.
Etagenlager: Stockwerks- oder Geschosslager; zusätzliche Vertikalförderer erforderlich (z.B. Aufzüge).
Hochregallager: Regale als Tragwerk für Dach- und Wandelelemente.
Traglufthallenlager: Gebläse halten Hallenhaut (aus beschichteten Chemiefasern) straff; Schleusen erforderlich.

7.5.1 Bodenlagerung

Im Blocklager werden die einzelnen Paletten direkt oder über Bügel gestapelt. Die Stapelhöhe hängt von der Belastbarkeit der untersten Palette und der Standsicherheit des Palettenstapels ab. Selbst bei der Stapelung über Bügel oder bei Verwendung von Boxpaletten können deshalb nur 4 ... 6 Paletten übereinandergesetzt werden (Abschnitt 7.2.1).

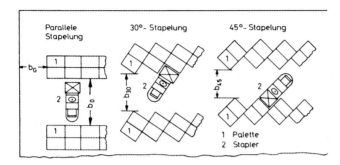

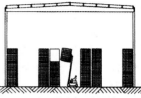

Gutumschlag (Paletten) durch Gabelstapler

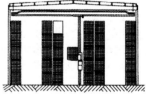

Gutumschlag (Paletten) durch Stapelkran

Normleichtbaulagerhallen

Gangbreiten in Abhängigkeit der Stapelart

Richtwerte für E-Gabelstapler mit einer Traglast von 1,5 t bei der Palettengröße 800 × 1200 mm
Normale Gangbreite $b_G \approx 1950$ mm
Gangbreite bei paralleler Stapelung $b_0 \times 3250$ mm
Gangbreite bei 30°-Stapelung $b_{30} \approx 2400$ mm
Gangbreite bei 45°-Stapelung $b_{45} \approx 1900$ mm

Bild 7.5-1 Bodenlagerung

Die Anordnung der Paletten kann senkrecht oder schräg zu den Fahrgängen erfolgen, wobei im Allgemeinen die senkrechte Anordnung weniger Platz benötigt (Bild 7.5-1). Dies wird durch den Flächennutzungsgrad φ_A gekennzeichnet:

$$\varphi_A = \frac{A_N}{A} \qquad \textit{Flächennutzungsgrad} \qquad (7.5.1)$$

A_N Nutzfläche (mit Paletten belegte Bodenfläche)
A   Gesamtfläche (A_N plus der Flächen für Fahrgänge, Bereitstellung usw.)

Analog kann der *Raumnutzungsgrad* φ_V und der *Belegungsnutzungsgrad* φ_B definiert werden.

$$\varphi_V = \frac{V_N}{V} \qquad \textit{Raumnutzungsgrad} \qquad (7.5.2)$$

$$\varphi_B = \frac{Z_B}{Z} \qquad \textit{Belegungsnutzungsgrad} \qquad (7.5.3)$$

V_N Von Paletten erfüllter Raum
V   Gesamter Raum der Lagerhalle (VN plus Raum über Fahr- und Bereitstellungsflächen usw.)
Z_B Zahl der belegten Palettenplätze
Z   Zahl der maximal belegbaren Palettenplätze

Als Standardförder- und -Stapelgeräte dienen Gabelstapler; hierbei reichen wegen der begrenzten Stapelhöhe (bis ca. 5m) Doppelhubmaste aus (Abschnitt 5.3.1). Es werden auch Sonderstapler (Abschnitt 5.3.4) verwendet, die mit schmaleren Fahrgängen auskommen.

Flächennutzungsgrad $\varphi_A \approx 0{,}5 \ldots 0{,}8$.

Vorteile
Keine Regalkosten;
Fahrgänge und Palettenstapel können leicht umgestellt werden.

Nachteile
Nur die jeweils oberste Palette kann direkt weggenommen werden;
begrenzte Stapelhöhe und damit geringere Raumausnutzung.

7.5.2 Regallagerung

Regallager: Die meist aus Normprofilen aufgebauten Regale werden in der Lagerhalle frei aufgestellt. Auch die Lagerhallen selbst werden weitgehend als Leichtbaunormhallen ausgeführt (Bild 7.5-2). Diese Lager werden für Regalhöhen bis ca. 10 m gebaut.

Flächennutzungsgrad $\varphi_A \approx 0{,}5 \ldots 0{,}8$.

Als Fördermittel setzt man Hochregalstapler, Stapelkrane oder gelegentlich auch Regalbediengeräte ein.

Vorteile
Fahrgänge und Regale können umgestellt werden;
jede Palette ist direkt ein- und auslagerbar;
enge Fahrgänge und geringere Unfallgefahr.

Nachteile
Regalkosten;
nicht für sehr große Stapelhöhen geeignet;
Verwendung analog wie beim Blocklager.

Hochregallager. Hochregale werden mit Regalhöhen bis 30 (50) m ausgeführt und sind nur sehr schwer umstellbar. Flächennutzungsgrad $\varphi_A \approx 0{,}7 \ldots 0{,}9$; Raumnutzungsgrad $\varphi_V \approx 0{,}8 \ldots 0{,}9$ (sehr hoch); bis zu 20 000 und mehr zu belegende Palettenplätze.

Die Regale, die wegen der Vielzahl der Regalstützen auf einer durchgehenden Fundamentplatte mit in Dübeln sitzenden Ankerschrauben befestigt werden, dienen gleichzeitig als Tragkonstruktion für die Dach- und Wandelemente.

Die Wand- und Dachelemente der Hochregallager bestehen aus Leichtmetall oder verzinktem Stahlblech mit entsprechender Wärmedämmung.

Zur Brandbekämpfung werden Sprinkleranlagen eingebaut; die lokale Brandbekämpfung ist auch von den Regalbediengeräten aus möglich.

7.5 Gebäudelagerung

mit Stapelkran   mit Regalbediengeräten   Hochregallager mit Regalbediengeräten

Palettenlager mit frei aufgestellten Regalen

Hochregallager mit Verteilung — Zentrallager

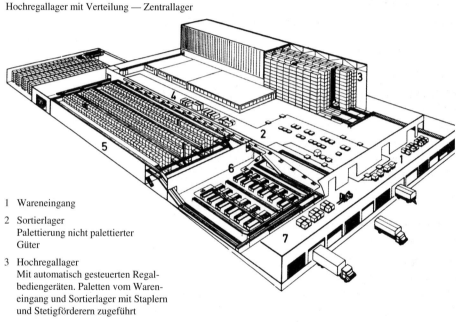

1 Wareneingang

2 Sortierlager
   Palettierung nicht palettierter Güter

3 Hochregallager
   Mit automatisch gesteuerten Regalbediengeräten. Paletten vom Wareneingang und Sortierlager mit Staplern und Stetigförderern zugeführt

4 Blocklager
   Großvolumige Güter vom Wareneingang mit Staplern zugeführt

5 Kommissionierlager
   Paletten über Stetigförderer vom Hochregallager zugeführt. Mit von Hand gesteuerten Regalbediengeräten. Manuelles Kommissionieren in codierte Sammelbehälter

6 Packerei
   Sammelbehälter über Stetigförderer vom Kommissionierlager zugeführt

7 Versand
   Ganze Palettenladungen und großvolumige Güter vom Hochregallager bzw. Blocklager mit Staplern, verpackte Güter über Stetigförderer von der Packerei zugeführt

Bild 7.5-2 Regallager (SIEMENS DEMATIC)

Rollenförderer mit Verschiebehubwagen

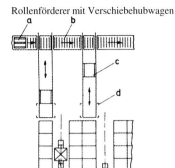

a Palette
b Rollenförderer als Ein- bzw. Auslagerungsbahn
c Verschiebehubwagen als Ein- bzw. Ausschleusvorrichtung
d Aufnahmetisch für Paletten
e Regalförderzeug
f Palettenregal

Rollenförderer mit Querkettenförderer

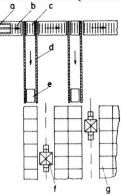

a Palette
b Rollenförderer als Ein- bzw. Auslagerungsbahn
c Rollenhubtisch zur Übergabe von Rollenförderer auf den Querkettenförderer
d Kettenförderer
e Hubtisch zur Palettenaufnahme
f Regalförderzeug
g Palettenregal

Kettenförderer mit Querrollenförderer und Schwenktisch

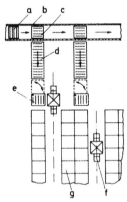

a Palette
b Kettenförderer als Ein- bzw. Auslagerungsbahn
c Rollenhubtisch zur Übergabe von Kettenförderer auf den Querrollenförderer
d Rollenförderer
e Schwenkrollentisch
f Regalförderzeug
g Palettenregal

Hängeförderer und Verschiebehubwagen

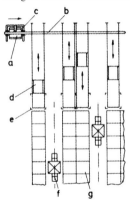

a Palette
b Hängeförderer als Einschienenhängebahn oder Kreisförderer
c Gehänge für Palettentransport durch Kettenantrieb oder Traktor
d Verschiebehubwagen zur Übernahme der Paletten
e Aufnahmetisch für Paletten
f Regalförderzeug
g Palettenregal

Palletteneinlagerung vorwiegend in Breitseitenrichtung. Je nach Lage der Zuförderer ist eine Drehung der Ladeeinheit um 90° erforderlich.

zu Bild 7.5-2: Ein- und Ausschleus-Systeme für mechanisierte Palettenlager

7.5 Gebäudelagerung

Auf den Einbau von Fenstern wird verzichtet, da durch die hohen Regale eine künstliche Beleuchtung auch bei Tag erforderlich ist und die Fenster in Anschaffung und Wartung teurer sind als entsprechende Wandelemente.

Als Fördermittel werden bei geringeren Stapelhöhen Hochregalstapler, sonst allgemein Regalbediengeräte eingesetzt. Die wichtigsten Zu- und Abtransportmittel (Ein- und Ausschleussysteme) unmittelbar zu den Regalen bzw. den Regalbediengeräten für Paletten gehen aus Bild 7.5-2 hervor.

Durch eine Wirtschaftlichkeitsberechnung ist für jeden Lagerfall zu prüfen, ob das teure, jedoch Platz sparende und hohe Gutumschlagmengen erreichende Hochregallager zu wählen ist — siehe Aufgabe 32.

Vorteile
Geringer Platzbedarf durch sehr große Stapelhöhen und schmale Gänge;
jede Palette ist direkt ein- und auslagerbar;
geringere Unfallgefahr und niedriger Personalaufwand, insbesondere bei automatischer Steuerung der Regalbediengeräte.

Nachteile
Nicht oder nur sehr schwer umstellbar;
höhere Bau- und Wartungskosten durch Regale, Regalbediengeräte und ihre Steuerungseinrichtungen.

Hochregallager, die ursprünglich nur als Vorrats- und Verteillager gebaut wurden, werden zum Teil auch als Pufferlager verwendet.

7.5.3 Verschieberegal

In diesen Lagern (Bild 7.5-3) werden vor allem Kleinteile, Akten usw. gelagert. Die Regale können durch am Fußteil angebrachte, in Schienen laufende Rollen verschoben werden. Dadurch ist eine Anordnung der Regale direkt nebeneinander möglich, und ein einziger Bedienungsgang ist für mehrere Regale ausreichend.

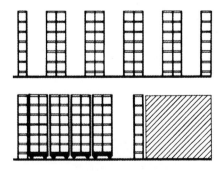

Bild 7.5-3 Verschieberegale

Oben: Feste Regale
Unten: Verschieberegale (schraffierter Raum ist gewonnen)

Handantrieb bei Regallasten bis ca. 4 t, sonst Motorantrieb (z.B. durch Getriebemotor im Sockel einer Regaleinheit – Regale an diese Einheit beim Verschieben angekoppelt)

Diese Lagerart ist nur für kleinere Umschlagmengen geeignet, da allzu häufiges Verschieben zu viel Zeit in Anspruch nimmt und sich das Lagerpersonal gegenseitig stark behindert. Es weist allerdings einen sehr hohen Flächenausnutzungsgrad auf – $\varphi_A \approx 0{,}8$.

Anwendung sowohl als Vorrats- und Verteil- sowie auch als Pufferlager.

7.5.4 Durchlaufregal

Beim Durchlaufregal läuft das Lagergut (Paletten, Kästen u.a.) mit seiner ebenen Unterseite auf geneigten Rollenbahnen oder Rollenschienen durch den Regalkanal (Schwerkraftförderung). Analog können auch Rollpaletten (Abschnitt 7.2.1) verwendet werden.

Die Neigungswinkel δ der Rollenbahnen usw. liegen bei 1... 3°. Sie sind so auszulegen, dass das Lagergut an jeder Stelle im Regalkanal von alleine losrollt. Die Berechnung der erforderlichen Neigungswinkel δ kann analog Abschnitt 6.5.2 erfolgen.

Wichtig für einen betriebssicheren Ablauf ist der Einsatz von einfachen und sicheren Bremsen sowie Endanschlägen. Zur Abbremsung werden in gewissen Abständen Bremsrollen (Abschnitt 6.5.2) angebracht. Die Endanschläge verhindern das Herausspringen der Paletten an der Entladeseite. Sie werden oft federnd ausgebildet. Damit die Anlaufgeschwindigkeit klein bleibt, sind kurz vor den Anschlägen Bremsrollen einzubauen.

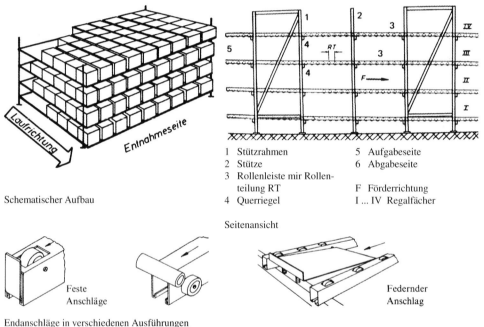

Schematischer Aufbau

1 Stützrahmen
2 Stütze
3 Rollenleiste mir Rollenteilung RT
4 Querriegel
5 Aufgabeseite
6 Abgabeseite
F Förderrichtung
I ... IV Regalfächer

Seitenansicht

Feste Anschläge

Federnder Anschlag

Endanschläge in verschiedenen Ausführungen

Bild 7.5-4 Durchlaufregal (SIEMENS DEMATIC)

Die Beschickung bzw. Entnahme an den Stirnseiten der Regale erfolgt je nach Regalhöhe durch Stapler, Stapelkräne oder Regalbediengeräte.

Diese Lagerart wird vor allem auch als Pufferlager in der Fertigung verwendet und zeichnet sich durch einen sehr hohen Raumnutzungsgrad aus $-\varphi_V \approx 0{,}8 \ldots 0{,}9$.

Vorteile

Selbsttätiges Einhalten des Prinzips „First in – first out" ohne organisatorische oder steuerungstechnische Maßnahmen;

7.5 Gebäudelagerung

einfache Beschickung und Entnahme in getrennten Ebenen sowie kurze Förderwege;
völlige Trennung von Gutein- und auslagerung (z.B. kontinuierliche Ein- und stoßweise Auslagerung leicht möglich);
beste Raumausnutzung durch das Fehlen der Zwischengänge.

Nachteile
Höhere Investitionskosten als beim Festen Regallager (durch Rollbahnen, Bremsen, Endanschläge usw.);
nicht vollständige Auslastung der einzelnen Regalkanäle – je Kanal nur eine Artikelart.

7.5.5 Umlaufregal

Umlaufregale entsprechen in ihrem grundsätzlichen Aufbau den Durchlaufregallagern; sie gestatten jedoch eine 100 %ige Auslastung aller Lagerkanäle. Das Prinzip eines Umlaufregallagers geht aus Bild 7.5-5 hervor.

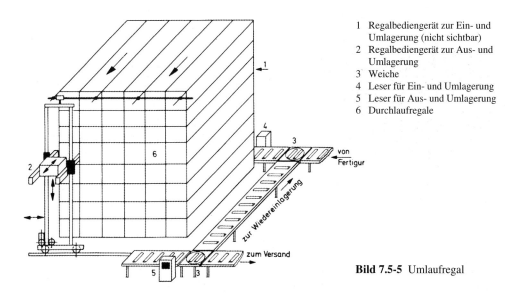

1 Regalbediengerät zur Ein- und Umlagerung (nicht sichtbar)
2 Regalbediengerät zur Aus- und Umlagerung
3 Weiche
4 Leser für Ein- und Umlagerung
5 Leser für Aus- und Umlagerung
6 Durchlaufregale

Bild 7.5-5 Umlaufregal

Gegenüber dem Hochregallager wird beim Umlaufregallager weniger Grundfläche benötigt. Nachteilig ist, dass die Regalbediengeräte häufig mehr Paletten umlagern als ein- bzw. auslagern.

7.5.6 Beispiele

31   **Taschenbunkeranlage für Kohle**

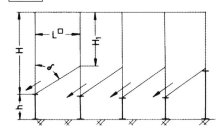

Lagergut: Schüttdichte $\rho_S = 0{,}75\,\dfrac{t}{m^3}$, maximale Korngröße $d_K = 50$ mm, Böschungswinkel $\beta = 50°$

Bunker: Lagermenge je Bunker $m_B = 200$ t, $\dfrac{H_1}{L} = 2$, Auslaufwinkel $\delta = 40°$, $h = 4$ m.

Gesucht:
1. Bunkerabmessungen L, H_1, H und Gesamthöhe H_{ges}
2. Mindestgröße der Auslauföffnungen, maximaler Druck auf Boden und Wände

Lösung:

1.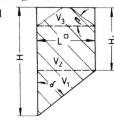

Lagermenge je Bunker $m_B = 200$ t ergibt ein Bunkervolumen von

$$V_B = \frac{m_B}{\rho_S} = \frac{200\,t}{0{,}75\,\dfrac{t}{m^3}} = 267\,m^3 \qquad V_B = 267\,m^3$$

$$V_B = V_1 + V_2 + V_3 = \frac{1}{2} L L L \cot\delta + L^2\left(2L - \frac{L}{2}\tan\beta\right) + \frac{1}{3} L^2 \frac{L}{2}\tan\beta$$

$$V_B = L^3 \left(\frac{\cot\delta}{2} + 2 - \frac{\tan\beta}{3}\right) \text{ hieraus } L = \sqrt[3]{\frac{V_B}{\left(\dfrac{\cot\delta}{2} + 2 - \dfrac{\tan\beta}{3}\right)}}$$

$$L = \sqrt[3]{\frac{267\,m^3}{(0{,}59 + 2 - 0{,}4)}} = 4{,}96\,m \qquad\qquad L = 5\,m$$

$H = H_1 + L \cot\delta = 10\,m + 5\,m \cdot 1{,}19 = 15{,}9\,m \qquad H_1 = 2L = 10\,m$

Gesamthöhe $H_{ges} = H + h = 16\,m + 4\,m = 20\,m \qquad H = 16\,m$

$\qquad\qquad\qquad\qquad\qquad\qquad\qquad\qquad\qquad\qquad H_{ges} = 20\,m$

2. Seitenlänge der Auslassöffnung nach Gl. (7.4.2)

$L \geq 2{,}5\,(80 + d_K)\tan\beta = 2{,}5\,(80\,mm + 50\,mm)\tan 50° = 387\,mm$

$L \geq (5\,...\,10)\,d_K = (5\,...\,10)\,50\,mm = 250\,...\,500\,mm \qquad L = 400\,mm$

Maximaler Druck auf Boden und Wände angenähert nach Gl. (7.4.1)

$$p \approx k\,H\,\rho_S\,g = 0{,}132 \cdot 16\,m \cdot 750\,\frac{kg}{m^3} \cdot 9{,}81\,\frac{m}{s^2} = 15\,500\,\frac{N}{m^2}$$

Gutbeiwert $k = \dfrac{1 - \sin\beta}{1 + \sin\beta} = \dfrac{1 - \sin 50°}{1 + \sin 50°} = 0{,}132 \qquad p = 0{,}16\,bar$

32 Palettenregallager

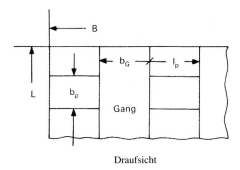

Draufsicht

Lagerkapazität z = 5000 Paletten.
Paletten: Nutzlast $m_P = 11$, Platzbedarf
$l_P \times b_P \times h_P = 1{,}4$ m $\times 1$ m $\times 1{,}2$ m.
Es werden 50 Paletten/h im Zweischichtbetrieb (je Schicht 8 Arbeitsstunden) ein- und ausgelagert.
Kostenrichtwerte: Palette 15 €/St, Palette mit Bügel 30 €/St.
Weitere Werte siehe Tabelle.

Variante	①	②
Lagerart	Blocklager regallos, mit Bügelpaletten	Hochregallager
Gangbreite bG in m	3,4	1,5
Zahl der gestapelten Paletten $z_Ü$	4	20
Be- und Entladezeit tB je Palette in min	4	1,2
Gangzahl z_G	7	3
Art des Fördermittels	Gabelstapler	Regalbediengerät einschl. Steuerung
Kosten der Fördermittel in €/St	20 000	300 000
Mittlere Fahrgeschwindigkeit v_F in m/min	100	120
Mittlere Hubgeschwindigkeit v_H in m/min	10	20
Personalbedarf	Fahrer + 4 Arbeitskräfte	3 Arbeitskräfte
Gebäudekosten in €/m³	100	75
Regalkosten je Palettenplatz in €	–	125

Jährliche Betriebskosten:

1. Zinsen: 10 % der Investitionskosten (Gebäude, Einrichtungen, Fördermittel)
2. Amortisation: Gebäude und Regale 20 Jahre, Einrichtungen und Fördermittel 10 Jahre
3. Wartung und Energie: 10 % der Investition
4. Personal: 50 000 €/Arbeitskraft

Gesucht:

1. Hallenabmessungen L, B, H, bebaute Grundfläche A und umbauter Raum V für beide Varianten
2. Zahl der Fördergeräte für beide Varianten
3. Investition, Investition je Palettenplatz für beide Varianten
4. Jährliche Betriebskosten, jährliche Betriebskosten je Palettenplatz und je umgeschlagene Fördermenge bei 250 Arbeitstagen im Jahr
   Lösung möglichst in Tabellenform

Lösung:

1. Variante ① und ② durch die Indices 1 und 2 gekennzeichnet

1.

Variante	①	②
Palettenzahl auf Boden z'	$z'_1 = z/z_{Ü1} = 5000/4 = 1250$	$z'_2 = z/z_{Ü2} = 5000/20 = 250$
Palettenzahl je Reihe z''	$z''_1 = z'_1/z_{R1} = 1250/14 \approx 90$ 7 Gänge → 14 Reihen	$z''_2 = z'_2/z_{R2} = 250/6 \approx 42$ 3 Gänge → 6 Reihen
Hallenlänge L	$L_1 = z''_1 b_P = 90 \cdot 1\,m = \mathbf{90\,m}$	$L_2 = z''_2 b_P = 42 \cdot 1\,m = \mathbf{42\,m}$
Hallenbreite B	$B_1 = z_{G1} b_{G1} + z_{R1} l_P$ $B_1 = 7 \cdot 3{,}4\,m + 14 \cdot 1{,}4\,m = \mathbf{43{,}4\,m}$	$B_2 = z_{G2} b_{G2} + z_{R2} l_P$ $B_2 = 3 \cdot 1{,}5\,m + 6 \mu \cdot 1{,}4\,m = \mathbf{12{,}9\,m}$
Hallenhöhe H	$H_1 = z_{Ü1} h_P = 4 \cdot 1{,}2\,m = \mathbf{4{,}8\,m}$	$H_2 = z_{Ü2} h_P = 20 \cdot 1{,}2\,m = \mathbf{24\,m}$
Grundfläche A	$A_1 = L_1 B_1 = 90\,m \cdot 43{,}4\,m = \mathbf{3910\,m^2}$	$A_2 = L_2 B_2 = 42\,m \cdot 12{,}9\,m = \mathbf{542\,m^2}$
Umbauter Raum V	$V_1 = A_1 H_1 = 3910\,m^2 \cdot 4{,}8\,m =$ $= \mathbf{18\,800\,m^3}$	$V_2 = A_2 H_2 = 542\,m^2 \cdot 24\,m =$ $= \mathbf{13\,000\,m^3}$

2. Spielzeit t_S vereinfacht aus mittlerem Fahrweg $\left(s_F = \dfrac{B+L}{2}\right)$, mittlerem Hubweg ($h = H/2$) und der mittleren Fahr- bzw. Hubgeschwindigkeit v_F bzw. v_H ohne Berücksichtigung der Überlagerung einzelner Arbeitsbewegungen berechnen.

$$t_{S1} = \frac{2 s_{F1}}{v_{F1}} + \frac{2 h_1}{v_{H1}} + t_{B1} = \frac{133\,m}{100\,\frac{m}{min}} + \frac{4{,}8\,m}{10\,\frac{m}{min}} + 4\,min = 5{,}81\,min \qquad t_{S1} = 5{,}81\,min$$

$$t_{S2} = \frac{2 s_{F2}}{v_{F2}} + \frac{2 h_2}{v_{H2}} + t_{B2} = \frac{42\,m}{120\,\frac{m}{min}} + \frac{24\,m}{20\,\frac{m}{min}} + 1{,}2\,min = 2{,}75\,min \qquad t_{S2} = 2{,}75\,min$$

Je Gang ein Regalbediengerät
Fördermenge eines Staplers bzw. Regalbediengerätes $\dot{m}_S$ nach Gl. (5.4.2)

$\dot{m}_{S1} = m_S/t_{S1} = 1\,t/5{,}81\,min = 0{,}172\,t/min \quad m_S \triangleq m_P = 1\,t \qquad \dot{m}_{S1} = 0{,}172\,t/min$

$\dot{m}_{S2} = m_S/t_{S2} = 1\,t/2{,}75\,min = 0{,}364\,t/min \qquad \dot{m}_{S2} = 0{,}364\,t/min$

Erforderliche Stapler – bzw. Regalbediengerätezahl z_S nach Gl. (5.4.1)

$z_{S1} = \dot{m}/\dot{m}_{S1} = 0{,}833\,t/min / 0{,}172\,t/min = 4{,}84 \qquad z_{S1} = 5$

$z_{S2} = \dot{m}/\dot{m}_{S2} = 0{,}833\,t/min / 0{,}364\,t/min = 2{,}29 \qquad z_{S2} = 3$

7.5 Gebäudelagerung

3.
Variante	①		②	
Gebäude	18 800 m³ · 100 €/m³	= 1 880 000 €	7 500 m³ · 150 €/m³	= 1 125 000 €
Regale			5000 · 125 €	= 750 000 €
Paletten	5000 · 30 €	= 150 000 €	5000 · 15 €	= 75 000 €
Fördermittel mit Steuerung	5 · 20 000 €	= 100 000 €		
Investition		**2 130 000 €**		**2 575 000 €**
Investition je Palettenplatz	2 130 000 / 5 000	= **426 €**	2 575 000 / 5 000 =	**515 €**

4. Kosten in €/Jahr

Variante	①		②	
Zinsen	2 130 000 · 0,1	= 213 000	2 575 000 · 0,1	= 257 500
Amortisation	1 880 000/20	= 94 000	1 600 000/20	= 80 000
	250 000/10	= 25 000	975 000/10	= 97 500
Wartung und Energie	2 130 000 · 0,1	= 213 000	2 575 000 · 0,1	= 257 500
Personal [1]	2 (5 + 4) 50 000	= 900 000	2 · 3 · 50 000	= 300 000
Jährliche Betriebskosten		**1 445 000**		**992 500**
Jährliche Betriebskosten je Palettenplatz	1 445 000 / 5 000 =	**289**	992 500 / 5 000 =	**198,5**
Jährliche Betriebskosten je Fördermenge in €/t [2]	1 445 000 / 200 000 =	**7,23**	992 500 / 200 000 =	**4,96**

[1] „2": 2-Schichtbetrieb
[2] Bei 250 Arbeitstagen/Jahr ṁ = 200 000 t/Jahr

Hieraus wird ersichtlich, dass trotz höherer Investitionen die Variante ② bei den Betriebskosten günstiger ist. Analog können auch andere Lagersysteme durchgerechnet werden.

7.6 DIN-Normen

DIN	15141-4	11.85	Transportkette; Paletten; Vierwege-Fensterpaletten aus Holz Brauereipalette aus Holz
DIN	15141-2	04.90	Flachpaletten aus Kunststoff; Hauptmaße, Anforderungen, Prüfung
DIN	15142	02.73	Boxpaletten, Rungenpaletten; Hauptmaße und Stapelvorrichtungen
DIN EN ISO 445		12.98	Transportkette; Paletten; Systematik und Begriffe für Paletten mit Einfahröffnungen
DIN	15146	11.86	Vierwege-Flachpalette aus Holz, Europäische Tauschpalette
DIN	15147	08.01	Flachpaletten aus Holz; Gütebedingungen
DIN	15155	12.86	Flurfördergerät; Gitterboxpaletten mit abnehmbarer geteilter Vorderwand
DIN	15190	04.91	Frachtbehälter; ISO-Container der Reihe 1; Hauptmaße Eckbeschläge, Handhaben und Belastung beim Befördern, Prüfung, Gabeltaschen, Greifkanten, Gooseneck-Tunnel, Einrichtungen zum Heben und Befestigen an den Eckbeschlägen, Binnencontainer

Literatur siehe Kapitel 2.8.

Sachwortverzeichnis

A
Abscheider 269
Abwurfwagen 194
Achstrommel 16
Anbaugerät 171
Anlaufleistung 78
Anschlagmittel 56
Antriebsleistung 188
Antriebstrommel 73, 190
Aufgabetrichter 268
Aufsetzrahmen 284
Aufzug 22
Ausgleichsrolle 8
Ausschleuser 194, 264
Autokran 158

B
Backenbremse 40
Bahnschiene 33
Band 56, 72
– mit Stahlseileinlage 73
Bandbecherwerk 73
Bandbreite 191, 200, 203
Bandbremse 42
Bandförderer 69
Bandreinigung 195
Bandtrommel 75
Bandzugkraft 197
Bandzugkraftverlauf 199
Batterie, elektrischer Antrieb 162
Becherband 230
Becherbandförderer 211
Becherwerk 72, 224
Beladezeit 181
Bereifung 161
Beschleunigungsleistung 78
Beschleunigungswiderstand 179
Betriebsfestigkeit 12
Blockzange 67
Bockkran 126
Bodenentleerung 59
Bodenlagerung 292
Bolzenkette 25
Boxpalette 285
Bremse 37
Bremslüfter 46
Bremsmoment 37
Bremsrolle 262
Brückenkran 111
Bunker 289

D
Derrickkran 146
Dieselantrieb 162
Dieselschlepper 164
Dieselwagen 164
Doppelbackenbremse 48
Doppelbandanlage 201
Doppelhaken 53
Doppellenker 142
Dosierschwingrinne 255
Drahtband 72
Drahtbandförderer 202
Drahtseil 10
Drehbremse 39
Drehgerät 171
Drehkran 137
Drehlaufkatze 33
Drehwerk 84
Dreirad-Gabelstapler 167
Dreiseitenstapler 173
Druckluftflaschenzug 103
Druckluftförderanlage 268
Druckverlust 270
Durchlaufregal 298

E
Einfachlenker 141
Einheitsfahrwiderstand 32
Einmassensystem 246
Einschienenlaufkatze 101, 116
Einseilgreifer 63
Einträgerbrückenkran 112
Elektrofahrwerk 103
Elektroflaschenzug 100
Elektromagnetvibrator-Antrieb 248
Elektroschlepper 164
Elektrowagen 163
Entladezeit 181
Eytelwein´sche Gleichung 19

F
Fahrantrieb 162
Fahrbremse 38
Fahrerlose Transportsysteme 164
Fahrgerät 162
Fahrmast 169, 170
Fahrmotor 180
Fahrwerk 33, 82, 161
Fahrwiderstand 31, 179
Fahrzeit 181
Fahrzeugkran 155

Sachwortverzeichnis

Fallrohr 257
Fallrohrsystem 259
Faserseil 14
Federrolle 71
Flachschiene 33
Flaschenzug 8, 97
Flaschenzugwirkungsgrad 8
Fliehkraftentleerung 228
Fließförderung 267
Flugförderung 267
Flurfördermittel 161
Flurförderzeug 161
Förderer, hydraulisch 274
–, pneumatisch 266
Fördergeschwindigkeit 73, 189
Förderleitung 269
Fördermenge 177, 187, 188, 191, 214, 226, 268
Freihub 168, 170
Freilager 288
Freisichthubgerüst 171
Führerstandlaufkatze 116
Füllungsgrad 217

G
Gabel 170
Gabelhochhubwagen 173
Gabelhubwagen 165
Gabelstapler 167, 179
Gallkette 25
Gelenkkette 24
Gesamttreibungszahl 197
Gesamtwiderstand 188
Gesamtwirkungsgrad 8
Gewichtsspannvorrichtung 193
Girlandenrolle 71
Gitterboxpalette 285
Gleichschlag 10
Gliederbandförderer 75
Gliederförderer 211
Gnomwinde 22
Greifer 60
Greiferwindwerk 117
Gummikette 229
Gurtband 72
Gurtreinigungseinrichtung 190
Gutabgabe 194, 227
Gutaufgabe 194, 227
Gutaufgabestelle 70
Gutquerschnitt 195, 212

H
Hakengeschirr 55
Halbportalkran 125
Haltebremse 37
Handflaschenzug 97

Hängebahn 120
Hängekran 119
Haspelfahrwerk 103
Hebebock, hydraulisch 107
Hebebühne 165
–, hydraulisch 107
Hebemagnet 65
Hebezeug, hydraulisch 106
Heckantrieb 199
Hertz'sche Pressung 30
Hochregallager 294
Hub 168
Hubantrieb 168
Hubeinrichtung 165
Hubgerüst 168
Hubgeschwindigkeit 168
Hubkette 169, 170
Hubmotor 180
Hubschlitten 169, 170
Hubwerk 7, 20, 78, 168
Hubwiderstand 188
Hubzylinder 169

K
Kabelkran 135
Kasten 286
Kastenbandförderer 211
Kegelbremse 46
Keilschloss 14
Kette 24, 56
–, kalibriert 24
Kettenrad 26
Kettentrieb 24
Kettentrommel 27
Kippkübel 59
Klemme 59
Konsoldrehkran 146
Kopfantrieb 199
Kran 111
Kranbrücke 112
Kranfahrwerk 119
Kranschiene 33
Kratzerförderer 216
Kreisförderer 190, 217
Kreuzgelenkkette 25
Kreuzschlag 10
Kübel 59
Kugelbahn 264
Kunststoffband 72
Kurvengurtförderer 205

L
Ladehilfsmittel 283
Ladekran 155
Ladepritsche 286
Ladeschwinge 156

CASAR

Survival of the fittest: Casar Spezialdrahtseile sind noch stärker geworden.

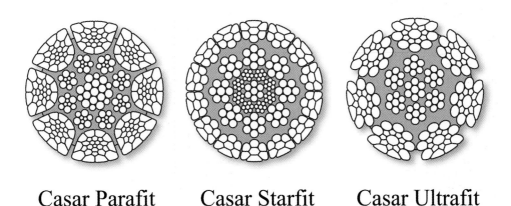

Casar Parafit   Casar Starfit   Casar Ultrafit

Mehr Information erhalten Sie unter Tel. +49 6841 8091 310

Ladungssicherung 284
Lagergestaltung 281
Lagerkapazität 282
Lagerorganisation 281
Lagertechnik 281
Lamellenhaken 54, 66
Laschenkette 25
Lastaufnahmemittel 52, 171
Lasthaftgerät 64
Lasthaken 53
Lastkollektiv 12
Lasttrum 198
Laufkatze 115
Laufrad 27
Laufzeitklasse 12
Leertrum 198
Leichtlaufrolle 69
Lenkung 162
Litzenseil 10
Lüftbremse 37

M
Magnetbandförderer 207
Magnetbremslüfter 46
Massenstrom 187
Massenträgheitsmoment 38
Mehrschalengreifer 62
Mehrseilgreifer 60
Mehrwegestapler 173
Mindestvorspannkraft 198
Mobilkran 157
Motordrücker 46
Motorgreifer 64
Motorwagen 163
Muldenband 196
Muldenrolle 70

N
Neigungswinkel 258
Nennleistung 78
Nockengewebeband 203
Nutzwinkel 19

O
Obertrum 70
Ösenhaken 54

P
Palette 283
Palettentransport 181
Palettiergerät 285
Pendelbecherwerk 224, 229
Plattenförderer 211
Polsterrolle 70
Portalhubwagen 165
Portalkran 125

Portalstapler 175
Pumpenförderung 274

Q
Quergabelstapler 175

R
Radarm 173
Radkraft 28
Regalbediengerät 122
Regallager 294
Regallagerung 292
Reibbandantrieb 238
Reibungstrommel 19
Reibungswiderstand 188
Reibungszahl 164
Riemenförderer 207
Rillenform 20
Rohrpostanlage 272
Rollenbahn 69, 257
–, angetrieben 237
Rollenförderer 69
–, leichter 237
–, schwerer 240
Rollenkette 25
Rollenschiene 263
Rollfahrwerk 101
Rollpalette 283
Rollreibung 32
Rollwiderstand 31, 179
Rücklaufsperre 76
Rundstahlkette 24
Rutsche 257

S
Saugdüse 268
Saugluftförderanlage 268
Saugteller 65
Säulendrehkran 145, 150
Schäkel 54
Scharnierbandkette 75
Scheibenbremse 45, 49
Scheibenrolle 69
Schiene 33
Schiffsbelader 131
Schiffsentlader 131
Schlaglänge 10
Schlagwinkel 10
Schleifbahn 70
Schlepper 164
Schleppkettenförderer 219
Schleppzug 165, 178
Schmalgangstapler 173
Schnecken 241
Schneckenförderer 240
–, biegsamer 244

Sachwortverzeichnis

Schneckenrohrförderer 244
Schraubenflaschenzug 97
Schraubenförderer 241
Schraubenwinde 104
Schrumpfhaube 284
Schubförderung 267
Schubkurbelantrieb 248
Schubmaststapler 173
Schüttelrutsche 245
Schüttguttransport 187
Schüttwinkel 212
Schwenkschubgabel 173
Schwerkraftentleerung 228
Schwerkraftförderer 257
Schwerkraftrollenbahn 260
Schwimmkran 149
Schwingförderer 245
Schwingrinne 246
Seil 56
Seilflaschenzug 8
Seilgreifer 60
Seilkausche 14
Seilklemme 14
Seilkraft 8
Seilrillenprofil 17
Seilrolle 8, 15
Seiltrieb 7
Seiltrommel 8, 16
Seilübersetzung 8
Seilverbindung 14
Seilwinde 105
Seilzugkraft 15
Seilzuglaufkatze 116
Seitenschieber 171
Seitenstapler 173
Selbsthemmung 8
Senkbremse 37
Senkrechtbecherwerk 224
Serienhebezeug 97
Sicherheitswinkel 19
Spanneinrichtung 221
Spannprinzip 212
Spanntrommel 190, 192
Spannvorrichtung 193
Sperrvorrichtung 264
Spielzeit 181
Spillwinde 105
Spindelspannvorrichtung 193
Spiralseil 10
Spleißung 14
Spülförderung 274
Stabbandförderer 211
Stahlband 72, 200
Stahlbandförderer 200
Standmast 169, 170
Standsicherheit 167

Stangengreifer 60
Stapelgerät 166
Stapelhilfsmittel 284
Stapelkran 91, 121
Stapler 166
Stauförderer 237
Staurolle 239
Steckbolzenkette 25
Steigungswiderstand 179
Steilgurtförderer 206
Stetigförderer 69, 187
Stirnradflaschenzug 98
Strebförderer 216
Strömungsförderer 266
Stückguttransport 187
Stückstrom 188

T
Teileförderer 248
Teleskopbandförderer 207
Teleskopgabel 173
Textileinlage 72
Tragbalken 57
Tragbandförderer 211
Tragfähigkeit 168
Tragmittel 69
Tragrolle 69
Tragrollenabstand 72
Transfervorrichtung 264
Transportkette 75
Transportkosten 177, 178
Traverse 57
Treibscheibe 19
Triebwerk 7
Triebwerkgruppe 12
Trimmgreifer 62
Trogkettenförderer 213
Trommel 8
Trommelbreite 193
Trommeldurchmesser 73, 191
Trommelmantel 73
Trommelmotor 73
Trommelreinigung 195
Trommelreinigungseinrichtung 190
Trommelwinde 105
Turmdrehkran 146

U
Übergabeeinrichtung 187
Überlastkupplung 76
Umfangskraft 198
Umlaufregal 299
Umlenktrommel 73
Umschlingungswinkel 19, 198
Unterflanschfahrbahn 33
Unterflanschlaufkatze 36

Unterflasche 55
Untertrum 70

V
Vakuumheber 65
Verdichter 269
Verladebrücke 89, 128
Verschiebeankerbremsmotor 46
Verschieberegal 297
Verzögerungsbremse 37
Vierrad-Gabelstapler 167
Volllastbeharrungsleistung 78
Volumenstrom 187
Vorspannkraft 197, 213

W
Wagen 163
Wanddrehkran 145
Warenumschlag 282
Wechselhängerbetrieb 178

Wellentrommel 16
Wellkantenband 72
Wendelrutsche 258
Winde 104
Windenspannvorrichtung 193
Winkellaufkatze 116
Wippsystem 141
Wippwerk 81
Wirkungsgrad 7
Wurfkenngröße 251

Z
Zahnstangenwinde 104
Zange 57
Zellenradschleuse 268
Zielsteuerung 223
Zweimassensystem 246
Zweischienenlaufkatze 103, 116
Zweiträgerbrückenkran 112
Zwillingsflaschenzug 8

Standardwerke Werkstoffe

Weißbach, Wolfgang
Werkstoffkunde und Werkstoffprüfung
Ein Lehr- und Arbeitsbuch für das Studium
14., verb. Aufl. 2002. XVI, 378 S. über 300 Abb., 300 Tafeln und einer CD-ROM mit mechan. und physik. Eigenschaften der Stähle
Br. mit CD-ROM € 26,00
ISBN 3-528-01119-X

Nachdem in der dreizehnten Auflage der Abschnitt 'Metalle und Legierungen' völlig neu gestaltet und die theoretischen Grundlagen vertieft wurden, um den Anforderungen der Fachhochschulen besser gerecht zu werden, brauchten in der 14. Auflage nur wenige Korrekturen vorgenommen zu werden. In den anderen Abschnitten wurden Normen aktualisiert, insbesondere DIN EN-Normen für Aluminium-Gusslegierungen sowie Kupfer und Kupferlegierungen. Eine CD-ROM mit mechanischen und physikalischen Eigenschaften der Stähle liegt bei.

Weißbach, Wolfgang / Dahms, Michael
Aufgabensammlung Werkstoffkunde und Werkstoffprüfung
Fragen - Antworten
Weißbach, Wolfgang (Hrsg.)
5., vollst. überarb. Aufl. 2002. XII, 147 S. Br. € 19,90
ISBN 3-528-44038-4

Das Buch enthält Fragen und Aufgaben, die mit dem Inhalt des Lehrbuches korrespondieren. Antworten und Lösungsbilder sowie Hinweise auf Abschnitte und Bilder im Lehrbuch helfen dem Studierenden bei der Bearbeitung und Lösung der Aufgaben. Alle Aufgaben wurden einer gründlichen Durchsicht und Aktualisierung unterzogen. 1/3 aller Aufgabenstellungen ist neu, womit sich das Buch jetzt auch zum Einsatz an der FH eignet.

Abraham-Lincoln-Straße 46
65189 Wiesbaden
Fax 0611.7878-420
www.vieweg.de

Stand Juli 2003.
Änderungen vorbehalten.
Erhältlich im Buchhandel oder im Verlag.

Die umfassenden Nachschlagewerke

Böge, Alfred (Hrsg.)
Vieweg Taschenlexikon Technik
Maschinenbau, Elektrotechnik, Datentechnik. Nachschlagewerk für berufliche Aus-, Fort- und Weiterbildung
3., überarb. Aufl. 2003. VI, 542 S. Mit 750 Abb., 4800 Stichwörtern deutsch/ englisch und einer Stichwortliste englisch/ deutsch Br. EUR 39,90
ISBN 3-528-24959-5

In über 4000 Stichwörtern definieren und erläutern 19 Fachleute aus Industrie und Lehre Begriffe aus den Gebieten Maschinenbau, Elektrotechnik, Elektronik und Informatik. Die Texte sind gegliedert in: - Stichwort mit englischer Übersetzung - Begriffsbestimmung - Erläuterungen mit Zeichnungen - Formeln - Beispiele - Verwendungshinweise - Tabellen - DIN-Hinweise - Verweise zu verwandten Begriffen. Sowohl für Studierende als auch für Praktiker ist das Taschenlexikon Technik eine Hilfe in ihrer täglichen Arbeit und im Studium. Mit flexiblem Einband versehen und im kleineren Format ist es jetzt noch besser auf die Bedürfnisse der Lernenden und Studierenden abgestimmt.

Alfred Böge (Hrsg.)
Das Techniker Handbuch
Grundlagen und Anwendungen der Maschinenbau-Technik
16., überarb. Aufl. 2000. XVI, 1720 S. mit 1800 Abb., 306 Tab. und mehr als 3800 Stichwörtern, Geb. € 79,90
ISBN 3-528-44053-8

Das Techniker Handbuch enthält den Stoff der Grundlagen- und Anwendungsfächer im Maschinenbau. In der 16. Auflage wurden alle Abschnitte gründlich überarbeitet. In der Festigkeitslehre wurde das Omegaverfahren durch den Tragsicherheitsnachweis mit Beispiel für einteilige Knickstäbe nach DIN 18800 ersetzt. In der Werkstofftechnik wurden die Inhalte der Metallkunde vertieft und Normänderungen berücksichtigt, umfangreich bei Kupfer und seinen Legierungssystemen. Die Wärmelehre wurde wegen der nunmehr systembezogenen Stoffdarstellung nach der thermodynamischen Theorie in Thermodynamik umbenannt. In die Elektrotechnik wurde unter den Anwendungen die Funktionsweise der Halbleiterbauelemente für die Leistungs- und Optoelektronik eingebracht. In der Spanlosen Formung wurde durch die Auswahl der Fügeverfahren mit ihrer fachwissenschaftlichen Präsentation der aktuelle Erkenntnisstand hergestellt und das gültige Regel- und Normenwerk aktualisiert.

Abraham-Lincoln-Straße 46
65189 Wiesbaden
Fax 0611.7878-400
www.vieweg.de

Stand Juli 2003.
Änderungen vorbehalten.
Erhältlich im Buchhandel oder im Verlag.